U0334425

“国家自然科学基金”（51578378）资助项目
“中德科学基金（国家自然科学基金委 NSFC 和德国科学基金会 DFG）”（GZ1162）合作资助项目
上海市数字建造工程研究中心，“同济大学建筑设计研究院（集团）有限公司重点项目研发基金”资助项目
“同济大学学术专著（自然科学类）出版基金”资助项目

FROM DIAGRAMMATIC THINKING TO DIGITAL FABRICATION

从图解思维到数字建造

Philip F. Yuan
袁烽 著

谨以此书献给敬爱的

斯坦福·安德森教授（Prof. Stanford Anderson, 1934—2016）

目录 CONTENTS

序
Foreword

计算机、互联网、数字化是我们这个时代的特点，它们正在革命性地改变我们的生活、文化和社会。可以设想的是，这种改变将与日俱增，在广度和深度上持续发展。同样，在建筑学领域中，计算机、互联网和数字化手段的使用也在逐步改变建筑设计的方法和过程，改变我们对空间、物质、材料、形式的认知，形成对建筑学科传统观念的挑战。以笔者所在的建筑历史理论领域为例，互联网的广泛使用已经在很大程度上迫使建筑史教学（这里特别指的是外国建筑史教学）从历史建筑的知识型素材（比如笔者接受建筑学基本教育的20世纪70年代末和80年代初被使用的胶片式幻灯片）的占有和传授向历史素材的理论诠释和批判思维转变。原因很简单，过去被视为珍贵教学资料的胶片型幻灯片所记录的建筑图像现在在互联网上唾手可得。在这种情况下，历史素材的理论分析和批判性讲解就理所当然应该成为教学的重点。其实，后面这一点原本就很重要，只是历史素材和资料的稀缺在很大程度上抬高了知识型教学的地位，掩盖了理论教学和批判性思维缺失的不足。另一方面，互联网数字化资料的司空见惯反倒使实地的空间和物质感受变得更加重要和不可替代。不用说，对于建筑历史及整个建筑学教学来说，这样的体验从来都是重要的，但正是我们这个网络和数字化无处不在的时代更加凸显了实地体验的弥足珍贵。笔者相信，出于同样的原因，亚马逊等电商巨头在经过网络销售和电子书籍的极速发展之后，重新认识到开设实体书店的必要性和重要性。

就此而言，计算机、互联网和数字化时代的发展对我们的生活和建筑学的影响绝不仅仅意味着非物质化的单向发展。毋宁说，它要求我们重新认识和思考非物质化和物质化的界限，以及各自的呈现方式和意义，当然还有二者之间的互动。这使我想起在哈佛大学设计研究生院（GSD）任教的安东万·皮孔（Antoine Picon）教授的一篇题为《建筑与虚拟——走向新的物质性》（“Architecture and the Virtual: Towards a New Materiality”）的论文。

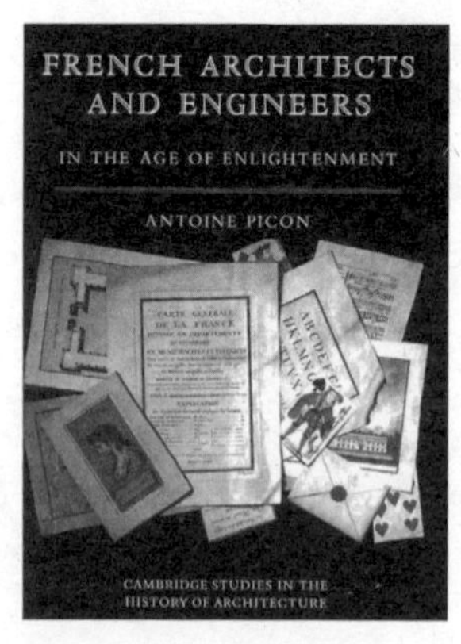

《启蒙运动时期的法国建筑师和工程师》（*French Architects and Engineers in the Age of Enlightenment*）

作为一位法国长期从事建筑技术历史研究的学者,皮孔有大量相关著作问世。在英语世界，他的第一本著作是1992年出版的《启蒙运动时期的法国建筑师和工程师》（*French Architects and Engineers in the Age of Enlightenment*），2010年又有《建筑的数字化文化》

（*Digital Culture in Architecture*）问世。与前一部著作面向历史对象不同，《建筑的数字化文化》力求直面我们时代的问题。然而作为一位历史学家，皮孔对当代问题的视野仍然是历史性的。正是基于这种历史性视野，皮孔在这部著作中不仅全面系统地梳理了建筑的数字化文化本身的历史发展，而且阐述了数字化文化与传统建筑学问题的联系和对我们在这些问题上的认识形成的挑战。换言之，皮孔这部著作的意义就在于它既不完全排斥当代问题在建筑学中的意义，又不像一些“起哄”式的作者那样唯当代命题是从，甚至轻易断言当代命题已经或者必将终结全部传统建筑学，而是理性和冷静地看待和分析当代问题对传统建筑学的突破和挑战，以及潜伏在当代发展中的问题和偏颇，进而得出一位严谨的学者在这些问题上可能提供的认识。

《建筑的数字化文化》
（*Digital Culture in Architecture*）

其实，《建筑的数字化文化》的上述基本立场早在之前《建筑与虚拟——走向新的物质性》一文中已经彰显无疑。在文中皮孔明确指出了两种需要避免的倾向，一种是对数字化建筑幼稚的顶礼膜拜，而另一种同样偏颇的倾向则是在缺乏深入思考的情况下将其拒之门外。皮孔的这一立场针对的是建筑学中的一种观点，这一观点认为，数字化设计的发展对在建造和建筑技术等具体层面体现的物质性（materiality）这一建筑学的重要维度构成了威胁。他特别以肯尼思·弗兰姆普顿（Kenneth Frampton）在《建构文化研究》（*Studies in Tectonic Culture*）之后的一系列论述中表达出的忧虑为例进行说明。在皮孔看来，这种忧虑不难理解，因为很多数字化建筑师的作品确实体现了一种极端的形式主义，计算机主导下的设计似乎常常对建筑的物质维度及建筑与重力、推力和抵抗力的紧密关系置若罔闻。在计算机屏幕上，除了受到建筑纲要（program）和建筑师想象力的制约之外，形式似乎可以无拘无束、自由漂浮。

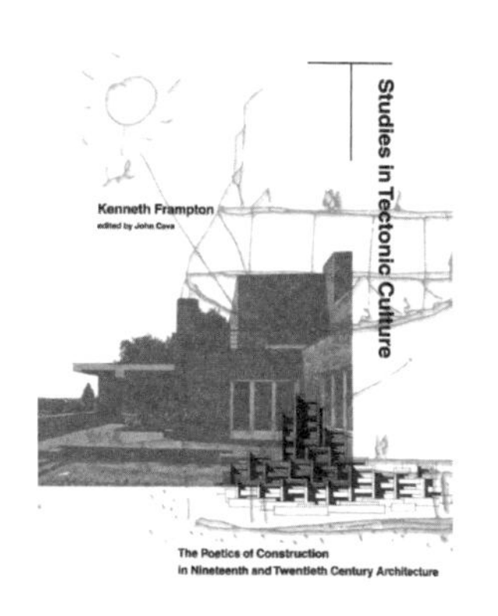

《建构文化研究》
（*Studies in Tectonic Culture*）

对于这样的担忧，皮孔首先指出，传统的二维手绘图纸其实并不能够比计算机图纸表达出更多的物质性。物质性和抽象性原本就是一对矛盾。文艺复兴之后发展起来的以线条为主的建筑制图就反映了这一点。对于那些受维特鲁威影响的建筑师们来说，没有什么比在建筑的各种线脚中玩弄光影效果更具物质性，然而以线条为主的再现方式与建筑师们期望的实际效果大相径庭。即使在帕拉蒂奥

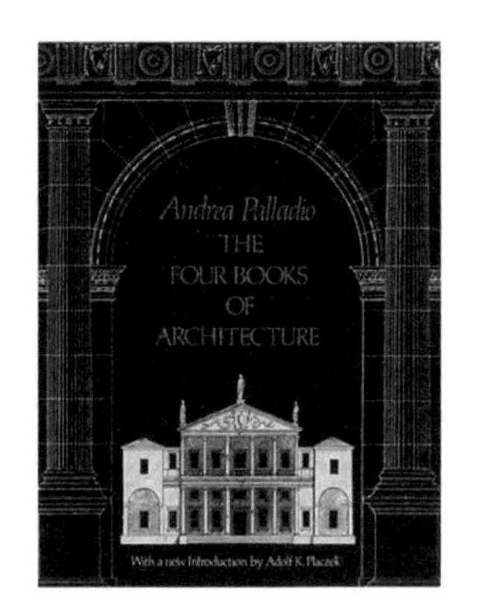

《建筑四书》
（*The Four Books of Architecture*）

的《建筑四书》（*The Four Books of Architecture*）中，建筑再现也被简化到只剩下线条。尽管如此，帕拉蒂奥的建筑还是表明，建筑再现固有的抽象性并不导致建筑的最终结果必然缺少物质性。

更为重要的是皮孔提出了这样一个发人深省的问题：在评判数字化建筑的得失之时，我们应该将计算机设计所处的当前阶段的状况（无论这一状况有多少不能令人满意之处）视为一种终极标准吗？皮孔对此的回答是：鉴于数字化建筑仍然处于幼年时期，我们必须谨防对它的当前特征妄下定论。在皮孔看来，弗兰姆普顿和其他批评者们可能假定，数字化设计的当前状态是永久的，从而过于看重它的当下特点，这反倒低估了由它引发的真正问题。数字化建筑的现状所体现的非物质性，或者说它时常表现出来的对物质性的忽视很可能是暂时的。真正的情况也许是，在计算机普及和虚拟世界的发展中，物质性并非岌岌可危；相反，它仍然是建筑生产的基本属性。

皮孔接下来的论述主要集中在两个层面。一方面，他强调应该将计算机带来的冲击更准确地理解为物质性的重新塑造，而非物质体验和物质性的丧失。这一点又包括两方面的内容，而且都是借助于计算机辅助设计与汽车的类比来加以说明的。首先，计算机为设计者带来了新的可能，就如汽车的使用为人的运动带来新的可能一样。与传统制图和步行方式不同的是，计算机和汽车的使用都是人机互动，由此形成的是一种人与机器的复合体。其次，就如汽车在行驶过程中会改变人对常规距离的感知一样，计算机的使用也使设计者的尺度观念发生了深刻变化。计算机图形可以任意放大缩小，从近在咫尺到远在天边，一切都可以在包含在一个计算机图形之中，由此产生的是一种特殊的不稳定的感知形式。与此同时，计算机和数字化技术也为设计者展现了全新的整体感知和物体。在皮孔看来，如果说之前的建筑师习惯于操作稳定形式的话，那么现在他们越来越多操作的则是动态的几何形式——事实上，这种动态的几何形式或者看似流动的曲面形式几乎已经成为数字化建筑的特征。

当然，皮孔也指出在建筑师与日俱增的对这种形式的迷恋中存在的问题，比如表皮形式与结构的完全分离（如盖里的建筑所体现的那样），或者是最初设计的流动性和实现这一形式的技术之间存在的尖锐矛盾（如FOA的横滨码头项目所显示的那样）。皮孔意识到，也许正是数字化表达与传统建筑学之间的鸿沟才引发了弗兰姆普敦等人的抵触和批评。但是，皮孔仍然强调，无论这一鸿沟看起来多么令人不安，它并不必然等同于建筑的去物质化。毋宁说，计算机重新定义了物质性，而不是在纯形式的诱惑中抛弃物质性。

皮孔论述的另一个层面与图解（diagram）在设计层面的作用有关。如果说计算机和数字化技术为建筑师提供了形式上的无限可能，那么对于设计者而言，最为关键的还是选择，即对设计发展过程的关键阶段及其潜力作出策略性评判，而图解就是设计者在数字化媒介中把握方向的一种手段。这里所谓的图解并非一种纯粹的智力构想，而是与行为过程紧密相关。就此而言，皮孔甚至认为图解有自己的物性（physicality），类似于编舞者记录芭蕾舞演员舞步的抽象记号。皮孔列举了两种最为常见的图解，即荷兰式建筑图解和21世纪初的地缘政治学图解（geopolitical diagrams）。两者都基于一种概要性描述（schematic description），趋向于忽略尺度和地缘的复杂差异，也不涉及历史特征，但是它们有共同的目标和对象，两者都试图通过连续的行动把握动态的过程。

之所以要在篇幅有限的序言中不惜笔墨引述皮孔的观点，是因为无论作者的初衷和意图如何，本书都可以视为对皮孔提出的计算机辅助设计和数字化建筑所包含的一系列议题的某种回应。作为袁烽教授近几年在同济大学开设的研究生理论课程的教学成果总结，这是一部雄心勃勃的著作。既有对不同类型的图解的甄别和梳理，也为数字化建筑图解建立了一个全方位的学科谱系——从再现方式和形式生成到结构性能和环境性能，再到参数化建造。在这里，正如其在导论中阐明的，“图解是通过对建筑设计中各要素之间的关系进行抽象化和可视化，以达到与主体的交汇，进而通过这种交汇来生成新的可能”。在这样的意义上，它也是对皮孔在《建筑与虚拟——走向新的物质性》中论述的议题的拓展和充实。

《建筑数字化建造》(*Fabricating the Future*),袁烽、尼尔·里奇编著

事实上，如果说图解在皮孔的阐述中还只是在计算机漫无目的的形式生成中打破无尽可能的数字化操作过程的一种手段的话，那么本书关注的已经不仅仅是形式的自主生成本身（一定意义上，对形式自主生成的过度迷恋已经使数字化建筑或者参数化设计背负了某种恶名），而且也在很大程度上涉及建筑的结构性能和环境性能等更为重要的建筑学问题。在笔者看来，如何在数字化建筑或者参数化设计中融入结构（而不是盖里式的非结构）和环境性能的思考正是本书不同凡响的亮点之一。特别值得一提的是结构性能图解方面的章节，它体现的是作者意欲克服和纠正计算机主导下的建筑设计常常表现出的忽视建筑的物质维度，尤其是建筑的重力关系之倾向，也是对普遍存在的认为数字化设计难以对物质世界的内在逻辑进行回应之观点的某种反击。

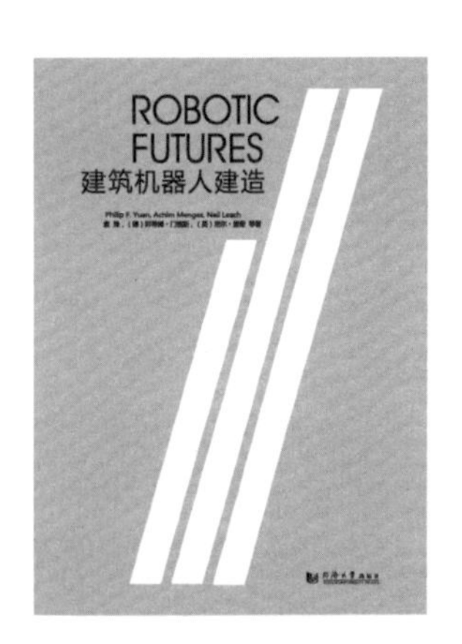

《建筑机器人建造》(*Robotic Futures*),袁烽、阿希姆·门格斯、尼尔·里奇等著

本书的另一个亮点是它在数字化建造方面进行的思考和努力。尽管它主要涉及的仍然只是图解层面的问题，但是如果说FOA横滨码头最初设计的流动性和实现这一形式的技术之间存在的尖锐矛盾绝非一朝一夕能解决的话，那么本书作者对建筑数字化建造由来已久的关注和研究则使“几何建造图解”成为本书的内容变得顺理成章。某种意义上，它致力于回应和探究的正是数字化建筑的非物质性倾向与建构学强调的物质性实在之间的矛盾，以及在当前计算机设计所处的阶段中看似势不两立的状况、但在未来却可能高度融合的可能性。更为重要的是，无论皮孔如何坚信数字化建筑的未来可以在很大程度上弥补其当前阶段的不足，这样的弥补并不会自己到来，而是有待于意欲执数字化建筑之牛耳者的价值取向和努力方向，尽管毫无疑问，本书作者在这方面的研究和探索还有很长的路要走。

有趣的是，原本可以在皮孔的《启蒙运动时期的法国建筑师和工程师》中出现却并未出现的切石法（stereotomy）成为本书中的内容之一，但是被置于“表现图解”的范畴之中。在笔者看来，切石法问题出现的动因是建造而非表现，鉴于切石法出现时石材在欧洲建筑中是作为结构性材料，而不是像今天在诸如普雷斯顿·斯科特·科恩（Preston Scott Cohen）的建筑中被重新关注并作为非结构性饰面材料来使用的，切石法实际也涉及结构问题。尽管如此，我仍然能够接受本书将切石法置于“表现图解”的做法，因为我更愿意将这一“错位”（displacement）视为建筑学中的物质性与非物质性其实没有非此即彼的截然分野，而是可以相互转化乃至相辅相成的又一例证。

最后，我愿意再次援引皮孔教授在《建筑与虚拟——走向新的物质性》一文的最后部分提出的立场：设计内容全面拓展的潜能使我们比以往任何时候都必须对它的后果负有更多责任，因为从自然到人工产品，从材料到建筑，这个世界越来越像是我们的创造物。就此而言，一种新的政治责任在所难免。对建筑师来说，这就意味着必须改变以往那种对建成作品导致的社会问题麻木不仁的职业姿态。皮孔进而指出，如果说数字化革命也是一种材料革命的话，那么在哈佛设计学院带领师生致力于探索建筑材料表现潜力的森俊子（Toshiko Mori）的“建筑师和其他公民一样，都必须积极思考这样的问题：我们应该在哪里建造，建造什么，如何建造，以及用什么建造”的观点就是发人深省的。皮孔甚至提议，在一个环境问题和可持续发展越发重要的世界中，我们或许还应该加上一句，“什么时候不要建造”。在皮孔看来，坂茂这类追求可持续性结构的设计师的可贵之处就在于，他们在探索物质性和技术革新的同时，也展现了一种更为清晰的政治和社会关怀。

无疑，上述这个议题并没有在本书中出现，自然也没有得到本书作者的关注。但是，与其说这是一个属于“从图解思维到数字建造”的特定议题，不如说是建筑学不可回避的持久议题。就此而言，无论数字化建筑和参数化设计的未来在技术维度上有多大的发展，其变化又多么令人应接不暇，它仍然是建筑学的组成部分。

王骏阳
同济大学建筑与城市规划学院教授
2016年5月

导论
Introduction

当图解（Diagram）中的“图”（Drawing）与数字设计并置在一起的时候，往往会将后者置于一种极其危险的境地。究其原因，这与自建筑设计的数字化转型开始便随之产生的一种文化批评有关。由于数字设计在其发展初期无法与真实建造建立起联系，所以常被诟病于难以对物质世界的内在逻辑进行回应。相反，建筑则应该是源于真实材料的组织而非抽象算法（Algorithm）的运行。当然，这种误解已经在近些年随着数字设计的发展以及学科内对于它的认识转变而慢慢消融。一方面，在新唯物主义（New Materialism）的影响下数字设计已经从对抽象计算的热衷转向了探索物质世界在新的自然与社会伦理状态下的形态生成逻辑的自主性探索。建筑已不再是人文主义时代由人类向人类提供的“设计”，而是在新技术的辅助下通过改变人与人、人与自然系统及改变人与社会生产系统的交互方式而产生的后人文（Post-humanism）空间。另一方面，伴随着上述由设计表达（Representation）向设计模拟（Simulation）直至逻辑生形（Formation）的转型，人们对“图”的理解也从古典思想中的单纯“空间再现”扩展到了描述或驱动空间背后隐形机制的“图解”。这好比法国哲学家雅克·朗西埃（Jacques Ranciere）对电影画面的讨论，在电影中，图像的目的既不是去表达简单的现实，也不是手法技术特征的体现，而是作为一种操作，通过这种操作将电影中的整体与部分、可视物与意指联系起来。同样的，图解之“图”在建筑设计中也并不是简单的对于一种空间预想进行分析与模拟的工具。图解是通过对建筑设计中各要素之间的关系进行抽象化和可视化，以达到与主体的交互，进而通过这种交互来生成新的可能性。可以说，图解既依仗于图像，又超然于图像。图像仅仅是图解的外在表现，而其核心的内在属性则是逻辑、联系、运转以及衍生。而这也是本书将图解思想与数字设计联系在一起进行讨论的根本原因。在广义层面上，数字设计既不能由数字化工具所定义，其操作过程也和图像没有必然的联系。甚至，数字设计从某种意义上可以被看成是“反图像”的，其出现是在试图打破建筑师倚靠经验主义逻辑对主体意识中的图像进行操作的范式，进而将建筑理解成是一系列数字、逻辑和演进过程的瞬时呈现。这种“反图像”属性与图解的本质“不谋而合”。所以可以说，数字化设计远在计算机还未被发明的时期可能就已经伴随着图解思维出现了，数字化设计的历史可能就是一部图解思想的历史。

作为一本探讨图解与数字化设计的理论读本，在内容方面，本书是建立在我在过去6年开设的名为“图解建筑设计方法讨论”的硕博研究生课程教学基础上的总结。该理论课程每学期18讲，6年下来，一共108讲，期间我邀请了许多教授、学者和建筑师参与了教学专题案例讲座。同时，我的研究生们为这门课程的阅读资料收集、整理以及教学课件的扫描、制作作出了很多的努力。他们的名字将在下文的概述中一一被列举出来。本书既不是常规意义上以时间为主线的理论梳理，也不是对各种设计方法工具的总结，而是在论述中，对图解的运用和思考，既脱离了类型和范式，也超越了地理和时间。图解思维作为一种隐形的价值观念，跳跃于不同的历史时期，联系起不同的个体思想。各章节将从不同的侧面对图解思维与设计方法进行挖掘和剖析，以便从多重维度建立起与数字化设计在本质上的联系。

首先在“图解为何”的讨论中，本书从图解的哲学背景及本体论出发，以历史与理论的视角去追问和剖析何为图解，基于查尔斯·桑德斯·皮尔士（Charles Sanders Peirce）、斯坦·艾伦（Stan Allen）等哲学家、理论家的观点基础上，从语源学和符号学的角度阐述图解的内涵以及与其他相似概念的异同。纵观今古，图解被广泛应用于航海、工程、艺术、社会等诸多领域，其作为媒介始终扮演着双重角色：既是一种分析性、映射性、概括性的抽象工具；同时也是一种综合性、衍生性、生成性的思维模型。当图解跨入建筑领域，它成为了彼得·艾森曼（Peter Eisenman）口中一种“解释或分析工具”和“生成工具”。这一见解得益于米歇尔·福柯（Michel Foucault）的“全景敞视监狱”理论及后来吉尔·德勒兹（Gilles Deleuze）衍生出的“抽象机器”图解观。建筑师们依据各自的理解，开始将图解纳入建筑思维体系：一方面使图解成为一种解释性工具——以简单的抽象形式阐述复杂的设计过程；另一方面直接采用图解的生成性，借助这一抽象机器，输入动态的设计参数，输出新的逻辑、形态和组织内容。

“绘图到透视学”和“透视学到切石法”这两部分的论述，从图解中的“图”出发，阐述了图解、绘图与建筑设计这三者之间的相互作用。在建筑领域，图解作为一种隐性的工具在生产建筑形式的过程中始终与绘图息息相关。承载于绘图之中的图解不仅在设计过程中通过对抽象逻辑的操作可以衍生出不可预期的形态，而且绘图这种媒介本身也通过其在不同维度间的几何转译对建筑形态产生潜在影响。“绘图到透视学”一章首先从历史的角度出发，梳理了绘图在信息传递属性之外所具备的空间注解属性，并详细论述了这种属性作用在文艺复兴前后由一种在场建造工具向一种非在场空间表达媒介的转变。由于在这一转变过程中几何投影机制的介入，以及随后平行投影的产生，传统建筑图纸系统开始对建筑空间的营造过程产生了重重限制。正因如此，从绘图、图解到建筑形态的关系线索被建构出来。之后“透视学到切石法”通过对绘图发展过程中的历史动因进行论述，以及对切石法建构复杂几何形态的工作机制进行分析，阐释了绘图作为空间构建图解在建筑形态发展过程中一直成为主要工作媒介的原因，并在此基础上引出了当代数字化语境下空间建构实践所存在的问题，即绘图与建造的隔离，并提出了在传统绘图机制和数字思维与技术之间找到一个新的平衡点，并试图来建立绘图、图解与多维几何之间的建筑自治。关于这部分内容，在过去几年时间里我邀请了青年建筑师学者闫超、王飞、水雁飞、王耀华做了多个研究讲座，这些成果都为课程的教学梳理及这本书的出版提供了重要的线索。

在开启了建筑自治的讨论后，本书在之后的部分以柯林·罗（Colin Rowe）、彼得·艾森曼和格雷戈·林恩（Greg Lynn）这三个典型人物为主线，探讨了图解从现代主义时期到数字化时代的转变。“从瓦堡学院（Warburg Institute）到柯林·罗的形式图解”是对隐藏在形式自治理论的图解思想萌芽进行了解读。在广义层面上，用图解来实现形式自治的理论研究主要围绕在从柯林·罗到艾森曼这样一条主线。形式图解的萌芽起始于瓦堡学院，在鲁道夫·维特科瓦（Rudolf Wittkower）的著作中初见端倪——简单的单线、忽略掉尺度、建构、细节等重要建筑信息，抽取形式中最核心的部分，实现形式的逻辑化过程。而柯林·罗对帕拉蒂奥与现代主义建筑的对比研究将图解的方法进行了不断的发展和丰富，并在“德州骑警”时期与一批志同道合的同事合作将其由二维图解演变为具有空间“透明性”的立体轴测图解，对艾森曼的形式图解理论的发展奠定了基础。之后在“从柯林·罗到艾森曼的形式图解”一章中，彼得·艾森曼被作为论述的主体对图解从分析到生成的转变进行了阐述。与柯林·罗不同，艾森曼的图解理论结合了乔姆斯基的语言符号学以及德勒兹哲学等理论学派，更加强调了图解分析与解释之外的生成作用。这部分的研究是建立在我的学生韩力、段文婷以及王祥的硕士论文和研究的基础上的。“从艾森曼到格雷戈·林恩的数字图解”，以艾森曼图解理论中运用计算机技术对非笛卡尔几何学和复杂空间的探讨为基础，论述了这种转变对格雷戈·林恩的数字图解理论的影响。继承了艾森曼的图解思想，林恩在遗传学、生物学等现代科学领域和立体主义、未来主义等现代艺术流派的影响下，提出了折叠（Folding）、泡状物（Blob）、动态形式（Animated Form）、复杂性（Intricacy）等新的图解思维方法，有力地将前沿数字技术与图解方法结合形成了新的数字图解理论。

接下来，本书从不同的角度探讨了当代数字化设计中的多个重要议题与图解思维的关系。关于“卡尔·楚（Karl Chu）的计算生成图解”的研究，是在艾森曼的形式图解和建筑自治理论基础上，探讨建筑的本体论问题，即“建筑是什么”。以卡尔·楚的建筑原型系统“星球自动机”（Planetary Automata）为例，介绍了他的哲学理论研究背景并详细提出计算时代背景下的建筑生成图解的理论基础与应用。从内容上来说，计算生成图解是将艾森曼的“形式生成图解”转向了对形式原点和生成规则的图解化研究。这里要感谢卡尔·楚教授在与我的交流中形成的对本章研究内容的支撑。“乔治·斯特尼（George Stiny）与泰瑞·奈特（Terry Knight）的形式语法生成图解”主要以我在麻省理工学院（MIT）做访问学者期间跟随泰瑞·奈特教授的学习作为基础，之后我的学生孟媛和何金的硕士论文研究也为这一部分的内容提供了重要的依据。形式语法作为研究和处理图形语法的数学模型，以图解的方式将设计思维逻辑化，并应用于建筑的设计过程。由于介于计算机图形学和建筑生成设计体系的过渡时期，形式语法起到了承上启下的作用，其自下而上的设计思维和图解逻辑性规则把设计和运算紧密联系到了一起。“算法生成图解”具体讨论了计算生成图解理论在建筑计算生成实践中的应用，通过对莱昂内尔·马奇（Lionel March）的编码建筑和计算机发展史的研究，提出了算法是计算生成图解在实践中具体应用的核心，算法成为建筑生成的发生机，代码与图的并置则成为新的算法生成图解。研究具体通过引用“L系统”（L-system）、集群智能（Swarm Intelligence）等几个建筑生成算法，论述了算法生成图解的具体应用。这其中，先锋建筑师罗兰德·斯怒克斯（Roland Snooks）、阿丽萨·安德鲁塞克（Alisa Andrasek）以及理论家尼尔·里奇（Neil Leach）的课程讲座都成为这章讨论的重要理论和研究依据。

算法生成中的纯粹形式逻辑并未触及建筑学在结构性与建造性方面的本质内容，所以我们引入了结构图解思维对建筑形式的形成根源进行辨证思考。“结构建筑学图解”“静力学图解”和“数字化结构性能生形图解”这三章内容是从建筑与结构的学科分离为起点，讨论结构设计模式在图解思想与数字技术影响下的转变，提出的结构性能化设计方法打破了形式、结构和材料之间的层级关系，使得“结构性能”成为建筑形式生成过程的重要驱动力。结构建筑学图解以其对结构形式与内力分布的可视化作为基础，为建筑师快速设计和推敲形式提供了重要工具。在数字时代，静力学图解与计算机的结合更是突破了传统图解静力学的局限，使得内在于图解静力学之中的双向（形与力）反馈机制得到充分发挥，并从一种分析和优化工具转变为形式生成工具。之后，本书围绕在计算机辅助下的结构性能化图解的发展为议题，探索从前数字时代的物理找形方式开始，逐步被计算机精确模拟和计算替代的过程，同时计算机的强大计算能力也产生了一批新的找形技术与方法。数字化结构性能图解超越了对结构性能的简单呈现，以多维动态化的实时反馈技术定义了数字化结构生形的方法。基于有限元分析的拓扑优化生形、在几何刚度之上的力密度法、动态平衡的动力松弛法以及粒子弹簧系统等在数字平台上展现了整合结构设计与优化分析的综合能力。数字化结构性能找形为缝合建筑与结构的学科分离提供了一条新的途径。这里要特别感谢谢忆民院士和孟宪川博士的讲座为这一部分中对图解和结构性能关系的梳理所提供的重要研究依据。另外，在2014年，我邀请了哈佛大学设计研究生院（GSD）的帕纳约蒂斯·米哈拉托（Panagiotis Michalatos）来同济参与了“基于结构性能的机器人建造”的主题夏令营，我的研究生柴华、张立名等在此领域也共同做了很多深入的研究。

同时，作为建筑环境系统中的建筑学也应当将对环境性能的思考纳入整个建筑形式的生成系统之中。在图解与环境性能的研究中，简·博瑞（Jane Burry）教授、李麟学教授及青年学者周渐佳通过讲座展开了这个研究课题的讨论。在“环境性能可视化图解”和“数字化环境性能分析图解”两部分中，本书论述了在图解思想与数字时代后人文生态观介入后的设计方法革新，提出应当将能量的讨论置于一个开放的系统，由于生命体不断与外界进行着物质和能量的交换，从而形成一个稳定而远离平衡状态的结构。建筑同样如此，热力学的围护结构在新陈代谢的过程中对能量进行存储、传导与耗散。虽然大多数现代建筑设计对于机械美学有着狂热的追求，并将建筑与环境隔离，把建筑设计成保温隔热的容器，但当代学界也在集中反思这种被称为“绝缘现代主义”①提出如何将气候、伦理、经济、社会等放入一个开放性系统中进行综合能量流动的讨论，通过在环境要素中对日照、辐射和风等因素展开性能化的图解分析，实现对于环境要素可视化的思考，从而建立起基于能量流动的建筑形式策略。在这之后，“数字化环境性能生形图解”进一步阐述了以环境性能图解驱动形式生成的方法论，提出从高投入的主动节能转向通过建筑空间设计实现的被动节能，从而以经济、有效和更为长远的方式走向可持续建成环境的策略。这一方法论紧密耦合了生成设计（Generative Design）和性能化设计（Performative Design），并且串联起环境信息、几何参数和性能数据的关联性，将多目标环境性能准则作为生成设计的驱动力。基于一系列建筑性能化的表现，对建筑形态和物质性进行操作，从而实现特定的建筑与环境关系的准则。据此，环境性能图解不再仅仅是“后评价”的分析工具，而是成为在概念设计阶段主动地、动态地塑造建筑形式的“生成工具”。

① 引自基尔·莫(Kiel Moe)的著作《绝缘现代主义：隔离与非隔离的热力学建筑》(*Insulating Modernism: Isolated and Non-Isolated Thermodynamics in Architecture*)

当结构、环境等性能化图解思维方法成为影响建筑形式生成的驱动力，参数化几何随之演变成一种全新的操作平台，推动着从设计到建造的一体化进程。“参数化几何图解建模”与“参数化几何图解优化”以参数化几何系统为主要议题，讨论了该系统在多层级的图解形式下对设计建模与施工优化过程的影响，提出参数化几何成为连接设计、分析与建造的中介平台。前一部分的讨论侧重于参数化几何的“点、线、面”原理、参数化几何的建模流程以及图解化的编程方法。其中，参数化几何作为设计的载体，表现了抽象的形式逻辑与性能化特性的关系，通过利用参数化模型作为交互调整的媒介，实现建筑中的多目标设计问题。可以说，数字生形系统与参数化控制系统的融合，解决了复杂建筑体系的设计问题。建筑的新物质性在参数化几何思维的引导下，迎来了全新的设计范式。后一部分中，文章通过讨论参数化几何优化与自由曲面表皮细分等议题，深入探究了曲面建构中建筑几何性与材料物质性的深层关系，提出了以机器实现材料建构的全新模式作为设计方法，主要通过整合BIM模型，完成多目标优化、碰撞优化以及施工工期优化，从而实现参数化几何的设计建造一体化过程。从本质上讲，参数化图解作为思维的物质方法，将建筑设计与建造带入了全新的阶段。“数字化建造的图解方法”以同济大学建筑与城市规划学院的“数字未来”建造工作营（DigitalFUTURE Shanghai Workshop）和Fab-Union多年的数字建构实验为基础，论述了图解思想向数字化建造领域的延伸与拓展。随着数字技术的发展，CAD/CAM的应用打破了由二维图纸所引发的设计与建造之间的隔离。电脑辅助设计从早期的设计表达扩展到如今的分析、虚拟和建造的一体化辅助工作流程。这些新的功能使建筑师可以更好地控制从设计到建造的全过程。这种新的设计思维与社会生产方式的结合促使了建筑信息模型（BIM）的出现，并注定为建筑设计的实践带来新的范式革新。信息化的数字制图方法使建筑模型的三维信息与数控建造工具准确衔接，同时借助智能建筑机器人的介入，更容易实现准确、高效、定制化的建造目标，这也必然将建筑领域带来一种全新的设计与建造未来。

在建筑数字化转型短短20年时间里，数字设计无论是在技术与工具，还是在思想与观念层面都与其初期相比发生了翻天覆地的变化。数字技术发展的瞬时性加之其相对较短的历史，使得着眼于数字设计本身的发展历程去推演其发展趋势是非常危险的。一方面，我们没有足够长度的历史“曲线”去演算下一阶段的发展“曲率”；另一方面，瞬息万变的数字技术与思潮更迭又无法提供给我们足够坚实的讨论基础。所以，我们必须跳出数字技术的领域本身，保有一定的观察距离，才能达到推进其发展的客观性与清晰性。而通过图解思考正可以做到这一点。以图解思想进行切入剖析数字设计恰好能让我们以更加本质化的视角重新审视这段历史及数字设计本身，我们可以跳出技术、工具、方法、范式等层面，找到其核心处最为本质的内在驱动。

如果说21世纪以来，数字化建筑已由之前倚靠数控精确性的形式探索发展为对真实世界中复杂性、时间性的讨论，基因建筑、涌现技术甚至混沌理论等慢慢将建筑设计导向一种具有高度非确定性的过程，那么正是此刻，我们更加需要用图解思维从这种非确定性中将明晰的过程逻辑抽离出来并使其演进。我们相信唯有这样，才有可能找到数字设计发展未来的根基。

另外，我必须要感谢在过去6年参与我研究生课程系列讲座并为本书的出版贡献宝贵思想的各位教授、学者和建筑师们：

（1）闫超：同济大学建筑与城市规划学院博士研究生
（2）王飞：美国学城大学（Syracuse University）建筑学院助理教授
（3）水雁飞：上海直造建筑设计工作室创始合伙人
（4）王耀华：美国基础研究所（Preliminary Research Office）创始合伙人
（5）韩力：上海创盟国际建筑设计有限公司创作所负责人
（6）段文婷：同济大学建筑与城市规划学院博士研究生
（7）卡尔·楚（Karl Chu）：美国普拉特学院（Pratt Institute）教授
（8）泰瑞·奈特（Terry Knight）：美国麻省理工学院（MIT）教授
（9）孟媛：同济大学建筑设计研究院建筑师
（10）何金：同济大学建筑设计研究院建筑师
（11）罗兰德·斯怒克斯（Roland Snooks）：Studio Roland Snooks创始人
（12）阿丽萨·安德鲁塞克（Alisa Andrasek）：伦敦大学学院（UCL）设计教学负责人
（13）尼尔·里奇（Neil Leach）：欧洲研究生院（EGS）教授，同济大学客座教授
（14）谢忆民：澳大利亚工程院院士，皇家墨尔本理工大学（RMIT）教授，同济大学客座教授
（15）孟宪川：南京大学建筑与城市规划学院研究员
（16）帕纳约蒂斯·米哈拉托（Panagiotis Michalatos），建筑师、软件工程师，任教于哈佛大学设计研究生院（GSD）
（17）简·博瑞（Jane Burry）：澳大利亚皇家墨尔本理工大学（RMIT）副教授
（18）李麟学：同济大学建筑与城市规划学院教授
（19）周渐佳：同济大学建筑与城市规划学院博士研究生，上海冶是建筑工作室主持建筑师
（20）王振飞：北京华汇设计（HHD_FUN）主持建筑师
（21）孟浩：同济大学建筑与城市规划学院博士研究生

这里我还要感谢我的博士、硕士研究生闫超、黄舒怡、张立名、柴华、郑静云、胡雨辰、王祥、尹昊、孟浩等对本书的图文内容整理工作以及同济大学出版社江岱、赵泽毓、袁佳麟等编辑对本书的校审、出版所作出的艰苦努力。

图解为何
Diagrams Matter

在建筑学中，图解在历史上有两种解读方式：一种是解释或分析工具，另一种是生成工具。

——彼得·艾森曼

In architecture, the diagram is historically understood in two ways: as an explanatory or analytical device and as a generative device.

——Peter Eisenmen

何为图解?

图解是对概念和现象的某种特定的抽象或简化。换言之，图解是对事物概念或本质的架构。

——马克·加西亚（Mark Garcia）[1]

图解本身并非存在于自身的某种事物，而是对要素间潜在关系的某种描绘；图解不仅是描述事物运作方式的抽象模型，亦可是描述世界可能性的示意图。

——斯坦·艾伦（Stan Allen）[2]

① 马克·加西亚，英国建筑理论家，编著了《建筑图解》（*The Diagrams of Architecture*）一书，首次从图解的视角呈现建筑的过去、现在和未来

② 斯坦·艾伦，美国建筑师、理论学家，专注研究图解在建筑设计中的作用

对物化世界的抽象认知，是研究整个图解思维方法的根本出发点。我们的抽象认知能力是否可以帮助我们去分析、理解，甚至创造？如今，知识系统的指数级别增长，更需要我们重新反思我们的思维方法，重新追问认知方法与知识系统之间的内在逻辑关系。而图解正是我们寻找到的一个重要方法的载体。思维方法决定我们如何定义与使用工具。所以，反思工具演化，也是重新认知未来的方法。随着我们对数字化工具的依赖增强，精准、高效甚至超越经验的创新，恰恰质疑了以传统思维方法去观察和分析世界是否已显得狭隘?

所以，运用图解这一抽象的机器，去建构一种全新的建筑思维方法论，必须从最本质的源头开始追问。何为图解?

从语源学角度来说，我们所说的“图解”译自英语单词“diagram”。“diagram”一词可追溯至 17 世纪初期，源自拉丁语“diagramma”及希腊语“diagraphein”，意为“由线条标识的几何图形”，其中“dia-”意为通过，而“-gram”意为记述、描绘。

从符号学的视角，图解是对信息的符号化表达，基于可视化技术，通过简化、抽象、再现等方式来展现事物的形态及相互关系（Lowe，1993）。图解是一种视觉化的信息装置（visual information device），是涵盖地图（maps）、曲线图（graphs）、图表（charts）、工程蓝图（engineering blueprints）、手绘图（sketches）等技术分支的集合名词（图 1-1-1），但绝对重现和记录真实的摄影或摄像作品则不属于图

图 1-1-1 图解（diagram）的同义词语义类比，根据同义词电子英语词典 http://dico.isc.cnrs.fr/dico/en/search 中“diagram”的语义绘制

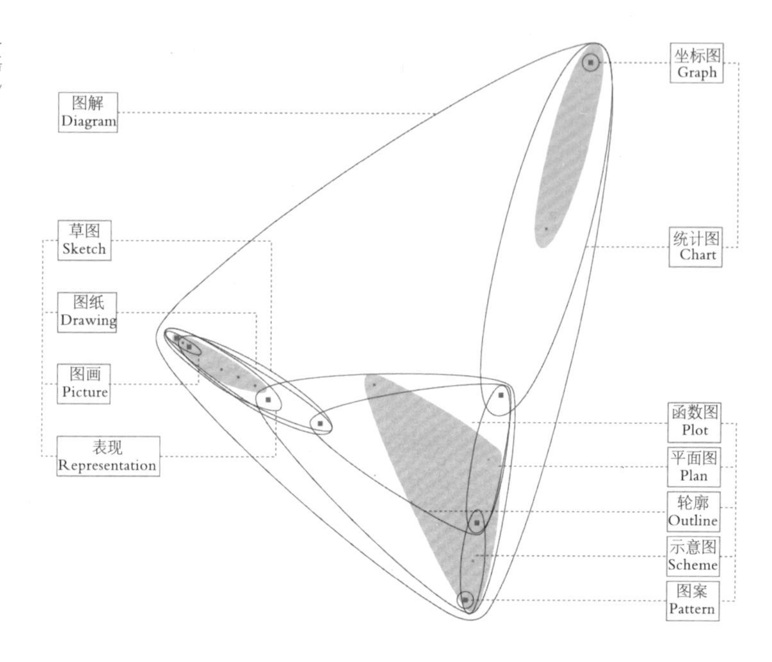

解的范畴。因此，图解有别于其他图纸的关键在于其“抽象性”而非“直译性”，它是基于一系列规则对图形进行简化，以传递核心信息的模型（Hall，1996）。优雅（elegance）、清晰（clarity）、自在（ease）、模式（pattern）、简单（simplicity）、有效（validity），这十二字箴言是对图解最好的勾勒（White，1984）。

作为一种符号语言，图解根植于符号学语境。美国哲学家查尔斯·桑德斯·皮尔士（Charles Sanders Pierce）在其著名的符号学理论中曾对图解概念做出批判性的解读。皮尔士认为，所有的思维都伴随着符号（sign）发生，符号是用来传达知识和信息的工具。因此，符号永远有所指代，并使人在脑海中激发出与之相对应的心理暗示（图 1-1-2）。皮尔士根据符号和指代对象的关系，区分了三种不同类型的符号：象征符号（symbols）与指代对象之间没有自然或必然的关系，而只是凭借着约定俗称的惯例来关联（如汉字“树”与真实的树木）；索引符号（index）与指代对象之间有一种“存在上的关系”，即指数总是在某一维度相邻于对象（如象征温度的温度计）；而类象符号（icon）则是通过相似的形式来表示对象。自然，图解是隶属于

类象符号的。皮尔士继续深化解读了三种不同的类象符号：那些视觉相似的，以模拟为主的符号叫作形象（image），如肖像画与人物；那些思维相似的，几乎脱离形象之外的，称为隐喻（metaphor），如高台与权力；那些介于两者之间的，以更抽象的方式表达事物关系的，则称为图解（diagram），如地铁线路图和实际地铁线路。皮尔士认为图解和对象是“结构相似”的，这种相似不是在其外形上，而是在于内容之间的关系上（Peirce，1993）。

安东尼·维德勒（Anthony Vidler）曾阐述了对“什么是图解”这一问题的看法。维德勒认为，仅仅关注图解的元素特征“由线条、记号、印迹等符号构成”是远远不够的，真正值得关注的是图解的功能——如助手般服务于其他事物。不同于绘画，图解本身没有自己的立场，它永远指代预设的或伴生的内容（Vilder，2006）。因此，我们常常将图解视为附加的可视化产物：它似乎仅仅存在于多步骤流程的后期，使复杂的成果以简明的方式呈现。在古希腊语中，“图解”（diagram）和“诊断”（diagnosis）源自同一词根，同样我们能够清晰地看到，在医学中，只有当原始数据被组织为图解的形式，我们才能够诊断其背后的信息。在大数据时代，伴随着日益复杂的信息流，图解愈发成为生活中不可或缺的工具，它可以帮助我们迅速提取冗杂信息的核心，抽象为简明的示意图，向更多人去阐明背后的意义。

皮尔士将图解视为思维工具，因为图解“缩略了大量冗杂的细节，使思维更直接地触及事物的本质”（Peirce，1998）。图解运用视觉语言，引导人们进行阅读图解中所表达的内部关系，将思维带入新的可能性中。图解提供了一种“增量价值”，从这一意义上来说，图解成了一种生成未来更多可能性的装置，一种辅助思维从具体走向一般的工具。通过认知主体的重新诠释——置换或转译，原图解的特征会在新图解中显现，使得图解不断丰富、更新。这正是图解的生成性和建构性所在，它是面向未来的。正如荷兰《OASE》杂志第 48 期“图解”专刊前言中所说的那样：“作为一种媒介，图解扮演着双重角色：一方面，图解是分析性、映射性、概括性的抽象工具；另一方面，也是一种综合性、衍生性、生成性的思维模型。图解成为我们日渐复杂的信息生活中不可或缺的一部分。”（Deen，Garritzman and Bijlsmer，1998）

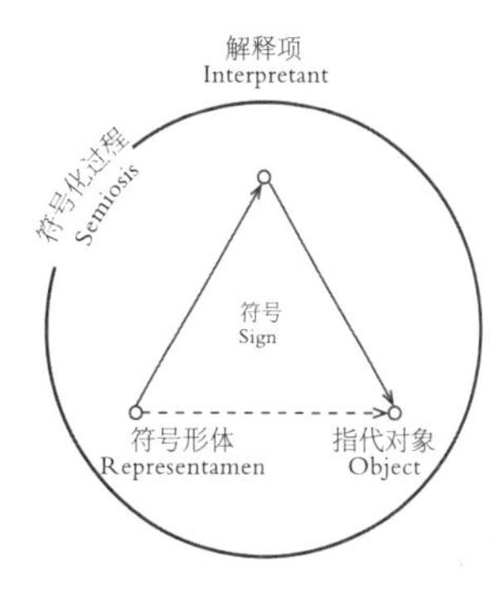

图 1-1-2　皮尔士的符号三元论

图 1-1-3　出现于 15 世纪之前的“T-O”图解

图解所涵盖的“信息经济性”是图解适用于几乎所有学科的价值所在，它补充了书写和计算机技术的不足，能够快速梳理信息以便高效地对其进行传播和处理。通过图解，可感知的现实世界与组织它的形式系统之间建立起了直观的联系，我们可以说，世界是自我实现过程的产物，是对图解的剥离。迈克尔·路易斯·弗兰德利（Michael Lewis Friendly）曾站在历史的维度，对广义图解的发展脉络及类别进行了研究。图解的种子最初根植于探究星体位置的几何图解和辅助航海探索的地图中。拿中世纪的地图为例（图 1-1-3），这是一种“T-O”地图，“O”代表圆环，“T”将这一区域一分为三。顶部代表亚洲，底部代表欧洲和非洲。这张图解中几乎没有方向、尺度等地理概念，因为它所传达的重点在于其象征意义。“O”对应着圆形世界，即拉丁语中的“Orbis”；“T”对应着耶稣的十字架，世界三分象征圣经中诺亚（Noah）的三个儿子。15 世纪之前广泛流传的“T-O”图解，其意义不止于地理上的引导，更是赋予了世界一个令人信服的，与信仰相一致的结构。

16、17 世纪，对时间、距离、空间等物理量的测量技术得到飞速发展，解析几何、测量误差理论、概率论等理论的兴起推动了制图、航海和领土扩张。人们掌握了真实的数据和信息，并发展出一些浅显的视觉表达方式。18、19 世纪见证了这些图解种子的萌芽和激增。地图开始传达更多的信息量，涵盖地理、社会、伦理、医学、经济等等；统计制图法的抽象图解被广泛用于论证数学证明和计算。彩色印刷、平版印刷等科技创新为图解发展提供了必要的养分，开启了图解发展的“黄金时代”，可视化延展至艺术、工程、军事等各个领域。

1735 年，凯勒姆·汤姆林森（Kellom Tomlinson）开创性地绘制了舞蹈步骤图（图 1-1-4），这一图解将姿势、手势等舞蹈动作可视化，巧妙地将象形符号（pictographs）和步法图两种标记系统结合在一起。

18 世纪末，詹姆斯·瓦特（James Watt）在改良蒸汽机时设计了一个能够自动测量和记录的指示装置（图 1-1-5）。这一装置可以随时反映蒸汽压力与活塞速度之间的关系，并自动记录成曲线。据此，瓦特可以决定蒸汽的最佳膨胀度，并将其转化为热量投入到机械工作

图 1-1-4　舞蹈艺术图解

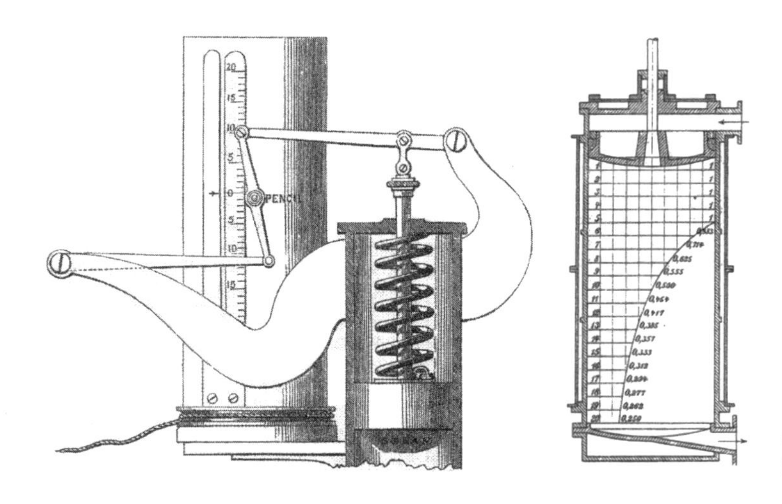

图 1-1-5　左图为指示器装置图解，右图为生成的“压力—体量”指示图解

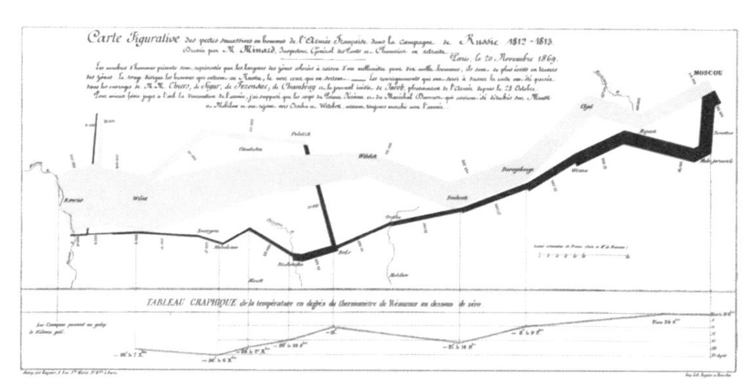

图 1-1-6　拿破仑行军莫斯科图解

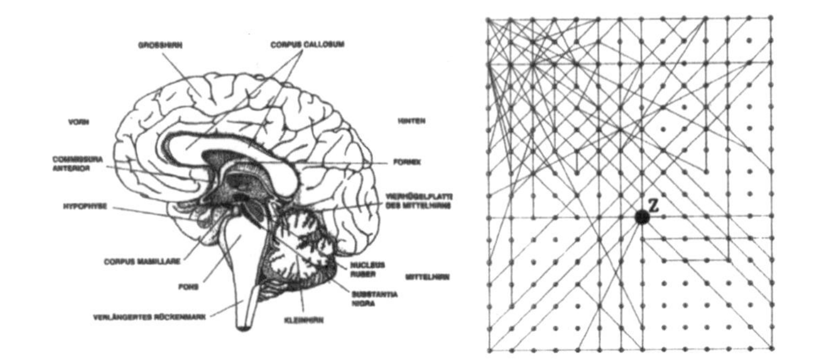

图 1-1-7　左图为丘脑纵截面的人体大脑图解；右图为神经元网格图解，将所有细胞网格化以展示大脑激活联想的过程

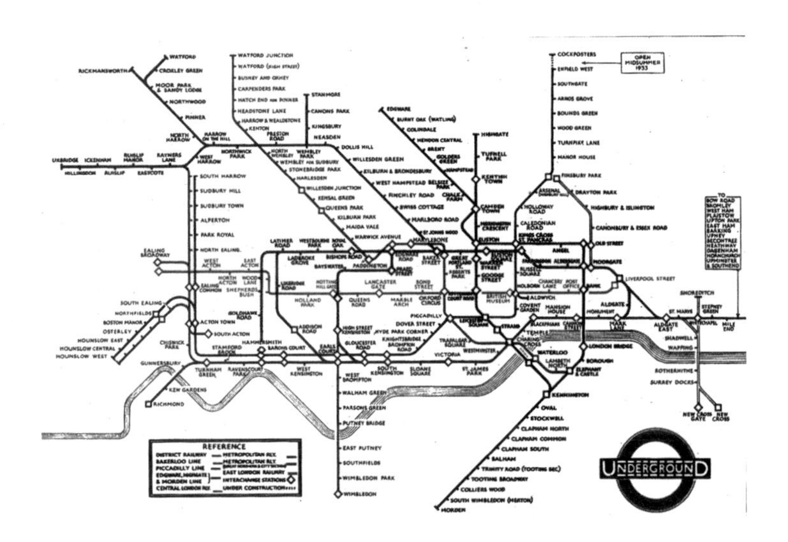

图 1-1-8　1933 年伦敦地铁图

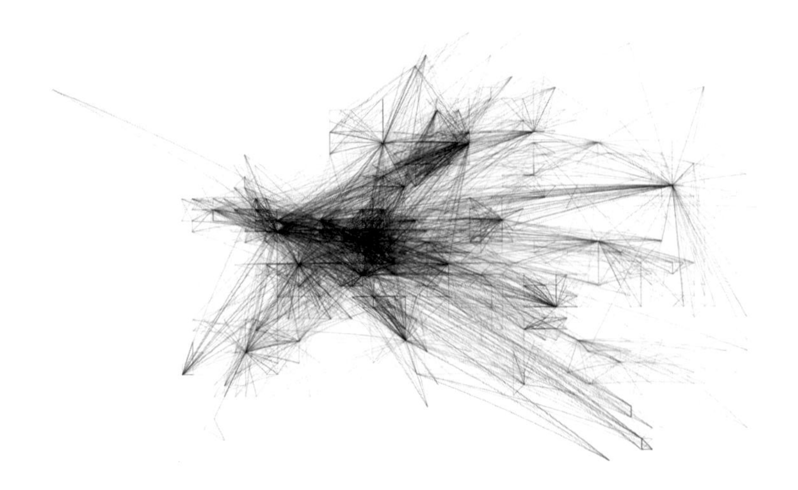

图 1-1-9　欧洲城市关联图解

中，大大提升蒸汽机的性能。瓦特的图解是自动化控制技术的原型，它能够将机器的状态以最先进的图解形式反映出来，由此，图解作为工具开始被应用于更加复杂的场景。

法国工程师查尔斯·约瑟夫·麦纳（Charles Joseph Minard）于1869年绘制的图解（图1–1–6）被爱德华·塔夫特（Edward Rolf Tufte）称为“迄今为止最棒的统计图”，这幅图解在数据处理上可谓是革命性的：它描绘了拿破仑在进军俄国时的士兵伤亡数目，将六个变量和时间戏剧性地重叠在一起，将线条的粗细程度与军队士兵人数相关联，使得褐色与黑色色块所代表的进攻与撤退状态一目了然。

第二次世界大战后，控制论和认知科学的突破，启发了人们去理解逻辑思维、学习、语言等认知能力，人们试图用图解去叙述感官神经和大脑皮层之间点对点的传递关系。图解成为透视人体内部神经功能的概念性模型，将难以向大众用语言表述清楚的信息概括并简明化（图1–1–7）。

1933年亨利·贝克（Henry C. Beck）以“电路板”的形式绘制了伦敦地铁交通图（图1–1–8）。这张地铁交通图突破了距离和空间的限制：它不强调地理意义上的准确性，而是着重展示线路上各个站点的顺序。这是一张令所有人都能看懂的“城市图解”，它是对现实的抽象，是对城市的简化。它删减了诸多不必要的信息，将复杂的三维城市抽象后简单地投射于二维平面。

时至今日，新兴的计算机技术为图解技术的发展提供了新颖的范式、语言和软件，凭借有限的工具人们可以创造无限的图解可能性。克里斯·海瑞森（Chris Harrison）创造了一系列可视化图解以展示因特网的结构（图1–1–9）。城市的互通是通过路由器配置而非物质性的道路交通。图解抽象性地展示了欧洲片区城市间网络连接关系，尽管图中未表现地理边境，读者依旧能够迅速做出定位。

图解为何？

① 吉尔·德勒兹（1925—1995），法国后结构主义哲学家。

② 斯拉沃热·齐泽克（1949—），斯洛文尼亚哲学家。

> 抽象的机器具有引领的作用。其功能并不是再现，即使是某些真实的事物，而应该去构建一种即将到来的现实，一种新的现实。
>
> —— 吉尔·德勒兹（Gill Deleuze）①

> 真实的实现是建立在无穷尽的虚拟可能性之外的。
>
> —— 斯拉沃热·齐泽克（Slavoj Zizek）②

“图解”自20世纪中期起，逐渐占据建筑技术与设计过程思辨的主角。起源于西方理论界，并逐步发展为建筑学最热门话题之一的“图解”同建筑学本身一样古老，可以说，图解是与建筑学相伴相生的。在英国巨石阵、土耳其小镇示意图及古印第安岩石画等一些史前产物中，都可以发现图解的踪迹，这些都是对空间和场所的图解表达。

正如彼得·艾森曼所述，在建筑学中，图解在历史上有两种解读方式：一种是解释或分析工具，另一种是生成工具（Eisenman, 1999）。“图解”在过去，大多以简洁抽象的点、线、面等几何形式向人们阐述形式、结构或功能排布的意义和建筑师的设计灵感。它是描述事物间潜在关系的抽象模型，也是对可能世界的一种映射。作为设计者和外部世界对话的媒介，图解渐渐成为建筑语言的转译工具，成为建筑同外界信息交流的渠道。它不仅指向建筑学内部，更面向广泛的社会层面，传输信息和建筑之间的各种可能性。

在现代主义建筑思潮兴起之后，艾森曼等建筑师开发了图解的生成功能，认为图解并不仅仅在于描绘已存在的事物或系统，同时试图去预测新的空间组织逻辑，去阐述有待实现的关系。自此，建筑师操作着图解工具进行建筑设计的逻辑建构、过程控制和形式生成，从某一原始形式或初始概念出发，运用某种方法或规则生成一系列的形体。在这里，形式不再是直觉创造的，而是由事物的运动和永恒的相互关系缔造的。斯坦·艾伦将图解戏称为指导行为或描述可能形式生成的占位符（place holders），用以创造富有逻辑的形式。

建筑师对图解生成特性的诠释和转译很大程度上得益于哲学家米歇尔·福柯（Michel Foucault）。福柯以杰里米·边沁（Jeremy Bentham）的全景敞视监狱为原型，最先提出了“图解”概念。全景敞视监狱的构造原理为人熟知：四周是环形建筑空间单元，中央是一座瞭望塔。环形建筑被分为许许多多的小囚室，站在瞭望塔内的监督者可以清晰地观察到囚室内每一个人的活动(图1-1-10,图1-1-11)。全景敞视建筑带来的影响就是，在被囚禁者身上营造出一种有意识的和持续的可见状态，从而确保权力自动发挥作用。监视，这一动作实际上是断断续续进行的，但却能产生持续的效果。借由视觉布置与光线环境，监视者可以一览无遗却不易被看到，而囚犯本身则无时无刻不被凝视却又什么都看不到（Foucault，1977）。

在福柯眼里，全景敞视监狱不单单是一栋建筑，更多的是惩罚机制的一种建筑学形式，是现代权力的图解。它使权力自动化和非个性化：权力不再集中于某个人身上，而是体现在空间逻辑安排上。由谁

图1-1-10　囚室中的罪犯，在中央瞭望塔前祈祷跪拜

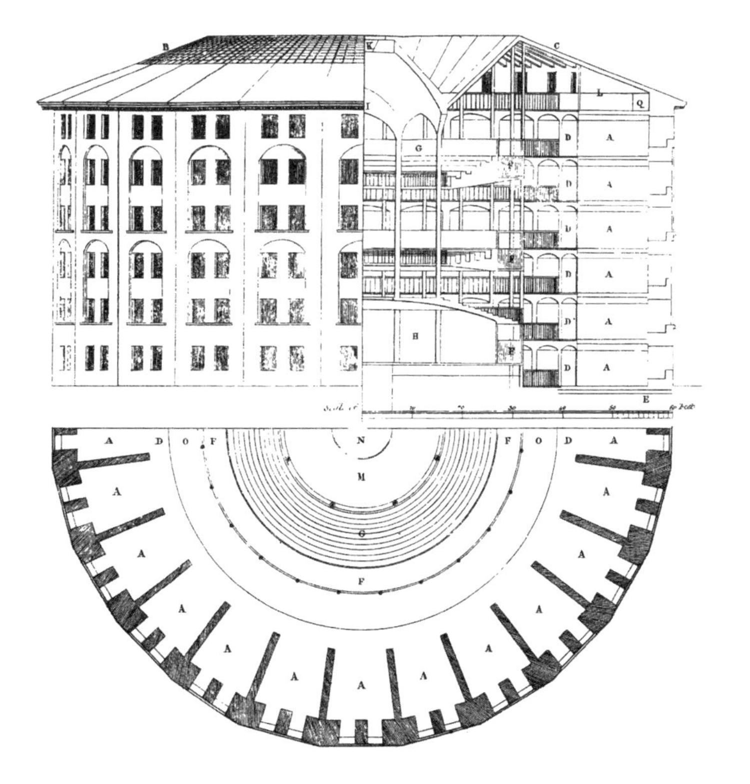

图1-1-11　全景敞视监狱空间关系

来行使权力变得不再重要，任何人出于何种动机来操作这个机器，都会产生同样的权力效应。它能普遍地运用于各种场所：可用于改造犯人，也可被用于医治病人、教育学生、监督工人，等等。凡是需要在任意一个人类多样性中强加任意一种教化时，都可以运用全景敞视理论。全景敞视监狱凭借着一个简单的建筑学概念，不用借助任何物质手段，就能直接对个人发生作用，它是权力的实验室，不应被视为一种梦幻建筑，而是“权力机制被还原到理想形态的图解，是一种纯粹的建筑系统，是能够和应该独立于任何具体用途的政治技术的形式逻辑”。显然，全景敞视监狱对建筑学来说是一种极为重要的图解，这一图解的作用甚至高过它在空间中的任一实际运用，也就是说，边沁的“简单的建筑学概念”永远不可能被实际的建筑平面所取代。

吉尔·德勒兹曾在《论福柯》一书中探讨了福柯的图解观，认为在“刑法”这一“可述的功能”和“监狱”这一“可见的形式”之间，存在着一种特殊的作用力，即图解。它“排除了所有障碍和摩擦，去除了所有特殊用途，是一部抽象的机器：一端输入可述的功能，一方面输出不同的可见形式。虽然这是一台几乎眼盲耳聋的机器，但必须透过它我们才能看见和言说。”在讨论了权利与社会问题之后，德勒兹又进一步地定义了图解，认为它是“力的关系图，是密度与强度的示意图……它的作用并不是再现——即使是再现某种现实的事物，而是构建一种将要到来的现实，一种新的现实”。

德勒兹在对福柯的再读中诠释了形态生成过程（图 1-1-12）。这幅图解被一条象征思维的线分割为内、外两部分，内部由“策略域”（strategic zones）和“层”（strata）所构成，策略域由图解背后力的关系所定义，它是不稳定的、漂浮的，同样也不具备固定的形态，而图中的“折叠”则是力的集群，象征新主体形成（becoming）的场所，充当着拓扑操作工具的角色。新事物正是在内和外的折叠中生成的，内外之间有着本质上的拓扑联系，在连续的生形过程中，非形式化的功能和无形态的物质在图解操作下，被重新组织为具有差异性的新形态。

力之关系和抽象的机器成就了德勒兹式的“图解”，一边输入可述的功能，一边输出可见的形式。在这一点上，建筑设计与其何其相

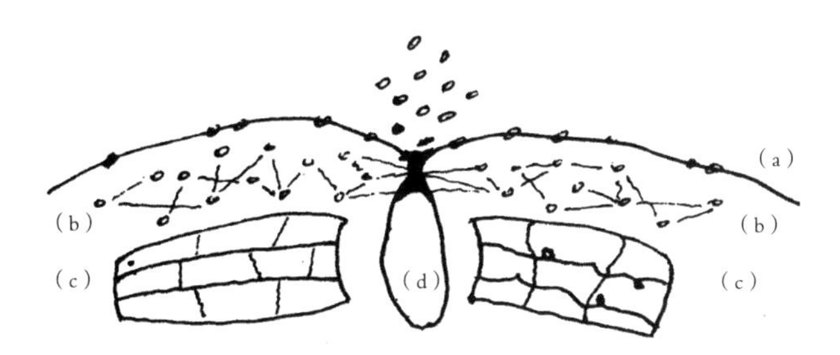

图 1-1-12　德勒兹对福柯的再读，阐述“图解过程”的图解：
（a）：外界线（line of the outside）
（b）：策略域（strategic zone）
（c）：层（strata）
（d）：折叠（fold）

似，也是将一些可述的规则、功能、场地中的作用力转化为各种可见的形态。图解将设计思想和思维过程进行了物质化表达，这种生成性推动了建筑师脱离形式表象，关注建筑本体与外界的关系。并在计算机介入设计流程之后，具有生成能力的数字图解实现了图解在建筑层面的具体操作。建筑师可以在可控范围内改变建筑参数，调整建筑体型，实现动态化的迭代生形过程。

无论是福柯眼中作为空间逻辑的权力机制的图解，还是德勒兹笔下创造“新”的抽象机器，都离不开一种“虚拟”（Virtuality）的基本属性。而这种“虚拟”性在当代哲学家斯拉沃热·齐泽克的论述中变得更加激进和带有革命性。尽管齐泽克的哲学思想具有鲜明的心理学背景和政治哲学倾向，但我们仍然可以借用他对于“虚拟”性的思辨去认知一种真实而又抽象的图解本质。

如安东万·皮孔（Antoine Picon）所提及的，数字时代的革新正在以“技术形式”改变着文化层面中我们对事物的感知与认知，以网络空间（cyberspace）为代表的当代正在重新架构我们对于“虚拟”的认知能力。然而，齐泽克所批判的是，正是这种对“虚拟”的认知便利性使我们忽视了这一概念的真实属性，而使其沦落为一种对于现实（actual）世界的模拟（simulation）。显然，对既有事物的虚拟化模拟不可能为我们带来德勒兹的抽象机器所追求的“新”。

齐泽克在他的讲座“真实的虚拟”（Real Virtuality）中将“虚拟”性分为了三类：“图像性虚拟”（Imaginary Virtual）、“象征性虚拟”（Symbolic Virtual）和“真实性虚拟”（Real Virtuality）。如果说前两种虚拟仍是齐泽克基于精神分析所论述的概念的话，那么正是这第三种“真实性虚拟”成为了摆脱人类主观意识的引力而去揭示世界本质存在属性的激进性论断。从某种意义上讲，齐泽克在这里论述的“真实虚拟性”与德勒兹的“差异”（difference）概念具有巧合的相似性，是一种本初世界中所携带的不平衡性。这种不平衡性自身并不具有物质形态，但它却可以借由自身所引发的物质流动或积聚而将其形式再现出来。这就好像磁场与金属屑的关系，磁场本身的趋向可以被认为是具有形式但不具备物质形态的，所以它是“虚拟”的；当将一些金属屑置入磁场中时，金属屑会在磁力的作用下沿着磁场形式重新排布，而将磁场的形式物质化呈现出来，所以说磁场本身又是真实的。当然，在常规认知上我们知道磁场是由某些物质的存在（例如地球）而引发的。这里，齐泽克利用爱因斯坦相对论作为讨论对象提供了一种对“真实性虚拟”根源的颠覆性理解，而这也会彻底改变我们关于建筑及其衍生缘由的认知形态。在狭义相对论中，爱因斯坦认为物质密度的存在会形成周围空间的弯曲；发展到广义相对论，齐泽克认为爱因斯坦完成了一个革命性的转变，并不是物质的密度产生了空间的弯曲变形，而是本初便存在的空间弯曲引发了物质密度的积聚。

无论是在爱因斯坦的物理学中，还是我们将要引申到的建筑学中，这个转变所涉及的都不是表面上孰因孰果的问题，而是揭示出世界本质从来都不是平衡状态这一事实。因此，建筑的职责既不是去维系一种从来都不存在的环境平衡性，也不是天真地去修复这种失衡，而是应该顺应物质本身的差异方式，将真实世界的“虚拟”形式再现出来，在达到一种真正未知的“新”的同时保持世界的连续性。

如之前所述，不同于对外部世界的模拟性“虚拟”，“真实性虚拟”是一种非线性且不可见的“差异”，而当它与建筑联系起来的时候又会涉及多重维度的需求，因此只有以图解这种机制为媒介，我们才有可能建立起连接作为社会生产架构的建筑与物质世界的“虚拟”之间的联系，并在这种联系中重新建构（reshaping）建筑职业。

无论在哲学和建筑里，图解本身是一个较为复杂的概念。在本体设计的语境下，图解具有多重的属性，既是设计研究的工具，也是研究的过程；既是设计的起点，也是其结果不可或缺的一个部分。关于图解的范畴和定义至今未有最权威的理论，但正如安东尼·维德勒所说，人们并不会对“图解”形成统一的看法，但这并不妨碍图解对他们的吸引力，以及成为他们设计策略的来源。而今，图解已潜入建筑学理论的方方面面，它的价值不仅仅是解释性的历史和理论的建构工具，更是一个生成性的面向未来的工具和方法。

关于建筑设计方法论从“图”到“图解”的讨论，贯穿了从现代主义到当代建筑本体发展的很多核心议题。“图”从文艺复兴开始作为一种表达（representation）的方法媒介，已经开始让建筑师这个职业从建造过程中逐渐分离出来，并将透视学逐渐演化成了一种美学设计方法。虽然在巴洛克时期出现的“切石法”直接触及到了建造的加工方法，但其本质上还是在实现透视学在纸面预设的结果。直到20世纪20年代瓦堡学院（Warburg Institute）建立之后，从鲁道夫·维特科瓦（Rudolf Wittkower）到柯林·罗（Colin Rowe）再到彼得·艾森曼以及格雷戈·林恩（Greg Lynn）等一脉相承的师承关系所带来的“图”向抽象的“图解”转变，这种抽象性逐渐隐含了现代建筑的诸多本质内容，包括透明性、结构性、系统性以及新的建构性。“形式图解”作为设计方法本体论的一支带来了空间层面不仅仅是二维、三维甚至多维的理解。此刻，图解作为一个抽象的机器已经在形式逻辑层面指向了几何特性以及新物质特性的诸多可能。算法几何以及生成式设计如脱缰野马为建筑学本体带来了新的形式主义解放。此时，诸如卡尔·楚，乔治·斯特尼（George Stiny），詹姆斯·吉普斯（James Gips），特里·奈特，约翰·弗雷泽（John Frazer），罗兰德·斯努克（Roland Snook），迈克尔·汉斯米耶尔（Michael Hansmeyer）等建筑师与理论家为20世纪90年代末至今在建筑形式新的自主性方面带来了极大的推动。直到帕粹克·舒马赫（Patrik Schumacher）将这种参数化形式方法推向了语义符号学（Semiotics）层面，大家一方面开始群起质疑“纸面的生成设计”是否脱离了建筑的物质性本质，并热议参数（Parameter）的几何属性是否可以直指一种风格（style）。我或许不能简单地轻信疑惑或彻底地否定……重新思考数字化图解方法与建筑物质空间建造的新关联性在哪里，以及建筑参数化设计的自主性是否可以指向几何之外的其他内容。此刻，我们发现建筑学本体中存在的“真实性的虚拟”来自地球重力的结构本质属性。建筑与环境性能关系的属性以及人的行为方式等都可以重新通过图解的思维方式加以分析与解释。以几何为中介建立一种同建筑思维与建造之间的全新对话关系成为数字化图解设计方法的全新议题。近几年，通过回溯结构与环境性能化的设计方法，关注到佐佐木睦朗（Mutsuro Sasaki），谢亿民（Mike Xie）与格兰特·史蒂芬（Grant Steven），帕纳约蒂斯·米哈拉托斯（Panagiotis Michalatos），菲利普·布洛克（Philippe Block）以及丹尼尔·派克（Daniel Piker）等人在结构性能化图解思维与算法设计方面带来的全新可能。另外，在环境性能化设计方法方面，哈佛大学的科尔·摩（Kiel Moe），伦斯勒理工大学的建筑科学和生态学中心（Center for Architecture Science and Ecology，CASE）团队，皇家墨尔本理工大学的简·博瑞以及同济大学的数字设计研究中心（Digital Design Research Center，DDRC）团队等都做出了不同的探索。建筑的性能化、真实性和虚拟属性正在通过图解化的思维与建筑参数化的几何生形建立方法论方面的联系，这些实践性的努力正影响着建筑自主性的批判式前行。

基于对这些历史与实践线索的梳理，建筑图解设计思维的重要内涵可以从“逻辑迭代的图解化过程 ”“内在逻辑的可视化”以及“多系统社会生产与建造系统的协作”这三个方面加以展开。

逻辑迭代的图解化过程。基于德勒兹的后结构主义哲学思辨，图解化的思维过程可以完成基于特定逻辑目标的概念构思与建造目标。这里面既包括了来自建筑空间几何生成的设计过程（图 1-1-13），也包括了建筑形式在抽象化的生成过程中基于结构性能、环境性能以及材料性能等多方面参数的非线性逻辑介入。如今，随着多重因素对于建筑形式生成意义的参与，正如齐泽克论述的“真实性虚拟”是一种非线性且不可见的“差异性”过程，而当它与建筑联系起来的时候又会涉及多重维度的需求，因此只有以图解这种机制为媒介，才有可能建立起连接社会生产系统与物质世界的“虚拟”之间的联系。

内在逻辑的可视化。对于建筑内在逻辑的抽象和设计方法的介入，从柯林·罗和彼得·艾森曼的研究与实践就开始了。从早期基于二维和三维的形式图解到后来基于算法逻辑的生产图解，都是在探求内在逻辑的可视化。无论是结构性能化图解还是环境性能化图解，都不仅仅是分析工具，更重要的是建筑内在逻辑的表达和设计目标的重新建立。建筑形式生成的逻辑过程是非常重要的建筑学本体研究内容，内在逻辑的可视化为创造新的建筑形式范式带来了可能（图 1-1-14）。

多系统社会生产与建造系统的协作。现代主义之后的建筑业分工与图纸的表达存在重要的关联性。建筑、结构、水、暖、电、暖通等工种的分离，事实上已经很大程度上制约了新生产方式的设计与建造。

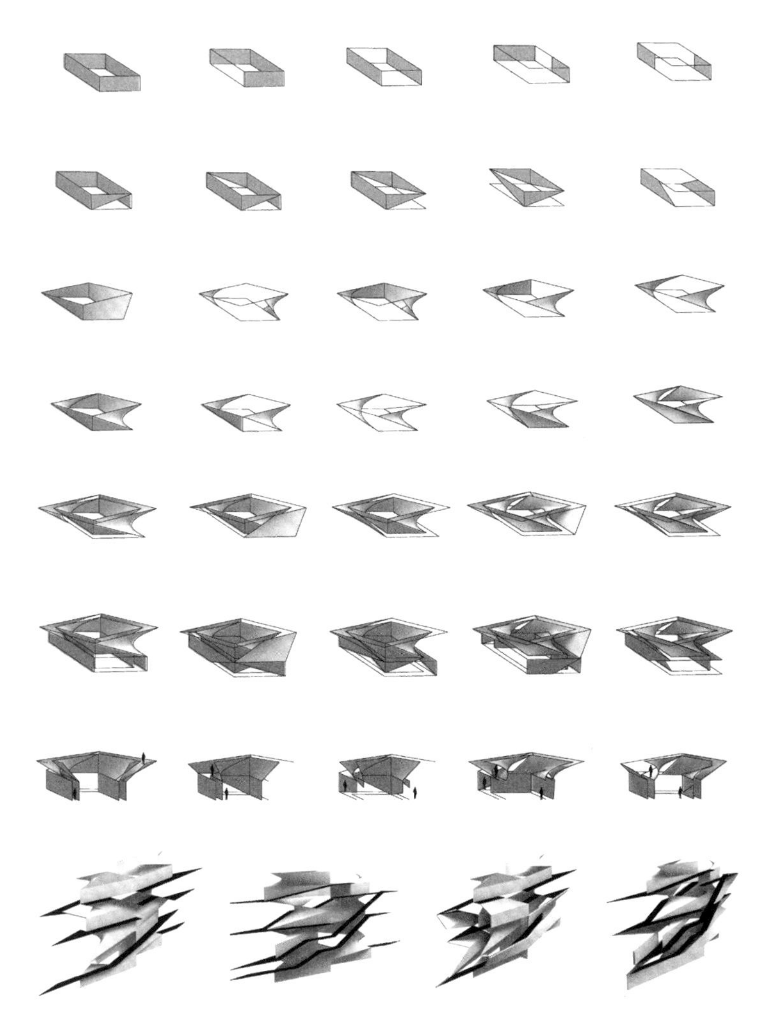

图 1-1-13　基于原型的博物馆建筑公共空间形式生成及流线设计图解

实践往往会先于理论研究的过程。近期，在“上海中心”“上海迪士尼城堡”等项目中，参与的设计与建造方就已经多达几十家，协同化思维已经开始深刻影响到设计的整个概念和流程。从虚拟到真实，从图解到建造的全新流程的社会生产与建筑建造过程已经悄然来临（图 1-1-15）。图解化的系统思维以及逻辑化的建造思维正在重新定义着我们的设计过程。

建筑图解为何？一方面，设计思维的物质化过程应该脱离于图像性虚拟，而应当直面来自建筑与人、建筑与环境以及建筑与结构的内在性逻辑，通过图解化呈现出来，这应该是一种基于本体、外化以及伦理机制的反馈与生成过程；另一方面，设计过程的物质化的可建造

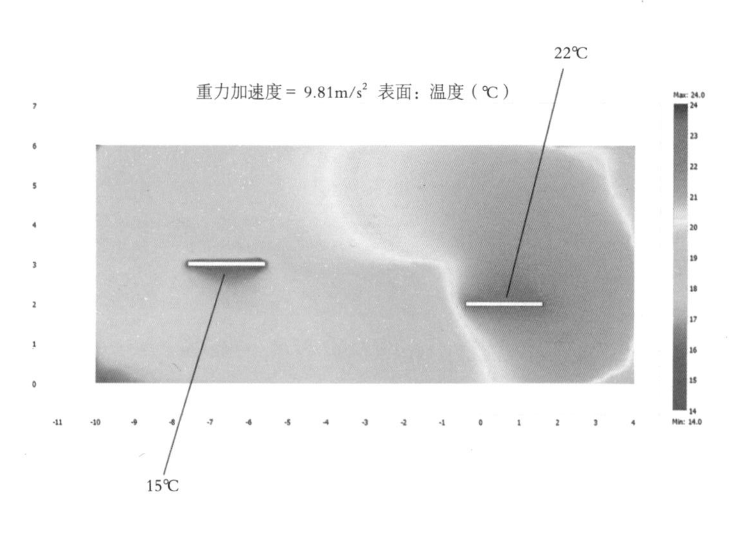

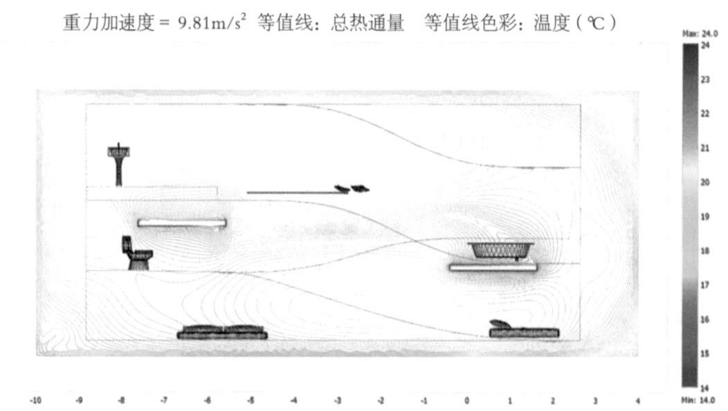

图 1-1-14 涌动的室内空间，费拉斯特的住宅和工作室。（左）室内透视图；（右）基于热力学图解，从能量流动的角度生成的室内空间

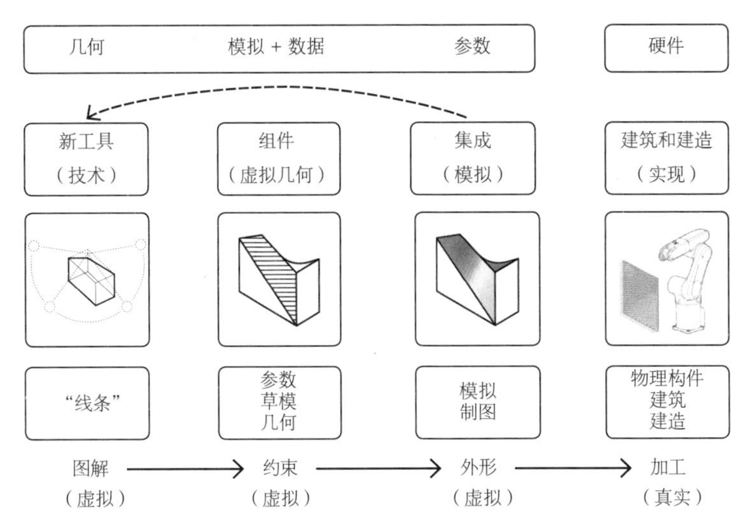

图 1-1-15　从图解到建造的一体化工作流程，以松江名企艺术产业园区为例

性与社会生产协作应该参与到整个思维的过程中来。图解的生成性推动了建筑师脱离表象，关注建筑本体与外在环境之间的关系，同样图解的建造性引领着全新的建筑生产系统的整合与升级。正是基于这些关系的形式、功能以及建造操作，引发了一种全新的思维流程以及针对建造过程的反思。图解思维是全新思考建筑唯物主义世界观的新窗口。新的图解方法正在与数字化建造的方法对接甚至融合，从数字化设计到数字化建造的流程正在运用图解化的思维、信息化的方式串联起来，建立的新方法、新逻辑非常值得讨论与思考。

表现图解
Representational Diagram

绘图到透视学
From Drawing to Projection

透视学到切石法
From Projection to Stereotomy

绘图到透视学
From Drawing to Projection

对于绘图本身作为一种媒介价值的认知，往往出乎意料地来自图纸与其所表现物体之间的差异性。

——罗宾・埃文斯

Recognition of the drawing's power as a medium turns out, unexpectedly, to be recognition of the drawing's distinctness from and unlikeness to the thing that is represented.

——Robin Evans

图解与绘图

吉尔·德勒兹和费立克斯·加塔利（Felix Guattari）在《千高原》（*A Thousand Plateaus*）一书中将图解比喻成无形的机器，既无关乎真实的物质，也非语义学上的游戏，而是一种隐藏在形式背后并能够构建出未知真实（a real that is yet to come）的隐性机制（Deleuze and Guattari，1987）。

诚然从存在论角度来看，图解确实像德勒兹和加塔利所论述的是一种超越形象的虚拟现实，然而如果从使用层面去考虑，图解却无法摆脱图形这一实质的基础。尤其在建筑领域，图解作为一种无形机器，其使用目的是为了抽象和简化人这一主体对于客观世界的认知——通过去除客观世界的表象进而呈现出其最本质的运行逻辑。由于图解所揭示的世界本质需要被视觉化呈现出来，然后才可以被人的主体思维反馈，所以我们日常所接触到的图解大多需要依赖图纸这一媒介而存在。并且正是由于这种图解与图像的依附关系，我们既可以说图解在设计中的应用是建立在建筑绘图的基础上，又可以说建筑绘图由于是对高维度的物质化建筑的一种抽象，所以其本身也是一种“图解”。承载于建筑绘图之中的图解在设计过程中通过其运行逻辑可以创造出未知的形态，而建筑绘图这种媒介自身作为“图解”通过其在不同维度间的转换也拥有一种产生不可预期的形态生成力量。为了理清图解与绘图的共通点，并挖掘出这种根植于绘图本身的图解思想，我们在这里需要从建筑图纸的属性谈起。

说起建筑领域的绘图，人们往往会联想到它与艺术绘画之间的关系。两者不仅在描绘物体方式上的发展有着千丝万缕的联系，而且作为人类各个阶段社会文化的集中体现，又都有着作为自我参考而存在的自治性。只不过与艺术绘画的“艺术只为艺术自己而生（Art for art's sake）”[1]的口号相比，建筑绘图的自治属性会更模糊和折衷一些。

① 19 世纪早期流行于法国的哲学口号，旨在剔除教诲、道德和实用价值之后传达最真实艺术的内在核心。

如果所有存在于这个世界中的客体属性始终浮动在一个特定的区间内，在区间最左端的客体是作为一个完全独立于世界中其他客体的存在，其属性为完全的自治；在区间最右端的客体是仅仅被用来描述

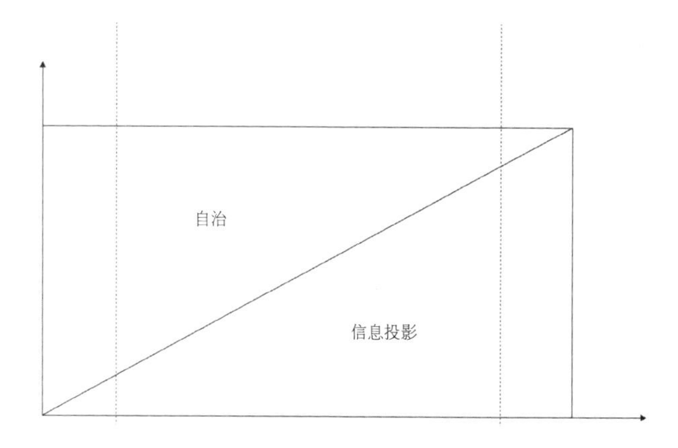

图 2-1-1　图纸属性图解

或说明世界中的其他客体或事件的存在，其属性被称为完全的信息投影（图 2-1-1）。例如在同一地点分别被摄影艺术家和普通游客拍摄的两张照片，前者的价值在于其构图、光感、色彩等元素所带来的艺术层面的表达，而这些艺术层面的特质使得这张照片更趋近于作为一个自治的客体而存在；而后者，由于被拍摄的目的更趋向记录、描述在某一时间某一地点的景象、人物或事件，所以其属性中更大比例的部分是在解释说明其他客体，即信息投影。那么作为建筑学中空间设计的主要承载物，图纸的自治性由于其职能只会在这一区间内起伏变化，而无法达到任一极限值。一方面，在建筑学中，图纸是作为三维建筑客体在二维平面上的投影结果而存在，这一特点使得图纸存在的必要职能之一便是在解释和描述另一维度上的物质化建筑——即绘图的注解性，从而也就无法避免地包含信息投影的属性；另一方面，图纸作为建筑学思想的重要承载物之一，它本身便是建筑师作为一个人类群体的集群思想意识的呈现，换句话说，图纸本身便体现了每个时期人类社会的文化形态——即绘图的表现性，这一属性使得建筑学中的图纸可以像其他艺术载体一样作为自治的客体而存在。所以，在同时包含了这两种属性的情况下，图纸作为传递信息的媒介，对建筑学知识体系中自治性的影响也存在着两种不同的层次——表现性绘图与注解性绘图中的建筑自治。

表现性绘图与注解性绘图

人类对于“建筑”的定义，在不同的历史发展时期、不同的哲学背景层面，均有不同的理解。但是无论对“建筑”的定义如何变化，当将其归纳为一门学科时，其定义便必须具备两个必要条件：研究规则和研究范围。建筑成为一门学科，被称之为建筑学，其规则和范围在学科发展中不断地自我批判。在近当代建筑学中，对其研究范畴的争议引发了对于学科自我定义的分歧：建筑学是否具有自治性。这一分歧将建筑学分裂成了不同语境下的研究与实践。在这一背景下，设计被从建筑学的范畴内剥离开来。“使用”，成为区分“建筑”与“设计”的核心概念。一方面，设计所关注的核心对象是使用者的感受，例如，对一个咖啡杯的设计，往往会涉及人体工程学，美学，心理学等学科，而这些被涉及的研究都是在为使用者在使用这个咖啡杯时能拥有愉悦的心情而服务，这是设计的核心任务；另一方面，建筑学并不以使用者的愉悦为核心价值，其研究的主要目的是推动其作为一门自治的学科向前发展，即革新研究规则和拓展研究范围。如图 2-1-2 所示，当建筑学与设计相互叠加，其重合部分才是建筑师所从事的建筑设计工作：综合了对建筑学科理论的探讨和对建筑使用者的服务。建筑设计中两种属性之间的比例决定了其本体在两个范畴中的意义，

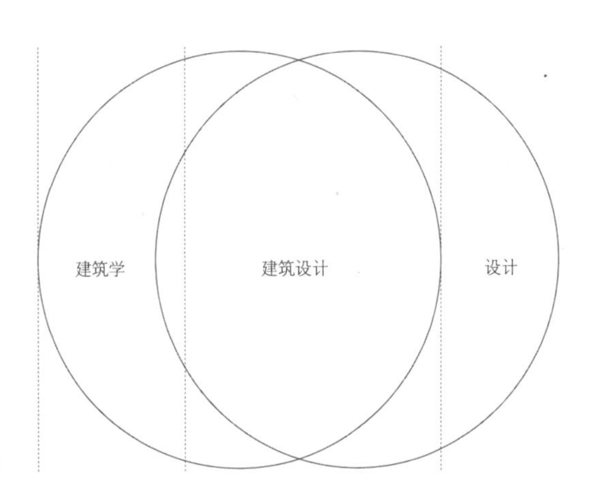

图 2-1-2　建筑学定义图解

这就像彼得・艾森曼对建筑设计所做的两类定义：项目（project）和实践（practice），前者体现着建筑理论层面的价值，会在建筑学内部的理论层面对学科的规律进行批判，或者对研究范围进行扩展，后者则更关注对实践层面的贡献。

建筑设计在图纸中被孕育、被再现，之后又通过图纸向使用者展示并被转译到三维的物质世界之中（也就是“造房子”的过程），才成为了我们称之为“建筑物”的客体。在这个过程中，图纸作为一种信息传递工具体现着多重职责。当建筑设计更倾向于对学科本体的研究时（即“建筑学”属性更高），图纸的作用更多是一种建筑师与建筑师之间对话的媒介；而当建筑设计更倾向于一种物质实践时（即“设计”属性更高），图纸更多被建筑师用来向使用者或施工者传递信息。在当代建筑语境中，很多时候建筑师对于建筑学自治的诉求被更多地承载于图纸的前一种职能之中，他们认为建筑学自治只有在摆脱设计的实践属性（使用者的需求与建造技术的限制）时才可以被维系。这种倾向从根本上是源于建筑学作为一种“内部对话”的定义——建筑学本体的知识产生并蕴含在学科内部的对话之中。

所谓建筑学作为一种对话的定义，是指在学科层面，建筑学可以被理解成一系列对话，学科不断在这些对话中进行自我批判与演进。美国建筑理论家杰弗里・基普尼斯（Jeffrey Kipnis）①曾将建筑学与电影进行过类比，他认为建筑就像电影一样，是一种副作用。在电影领域，一部电影的制作者（导演、编剧、演员等）进行创作的根本目的是在与其他制作者就电影本身进行对话，而在对话的同时所产生的作品本身是作为一种副产品来愉悦大众的。这一类比在反映了基普尼斯认同建筑学自治性的同时，也映射出他对于图纸作为建筑师之间对话的承载物的理解。

①杰弗里・基普尼斯（1951—），美国俄亥俄州立大学教授，建筑评论家、理论家、教育学家。

建筑作为一种建筑师对话的承载物，其所包含的信息是建筑师想要传达的观点和理念，而根据建筑师思考方式的不同，这些观点和理念也会差异地反映于建筑设计的不同层次中，有些建筑师的作品本身便直接体现了作者的思想，有些建筑师的作品则需要更深层次的分析和解读，甚至还有些建筑师的作品本身并不具有深层含义，其思想全都蕴藏于创作建筑或者说生成建筑的过程之中。这就如同将建筑比喻成产品，那么创作建筑的过程便是生产产品的机器。在建筑学内部的对话之中，观点和理念的传达既可以反映在“产品”之中也可以潜藏在“机器”本身的“运转模式”里。如果我们去平行地观察当代建筑实践，当很多由不同建筑师所完成的建筑作品被并置在一起时，就会呈现出极其相似的表现形式，但是由于它们的出发点、创作过程以及潜藏在背后的意义不同，它们各自在不同的建筑学层面又具有特殊的指引性。这恰恰印证了建筑学的“对话”并非仅仅承载于建筑最终的呈现状态之中，而且还发生在隐藏在建筑结果背后的“机器”之上——产生建筑的“机器”通过将创作建筑的过程系统化和程式化、通过增加整个可被追溯的设计过程的透明性，将建筑师的观点清晰地传达出来（当然这里并不是说去建立一种“一劳永逸”的、统一建筑生成范式的架构）。

从设计过程的角度来看，如果建筑结果可以被看作是一种“产品”，那么产生这种“产品”的“机器”往往可以被理解成图解。当然，这里的图解并不仅仅指以草图为媒介，通过眼、脑、手相互作用引发创造性的工作模式，还包括通过拉长建筑师与设计结果之间的距离而达到的对于结果的不可预测性的过程——正是这种图解的生成性，降低了设计对于设计者想象力的需求，从而使得结果超越了人脑的想象力范围，并在基于起点同源性的基础上产生多种结果的异质性。然而无论哪种形式的图解，如果说其特定的工作逻辑构成了“机器”的运转模式，那么作为承载这些图解的媒介——绘图便可以被理解为构成“机器”的“物质”。

基于上文论述，如果说建立在“对话”基础上的建筑学自治是存在于剥离了实践属性的建筑学科本体这一极端之中，我们暂将其命名为学术中的自治，这其中无论是对“机器”（过程）还是对“机器”产生的“产品”（结果）的讨论都是基于图纸这一媒介在建筑师之间的信息传递，那么试问作为构成“机器”的“物质”——图纸本身，在建筑实践中的信息传递是否也拥有另外一个极端的建筑学自治——即职业中的自治？换句话说，如果图解直接推动着建筑学作为一种对话向前发展的同时，通过其生成性影响建筑形式本身的演进，那么作为承载图解的绘图，在实践中传递几何信息的同时是否也在潜移默化地影响着建筑学的革新？为了回答这个问题，我们需要对图纸的历史发展进程进行讨论。

绘图与投影

建筑师这一职业从古至今都是借助绘图这一媒介进行空间操作，其原因有以下三点：首先，建筑师这一身份，无论是在学术领域还是在实践范围，都是建立在"交流"的基础上的。在学术领域，如上文所论述的，学科是基于建筑师与建筑师之间的有形或无形的对话而发展起来的；在实践领域，建筑师对于一个建筑从设计到建成的运作一直伴随着与使用者和工匠的交流，当然在这些交流中，语言往往是不可或缺的，但更为重要的便是作为极为高效而直观的空间表达方式的图纸。其次，在绝大多数的建筑历史中，建筑师对于空间形态的认知与建构是基于对抽象几何的运用，而这背后的缘由之一是古代人类对于理想美的认识与诉求。在古代，理想美往往是和理想形式相互关联，这其中就涉及了对完美数列（数学上）、完美比例（形态上）、完美和声（音乐上）的热衷（Rowe, 1947）。所以在建筑学中，空间形态往往也与数字息息相关。进而，建筑师为了能够在设计过程中对定义空间形态的抽象几何有更好的控制，便需要借助一种易于测量的媒介——图纸。另外，在众多设计相关的领域之中，建筑设计具有无法脱离图纸这一媒介的特殊性。建筑设计师所面对的物质客体的尺度往往是超出单个个体的工作能力范畴，所以建筑师不可能像雕塑家一样一个人完成物质形体的"建造"，而是需要通过一种可以直观地量化信息的图纸媒介来指导大批量工匠的建造活动。由于这三点原因，图纸可以说是从大尺度建造行为出现时便必然会衍生出来的媒介。

虽然如前文所述，图纸与大尺度建造行为息息相关，但它的应用并不是从一开始就与投影相互关联。在斯佩罗·考斯多夫（Sprio Kostof）①的《建筑师：职业历史的一个章节》（*The Architect: Chapters in the History of the Profession*）一书中我们可以发现，虽然从古埃及时期开始绘图作为建造行为中的重要一环便已经出现了，但是直到中世纪时期，它都还一直被用作一种建立建筑局部之间几何

① 斯佩罗·考斯多夫（1936—1991），美国加州大学伯克利分校教授，建筑历史学家。他对于建筑历史的研究侧重于展示建筑工作如何嵌入于物质与社会语境之中。

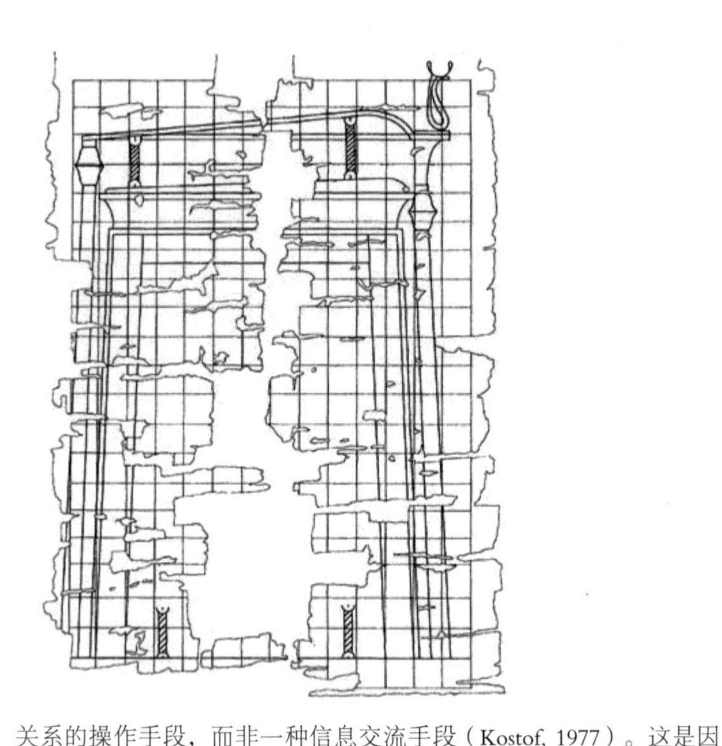

图 2-1-3　古埃及绘图中的网格参考线

关系的操作手段，而非一种信息交流手段（Kostof, 1977）。这是因为在这些时期，“建筑”这一行为更倾向于尼尔森·古德曼（Nelson Goodman）[①]所定义的“亲笔式”（autographic）艺术[②]，如绘画、雕塑等，而非“代书式”（allographic）艺术[③]，如作曲、编舞等（Goodman, 1976）。虽然不同于绘画和雕塑，建筑无法由建筑师一个人来完成，但是在这些时期，由于建筑师会完全参与到建造过程中，所以可以通过各种手段来指挥工匠进行建造，而绘图大多时候只是建筑师对于自己思维的一种梳理和记录。所以在古埃及时期的一些“建筑图纸”中，我们可以发现两个绘图图层：建筑几何轮廓和参考线网格（图 2-1-3）。在这一时期，“建筑师”利用这种参考线网格一方面可以对建筑的几何关系进行梳理，另一方面可以通过参考网格的定位作用将记录下来的建筑轮廓等比例放大，进而将图纸上的轮廓按真实尺寸准确地复制到建造场地中。最终建筑师通过这种由纸面到地面的参考机制，将建筑物的几何信息印刻到真实世界中，并在其基础上指挥工匠进行建造。这种建造传统一直被延续到古罗马、古希腊时期，所以当我们阅读这些时期的建筑图纸时，我们会发现这些图纸并没有表达空间的深度，而只是在通过提供建筑基础或墙壁的平面几何信息来作为一种建造参

① 尼尔森·古德曼（1906—1998），美国哲学家、逻辑学家和美学家。

② “亲笔式”艺术是指复制品并不具备原作所承载的价值的艺术形式。

③ “代书式”艺术是指某种艺术作品的表现形式无法被原作者独立完成，所以在该艺术形式之中并不存在原作与复制品的区别。

考（图 2-1-4，图 2-1-5）。直到文艺复兴时期，莱昂·巴蒂斯塔·阿尔伯蒂（Leon Battista Alberti）的出现才使建筑向“代书式”艺术倾斜。阿尔伯蒂认为，建筑师应该是建筑的设计者而不应该像古代时参与到真实的建造过程中的制造者。这一论断的缘由其实是在这一时期伴随着印刷技术的出现而萌生的现代思想。如同所有的印刷本都会被认为是原作的副本一样，阿尔伯蒂认为，当建筑师在图纸中将一栋建筑设计完成时，他的工作便已经结束了，这时他对这个建筑已经拥有完全的著作权，后来根据这些图纸所建造出来的建筑只是这个设计的副本而已（Carpo, 2011）。这种现代思想所引申的问题是如果物质化的建筑可以被认为是建筑师设计的副本，那么在建筑师完成设计后，整个根据该设计所进行的建造过程便不能允许加入任何建造工人自己的理解和调整。换句话说，在建筑师不在场的情况下，建筑师的图纸需要具有描述建筑的完整三维几何信息的能力，建造工人只需要阅读这些几何信息而不需要在建造过程中进行“深化设计”。所以为满足这一需求，绘图需要同时具有几何信息的注解功能和三维空间的再现功能，其中再现空间便需要投影过程的介入。所以当我们阅读文艺复兴及其之后的建筑绘图时，我们会发现，这些图纸均是对空间深度的一种描绘。例如平面、剖面、立面这三种建筑学中最主要的制图方式，在这一时期均是通过投影将建筑物不同层面上的三维空间形式真实地展示于二维图纸之上。由于投影的介入，平面图不再仅仅是几何构成

图 2-1-4　古埃及平面绘图中对墙体的几何描绘

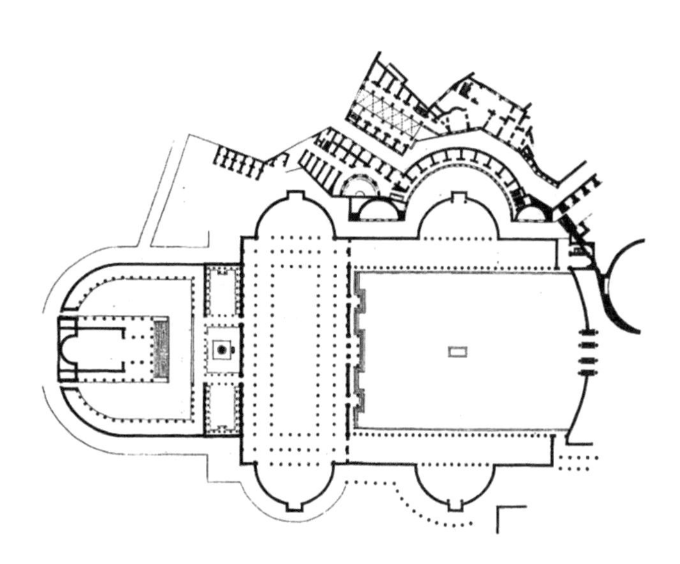

图 2-1-5　古罗马平面绘图中对墙体和柱阵的几何描绘

的信息，而是被定义到每层建筑空间中较低处的水平截面上，这时图纸中就同时包括了建筑轮廓及其背后空间的信息——平面图背后空间的几何形式通过无数的平行投影线被带到了纸面上。与平面图相似，剖面和立面同样在试图通过二维的媒介来传递其背后三维空间的几何信息。剖面图在这一时期被称为内部立面，顾名思义，其目的是通过将建筑切分并打开以展示其墙体内表面的样式。所以，建筑学中剖面的定义通常包括两个部分，剖切轮廓和内部空间投影——后者便是产生于由无数投影线所组成的体系中。而立面图的目的是将建筑形体上不同元素的前后层次在纸面中展示出来，所以，这些在第三个维度上具有不同深度的几何信息也会经由投影的机制被传递到纸面之上，并通常以绘制阴影的手段表达出来。

透视投影与平行投影

投影作为一种将信息在不同维度上进行传递的工具，其工作机制中包括三个要素：投影点（灭点）、投影线和图像承接面。在投影过程中，三维物体上的每一个点会经由一根由灭点出发的投影线移动至图像承接面上成为二维图像上的一个点，反之亦然（图 2-1-6）。在投影的工作机制中，根据投影线之间的几何关系，投影一般被分为平行投影（投影线之间互相平行）和透视投影（投影线呈放射状并最终汇聚于一点）两种。

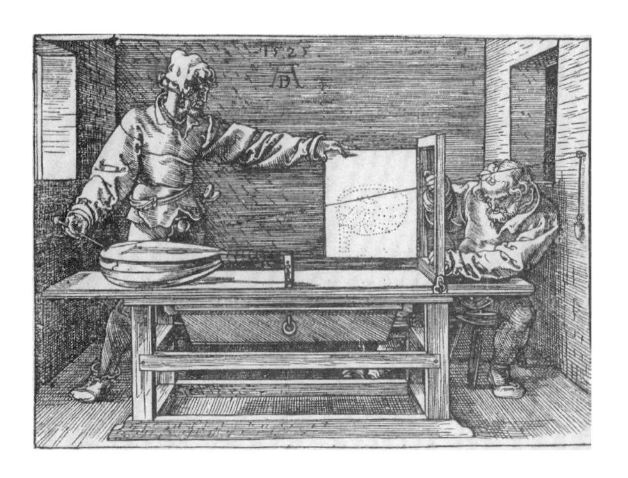

图 2-1-6 “透视的机器”，阿尔布雷特·杜勒（Albrecht Durer），1527

图 2-1-7 以“绘画的起源”为主题的艺术作品
左上：Jean Baptiste Regnault, Origin of Painting, 1785
左下：David Allan, Origin of Painting, 1775
右上：Joseph Benoit Suvee, Invention of Art of Drawing, 1793
右下：Karl Friedrich Schinkel, Origin of Painting, 1830

在投影被广泛使用的多个领域中，与建筑学关系较为紧密的便是绘画领域。虽然建筑师与画家的创作过程均依赖于投影，但是他们对于投影方式的使用却有不同的偏好，其中建筑师更倾向于使用平行投影，而后者的工作往往与透视投影的关系更为紧密。这一现象被明显地反映到一组以“绘画的起源”为主题的艺术作品中（图 2-1-7）。这四幅绘画均描述了同一类场景：描绘者通过对光线的利用，将被描绘者的轮廓投影到描绘面上，进而对人物肖像进行创作。如果对它们进行深入分析的话，不难发现在前三幅作品中的场景均发生在室内，而描绘者使用的是人造光源，即点光源，来投射阴影，这也就说明整个投影过程为透视投影。而在第四幅作品中，肖像的描绘过程发生在日间的室外，描绘者利用自然光将被描绘者的阴影投射到石头上，所以如我们所知由于地球上的太阳光可以被近似的认为是平行光源，可以说第四幅作品所描绘的绘图过程是基于平行投影。这四幅作品中场景地点与时间的不同揭示了它们对于不同投影方式的表达，而一个潜藏在它们背后的既巧合而又必然的事实为我们印证了两个领域对于投影模式的偏好：前三幅描绘透视投影的作品均由绘画家完成，而第四幅描绘平行投影的作品则是由一位建筑师完成的。

事实上，在平行投影被发明之前，建筑师是和绘画家一样被训练的，建筑师会学习通过绘制透视图来表达所设计的建筑空间。但是如前文所分析的，相较于绘画，建筑学的制图无法避免的要承载信息投影的职能，这对图纸中的信息精确性具有更高的要求。然而在透视投影中，灭点、被投影物和投影承载面之间的相对位置关系的不同会使投影结果的几何信息产生不同的扭曲变形，从而很难从图纸中提取出几何元素间正确的比例关系。所以为了得到更准确的投影结果，投影的灭点被不断地向远离投影面的方向移动，投影线之间的角度随之愈发变小，投影结果的变形也愈发变弱，直到灭点与投影面之间的距离无穷大时，便形成了一种革命性的制图方式——平行投影（图2-1-8）。相较于透视投影，平行投影能够将几何比例关系的绝对值展示出来，虽然缺少了视觉需求，但却增加了信息传递的准确性。而之所以称平行投影的出现是具有革命性的，是因为正是随着它的出现，一种用来构建建筑空间的正交图纸体系被建立起来。

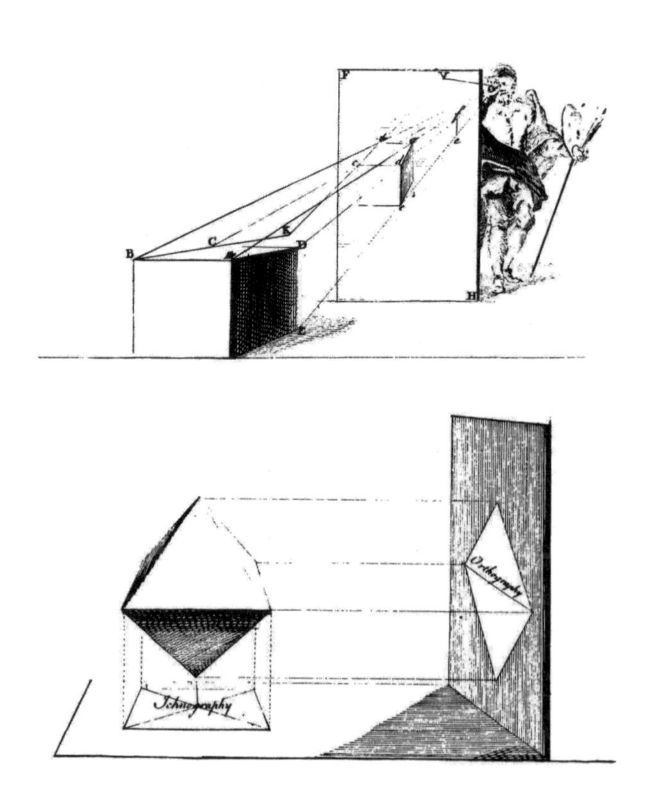

图2-1-8 平行投影与透视投影

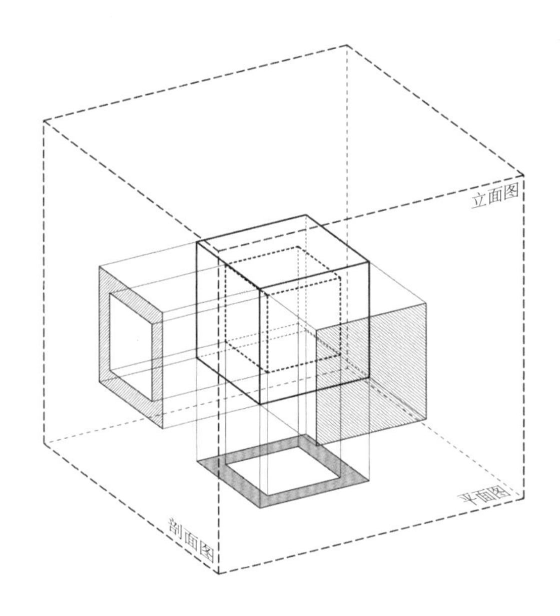

图 2-1-9 立方体式的传统建筑投影空间

正交图纸中的形式图解

平行投影的工作模式可以被想象成一系列空间中的平行线将建筑的几何信息投射到图纸平面上，对于不同的图纸类型，平行投影线会指向不同的方向。当空间中的平行投影线分别指向相互垂直的三个方向时，承载建筑平面、剖面和立面的工作平面也会在空间中呈相互垂直的状态。这时建筑本身可以被想象成存在于一个布满平行投影线的立方体空间内，建筑的图纸被呈现于立方体的各个表面之中，这个立方体便被称为建筑学的正交图纸体系（图 2-1-9）。可以说，正是通过这个体系，图纸才作为另一种“图解”在建筑历史中起着至关重要的作用：一方面，建筑的形体通过工作空间的机制在图纸中表现出来；另一方面，建筑图纸作为建筑设计的重要媒介也会通过工作空间的形式间接地影响建筑本身的最终形态。

如建筑理论家罗宾·埃文斯（Robin Evans）①在他的《投射：建筑与其三种几何》（*The Projective Cast: Architecture and Its Three Geometries*）一书中所论述的，在西方古典建筑体系中，尤其是文艺复兴时期的建筑，其平面往往会呈现为矩形并且基于长向轴线对称，

① 罗宾·埃文斯（1944—1993），英国建筑师、建筑教育家、历史学家。

是由于建筑师基于正交图纸体系进行设计时，出于对工作效能的考虑，尽量使每一张图纸展示更多的建筑几何信息，从而间接地影响了这种建筑形式特点的形成（Evans, 2000）。从单向投影过程分析，在西方古典建筑的图纸表达中，剖面图往往会在建筑长轴方向的中间部位，这是由于在这个位置的剖面可以展示最为完整的内部立面。这时，如果建筑的形态是以长轴轴线为中心对称，并且建筑空间的最高点均出现在轴线上，那么建筑师只需要一个剖面就可以完整地表现出建筑空间的全部几何信息。同理可以推测，当建筑师在绘制立面时，如果建筑的立面几何形式是在基于纸面中心的一条竖向轴线对称的话，那么建筑师只需要设计甚至是只需要表达其中一半的立面几何样式，而且当把古典建筑立面和剖面联系起来分析的话，这条立面上的对称轴线也刚好就是建筑长轴剖面的剖切位置。从投影系统层面考虑，如果说西方古典建筑周线对称的特点是受图纸的信息表达效率所影响的话，那么其矩形平面的特点则是由正交图纸体系的工作简易性所决定的。当把建筑的所有图纸类型一同联系起来时，可以发现，建筑本身的形态是由不同图纸类型间的信息交叉所决定的。那么如果建筑的平面、剖面和立面图纸在空间中相互垂直的话，建筑师将能够以最为简单和直接的方式在把控由二维图纸向三维形态投影的工作机制。进一步分析，如果最终所决定的建筑形体具有主要立面，并且所有的主要立面均平行于图纸的话，几何信息由二维向三维的转化将更加简明，建筑本身的最终形态也更容易被建筑师想象和预测。这时，建筑本体与正交图纸体系的形体关系就如同一个立方体套嵌于另一个立方体之中，所以建筑的平面也便接近于矩形。

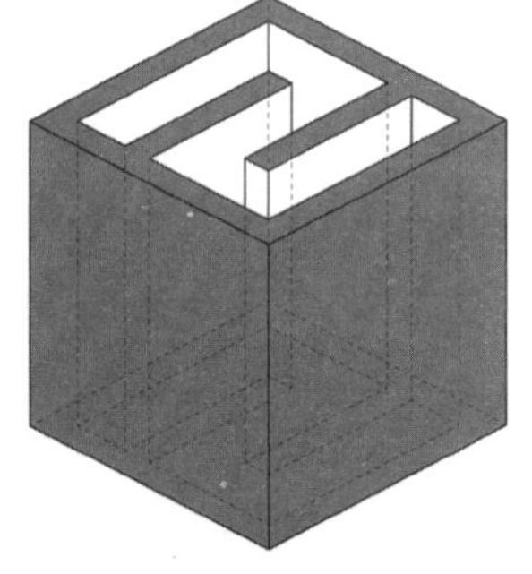

综上所述，可以说古典建筑形制与图纸投影模式有着千丝万缕的联系，而同样在近当代的一些建筑实践中，建筑形式与图纸之间的关系仍可以被清晰的辨识出来。例如以平面图纸为设计媒介的作品，最终形态往往呈现出水平向的形态丰富度及边界延展性；而以剖面图为设计核心的作品往往会在纵向维度上具有更高的复杂性与形体辨识度（图 2-1-10—图 2-1-12）。这无不体现了图纸设计媒介的便捷性作为一种“图解”对于建筑形态特点的影响。所以，尽管建筑的形式演进更多是受到文化和技术等方面因素的影响，但是我们也不能忽视历史发展中建筑形式与图纸形制之间的关系。如果说文化和技术分别是

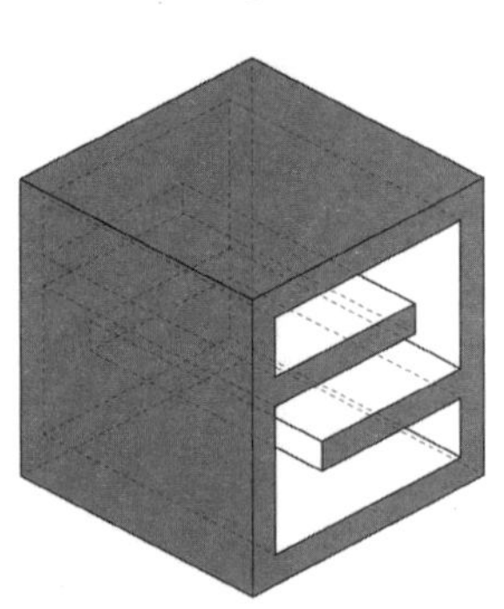

图 2-1-10　以平面图和剖面图为主要空间生产媒介的建筑设计图解

图 2-1-11　平面图为主要空间生产媒介的建筑设计，金泽 21 世纪美术馆

图 2-1-12　剖面图为主要空间生产媒介的建筑设计，朱西奥大学图书馆

在心理需求与建造限制的层面决定着建筑形式风格的发展，那么图纸的运行机制则是从设计本身对建筑形态的演进产生着潜在的影响。如果在从绘图到图解再到建筑的这三个层级中，建筑是学科中的研究本体，图解（设计过程）是学科中形态自治的架构基础，那么承载图解过程的图纸媒介本身也可以说是蕴含着建筑学自治性的另一套隐形价值规律。我们既可以说绘图是图解在建筑学中的主要呈现方式，同时也可以认为绘图本身也是一种隐性的图解。

透视学到切石法
From Projection to Stereotomy

如今我们需要通过二维绘图和几何投影来表现三维物体的时代已经结束了，事实上许多在物理空间中去直接操作虚拟三维形态的技术已经在被试验测试中。

——马里奥 • 卡尔波

the days when we needed geometrical projections to represent three-dimensional objects using sets of two-dimensional drawings may soon be over; indeed, technologies for the direct three-dimensional manipulation of virtual models in physical space are already being tested.

——Mario Carpo

投影绘图的演进

① 阿尔伯蒂范式指在意大利文艺复兴时期由建筑师莱昂·巴蒂斯塔·阿尔伯蒂所倡导的建筑设计与建造的分离而引发的建筑师工作性质的转变。其核心思想认为设计图纸才是建筑师工作的最终输出形式，而建筑物本身只是建筑师工作成果的复制品。

从阿尔伯蒂范式（Alberti Paradigm）①的出现，到它所引发的设计与建造的隔离，再到平行投影及正交图纸体系的建立，绘图本身作为建立在投影基础上的几何信息传递媒介形成了影响建筑形态发展的隐性价值规律——可以被绘图所描述的几何形态才能被建造出来。然而，这种隐性规律的影响并非单向的，无论在哪个历史时期，建筑形态都会受到多个方面因素的影响，当社会对于建筑形态产生了更高的需求时，建筑师为了能够实现形态的物质建造便需要发明新的绘图方式来对更复杂的几何进行描述与定位。所以，投影绘图在间接地影响建筑形态的同时，其自身的演进也会受到建筑形态需求的推动。

在中世纪时期，教堂中的十字拱往往会与正立面形成一定的角度，很难用正交的平行投影方式进行描述与定位。所以这一时期，建筑师发明了一种在投影过程中引入旋转机制的方式。建筑师以十字拱的交点为基点建立一条垂直的旋转轴，先利用正交图纸对拱形进行描述，之后再基于旋转轴将拱券几何旋转到特定的角度，以完成非正交十字拱的定位（Kostof，1977）。到了文艺复兴时期，建筑形态的发展衍生出了更复杂的几何要求。如果说中世纪时期的建筑拱顶是一种“点”和“线”的模式——建筑师只需要通过绘图与投影对拱石的中

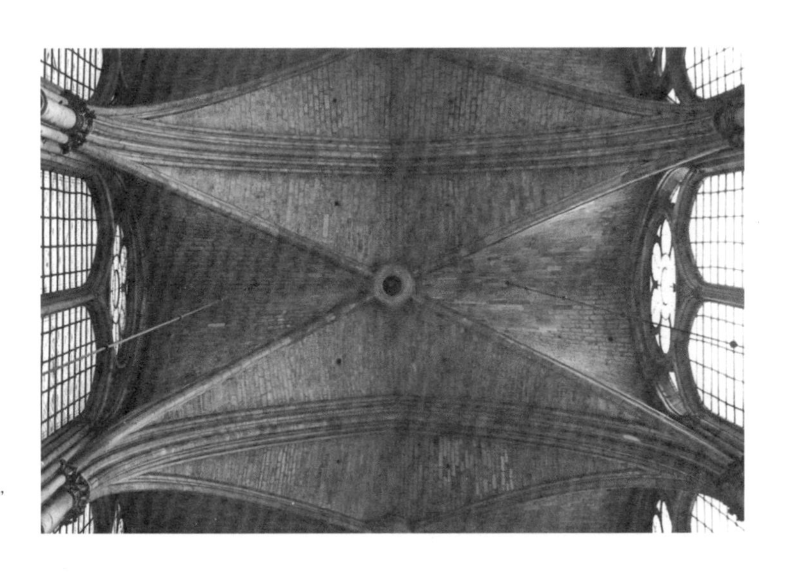

图 2-2-1　中世纪时期“点”和“线”的建造范式

图 2-2-2　文艺复兴时期“面”和“体”的建造范式

心线进行几何定位，之后工匠会根据中心线的几何参照在现场用石块对拱面进行并不那么精确的拟合（图 2-2-1），那么文艺复兴时期的建筑几何可以被认为是一种“面”和“体”的问题——为了达到精确的建筑形态控制，文艺复兴的建筑师需要对组成拱券的每一块砖石中的每一个表面的几何形态进行描述，之后工匠在现场只需要将砖石进行贴合来完成“拼装”（图 2-2-2）。在处理这些“面”和“体”的几何问题过程中，这个时期的建筑师发现通过由平行投影构成的传统工作空间很难设计与描述出非正交的复杂砖石形态（Calvo-Lopez，2011）。尽管利用大量参考线将不同方向的正交图纸进行联系也可以对一个非正交的几何形态进行精确的控制，但是这样会在石块的切割建造过程中浪费巨大的人力与材料。所以这时的建筑师在中世纪旋转定位机制的基础上发明了利用砖石上的表面作为参考面的几何定义方法。这段时期中投影绘图的演进可以说是文艺复兴后期切石法在建筑学中衍生发展的基础。

切石法

切石法，顾名思义，是一种在古代被用来指导工匠对石材进行精确切割的方法，它集合了文艺复兴时期在欧洲已经为人熟知的用于石材切割的几何定义方法。如上文提到的旋转定位机制、按参考面展开图纸等，并在其基础上不断地发展成熟。虽然切石法的最终目的是精确切割建造材料，但从具体职能上定义的话它并不单单是一种建造方式，而是一种基于投影绘图并贯穿从设计到建造全过程的形态生产机制。这种机制使得工匠在面对复杂建筑形态时，仍然可以根据图纸在正式建造之前便将每一个部分都预先切割完成。作为一种结合了几何投影和投影面展开的绘图方式，切石法又不同于欧洲传统的建筑透视图，它的作用更多体现在通过一系列几何操作对形体在实际建造层面进行描述，而不是在通过对于人类视觉感知的模拟利用投影对空间形态进行表现。这也是为什么切石法出现并发展于文艺复兴时期的法国，而非投影制图理论发展更为成熟的意大利。文艺复兴时期的意大利建筑师在阿尔伯蒂范式的影响下对于身份的定位更侧重于设计而非建造，所以他们掌握着复杂的投影绘图技术却并不十分关心用它们去解决建筑几何在建造中的定位与描述问题（Goodman，1976）。所以只有当建筑师既熟知投影理论，同时又关心并掌握着建造技术才有可能在面对难以用正交图纸体系描述的复杂几何问题时将建筑学中的“投影术”向前推进。

切石法作为一种绘图技术手段，它在法国的发展经历了数个世纪，伴随着从文艺复兴到巴洛克，再到新古典主义甚至到现代主义等多个

图 2-2-3　由法国建筑师菲里贝特·狄·拉摩于 1549—1551 年间复杂拱壳形式建造

建筑历史时期，所以我们很难具体地去界定一种统一的切石法绘图方式。在这里为了呈现切石法如何操作，并且论述这种操作模式是如何影响建筑学发展的，我们将集中于一个较为经典的人物——法国建筑师菲里贝特·狄·拉摩（Philibert de l'Orme）①，以及他于1549—1551年间所探索并建造的一系列异形拱券（图2-2-3）。

① 菲里贝特·狄·拉摩（1514—1570），法国文艺复兴时期的建筑师、作家，曾于1533—1536年间赴意大利学习过建筑。

狄·拉摩出生于一个石匠家庭，所以他自幼便对石材切割技术非常熟悉，而之后他在意大利的学习经历更使得几何投影理论与石材建造方式在他身上得到完美的融合。他从意大利回到法国后开始了一系列这种异形拱券的建造尝试。这些拱券由于在几何定义上的难度成为在切石法建造方面十分经典的案例。在图中所呈现的异形拱券是一个以庭院墙角为基线向外放射的倾斜锥形，整个拱券是由7块从庭院墙面向外"生长出"的石块组成，并且在其之上承托着一个向外挑出的具有异形轮廓的房间。在整个拱券的建造过程中，由于每一块石材的形状和方位均不相同，并且在每一块石材上面与面之间的夹角也各异，很难运用传统的石材切割方法进行描述和加工，所以狄·拉摩根据拱券的周边墙体的几何关系，建立了一套全新的投影绘图机制来对每一块砖石的角度和边长进行几何求解和尺寸描述（图2-2-4）。

这套机制可以说是最初的切石法绘图。我们所看到的这幅切石法展开图包含极其复杂的投影线和参考线，使得它很难被清晰地阅读，这是由于两方面原因：其一，这张展开图包含了全部7块砖石的几何信息；其二，狄·拉摩为了能在三维建造之前就将石材的几何信息描述出来，所以他在绘制中需要将不同的图纸类型折叠到一个二维平面中以进行进一步的几何求解。罗宾·埃文斯（Robin Evans）曾在他的《投影：建筑及其三种几何构型》（*The Projective Cast: Architecture and Its Three Geometries*）一书中对狄·拉摩的切石法展开图进行过分析。他将狄·拉摩对图纸的折叠分为两种：展平（rabattement）——即沿水平参考线的折叠；旋转（rotation）——即沿垂直参考线的折叠（Evans, 2000）。整个切石法绘图是架构在一张平面图和一张展平的拱形剖面图的基础上。在平面中，拱券所在庭院的两面相互垂直的墙体相交于*A*点，在图中由*A*点出发的两条射线表示。尽管拱壳上方向外悬挑的房间形态十分复杂，但是由于它是垂直于地面的几何体（由二维轮廓

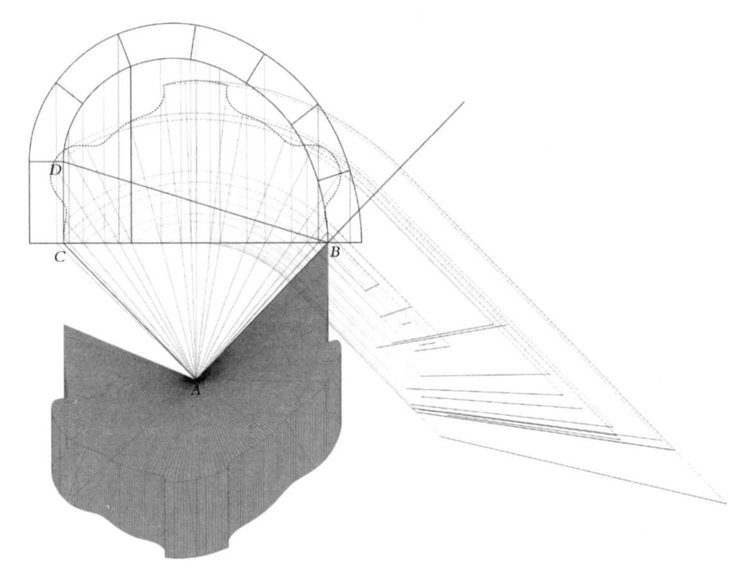

图 2-2-4 基于切石法的几何建构图纸

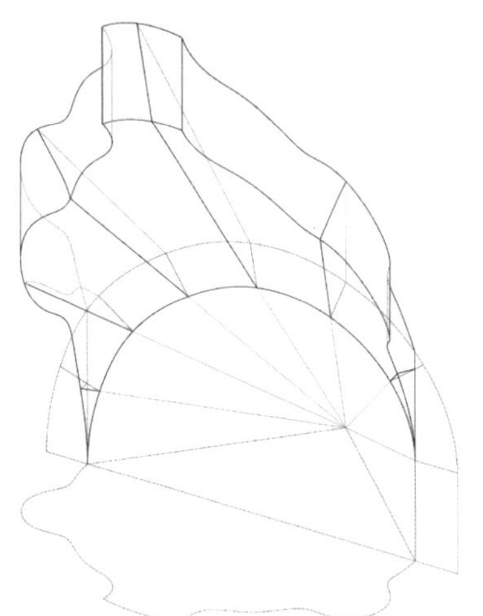

图 2-2-5 以平行投影—透视投影体系为几何系统的三维拱券建构过程

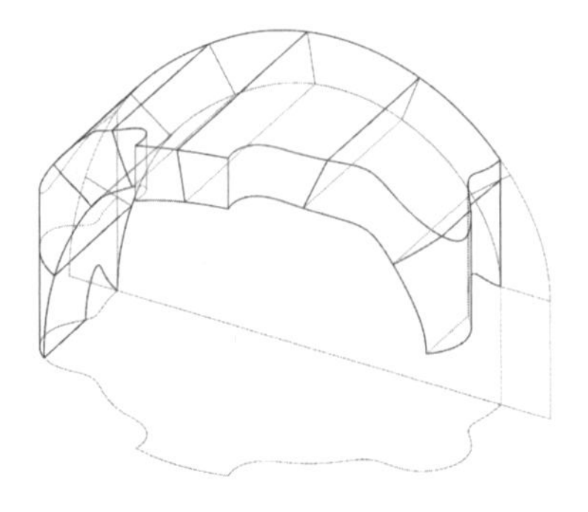

图 2-2-6 以平行投影体系为几何系统的三维拱券建构过程

描述所得），所以它在建造时可以由平面中一系列圆弧组成的异形曲线来描述。由于悬挑的房间紧贴庭院的其中两面墙壁，所以这条异形曲线会与由 *A* 点延伸出的两条射线相交于 *B* 和 *C* 两点，而 *BC* 之间的连线是整个平面中最为重要的几何定义。虽然线段 *BC* 并不会作为一条实在的线出现在最终的建筑形体中，但是它作为一条参考线对整个锥形拱券的生形起到极其重要的作用。在狄・拉摩的图中，由 8 个部分组成的拱形轮廓线是在 *BC* 位置处拱券的垂直剖切面，这个剖切面经由 *BC* 旋转轴被展平到平面上。这时读者可能会有疑虑，最终的拱券由 7 块石材组成，而剖面中的拱截面为何却包含 8 个部分？这是因为，在加建拱壳的其中一面墙体上有一扇小窗，为了使拱壳避开这扇窗，拱的一侧基础需要设计的比另一侧要高一些，所以我们可以理解为拱的形态需要先从一个倾斜的椭圆上得出，之后它的一侧要被截短至 *D* 点，保持端点 *F* 处与地面垂直从而可以直接与原有墙体表面 *CD* 相切。所以拱形剖切面真正的底端边线为 *BD* 而非 *BC*，而剖切面中的 *CD* 部分属于原有墙体而非拱壳。

当狄・拉摩的切石法图纸中包含了叠合在一起的一张平面和一个经过 *BC* 处的垂直剖面时，所有对于石块的进一步几何定义操作都可以基于二者的相交关系来进行。若在文艺复兴时期拥有三维化的几何建构工具，整个对石材的定义过程将会非常简单。可以想像在三维媒介中，平面上的异形曲线与经过 *BC* 处的拱形剖面相互垂直，两个原有墙体的交点 *A* 与直线 *BC* 位置等高，接下来只需要由 *A* 点向剖面上的每一点进行连线并向外延伸以形成一个锥形体，之后将这个锥形体在平面异形曲线之外的部分切除，便得到了最终的拱壳形态（图 2-2-5，图 2-2-6）。然而在文艺复兴时期既没有三维建模媒介也没有数控加工设备，所以为了能够在建造之前将每个石块进行精确切割，狄・拉摩需要在二维的媒介上完成对所有石块的所有边长与角度的计算。狄拉摩将每个由平面与剖面相交关系求得的石材边长经由位于 *A* 点处的垂直旋转轴旋转至位于 *AB* 处的立面上，并将这个立面沿直线 *AB* 展平至二维平面，从而得到每块石材的真实几何信息。由于整个图纸中包含了每一个石块上每一条边的求解过程，所以呈现结果较为复杂，我们在这里选取其中一条边为例来解释狄・拉摩所做的几何操作的具体过程，如下页所示：

首先我们选取从图纸最右边开始第三个石块的左下角点 X 所代表的边缘为例。由于点 X 位于通过线段 BC 的剖面上，所以在剖面中从点 X 向下作垂线会与线段 BC 相交与点 X'。然后，由于每一块砖石都是由点 A 放射的锥形的一部分，所以当在平面上从点 A 向点 X' 连线并且继续延伸，直到与代表上方房间轮廓的异形曲线相交于点 X'' 时，线段 $X'X''$ 便是我们所要求解的石块边线在平面上的投影。这时我们在平面上以点 A 为旋转轴将线段 $X'X''$ 旋转到直线 AB 所在的方向，可以得到这条石块边缘在立面上的基础线 $Y'Y''$，也就是说所求边缘的两个端点必定分别在从点 Y' 和点 Y'' 出发并且垂直于直线 AB 的两条射线上。那么这时我们只需要求出其中一个端点的高度便可以完成求解了。我们知道立面上的点 Y' 是与剖面中的点 X' 相对应的，所以位于通过点 Y' 的射线上的石块端点的高度也就等于剖面中点 X' 在空间中的投影点 X 的高度——即线段 XX' 的长度。这样我们便可以在从点 Y' 出发的射线上做长度等于 XX' 的线段，从而求解出其中一个石块端点在立面中的真实位置点 Z'。之后我们连接点 A 和点 Z' 并继续延伸，直线 AZ' 与从点 Y'' 出发的射线的交点 Z'' 即为石块另一个点的真实位置。最终我们可以通过线段 $X'X''$ 得到所求边缘在平面上的位置，通过线段 $Z'Z''$ 得到所求边缘在立面上的倾角以及真实长度。在完整的几何建构过程中，狄・拉摩只需通过不断地重复上述步骤，最终可以求解出每个石块的几何信息，并根据这些信息完成石块的精确切割（图 2-2-7）。

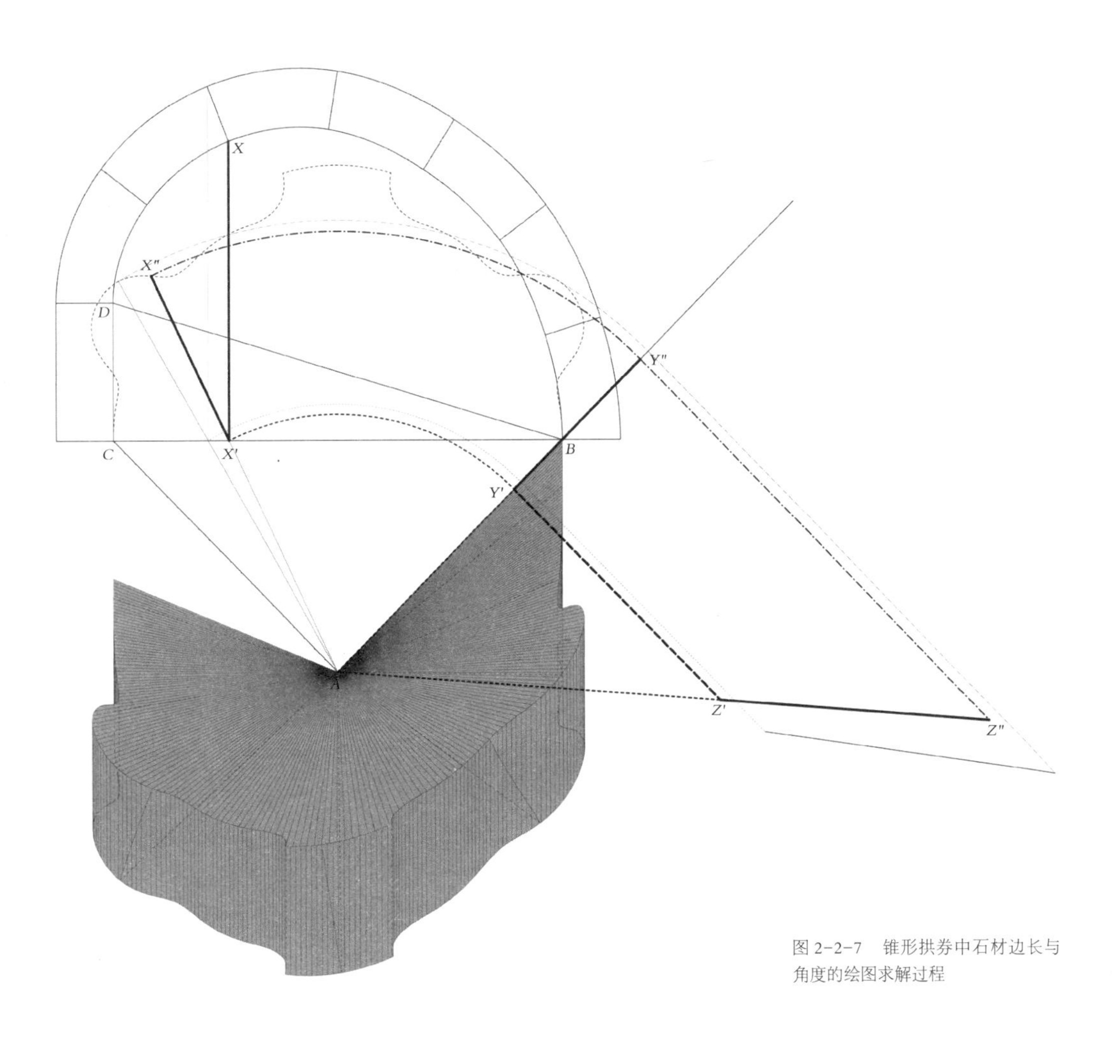

图 2-2-7　锥形拱券中石材边长与角度的绘图求解过程

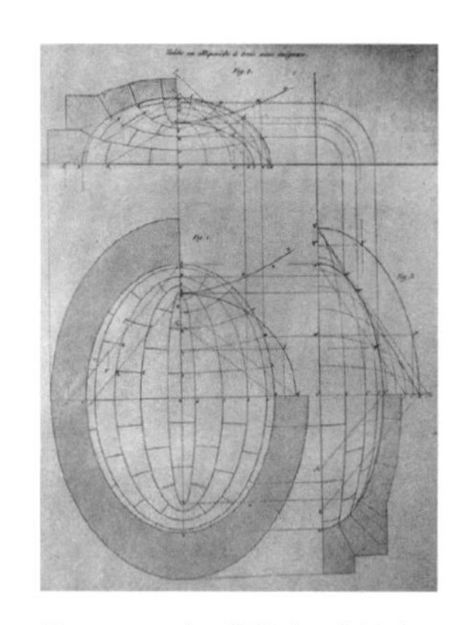

图 2-2-8　由贾斯帕德·蒙治建立的画法几何

① 贾斯帕德·蒙治（1746—1818），法国数学家，画法几何的发明者，曾协助创立了巴黎综合理工大学（Ecole Polytechnique）。

可以说，从狄·拉摩对切石法的探索开始，这种全新的投影绘图方式在之后的时期中不断发展成熟。在狄·拉摩的年代，切石法虽然已被广泛应用，但还处于一种基于经验而建立起来的几何描述方式，缺乏实在的数学证明。而且它本身的定义也一直模糊于设计工具和建造工具之间而难以明确。到了 18 世纪初，这种方法被另一位建筑师狄·拉茹（De La Rue）第一次带入了几何领域，并整理为较为全面的操作方法。十年之后，阿米蒂·弗朗索瓦·弗雷兹（Amedee Francois Frezier）又在狄·拉茹工作的基础上建立了一套完整的支撑这个切石方法的科学基础，并且这套科学基础最终被贾斯帕德·蒙治（Gaspard Monge）[①]发展成了我们所熟知的画法几何（descriptive geometry）（图 2-2-8）。如果我们对关于切石法的这段历史进行总结，可以将其归纳为以下四个阶段：中世纪时期正交投影绘图对哥特建筑形态产生了限制；正交投影绘图在文艺复兴时期的发展；切石法的出现及作为一种经验手段的发展；现代启蒙时期切石法向画法几何的完善。我们在这段历史中可以发现，随着建筑风格的不断发展，人们对建筑几何形态及建造精确度的需求越发提高，推动着这种以解决复杂几何问题为目的的投影制图术向前发展。而因为投影绘图与建筑形态之间的影响是一种闭合的回路，所以纵观历史，我们也必然可以发现像切石法这种投影制图方法的进步也会反过来对建筑形态的发展产生进一步影响，并且对这种影响的研究会对当今伴随数字化技术的设计媒介更新具有重要的批判性作用。

图纸与过程性设计

图纸这一媒介之所以在建筑设计发展中一直扮演着重要的角色，与其自身所具备的“图解”式生成性有关。图纸如同其所承载的图解一样，通过自身所具有的形态生成性作用，为建筑设计带来了更多的可能性。归纳起来，图纸对于建筑设计过程的辅助作用有以下三点：

首先，人类作为存在于三维世界中的生物，其大脑对于较低维度层级的物体具有更好的感知和控制能力，这也是为什么图纸作为最主要的设计与再现工具一直存在于建筑发展过程中，甚至在三维数字化技术高度发达的今天也仍然占据着重要的位置。在设计过程中，平面、立面、剖面等传统图纸形式的介入使得建筑师可以通过在较低的维度上（二维）进行几何操作来间接地控制在较高维度上（三维）的最终建筑形态。由于建筑师不需要同时处理三个维度上的几何信息，设计过程对于大脑想象力的需求降低，从而极大地提高了建筑师在整个设计过程中对于形态的创造性。

其次，图纸对于建筑设计的贡献在于它在过程中引入了一种基于投影的信息传递模式，建筑师不直接面对结果，而是通过维度间的信息传递来对结果进行控制。维度间的信息转换过程必将伴随着在其中某一维度上的信息删除与再添加，这也就使得设计结果中包含了不可预测的成分，进而拥有了更多的可能性（图 2-2-9，图 2-2-10）。

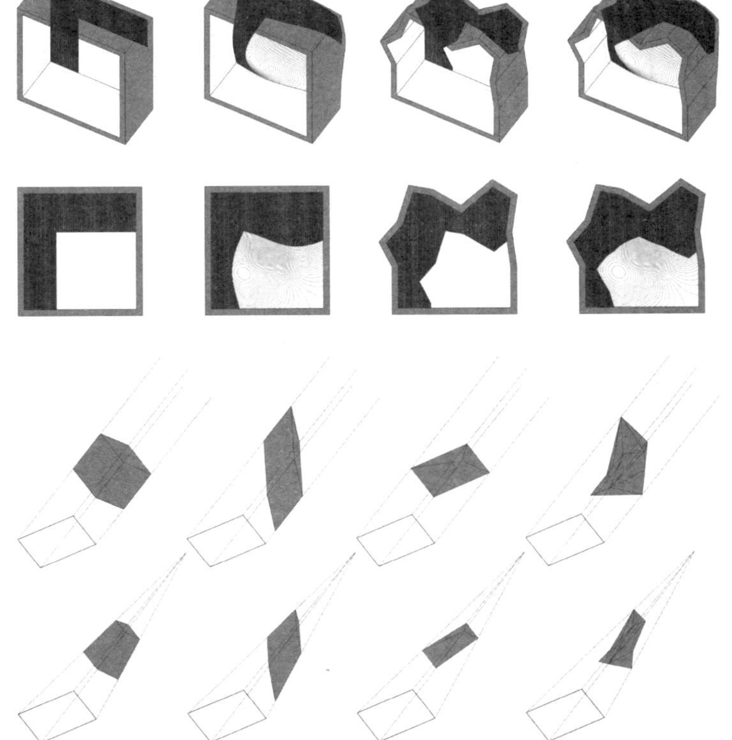

图 2-2-9　从三维到二维的几何信息投影：由于投影承接面不同，基于同样的三维形态会投影出不同的二维图像

图 2-2-10　从二维到三维的几何信息投影：由于在第三个维度增加了几何信息，所以基于同样的二维图形会产生多种投影结果

图 2-2-11　未来主义绘画对于时间性的描绘

第三，以二维图纸为设计媒介来创造三维建筑客体时，整个设计过程会被拉伸，建筑师大脑中的形态塑造过程被反映到了纸面上，这使得设计过程中的每一个决定都更加透明化，从而对逻辑性有更高的要求。而在这种高度逻辑化的设计过程中，二维图纸由于其具有更高的可感知性，所以提供了更多的结果相互比较的条件，从而建筑师拥有了更加确定的依据做出设计决策。

投影绘图与数字技术

图 2-2-12　立体主义绘画中多重视点的引入

无论绘画还是建筑，其作品都会通过投影这一过程呈现于纸面上，而投影在作为一种表达工具的同时，其基本模式也间接影响着整个作品的产生过程。回溯历史，投影模式的转变对于表达方式的影响往往会是绘画和建筑领域产生革新的源动力。例如，在绘画领域，同样是摒弃了沿用数百年的透视投影法，未来主义尝试将时间这一第四维度上的变化投影到三维空间中，并最终呈现于二维画面上（图 2-2-11）；立体主义则尝试将多个拥有不同灭点的投影体系重叠在一起代替单一灭点的传统透视法来描述三维空间（图 2-2-12）。在建筑领域，切石法摒弃了立方体式的正交图纸体系，通过将平行投影与透视投影相结合以达到直接操作非正交形体的目的，从而创造出有趣的拱券形式。

在当代建筑实践中，我们同样可以找到将投影与绘图作为一种根源动力在拓展建筑表现方式的同时去探索建筑形态的可能性。正如马里奥·卡尔波（Mario Carpo）所说，无论是从约翰·海杜克（John Hejduk）到彼得·艾森曼，还是从马西莫·斯科拉里（Massimo Scolari）到普雷斯顿·斯科特·科恩（Preston Scott Cohen）[①]，这种对于表现工具的批判式使用一直是当代建筑学科中本质的组成部分（Carpo，2011）。

① 普雷斯顿·斯科特·科恩，当代建筑师，哈佛大学设计研究生院教授，致力于传统几何学在建筑本体议题中的应用研究。

在 20 世纪 90 年代，数字化技术在建筑设计媒介的发展中已经产生了巨大的推动作用，建筑师对于空间的塑造已经慢慢地从图纸转移到了三维建模软件中。斯科特·科恩在这样一个时期探索了一系列在二维图纸中利用几何投影技术创造复杂建筑形态的设计方法。当然科恩并不是从本质上抵触计算机技术，甚至在他的一些设计中，数字化工具也会被当作主要的设计媒介来创造空间形态，但是，他的作品在建筑数字化革新的潮流中既没有简单趋向一种由工具能力所带来的特殊形式风格(曲面形态)，也没有刻意宣称形态背后的逻辑与算法特质。数字化技术在斯科特·科恩看来也只是一种创造工具的媒介，并不能直接被认为是工具本身，当然也更不能被理解成一种建筑议题。所以，斯科特·科恩在他的探索中只是借助新工具的帮助来建立新的设计媒介，而他的最终目的是通过新的媒介来重新回溯建筑本体的问题。

斯科特·科恩在《争议的对称以及建筑的其他困境》(*Contested Symmetries and Other Predicaments in Architecture*)（图 2-2-13）一书中用大量的篇幅论述了建筑几何中的多重对称问题，并在他的实验性项目中探索了透视绘图这一建筑学中的传统表现方式在这方面上的形态生成能力。他首先分析了建筑学中的两种对称方式：垂直对称和水平对称。通过对比这两种对称形式在被人的视觉感知时的不同显性能力，提出了一种需要在视觉投影过程中进行修正的"主观"对称形式（图 2-2-14）。在随后的设计探索中，斯科特·科恩重新引入了切石法投影的概念，建立了一种利用参考线连接平行投影与透视投影的几何建构方式。其中，平行投影作为建筑设计中构建形态的传统工具被用来提供整体的几何信息，透视投影则在打破投影技术在几何操作方面的限制（由于灭点在投影过程中为变量，所以为形态的投影提供更大的灵活性）的同时将人的主观视觉模拟带到了设计过程之中。整个设计通过利用透视投影对本来在几何层面对称的两个体量进行偏移修正，从而得到了一种在主观感知层面（透视视角中）的对称性（Cohen，2011）。

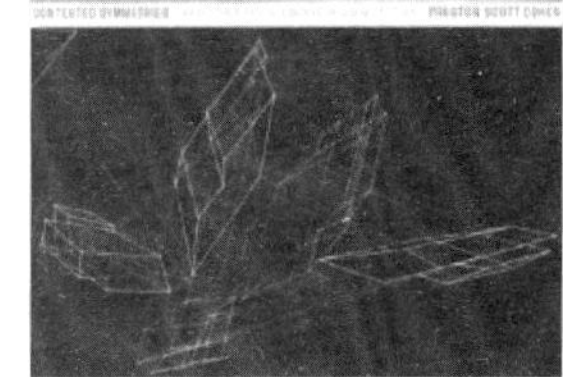

图 2-2-13 《争议的对称以及建筑的其他困境》(*Contested Symmetries and Other Predicaments in Architecture*)

斯科特·科恩在理论与设计上的探索揭示了一对在当代建筑学中处于矛盾状态的两个元素——基于投影体系的图纸设计媒介与基于数字化技术的模型设计媒介。如果将构建空间的过程理解为一台具有输入端和产出端的机器的话，在当代数字化技术的推动下，这台机器所发生的演变为建筑形态的风格带来了巨大的变革，并且导致建筑学走向了两个对立的极端状态。总的来说，建筑设计在这一语境下可以被分为两类：其一，在传统制图规则基础上通过几何投影创造空间形态的模式——即二维到三维的转译；其二，在数字化建模工具的基础上

图 2-2-13 基于视觉修正的“主观”对称形式

直接对最终三维空间形态的操作——即三维生形。在第一种类型中，建筑客体是一系列图纸操作的必然结果，图纸作为建筑客体的生成媒介包含了用以描述建筑客体的全部信息。在第二种类型中，建筑客体与图纸媒介相互独立，图纸仅仅作为附加物从建筑客体上被制作出来进行一定程度的表达，并无法描述建筑客体在三个维度的全部几何信息。两种设计模式的比较就如同古典音乐与摇滚乐，古典音乐作曲家通过曲谱写作来进行创作，在创作过程中，直到作品完成并被乐手演奏，作曲家都不会听到最终的乐曲呈现，而摇滚乐手使用吉他一边演奏一边创作，产生的乐曲是乐手思考的直接体现。

如前文所论述，在建筑设计中形态建构与空间表现是两个互相影响的操作过程。然而在当代建筑中，无论建筑空间是在哪一种设计媒介中被构建出来，建筑师对它的表现方式始终都是相同的。建筑师虽然摒弃了古典建筑形制的规则，却依然沿用古典建筑的制图规则来进行表现。建筑师往往只关心形式语言本身，却忽视了投影制图作为形式生成背后的“图解”所蕴含的根源动力。在这种状况下，两种相互矛盾的建筑设计媒介在有其优点的同时又都包含着缺陷。

在二维到三维转译的设计媒介中，图纸仍然是形态的主要生成媒介，但是由于传统的建筑学工作空间是基于正交的平行投影体系，而这种投影机制会对几何形态结果产生限制，所以以传统投影绘图为设计媒介的工作模式难以创造出建筑空间形式的三维多样性。

在“纯粹”三维生形的设计媒介中，建筑师摒弃了二维图纸的设计方式而直接在思考过程中面对三维形态。这种直接利用三维建模软件进行的建筑设计虽然可以满足对于复杂几何形体的设计需求，并且能够在构建空间形态的过程中给予建筑师最大的自由度，但是由于建筑结果与图纸表达完全独立，这一过程往往会对设计师的空间想象能力提出更高的要求，并且由于图纸不再作为建筑设计媒介，建筑师在直接面对三维形体时失去了由二维信息向三维结果转化过程中的不可预测性所引发的形态生成能力。

基于上述问题，一方面我们需要通过挑战传统正交图纸体系中投影操作机制的极限，来代替三维建模软件去探索建筑形体的三维多样性；另一方面我们又要利用数字化技术来打破维度间的限制，建立一种在人类形态感知能力范围内的设计媒介，进而通过融合两种建筑设计模式的优点，建立起一种既能够全面地涵盖复杂形体的几何信息，又能保持着投影过程中不可预测性的形态生成机制——基于维度间转译关系的操作方式去生成多维的建筑几何形式。所以图解化的表达与再现正是描述这种抽象性以及多维转换关系的钥匙。

形式图解
Formal Diagram

从瓦堡学院到柯林·罗的形式图解
Formal Diagram from Warburg Institute to Colin Rowe

从柯林·罗到艾森曼的形式图解
Formal Diagram from Colin Rowe to Peter Eisenman

从艾森曼到格雷戈·林恩的数字图解
Digital Diagram from Peter Eisenman to Greg Lynn

从瓦堡学院到柯林·罗的形式图解

Formal Diagram from Warburg Institute to Colin Rowe

就像所有发生变革的时代，总会有新的图像标志突现眼前，如照明的灯塔，这就是图解概念的产生。

——彼得·艾森曼

As in all periods of supposed change, new icons are thrust forward as beacons of illumination, so it is with the idea of the diagram.

——Peter Eisenman

自文艺复兴时期起，制图术和透视学通过二维图纸定义了建筑设计的设计与表达手段。然而，从本质上讲这还是将实体形式置于纸面上的陈述，其操作过程始终仅呈现在视觉结果的表达之中。从 20 世纪初期开始，建筑师对于形式本质的认识产生了一系列潜移默化的转变。从图（Drawing）到图解（Diagram），简单的单线取代了建筑墙体、窗体等复杂的制图线，尺度、细节、建构含义等重要的建筑信息被忽略，形式背后的隐性逻辑被抽离出来，从而建筑得以被图解化呈现。这个过程可以从柯林·罗到彼得·艾森曼再到格雷戈·林恩的思想与实践轨迹中去阅读，或许可以证实图解思想从建筑分析工具演变为设计生产工具的过程。

图解的萌芽

瓦堡学院（Warburg Institute）（图 3-1-1）成立于 20 世纪 20 年代，其创始人阿比·瓦堡（Aby Warburg）①是著名的建筑理论家与历史学家。在他的影响下，瓦堡学院的研究对象更偏重于对“经典传统文化”的研究，并集中于艺术心理学、符号学等领域。

① 阿比·瓦堡（1866—1929），原名 Abraham Moritz Warburg，历史学家，文化理论家

瓦堡学院有着一种充满激情的信仰，坚信人类文化的普遍性存在于时代精神之中，而历史学家的职责就是要穿透风格变化而发现其本质。对时代精神的信仰推动着瓦堡学院持续地探求人类文化中亘久不变的真理，一种人文至上的真理——正是这种使命感，在墨守成规的新古典主义和激进的现代主义时代中显得别具一格。

② 鲁道夫·维特科瓦（1901—1971），出生于德国柏林，致力于意大利文艺复兴和巴洛克艺术与建筑方向的研究的历史学家。

鲁道夫·维特科瓦（Rudolf Wittkower）②是这样一位追求人文精神的斗士。他于 1934 年加入瓦堡学院，毕生从事对中世纪、文艺复兴时期以及巴洛克时期建筑与艺术的历史理论的研究。鲁道夫·维特科瓦在《人文主义时代的建筑法则》（*Architecture Principles in the Age of Humanism*）（图 3-1-2）的 1960 年再版前言中，对该书的概括清晰而又明了：这是一本关乎人文时代建筑学核心问题的书。该书的研究对象主要以理论家阿尔伯蒂和建筑师帕拉蒂奥为主，而时间跨度则穿越了文艺复兴的整个过程。作为一本历史考察性很强的作品，

图 3-1-1　瓦堡学院院徽

其史料可谓详实，大量的图片引用也充分地证明了维特科瓦作为史学家严谨态度和细致认真的工作作风。

《人文主义时代的建筑法则》作为一本历史著作，除了对真实历史证据的引用和对研究对象的测绘之外，还包含了一张在当时看来很与众不同的图——他在解释帕拉蒂奥别墅的几何学时所使用的一张名为“帕拉迪奥的11个住宅的系统性平面”的图解（图3-1-3）。

图3-1-2　鲁道夫·维特科瓦的著作《人文主义时代的建筑法则》

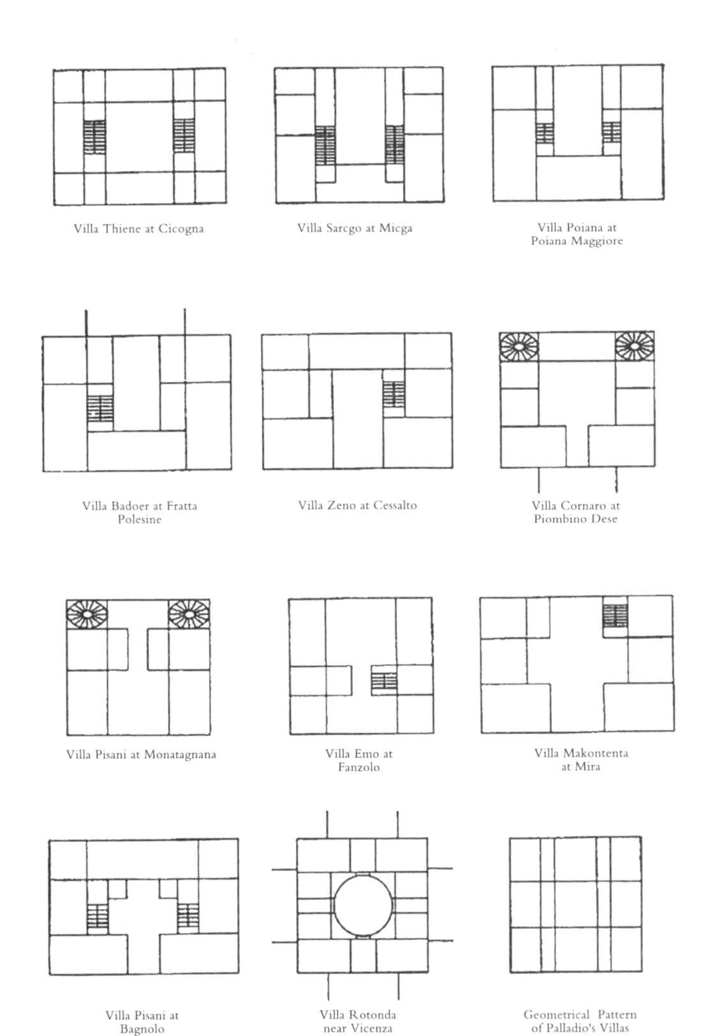

图3-1-3　帕拉蒂奥的11个住宅的系统性平面

这张图已经可以被称为图解——简单而明确的抽象化赋予了图全新的含义。帕拉蒂奥的 11 个别墅的平面在这里被比较并呈现出明确的共性。但与该书中出现的其他图不同，这张图别具一格，且具有一定的“现代性”。在简化而又抽象的绘制方式中，墙体厚度、墙面洞口等细节均被省略，单线表达的只是帕拉蒂奥别墅房间的平面比例与关系。唯一准确表达的建筑特征部分仅为楼梯间，而这也是为了强化“对称性”在帕拉蒂奥建筑中的重要性。有趣的是，建筑中其他的信息全部被省略，甚至没有表达墙体！更加独特的是，在对帕拉蒂奥的 11 个别墅进行图解化概括后，维特科瓦还给出了一个对帕拉蒂奥别墅的几何模式的概括图解。而这样一个近似“九宫格”的平面模式并不是简单地由之前的 11 个图解叠合而成，而是通过总结之前 11 个图解的共性而得出。这些共性总结了包括比例、中心与边界、对称性、三段式等关乎空间关系和平面构图的图解。可以肯定的是，帕拉蒂奥肯定从未画过这样的“九宫格”来对其建筑进行概括，所以这样的图解作为一本历史研究性书籍的配图，在表达分析对象的几何学之外，又包括了更多的信息。维特科瓦的平面图“简化转译”操作，正式揭开了图解启蒙的大幕。

假如说维特科瓦的研究目的是为了寻找和求证在文艺复兴建筑发展背后始终存在着的人文精神的话，那么这个图解其实已经超越了这个目的，并将人文精神进一步物化成了一个具体的图解范式。我们将《人文主义时代的建筑法则》中这些图解调换顺序来看，就会发现这样一种逻辑：如果最深层次的是这个近似“九宫格”平面，那么是否可以将其他 11 个平面看作是其发展和变形而得来的？这样的话，这个图解就不只是简单的一个概括，而成为一个不得不加以服从的形式法则。无论形式怎么变化，都要无条件服从这个最基本的规则。

维特科瓦的《人文主义时代的建筑法则》一书提出了两个主要问题：教堂建筑的人文意义和建筑平面的比例关系。维特科瓦在讨论比例时始终在问：究竟什么是和谐的比例？虽然他最终并未给出完美比例的解答，但却有趣地提到：“我们对比例的研究是带着怀疑而又敬畏的态度进行的，对于这个一度模糊的课题在今日又变得鲜活起来，我们期待年轻的建筑师能给这个古老问题以新的甚至意料之外的解答。"就如之前维特科瓦所说，比例是对概念的支撑，此时，柯布西耶将他的比例理论建构在对两个问题的解答上：应该适应人体和机械化的大生产的需要，以及建立带有传统人文美学色彩的黄金比例和斐波那契数列（Fibonacci Sequence）的模度模型。柯布西耶自己很清楚其模度理论的工具性，在他的《模度》（*Le Modulor*，图 3-1-4）一书中强调："模度"是一种有效的工具，它连接了构思与结果，它为创造者而非操作者提供帮助。这就意味着"模度"是当设计师无法精确定义度量的困境时，为他们提供确定度量的参照标准。因此可以看出，柯布西耶对于比例的态度与维特科瓦有着很大的不同。如果从柯布西耶自身具有的人文和科学双重身份来考量的话，其自身试图强调的更多是他更加偏向技术性的一面，同时也可以看出柯布西耶受其所推崇的机械美学的影响。

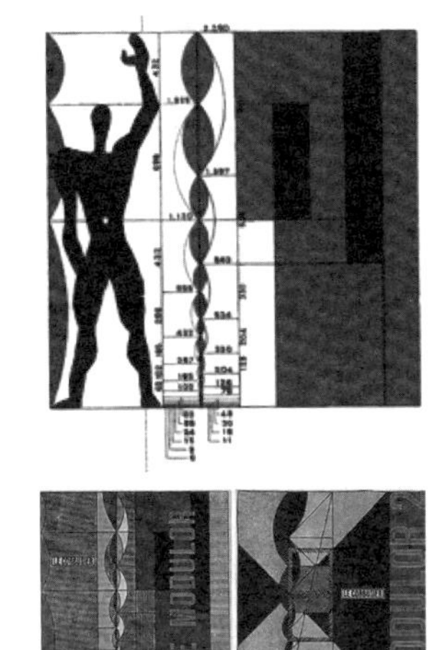

图 3-1-4　柯布西的耶模度理论与《模度》《模度二》

然而，对技术的倾向无法掩盖柯布西耶骨子里面的人文特性，而这一点也正是作为维特科瓦的学生柯林·罗在《理想别墅的数学》（*The Mathematics of the Ideal Villa*，图 3-1-5）一文中试图揭示的。图解在实现这一过程中起到了重要的作用。

理想别墅的数学的图解

《理想别墅的数学》一文成文于 1947 年，最早发表在英国《建筑评论》（*Architectural Review*）[①]杂志上。如果说柯林・罗对现代主义建筑的关注源于他早年在利物浦大学（University of Liverpool）所受到的双重教育和之后对现代主义的不断反思的话，他在文中用于阅读柯布西耶的斯坦因住宅（Villa Stein）的方式却是不折不扣的来源于维特科瓦，一种近乎偏执的精读和令人不得不信服的观察。这与维特科瓦阅读文艺复兴时期人文主义建筑的方式是完全相同的。

① 《建筑评论》，1896 年创刊，伦敦建筑出版社编辑出版。

在柯林・罗这篇文章写成之前，从未有人将现代主义建筑与文艺复兴时期的建筑进行并置比较。前卫的现代主义是如此的特立独行，以至于从来都没有人考虑过将其与古典主义或文艺复兴建筑进行对比。甚至柯林・罗本人也在文中指出，从表面上看，两者（柯布西耶的斯坦因住宅与帕拉蒂奥的马尔康达别墅（Villa Malcontenta）是如此

图 3-1-5 《理想别墅的数学》(*The Mathematics of the Ideal Villa*)

的不同，以至于将其并置似乎是一种玩笑。但他同时提出，只要两者还都属于“建筑”，那么两者的比较也就不应该被“时代”所影响。柯林·罗所进行的这种跨越时代的对比阅读也印证了瓦堡学院的信条：坚信人类文化的普遍性存在于时代精神中！历史学家的职责就是要穿透风格的变化而发现其本质。柯林·罗为了向读者揭示两者背后的本质，对柯布与帕拉蒂奥的作品进行了三次比较。

柯林·罗的第一次比较，就以帕拉蒂奥的圆厅别墅与柯布西耶的萨伏伊别墅的场地环境开始。两个建筑的环境都是具有同样的“田园感”，这样场地的相似给读者一种潜意识里的印象：柯布西耶似乎具有一种很奇妙的历史感。而第一次比较虽然不算重要，但是已经为后面的第二、第三次比较做好铺垫。

第二次的比较是柯林·罗对于图解运用的开始。在前面大段的铺垫和陈述之后，柯林·罗在这里直接提出的对比就很从容——直接并置了体量、尺寸和平面划分的数学关系，图解在这里的操作痕迹非常明显。如果我们只拿平面图并置，还是很难发现两者的相似点，正是柯林·罗对两者平面的简化抽象和数字注解，才使得这样的概念清晰而明朗。和《人文主义时代的建筑法则》中的图解画法一致，简单的单线抽取形式中最核心的部分并将其进行表达，以实现形式逻辑的再现。但柯林·罗叙述的重点不在相似性，而是在简单地罗列相同点之后，他突然笔锋一转，又再次回到了两者的不同点上面。但这里的不同点却不再是前面所说的“表面上的”不同，而是在“大部分”相同的基础上所挖掘的不同，或者是一种微妙的不同（依然是数学关系上的不同）：斯坦因住宅和马尔康达别墅在进深方向的 0.5 单位比例的差异。虽然是微小的差异，但柯林·罗在这里却发现了背后的宏大，即柯布西耶的“阴谋”：这样的 0.5 比例的操作，将帕拉蒂奥在马尔康达别墅所形成的中心性空间转化成了在斯坦因住宅中的中心消解的空间（图 3-1-6）。

柯林·罗下一步的分析更加苛刻，在对两座建筑的精读中每一步都是事实的罗列，而每一步又都紧紧围绕中心集中和中心消解来谈（表 3-1-1）。这里的事实罗列采用了并列的方式：平面、立面、屋顶。

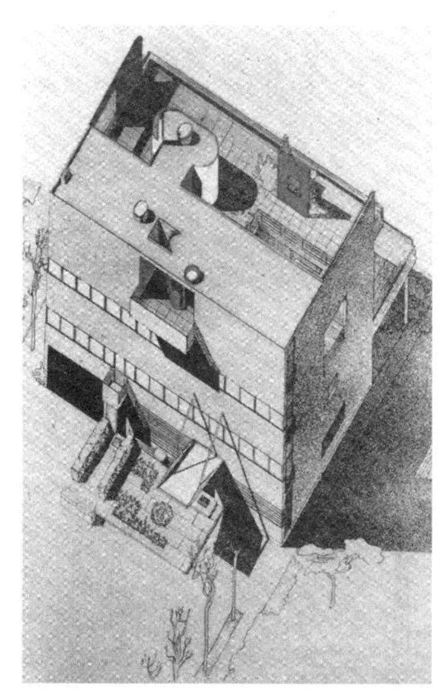

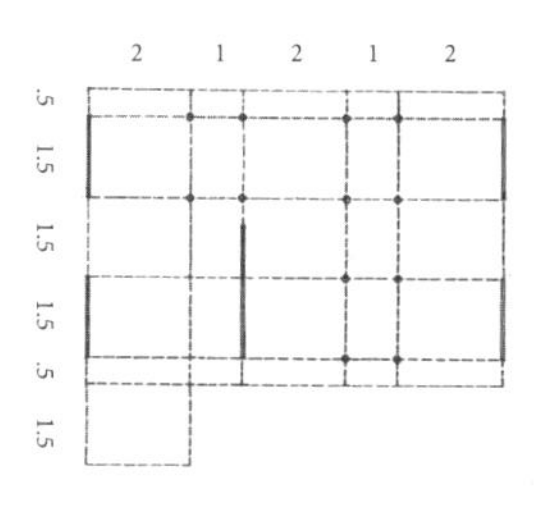

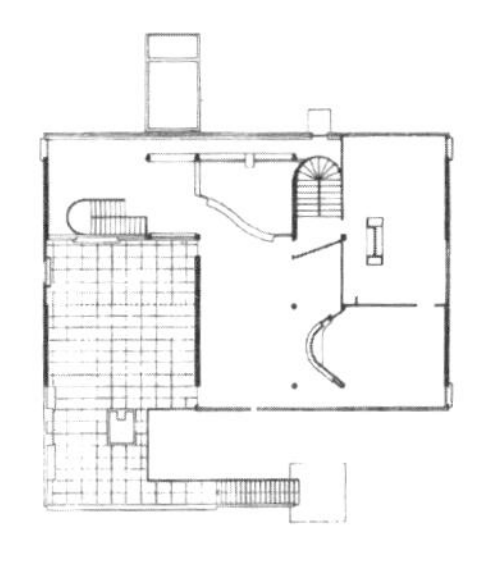

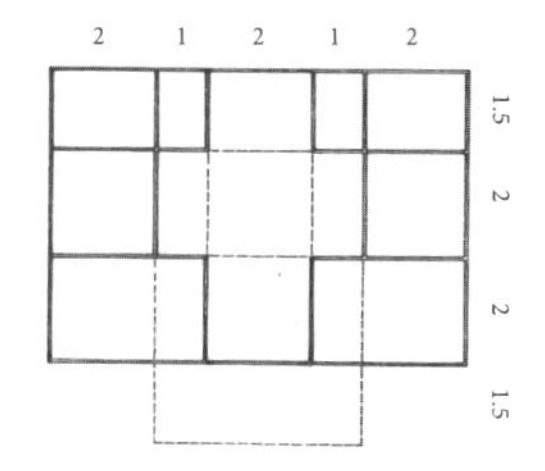

图 3-1-6　马尔康达别墅和斯坦因住宅的原始平面和柯林·罗对二者的图解分析

	马尔康达别墅	斯坦因住宅
建筑体块	独立长方体块	独立长方体块
比例体块	8×5.5×5单位	8×5.5×5单位
从左到右的平面划分	2:1:2:1:2	2:1:2:1:2
从前到后的平面划分	2:2:1.5	0.5:1.5:1.5:1.5:0.5
空间组成	中心集中	中心消减
建筑屋顶	原始体量做加法	原始体量做减法
建筑结构	墙体承重	框架结构
平面手法	对称	非对称
几何与数学性体现	平面	立面
风格特征	古典：罗马、希腊	抽象：机器美学

表 3-1-7　柯林·罗对马尔康达别墅和斯坦因住宅的分析

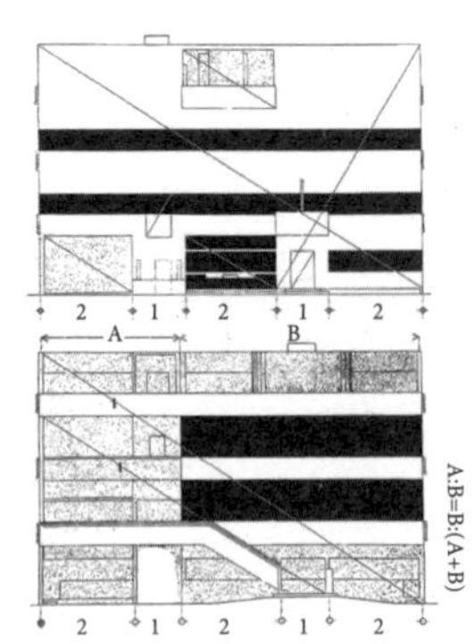

图 3-1-8　柯布西耶在立面体现的黄金比例在帕拉蒂奥的建筑中却找不丝毫踪迹

在形式阅读上这三部分没有明确的主次之分。但从行文来看柯林·罗还是有主次倾向的，这种倾向并不是对三部分的主次区分，而是对帕拉蒂奥和柯布西耶的论述——柯林·罗将柯布西耶放在了更重要的位置。这里的比较表面是建筑的比较，但深层内容在于对柯布西耶的解读。至此，柯林·罗完成了对帕拉蒂奥和柯布西耶的第二次比较，利用图解，从相同点到不同点，从微妙区别到巨大差异，自成一体。但这里的比较，似乎仍停留在比较形式表面的部分，之后第三次比较才真正接近了核心的内容 (图 3-1-7)。

对柯布西耶与帕拉蒂奥的比例图解分析成为第三次比较的内容。其中柯林·罗开始讨论自然美①问题。这里不再局限于斯坦因住宅和马尔康达别墅的对应比较，而是针对两位建筑师应用“比例”的手法。柯布西耶更为激进、彻底，之前的分析也证明了这一观点：在斯坦因住宅的立面表达图上，柯布西耶很刻意地使用调节线来表达立面，以证明其黄金比例关系。而在马尔康达别墅中帕拉蒂奥表现出了妥协，虽然他在平面上似乎体现了很大程度的“自然美”，但在立面上，自然美系统受到了“习惯美” 的爱奥尼比例体系影响。柯布西耶对黄金比例在立面上的体现更多，而帕拉蒂奥在平面上的体现更多。究其原因，柯林·罗认为：对帕拉蒂奥而言，“习惯美”的比例体系影响固然是原因之一，但由于建筑受到了结构体系的限制，建筑空间在竖直方向上难以操作，从而使得对“自然美”的探索只能在平面上进行；对于柯布西耶而言，其结构体系带来了平面的自由性，进而平面的自由性又会转移为剖面的自由性，自由的平面和剖面使得柯布西耶只能

① 柯林·罗在《理想别墅的数学》开篇首先引用著名建筑师克里斯托弗·雷恩 (Christopher Wren) 关于美的两种论述，美分为自然美 (natural beauty)与习惯美(customary beauty)，自然美偏重于对几何形的强调上：正方形、圆形、竖直线、水平线、垂直关系，这些严谨的几何构成了自然美。习惯美通过使用而产生，人们对其熟悉后而滋生的一种美的感受，而并非其本身为一种自然美。雷恩的阐述表明了其更倾向于自然美。

在立面上体现黄金比例。不过影响不只如此，柯林·罗又一次回顾斯坦因住宅和马尔康达别墅的第二次比较时发现的核心问题—关于柯布西耶消解焦点的“阴谋”：平面和剖面的自由性，使得柯布西耶无须像帕拉蒂奥在马尔康达别墅所做的操作一样，利用一个十字形的中心空间来形成建筑的整体印象，柯布西耶在斯坦因住宅中对中心进行消解，并通过在端部操作的手法来实现黄金比例（图 3-1-8）。

这样，柯林·罗完成了他的第三次比较，这次比较展现了其对柯布西耶解读的深度。柯布西耶已经不再是其自己标榜的“机器”的建筑师，也不是别人所谓的割断历史的现代主义者，而是蒙上了一层浓重的历史主义色彩。柯林·罗最后对两位建筑师的总结更偏向于宏观的比较，关于两者对待历史的态度问题。帕拉蒂奥不用多说，其历史感十分明确，甚至他自己都说自己的基本工作是“对古典建筑的改编”。而柯布西耶的历史感却显得比较隐晦，但在柯林·罗这里却得到了更高的赞赏。柯林·罗认为他是“一位非常全面和天才的兼收并蓄者”。

从柯林·罗的三次比较中可以发现，柯林·罗图解表达方式和《人文主义时代的建筑法则》中的图解画法一致。然而这一时期，柯林·罗仍然只局限于平面图解，《理想别墅的数学》一文中出现的唯一一个轴测图解也是他完全引自柯布西耶的原图，用以说明斯坦因住宅的长方形体量，并没有“解”的过程。究其原因，虽然这个时期柯林·罗受现代主义的影响超越其老师鲁道夫·维特科瓦，他将研究的目光投向现代主义，但他还没有完全脱离“比例”这个几乎完全在二维空间里探讨的内容，这样一种思考对象的局限性使得他无需运用更复杂的图解来说明自己的思想，因此这个时期是可以看作是柯林·罗的“平面图解”时期。

正如在《人文主义时代的建筑法则》中帕拉蒂奥别墅类型的图解分析，以及《理想别墅的数学》中对柯布西耶与帕拉蒂奥别墅的相似性的图解分析，“原型”的概念虽然还未成形，但在柯林·罗的分析中已经出现萌芽。这一理论在他之后于德州大学奥斯丁分校[2]与约翰·海杜克（John Hejduck）[3]一同发展的“九宫格”（Nine-Square Problem) 教学中以设计的形式重新出现，成为现代主义发展的另一条

② 德州大学奥斯丁分校（University of Texas at Austin，UT-Austin），成立于 1883 年，美国著名高等学府，是德克萨斯州大学系统中的旗舰校区，也是德克萨斯州境内最顶尖的高等学府之一。

③ 约翰·海杜克（1929—2000），美国建筑师，艺术家和教育家，“九宫格”建筑练习主导者之一。

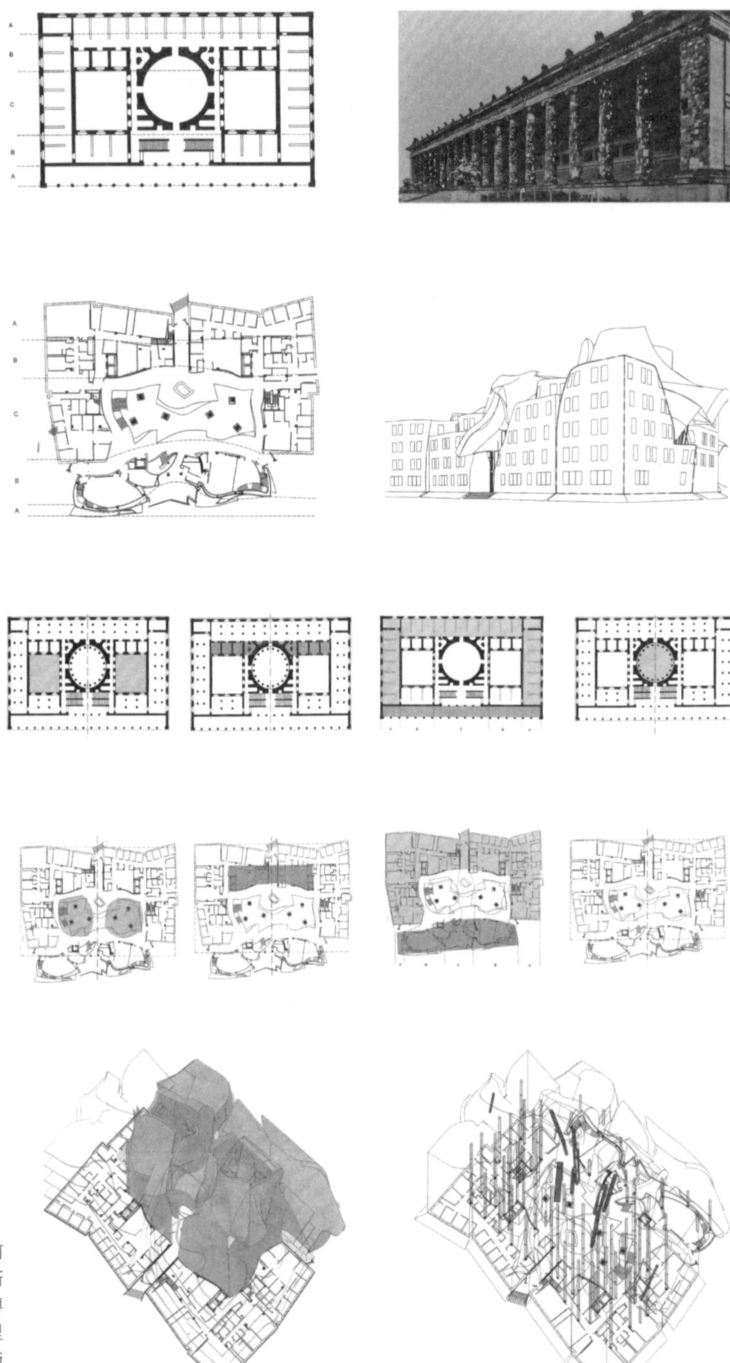

图 3-1-9 艾森曼后期运用与柯林·罗同样的手法对盖里的路易斯大楼（Lewis Building）与柏林老博物馆（Altes Museum），分析出盖里看似“凌乱”扭动大楼设计背后与古典之间的空间、比例等联系

以形式为主的脉络。其实在“平面”时期，柯林·罗使用的图解已经变为一种范式，这样一种“马尔康达—斯坦因”范式所蕴含的关乎比例、空间关系等复杂形式内容的原型已经足以使得图解本身具有了作为形式生成的力量。虽然这一时期柯林·罗的思想和图解工具还不够成熟，但这种理论对之后“德州骑警”（Texas Rangers）[①]时期的“九宫格”实践的产生具有重要的意义。

① 此处将 Texas Rangers 翻译为德州骑警，国内也有学者翻译为“得州游侠”“得州骑警”“德州游侠”等，均表达同一个意思。

德州骑警

20 纪 50 年代，在美国德克萨斯建筑学院由柯林·罗与伯纳德·霍伊斯利（Bernhard Hoesli）[②]牵头，主要成员还包括罗伯特·斯路茨基（Robert Slutzky）、李·赫希（Lee Hirsche）、约翰·海杜克、约翰·肖（John Shaw）、李·霍辰（Lee Hodgden）、沃纳·塞利格曼（Werner Seligmann）等人，先后汇聚在一起。在对新的教学计划商讨及开展过程中，他们重新回顾了现代建筑空间形式的基础，探索系统地教授现代建筑的方法，彼此之间相互影响和激发，创造了至今仍影响深远的教学实践，这批人后来被冠以“德州骑警”这个带有美国西部片传奇色彩的称号。随后他们又去往全美和世界各地，将其影响持续地发展下去，成为当今建筑设计及教学研究的一个重要学派。

② 伯纳德·霍伊斯利（1923—1984），瑞士建筑师与拼贴艺术家，致力于基础设计课程的课程改革。

在现代建筑的重新诠释和发展方面，“德州骑警”质疑和批判了战后普遍采用的单纯功能主义设计模式，重新确立了空间形式研究在现代建筑中的核心地位，并延续了现代艺术与现代建筑的某种血缘传统。此前，以柯林·罗为代表的形式主义研究已经为此打下了基础，而在此之间，他开始了与斯路茨基的一系列合作，包括后来影响广泛的有关“透明性”问题的研究。

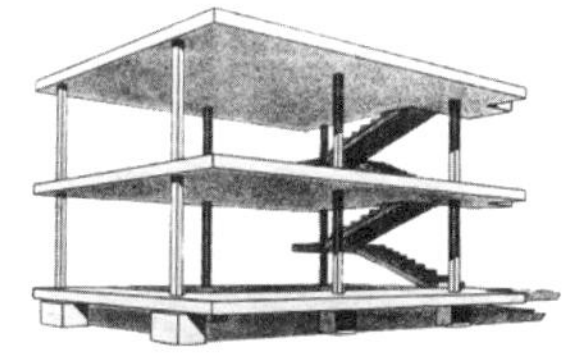

图 3-1-10　多米诺体系（上）与空间建构（下）

“德州骑警”对现代建筑的研究与其设计教学紧密联系。在这里，如同在各个历史时期许多重要学校的先辈一样。“德州骑警”彰显了建筑学校的学术性和思想性，并与当时美国建筑教育体系中巴黎美院（Beaux-Arts）与包豪斯（Bauhaus）的两大脉络保持了距离。对于这批人来说，如何教授现代建筑的空间形式，探索与之相应的新的教学方法和过程成为一个核心问题。德州骑警的改革，起始于对现代主义

① 弗兰克·赖特（1867—1959），美国现代主义建筑大师、室内设计师、作家和教育家，主要作品为流水别墅（Fallingwater House）、罗比住宅（Robie House）等。

② 西奥·凡·杜伊斯堡（1883—1931），荷兰艺术家，在绘画实践、写作、诗歌和建筑均有建树。

早期历史的发掘，包括早期的弗兰克·赖特（Frank L.Wright）[①]，西奥·凡·杜伊斯堡（Theo Van Doesburg）[②]和柯布西耶等人。而对早期现代主义的研究也为德州骑警们提供了一种不同于包豪斯的另一种视野——对形式的再发掘。

柯林·罗和霍伊斯利将这样两幅图片进行类比展示骑警们的形式改革——柯布西耶的框架结构图（Frame Structure，又称多米诺体系）和杜伊斯堡的空间建造（Construction in Space，图 3-1-10）。这两者都有长达 30 年的历史，并在此之后，几乎没有任何能够超越这两幅图解所包含的思想。两幅图解严格来说都不完全是建筑，而是关于概念的图像。柯布西耶的是关乎建造的理解，而杜伊斯堡的是关乎空间组织的解释。柯布西耶的图解是由正常视点高度看到的一个透视图，三个水平向的平板由六根竖向的柱子支撑，这些限定了一个含蓄的建筑体量，但是又保留了包裹和立面组织的无限可能；杜伊斯堡的图解是一个轴测的建构，空间构成提供了一个由内向外扩展的平面与体块构成的连锁结构。两者对比后我们会发现前者所涉及的顶面、底面、前后左右的具体关系在后者中完全不存在。更具体一点说是柯布西耶图解中的稳定性、被动性与杜伊斯堡图解中的不稳定性和动态性发生着强烈的对比。从空间角度理解来说，柯布西耶的图解似乎想引入一种离散的空间，伴随着室内和室外，私有空间和公共空间的分离。而杜伊斯堡更多的是想消除这样一种分离，一种没有内与外的区别。而这似乎预设的是两种彻底对立的概念。柯布西耶的图解允许建筑师在预先限定结构的基础上进行添加墙体、构件等空间元素的自由操作。而在杜伊斯堡的图解中，决定性的介质——空间是由平面状元素本身来加以界定和形成，换句话说是由结构本身形成的。

柯林·罗也正是想表达这样一种对 20 世纪初期现代主义的理解，在两种思想融合之前的辩证关系。而这样的一种辩证关系正是对空间决定论的反驳，并为空间形式的自主性提供了可能，也为“形式服从于形式”提供了理论基础。而基于这一原则，无论是之后约翰·海杜克负责的基础教学部“九宫格”实践，还是柯林·罗和斯路茨基所撰写的《透明性》（*Transparency*）一书，都从根本上批判了“形式服从功能”的图形化模拟媒介。

九宫格图解

用于建筑学基础教学的重要工具——“九宫格”理论起始于柯林·罗的原型理论，并由罗伯特·斯路茨基和约翰·海杜克两位德州骑警中的代表人物发展而来。

在德克萨斯，斯路茨基和赫希的基础课程无疑直接反映了某种形式和空间训练的意图。二人都是约瑟夫·艾伯斯（Josef Albers）[③]的学生，后者曾主持了包豪斯后期的基础课程教学。在这些基础课程中，斯路茨基和赫希设置了一套有关三维设计的训练方法，这被称为“九宫格练习”的雏形：设置“3 × 3”的 9 个相同的立方体作为基本网格，在此网格线上摆放一定数目的灰卡纸板，来围合、限定，或分隔出各种基本的空间组织关系（图 3-1-10）。这项练习突破了传统二维绘画的限制，而直接采用板片在三维中进行空间组织。这种组织采用了严格的网格，表达出某种几何性和秩序的控制，这为后来的“九宫格”的发展埋下了伏笔。

③ 约瑟夫·艾伯斯（Josef Albers，1888—1976）德国出生的美国艺术家与教育家，对 20 世纪艺术教育课程有深远的影响。

“九宫格”形式空间反映了现代艺术抽象性和逻辑性的要求。当时斯路茨基的画风正是某种“新古典的”，同时他也将绘画研究中有关“格式塔”（gestalt）心理学对空间和形式感知的影响带入课程训练中，讨论诸如“疏与密、张与压、几何组织与格式塔式的“围合”等问题。不过，正如斯路茨基所言，这项练习在当时并没有与建筑产生直接关联，最多只是一些“面”的塑性延伸和压缩，因而更像是绘画或雕塑，而非建筑。由斯路茨基和赫希的抽象形式构成练习转向更综合的建筑练习，这是九宫格发展的关键。而这一重要变化正是由当时德州的另一个成员——约翰·海杜克完成的。

与斯路茨基和赫希一样，海杜克也在 1954 年的秋季学期来到德州，并于 1956 年的春季学期结束后离去。作为一名建筑师，海杜克对现代艺术有着很深的素养，当时他刚刚结束一段在意大利的访问生涯，沐浴了亚平宁半岛的古典主义的光辉之后，海杜克也从早期无所拘束的浪漫主义中感受到了另一种理性的控制力；而同时刚到德州的海杜克也发现自己在建筑构造和具体细节问题上的不足，这些可能都促使他更多地采用框架控制建筑形式。

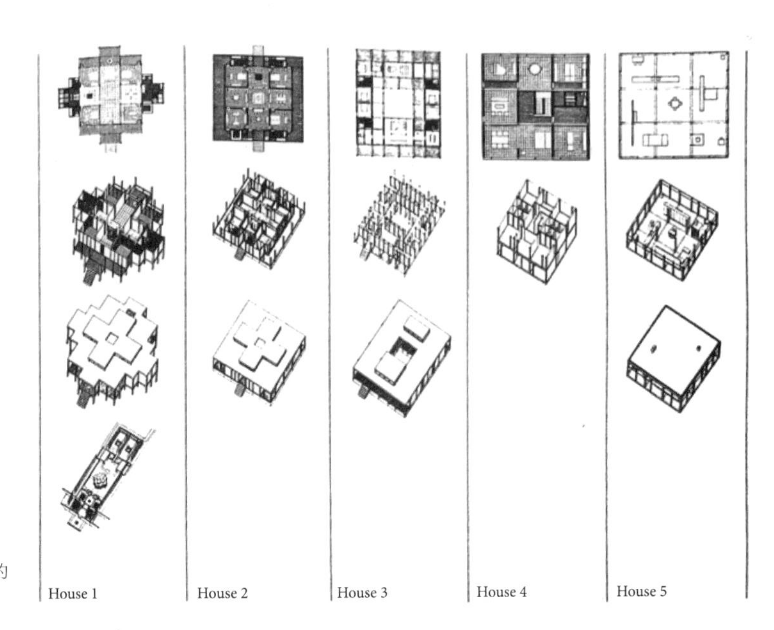

图 3-1-11　海杜克带领学生做的“九宫格”实践

在各种因素促动下，海杜克在斯路茨基等人的形式训练中看到了 9 个立方体所组成的网格作为建筑空间结构的可能性及意义：如果将网格的交点在垂直方向立起则成柱，那么在柱之间的水平联结则是梁。由此一个框架结构就出现了——在这个框架中，底面成为地面，垂直方向的板片成为墙，水平方向的板片成为楼板。如此，“点—线—面”等抽象的空间形式要素与“梁—柱—板”等具体的建筑构件联系起来。在这种双重基础上，九宫格练习成为建筑设计入门的一个经典练习（图 3-1-11）。

海杜克的贡献在于，他将斯路茨基原先用作画面形式推敲工具的“九宫格”进行了建筑意义上的转译。图解通过这一途径真正得到了建筑意义上的实现。在此之前，无论是维特科瓦对于帕拉蒂奥别墅空间的总结图解，还是柯林·罗强调两栋“理想别墅”相似性的图解，它们的意义都只限于对已存在建筑的一种概括。虽然在此之前这些图解都蕴含着形式转化的意义，但都没有将图解发展成对建筑的生成属性进行真正定义的工具。当然，这可能与之前两者为历史学家和理论家的身份有关。但作为建筑师的海杜克却在同样的思路下发现了图解生成建筑形式的可能，虽然此时的操作还仅限于“九宫格”的单一操作，但这样的思路却为之后大规模涌现的将图解作为形式操作的生成设计方法奠定了理论基础。

海杜克对“九宫格”理论的另一个贡献在于，将“九宫格”作为一个开放式思考问题的方法。“九宫格”作为一种从建筑形式出发的思考模式，它可以被看作是综合我们之前提到的“多米诺”图解和“空间建构”图解的一种尝试。“九宫格”从其基本空间形态上来看，它拥有了对称与自由，中间与周边等空间关系。限定的结构体系就如同柯布西耶的“多米诺”体系所隐含的建造、空间限定等基本条件。用于空间分割操作并插入的板片则又体现了杜伊斯堡的灵活空间分割理念。这可以看作是对现代主义建筑的一种自主性方法的延伸。“九宫格”这一形式的开放性又允许无限可能的存在，甚至后面将要详细论述的彼得·艾森曼的早期实践代表作“卡纸板住宅”，其实践起点也是“九宫格”。虽然那些可能更多的是对“九宫格”过于僵化的结构进行批判，但我们还是可以看到“九宫格”这一形式蕴含的无限可能性以及之后对建筑师的深远影响。

透明性与轴测图解

如果说海杜克对“九宫格”图解的转译可以认为是德州骑警与传统建筑学教育模式抗争的武器，那么柯林·罗和斯路茨基的《透明性》（图 3-1-12）一书则可以被认为是这场抗争的宣言。这样一篇宣言文章的反叛性是如此的强烈，这使得关于《透明性》本身的故事也都变得扑朔迷离。

自 20 世纪二三十年代，“空间”“形式”“设计”这些词汇就已开始在现代建筑界被广泛使用。与此同时，现代建筑发展中出现了一些空间设计的新方法和原则。此前，在现代建筑早期的包豪斯教学训练中，有关新的空间方面内容主要体现在入门的基础训练和相关的设计教学中，而在高年级的建筑设计中却没有相应的教育体系。在其后一段时期的发展中，功能主义的方法在现代建筑设计及教学中迅速占据了主导地位，进而造成了对形式空间问题的忽视。

图 3-1-12 《透明性》(*Transparency*)

20 世纪 50 年代，柯林·罗等人开启了战后形式主义研究，对当时以沃特·格罗皮乌斯（Walter Gropius）为代表的功能主义的“泡泡图”（bubble diagram）模式进行批判。在 20 世纪初发展起来的美学及心理学理论，尤其是“格式塔”心理学，为解读画面空间的结构和图底关系等提供了新的有效方法。在 20 世纪 50 年代，柯林·罗和斯路茨基将立体主义绘画和“格式塔”心理学联系在一起，分别以格罗皮乌斯的包豪斯校舍和柯布西耶的斯坦因别墅为例。提出两种“透明性”的问题，对现代建筑空间做出了全新的划分和解释。

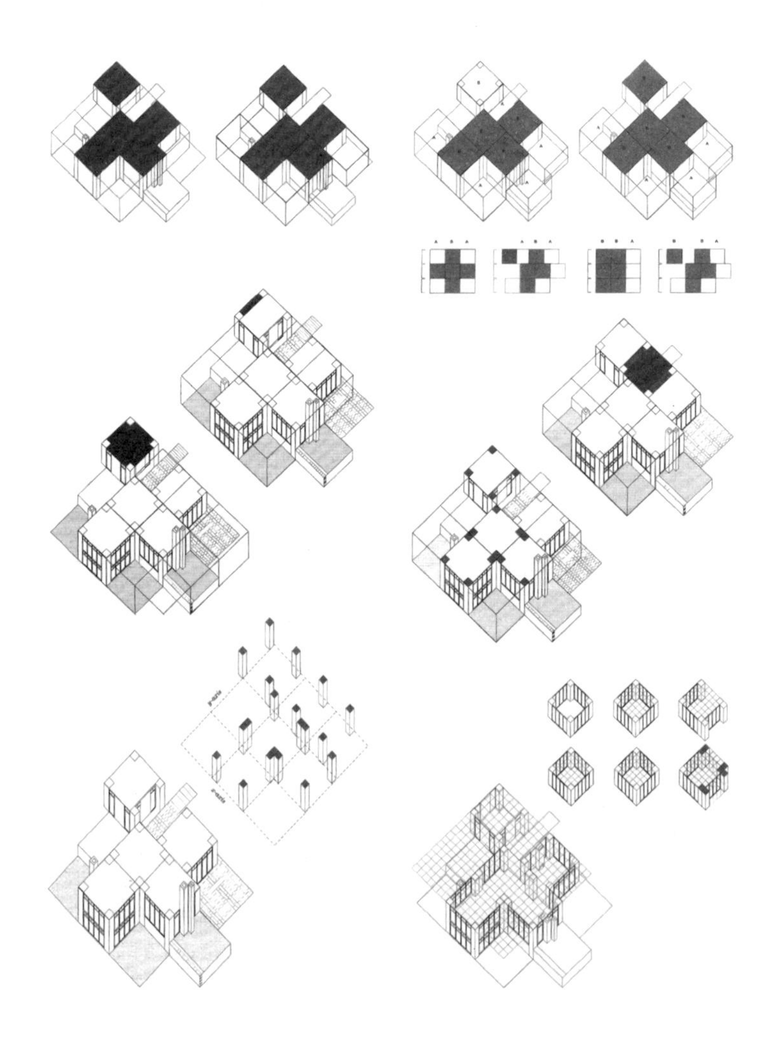

图 3-1-13　艾森曼在分析路易斯·康德艾德勒住宅中认为这也是一种基于九宫格的设计手法

“透明性”的概念来自于乔治 · 科普斯（Gyorgy Kepes）[①]在《视觉语言》（*The Language of Vision*）一书中的定义：“当我们看到两个或更多的图形层层相叠，并且其中的每一个图形都要求将共同叠合的部分归属于自己时，我们就遭遇到一种空间维度的矛盾，为了解决这一矛盾，我们必须设想一种新的视觉属性。图形被赋予透明性，即他们能够相互渗透而不在视觉上破坏任何一方。然而透明性所暗示的不仅仅是一种视觉的特征，而是一种更广泛的空间秩序。透明性意味着同时感知不同的空间位置。在连续的动作中，空间不仅后退而且波动（fluctuate）。这些透明图形的位置具有同等的意义，每个图形看上去同时既远又近。”

① 乔治 · 科普斯（1906—2001），出生于匈牙利的画家、摄影师、设计师、教育学家以及艺术理论家，1937年移民美国后于芝加哥新包豪斯学校担任设计教师。

② 莫霍里 · 纳吉（1895—1946），匈牙利画家和摄影师，包豪斯学校教授，对技术与工业融入艺术的坚定倡导者。

③ 费尔南德 · 莱热（1881—1955），法国画家、雕塑家和电影摄制师。

柯林 · 罗和斯路茨基通过比较莫霍里 · 纳吉（Moholy Nagy）[②]的《拉撒拉兹》（*La Sarraz*）和费尔南德 · 莱热（Femand Leger）[③]的《三副面孔》（*Three Faces*）两幅画作（图 3-1-15），以及由此引出的格罗皮乌斯的包豪斯校舍和柯布西耶的斯坦因别墅与国联总部方案的比较对透明性进行了阐述。从而引出的“物理的透明性”和“现象的透明性”的区别则是将比较的结果作为了理论加以探讨。作为形式倾向的重要一环，“透明性”为之后这一流派理论的继续发展提供了坚实的基础。我们甚至可以看出，柯林 · 罗在构思《拼贴城市》（*Collage City*，图 3-1-14）时依然是对透明性概念的发展。柯林 · 罗的学生彼得 · 艾森曼虽然并未明言，但其实践的方式却具有强烈强调空间形式的深浅层次关系的特性。

不过，柯林 · 罗似乎并未在书中使用某种图解来说明自己的理论。但后来奔赴苏黎世高工（ETH）进行教学的霍伊斯利无论是在对《透明性》所做的评论中，还是在日常教学设计中都通过使用透明性延伸了图解的概念及其工具属性。

首先是他在评论《透明性》一文时所使用的几张图解（图 3-1-16，图 3-1-17）。即使我们不提霍伊斯利在其所作的评论中将柯布西耶与莱热的油画进行对比以支撑柯布西耶源自法国立体主义一脉的解释，霍伊斯利将柯布西耶的纯粹主义绘画看作是纵深方向的立体图解，这足以清晰地表达了柯布西耶建筑作品中深浅空间的概念区分。

图 3-1-14 《拼贴城市》（*Collage City*）

更重要的是他对斯坦因别墅在两个维度的等价分解及一张多层平面的叠加图。这些图成为了解释柯布西耶作品中多重空间秩序所造成的空间张力的有力证据。而之后多幅对于其他建筑内部空间的问题解读图解也使得“透明性”这一个抽象的概念越发的清晰。

霍伊斯利所阐述的意义方面清晰地呈现了透明性理论在建筑空间中的作用，另一方面则是他对立体轴测图解的使用。轴测图解的历史可以追溯到公元前 4 世纪，是一种源于平行再现法的建筑绘制方式。在古希腊瓶画[1]、庞贝壁画[2]和拜占庭镶嵌画[3]中都可以看到轴测画法的影子。但随着时代的发展，轴测图一度被透视法取代，直到文艺复兴以后，因为营造军事要塞的度量需要，轴测法才重新获得了发展。在 19 世纪，英国剑桥大学教授法里什（W. Farish）完成《等测透视》（*On Isometrical Perspective*）一书对相关理论进行整理，并指出其在技术上的应用，对空间问题的关注使得他们必须发展更加先进的工具来实现对这一问题的表达。轴测图解的再次引入使得这一分析成为可能，并且轴测的可度量性和对空间的客观表达也符合德州游侠们对建筑自主性的思考要求。当然，在海杜克的“九宫格”中，最后操作的结果其实更多表达的是其建筑性而非图解性，但是在《透明性》中，轴测成为真正的空间形式分析工具，这样的分析为之后建筑师将轴测图解发展为生成建筑形式的工具提供了思路。

图解手法从维特科瓦人文主义时代的建筑分析到柯林·罗时期的现代主义与古典主义建筑对比探究，最后至“德州游侠”与九宫格教学实践，实现了从萌芽状态的抽象图解、二维图解到三维空间分析的轴测图解的层层演变。图解所蕴含的意义与优势在这一过程被不断挖掘并扩大，这些思想甚至在当今的建筑教学与实践中仍被广泛运用。在这一时期，无论是二维图解还是轴测图解，其作用仍然仅仅局限于对建筑作品的解读与分析探究。而直到彼得·艾森曼时期，图解才被用来作为自主的生成性工具。

① 古希腊瓶画（vase painting）是希腊陶器上的装饰画，依附于陶器而得以流传下来，代表了希腊绘画风貌。其内容丰富，寓意深刻，风格多样，技艺精湛，装饰性很强，艺术水平极高，在希腊美术中占有极为重要的地位。

② 庞贝（Pompeii）壁画是罗马时期的壁画。庞贝古城从公元前 82 年起成为罗马的领地，公元 79 年因维苏威火山爆发而埋没，18 世纪 40 年代开始发掘。其中大量壁画的出土，不仅充分说明庞贝曾经是一个经济繁荣的城市，而且也反映出罗马绘画的概况，甚至由此可以推想希腊壁画的一般面貌。

③拜占庭镶嵌画（Byzantine art）用有色石子、陶片、珐琅或有色玻璃小方块等，嵌成的图画。主要用以装饰建筑物天花板、墙壁和地面。开始于古代东方，后希腊、罗马亦加以普遍应用。

图 3-1-15　莫霍里·纳吉的《拉撒拉兹》（芝加哥当代艺术博物馆 62cm × 47cm）与费尔南德·莱热的《三副面孔》（私人收藏，纽约 96cm × 140cm）

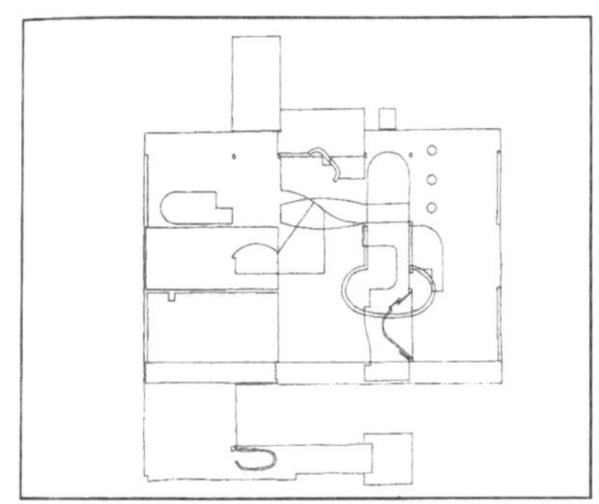
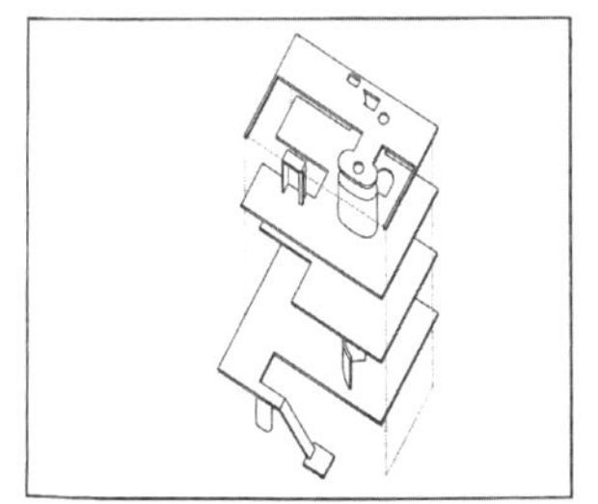
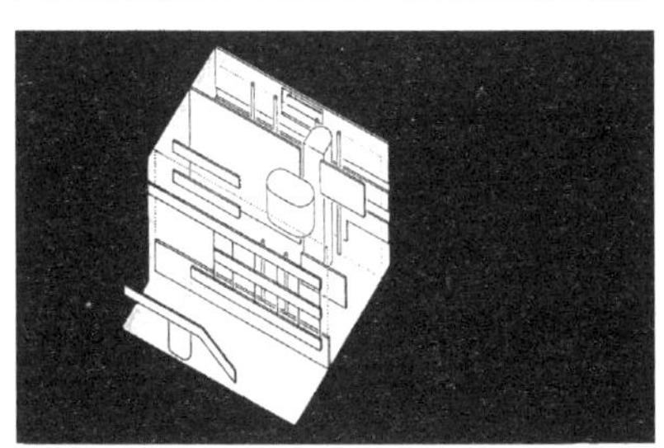

图 3-1-16　霍伊斯利评论《透明性》所运用的图解

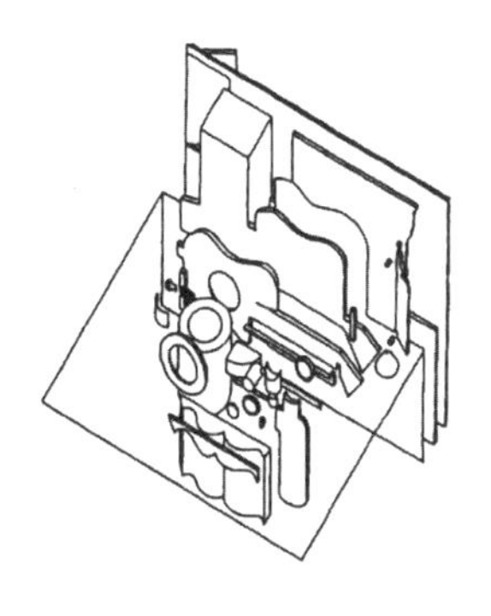

图 3-1-17　霍伊斯利评论《透明性》所列举柯布西耶的油画《静物》（*Still Life*，1920 年绘，收藏于 MoMA），运用轴测图方式解释柯布西耶纯粹主义图像的层状结构所带来的隐喻性透明观念

从柯林·罗到艾森曼的形式图解

Formal Diagram from Colin Rowe to Peter Eisenman

图解犹如一个“发生器”，在可感知的客体、真实的建筑和所谓建筑的“内在性”之间进行着调解。

——彼得·艾森曼

The diagram as a generator is a mediation between a palpable object, a real building, and what can be called architecture's interiority.

——Peter Eisenman

彼得·艾森曼将图解的作用定义为分析、解释与生成三个层级。对于分析与解释性图解，从维特科瓦到柯林·罗等人已经将其提出并在自己的研究中做过深入的探索，而直到艾森曼，图解才真正意义上实现了在生成性方面的延伸。艾森曼所推崇的建筑“内在性”使得图解可以成为在形式从无到有时，调控着生成过程的句法逻辑。艾森曼在其随后不同时期的建筑实践中，对图解过程进行着不断的改进与完善，通过在形式生成过程中对于轴测三维图解的广泛应用，将建筑形式的“内在性”推向了巅峰。

艾森曼与生成性图解

为了探究建筑形式生成机制的根源，艾森曼采取了两套手段：一是重新阅读建筑史，完成博士论文并对帕拉蒂奥、特拉尼（Giuseppe Terragni）等建筑师进行解读；二是借助诺姆·乔姆斯基（Noam Chomsky）的语法学及德勒兹哲学对其实践中的形式图解生成性进行探索。

艾森曼的博士论文是他关于建筑史重新解读的开始。作为艾森曼博士阶段的重要理论著述，《现代建筑的形式基础》（“Formal Basis of Modern Architecture”）一文其实代表了两种理论回应：一方面，是对克里斯托弗·亚历山大（Christopher Alexander）《形式合成笔记》（*Notes on the Synthesis of Form*，图 3-2-1）中形式的适合性进行回应；另一方面，是对柯林·罗抽象形式理论的回应。对于《形式合成笔记》，艾森曼是持有批判态度的。虽然形式也是亚历山大讨论的焦点，但是他与艾森曼的关键分歧还是在于形式生成的根本原则。亚历山大是对机能主义的探索，虽然也是用图解工具，但在其根基中仍是形式对于建筑其他目的的服从（图 3-2-2），而“柯林·罗—艾森曼”的核心思想是“形式服从于形式”，形式自身就具有足够的逻辑来支撑自身的衍生与发展。

图 3-2-1 克里斯托弗·亚历山大的著作《形式合成笔记》

在对帕拉蒂奥与特拉尼的研究中，艾森曼通过图解挖掘出建筑背后隐含的深层次关系（图 3-2-3）。在现代建筑史上，特拉尼的作品有些令人困惑不解。它们在高度抽象的形式语言中却又维持着很多古

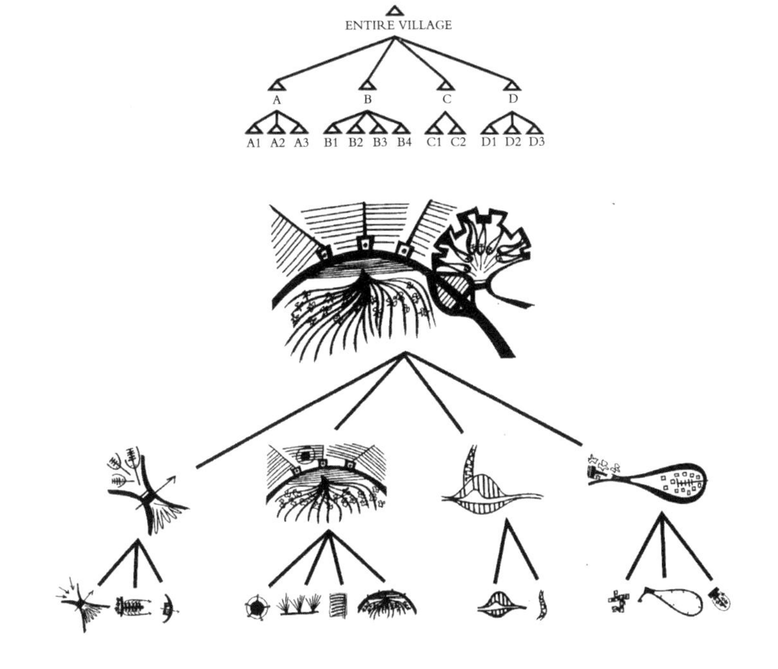

图 3-2-2 亚历山大的村落模型与村落形式的合成图解

典建筑的传统。由于特拉尼与法西斯合作的关系，这些特性又常常被赋予很浓的政治色彩。但在艾森曼看来，之前的解读方式，无论是形式风格上的还是意识形态上的都存在着传统美学批评的局限。艾森曼认为，这一时期的现代建筑需要用一种全新的思想去认识和理解。通过参考乔姆斯基对语言“表层结构”（surface structures）和“深层结构”（deep structures）的区分，艾森曼认为新的建筑思想也应该把关注对象从表层方面转向深层方面。其中表层方面基本是指与物体的感官特征有关的方面，如表皮、质地、颜色和形状等。这些方面产生的主观反应在本质上是感性的。而深层方面与不能感性察觉到的内在概念关系有关，比如正面性（frontality）、倾斜（obliqueness）、渐退（recession）、延伸（elongation）、压缩（compression）、剪切（shear）等。这些属性只能在逻辑思维中被理解，它们是物体之间关系所具有的内在性质，而不是物体本身实际存在的表现（图 3-2-4）。

德勒兹哲学给予了艾森曼在图解生成性作用方面的理论参考。艾森曼对于建筑学图解概念的贡献在于将哲学的图解生成思想建筑化，

图 3-2-3　艾森曼对特拉尼的朱利亚尼·福里吉尼奥大楼（Casa Giuliani Frigerio）进行图解分析

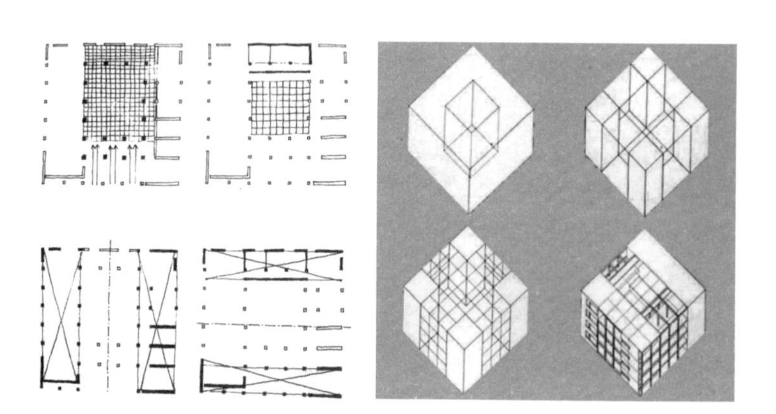

图 3-2-4　不同时期艾森曼对特拉尼的法西斯宫做出分析，以显示图解工具的不同作用

而成为建筑学的生成图解。德勒兹哲学区别于柏拉图（Plato）哲学。在柏拉图的世界模型中，无时间性的理念在巨匠的善意转化下，投射为经验世界的可见物；而对于德勒兹，柏拉图世界的单调和静止是无法容忍的，它的症结在于以唯一的“一”来解释经验世界中“多”的方面。在德勒兹的哲学观中，世界通过抽象的图解功能，在流和力的作用下，处于不断的“生成”状态。基于此，艾森曼对图解的理解，形成了一种向生成属性方向的转变。

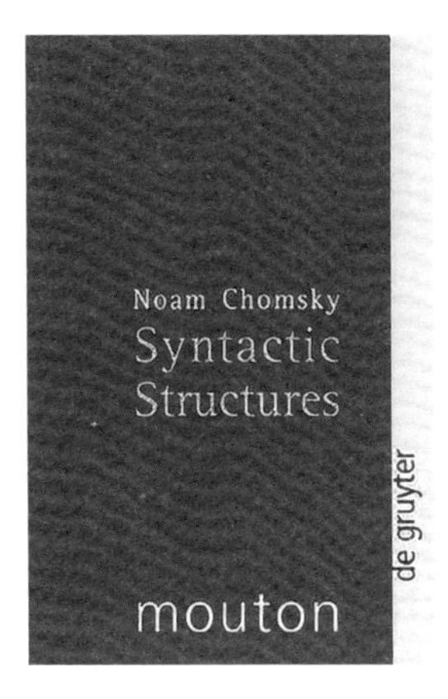

图 3-2-5　乔姆斯基的《句法结构》及其中用于分析的图表

艾森曼的理论同时也是在语言学影响下对柯林・罗形式理论的发展。在艾森曼所处的时代，主流语言学分为两派：一派是查尔斯・莫里斯（Charles W. Morris）的符号语言学理论；另一派是乔姆斯基的句法结构流派（Syntactic Structure），艾森曼受后者影响更大。乔姆斯基认为，语言是生成形式的工具，而这一工具的具体实践者就是语法，或者说是语言的深层结构（图 3-2-5）。他认为语言的发展其实是基于语法的发展。如他所论述的，一首诗之所以为诗并不是因为它的用词多么华丽或意境多么深远，而在于诗的结构使得诗之所以为诗，是诗本身的形式使诗的概念得以存在。这一点与艾森曼理论中的形式自治部分是完全相通的。乔姆斯基语言学理论中的三大关键词分别是“自治”“深层结构”和“生成性语法”，三者均在艾森曼这一时期的建筑理论与实践中得到影射。

卡纸板住宅图解

从 1968 年到 1978 年间，艾森曼的建筑实践并不多，这使得他可以有充足的时间在每一个项目中深入探索图解的生成作用。这一时期，他就像一位诗人或一位风格派画家一样，将自己的作品都用编号的形式进行表达 。他的所有实践都围绕小住宅这样一个主题，并且这个主题拥有一个意味十足的名字——卡纸板（Cardboard）住宅（图 3-2-6）。

如前所述，这一时期艾森曼的研究依据来源于乔姆斯基的生成性语法理论。对于建筑语法中“深层结构”，艾森曼虽然从未给过完整的定义，但他在这一时期对图解的应用实践却给出了更坚实的答案。就如艾森曼这一时期喜欢把他的每一张图解都称为建筑生成过程中的

图 3-2-6　从 I 号住宅到 11a 号住宅（从上往下，从左往右分别为 I 号住宅、II 号住宅、III 号住宅、IV 号住宅、V 号住宅、VI 号住宅、VIII 号住宅、X 号住宅、11a 号住宅）

"痕迹"一样，我们从他的操作中可以清晰地追溯他的设计过程。首先，每一个设计的起始都是一个基于"九宫格"的结构模式，他的操作往往起始于对这个结构错动、旋转、分割、消隐或连扣等变形。这一阶段的形式操作，与其说是一种对空间、结构的推敲，不如说更像一种对物件的把玩，艾森曼完全把操作对象视为一个可以由形式操作而衍生出无限可能的立方体。同时，限定立方体的全部顶点、线条、面块都是语言生成的语法结构，通过对它们进行物化，建筑化的墙、板、柱、梁都可以是他用于说话的自由语汇。

以这个时期的 I 号住宅（House I，图 3-2-7）为例，这个建于 1968 年的建筑是彼得·艾森曼为普林斯顿一位玩具收藏家所做的住宅扩建。艾森曼在设计中以立方体为基本几何原型，通过对它进行不断的叠加、错位及点线面的延伸扩展而得到建筑的基本框架。之后在对

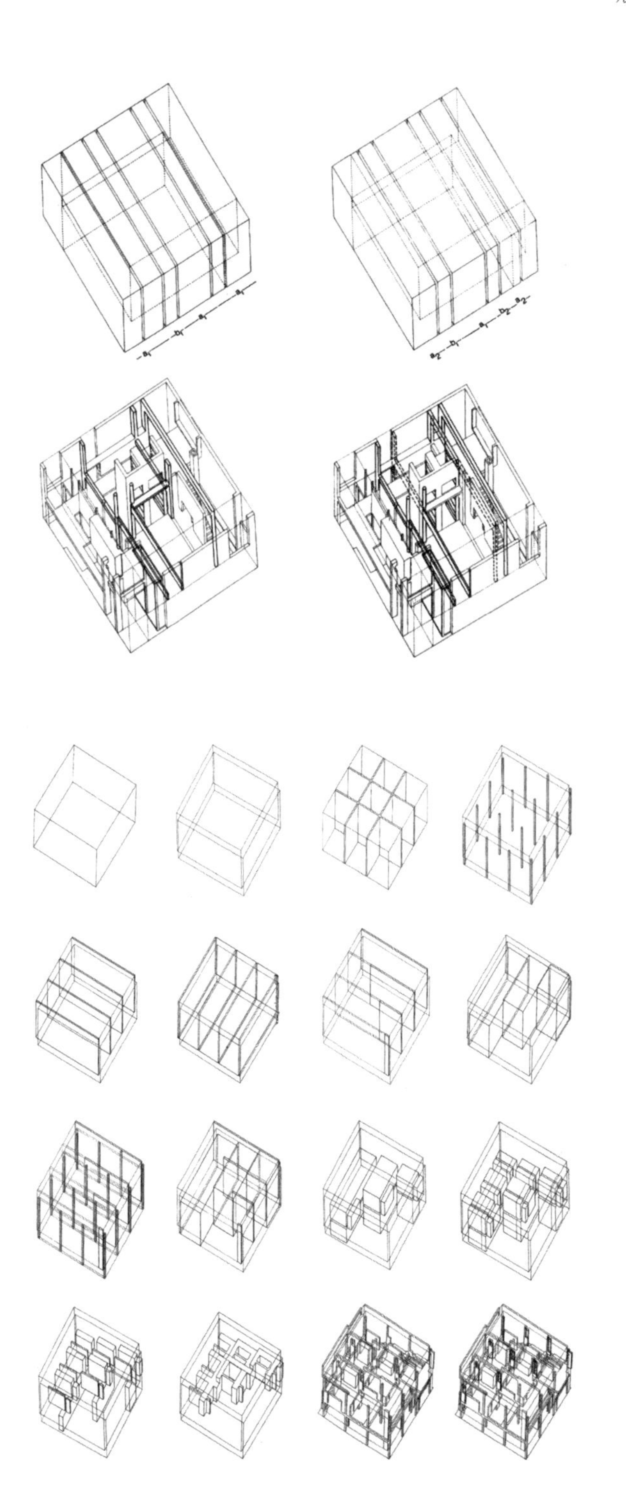

图 3-2-7　I 号住宅很明显是在映射柯林·罗《完美别墅的数学》

图 3-2-8　Ⅱ号住宅的几何操作较为简单、明确

内部空间的划分中，艾森曼选择了一种“ababa”的比例关系作为初始结构，将立方体划分成为 5 份。如果我们回溯柯林·罗在《理想别墅的数学》中对帕拉蒂奥和柯布西耶的图解分析，会发现它们与艾森曼在这里使用的形式图解完全一致。但在此之后，艾森曼将关注点放在了对图解的进一步物化上。柱子在他的图解中既可以是结构元素，也可以是两个抽象几何面的交集，亦或是形式消减后的“虚体”，柱子是网格交点的定位和片状墙体的终端；墙面既可以是形体边缘的定位，也可以是空间的开口；而窗则完全是一个缺席墙体的填充。

II 号住宅（House II，图 3-2-8）是这一时期中体现图解生成操作最为明确的一个作品。可以说，II 号住宅本质上就是艾森曼在设计过程中所有几何操作的物质化呈现，由九宫格的错位操作产生的超然于环境的纯粹形体。建筑形体的操作完全源于建筑的“内在性”与“自主性”，没有任何一处体现了对某一设计原则的迎合。

到了 III 号住宅（House III，图 3-2-9）纯粹几何操作的痕迹更为明显并得以演进。III 号住宅建于 1971 年，位于康奈迪克州湖城。在其设计中引入了旋转机制。当然，旋转的手法并不新颖，但艾森曼的操作通过对设计“轨迹”的保留使得被旋转后网格仍可以被感知到。当然这里同样可以被感知到的还有一种企图浓缩时间的操作手法——在一个单一的建筑形体中使不同的虚构时刻同时发生。

VI 号住宅（House VI，图 3-2-10）是艾森曼在这一时期的代表作品。立方体九分化的先期操作痕迹被隐藏得极为巧妙，而外墙虚拟的缝隙系统又隐约暗示了曾经的形式痕迹，同时大量空体空间所展示的缺席状态，也再次利用自我的定义来实现形式的自治。在 VI 号住宅中，艾森曼第一次使用了中心核体定义周边的模式，使得周边立方体的虚空化成为一种合理的形式逻辑。在建筑中，艾森曼设计了从后上角通向前下角的一个拓扑轴线。为了表达这个轴线，他把两个楼梯间分别漆成红色和绿色，而红色与绿色交叠的空间则形成了住宅中的灰色区域。艾森曼这一系列操作的目的均是为了颠覆传统建筑中的欧几里得几何观念。他说：“如果红色楼梯间被做成平行于绿色楼梯间，而且位于后者的正上方，那就是欧几里得空间的对称性。当红色楼梯

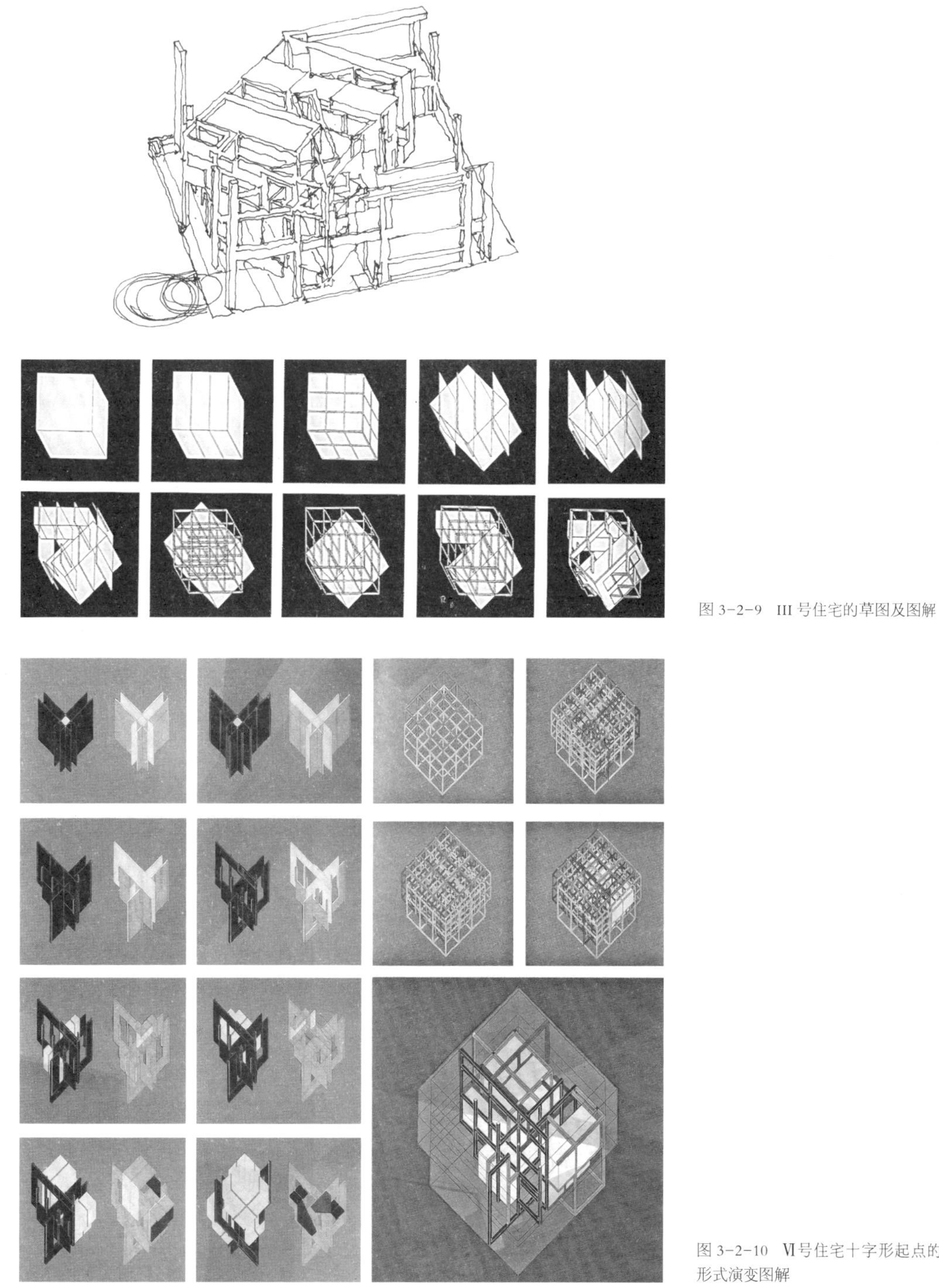

图 3-2-9　III 号住宅的草图及图解

图 3-2-10　Ⅵ号住宅十字形起点的形式演变图解

间被旋转 90°，就是欧几里得的不对称性。但如果在拓扑学上沿着一条从建筑底角到上角的线对称，红色与绿色的楼梯间便键入了一条灰色拓扑轴的概念。一旦读出这点，建筑就不再有正面向上或上下颠倒的概念。建筑是自我方位可逆的，与地面不再有概念的联系。”VI 号住宅浮在地表以上，没有明显的入口，表明了实际上建筑可以被随心所欲地上下颠倒或内外翻转，因为原本存在于欧几里得几何体系中那些对立关系概念早已不存在了。

在 VI 号住宅之后，艾森曼似乎发现了九宫格的局限性，从而开始了对“卡纸板住宅”思考的另一个阶段——既试图在“深层结构”逻辑带来的空间自治基础上同时并置相对形式关系。其中艾森曼最热衷使用的一对对立对象就是“缺席”（absence）和“出席”（present）的指代关系。VI 号住宅中的“核心”与“非核心”概念就是这种互为指代关系的一种呈现。而从 VIII 号（House VIII）住宅开始（VII 号住宅的缺席可能由于形式探索的失败，同样的猜测也适用于 IX 号住宅（House IX），艾森曼的概念转为探索一种核心的缺席，从而在根本上突破了九宫格结构的限制。VIII 号住宅因为各种原因而未能得以建造，但对它的探索为 X 号住宅（House X）中出现的虚体系统提供了重要参照。

X 号住宅位于密歇根州的布伦菲尔山庄，项目起始于 1975 年，建造过程整整持续了三年，最后还是未能完成。尽管如此，X 号住宅的研究却在艾森曼的图解生成性探索中起到了突破性的作用。在此之前的住宅系列中出现的立方体往往作为一个独立个体被操作。X 号住宅中，立方体则作为整体的四分之一而加以汇集，以“L”形体架构在分割立方体的轴线上。当每个四分之一的形体被“L”所形塑的虚体填满时，便会再各自界定出另一个立方体。当虚体的尺寸被改变时，每个四分之一的量体也会同时被转化，从而成为一个完整的立方体。这些多变化的形体在结构上可以说是遵循同样的逻辑，因此它们也被赋予多种功能的联想，并借由不同大小的虚体和所使用的材料对应四个不同的空间状况（图 3-2-11）。

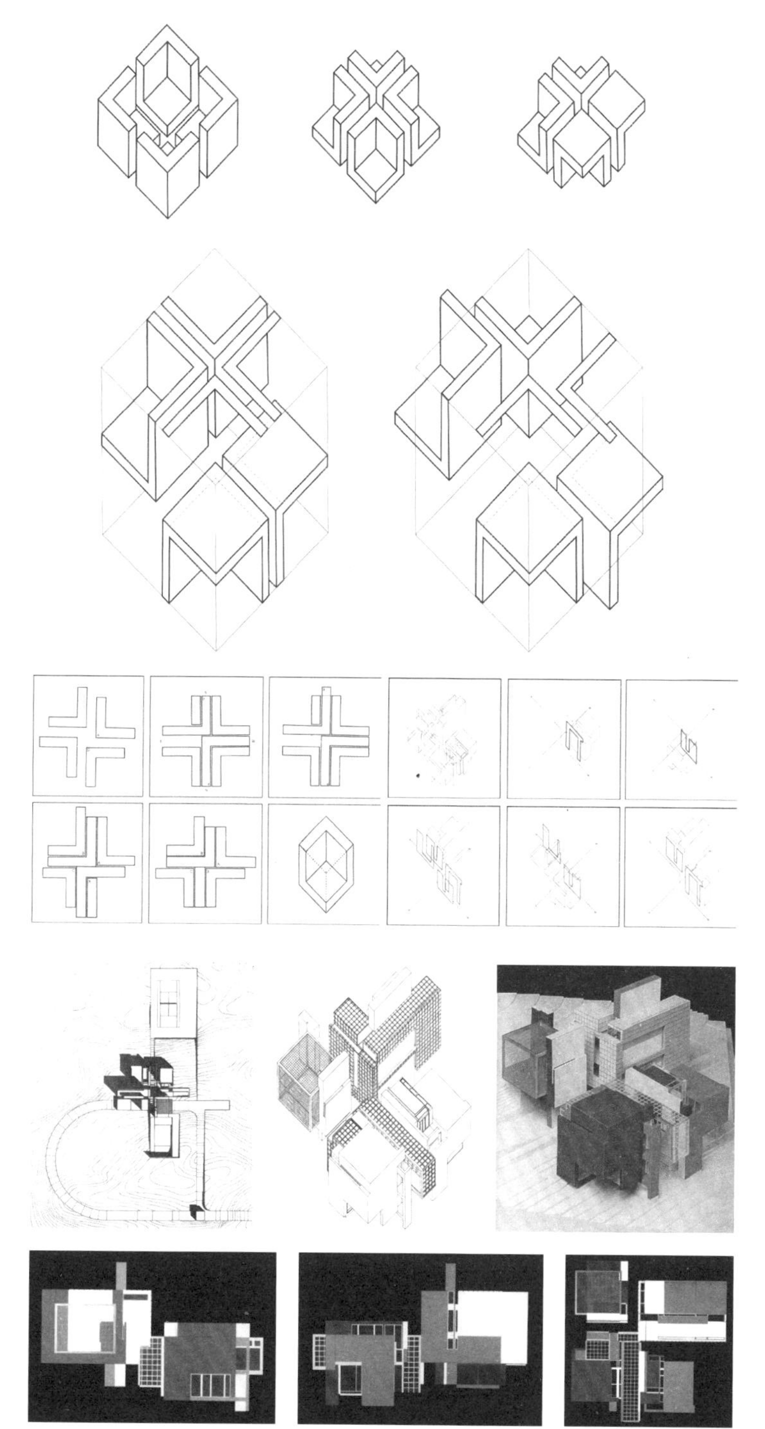

图 3-2-11　X号住宅所使用的形式图解是艾森曼卡纸板住宅的巅峰

如果将艾森曼早期十年的实践进行简单划分的话，可以按以下方式断代：1968 到 1975 年间的 I 号住宅到 VI 号住宅，可以看作是对海杜克“九宫格”的语言学操作，并在纽约五人的展览时达到高峰；从 VIII 号住宅开始的十字形和后期的“L”形布局的发展，可以说是一个过渡时期，虽然后者仍沿用这一编号体系，但其实已经在为艾森曼下一个时期的理论体系进行着铺垫（图 3-2-12）。原教旨主义般的九宫格模型逐渐地被独立形体的彼此消解和相互抵抑所取代。形式的自主不再只是范式的操作而是转化为空间的对话。

同时，在 X 号住宅之前，艾森曼将基地环境完全视作一种均匀的介质，而建筑师就如同在完全空白的白纸上进行操作。这也是艾森曼最喜欢 II 号住宅时在大雪后的场景的原因（他的作品如同漂浮一般悬于雪白背景里，图 3-2-13）。但在设计 X 号住宅时，基地倾斜的情况使得艾森曼不得不做出相应的调整，使前面两个立方体相对后面两个立方体在高度方向上发生向下偏移。这样的操作却激发了艾森曼对场地环境的重新思考——基地不再是空无一物的背景，而应该是形式的一部分。这种对外部环境的关注使得艾森曼的形式理论发生了截然相反的转向，并在下一个十年的设计实践中彻底脱离了之前完全自主性的建筑形式操作，而转变为对外部环境的应对性图解思考。

图 3-2-12　11a 号住宅图解

解构形式图解

从 1978 年起后现代主义的大规模反扑，现代主义的 “抽象”让步于“具象”使得艾森曼意识到通过纯形式的探索已难以探寻对现代的复兴之路。因此他的作品不再是客观、抽象的概念，不再是一个中性且普遍的单纯构想所衍生的几何操作物。艾森曼这一阶段的实践明显地带有隐喻性，其作品在诠释一种可以被具体授以形式的历史演化过程。

图 3-2-13　雪地中的Ⅱ号住宅

这个时期，除了借助于乔姆斯基的语言学理论外，福柯、拉康（Lacan）、德勒兹以及法国解构主义哲学家德里达的思想成为艾森曼形式理论的最主要来源。这些外部的影响与建筑学内部的核心相结合，使得这一时期的艾森曼表现出一种非同凡响的复杂性。这一时期的作品除了在图解工具层面上具有共性外，其中很少有两个以上的作品可以被划分为同一概念的产物，这一点与之前“卡纸板建筑”时期形式各异但概念统一的特点完全不同。而这一时期的多产也缔造了艾森曼真正的黄金时期，一种糅合了多重理论的实践期，这其中最主要的就是后现代思想与解构主义理论。

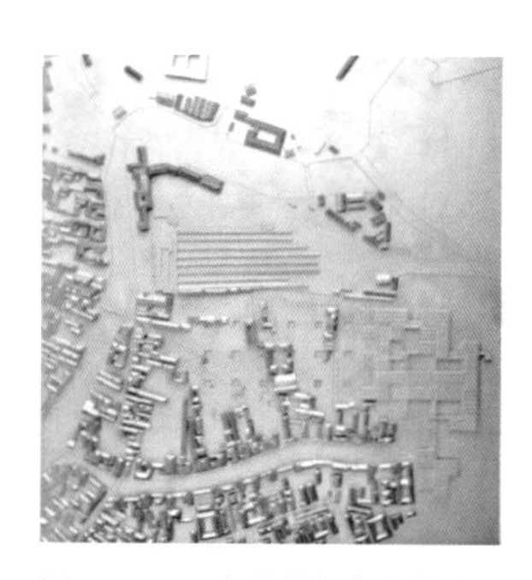

图 3-2-14　卡纳雷吉奥的总平面图，右下角可以看到柯布西耶的威尼斯医院方案

在艾森曼这一时期的作品中，后现代思想与解构主义理论往往不会单独出现，而是被综合地建构在他的图解操作中。无论是网格的叠加、错动、扭转，还是历史（或未来）形式的再现，抑或是物件的不确定感，其实都是这两种思想共同作用的结果。

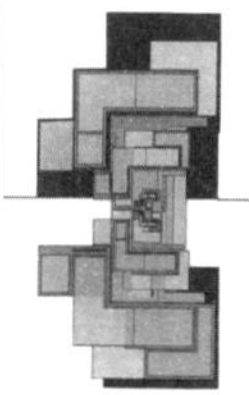

图 3-2-15　同一形式在尺度上的变化引发对当下虚空的思考

艾森曼在 1978 年参与的威尼斯卡纳雷吉奥地区城市设计可以看作是他图解理论开始转变的标志（图 3-2-14）。如果说在此之前他的图解操作都只是将建筑视为脱离时间、空间的客观物件的话，那么从这一个项目开始，他在设计中开始充分考察对象在时间与空间中的不同定位，开启了“人工刻画城市”（Artificial Excavation City）的相关探索。对于艾森曼，刻画更类似于一种雕塑的概念。在雕塑中，虽然最后留存的是一个完整的形体，但是雕刻的过程中却会有无数的中间变化状态的记录，所以对“刻画”的运用既体现了一种历史的观念，同时也反应了“虚体”与“实体”、“客体”与“主体”的互文关系。

当然这里的“虚体”和“客体”概念并不是简单空间意义上的“虚空”（图 3-2-15），而是一种哲学意义上的“缺席”和“空体”（emptiness）。在卡纳雷吉奥的案例中，“虚空”被定义为三个层面：首先是未来的虚空，卡纳雷吉奥地区原先是柯布西耶设计的威尼斯医院的项目基地，柯布西耶曾在这一项目中采用了一种结构主义的实践方式而创造出“毯式建筑”（Mat Building）的概念。但由于种种原因，该建筑未得以建造。艾森曼的方案预设了一种事件的未来性，他将原先柯布西耶威尼斯医院方案中的基本网格加以延伸，以图创造出一种相对的未来，而网格的存在也似乎暗示了这里曾可能拥有的未来化的城市地块缺乏活力，就仿佛是被强行附加在基地的文脉之上。艾森曼的概念是试图通过一种置入体来反抗当前状态，并激活这样一种思考——由于当下城市街区的生成轨迹完全相同，由其所衍生的均质性可以被认为是一种当下的缺席。艾森曼仅仅“嫁接”了柯布西耶为威尼斯医院设计的未建成方案的模度结构，而清除了该结构中所有的语义性图像，放弃了建筑的形象轮廓。这种对建筑先例的引用被看成是一个任意的“虚构”，它需要被后面的操作过程所“掩饰”，以促成一个对其原有主题时间、意识形态及形式上的剥离。在扩展了柯布西耶的网格结构后，对这个框架所有的转化和变形都成为一种掩饰真实引用的手段；最后是过去的虚空，作为典型的欧洲历史城市，威尼斯不缺斑驳的老城肌理和破碎的零散空间，但艾森曼却在这里利用置入体的形式创造了一条原有城市的轴线以唤醒经典城市模型。虽然这条轴线穿越了整个基地，并切割了基地中保留的一栋旧建筑，但它模糊的周边复杂空间使得人们无法感知到这条轴线的存在。只有当人位于这条轴线之上时，对称的意义才会被唤醒（图 3-2-16）。

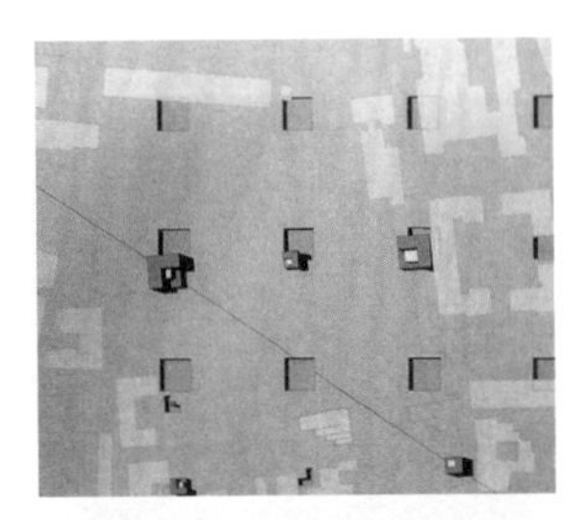

图 3-2-16 对基地可能存在的轴线强化暗示了对故去的一种虚空

到这里，我们可以看到艾森曼的图解理论所发生的巨大变化。在设计层面，整个方案除了在布置不同尺度的置入体时所进行的自主性形式操作，其余的设计依据均来自于对周边环境的思考，这种思考不只是单层次的服从或反抗，而是附加了很多哲学意义。在图解本身层面，它已经不再只是形式操作的工具，而转化为了形式思考的工具。方案中分析基地对称性的几幅图解，都已经不再是绘制某一单一物体的变化或转型，而是被附加了对时间性和历史演变的思考。

将 1980 年开始的柏林国际建筑展（International Bauausstellung，简称 IBA，图 3-2-17）项目与 1983 年开始的哥伦布市俄亥俄州立大学韦科斯纳中心（Wexner Center）进行平行阅读能够体现这一时期后现代思想对艾森曼影响的进一步发展。事实上，艾森曼对于后现代哲学思潮，既不是全盘接受，也不是彻底否认，而是如他的老师柯林·罗在对待现代主义思想时所体现的是一种批判的审视。

IBA 项目因为靠近纳粹时期的查理检查站，故又常常被以同一名称相称。其基地中的原有住宅在二战时被摧毁，而 IBA 的城市复兴计划就是要对这些因战争而损毁的旧城加以修复而使其产生新的活力。艾森曼作为整个计划中的一员而受邀参与设计。在当时，旧城改造的典型做法就是进行城市修补或填充，恢复一种怀旧的场景，以使得城

图 3-2-17 柏林 IBA 住宅对基地的解读在建筑立面上得以表达

市的连续性得以复原。但艾森曼认为，对城市回应，并不是完全屈服于它的文脉，最恰当的修复设计的确应该尊重地域的历史演变，但同时又不能被它所束缚。所以，就像在威尼斯的设计案中一样，艾森曼在这里又以一种"创造地方"的方式来展示了基地中可能的演变状态。他在设计方案中论述到："我们发展基地的策略有二：一是试图突显基地的某一段特定历史，也就是让基地的某个特定记忆能够被看见，并被承认它曾经是极为特别的'某个地方'。二是从最广义的角度承认今天的柏林是属于整个世界的"（图 3-2-18）。

因此，艾森曼在设计中拒绝了"填入"常规意义上的连续性，而是探索建筑基地的全新状态。他以一位考古学家的角色来挖掘基地中可能存在过的城市形态。这一过程中图解网格成为了他的重要工具。不同历史时期的网格秩序在他的操作中被不断的叠置、选择、展现。整个操作过程与其说是一种推敲，不如说更像是一种形式演进的必然。但唯一遗憾的是，在这里网格的力量并没有通过建筑空间和形体被完整地展现出来，整个建筑更像是一个装饰过的现代主义盒子，而复杂的形式逻辑到最后只浓缩为了立面的图案（图 3-2-17）。

在哥伦布市俄亥俄州立大学韦科斯纳中心的设计中，艾森曼拥有了更多的空间来通过形式操作对城市进行回应（图 3-2-19）。这里的图解更像是一种叙事。他首先将基地现今的网格作为一种客观的存在而继承下来；之后将俄亥俄州由于土地测量工具的落后而造成的错位网格缩放后放置于基地内；校园和城市结合的网格在被扭转了 12.25° 后也被叠在了一起。这些不同的网格通过不断的错动，最终建立起了一种新的读本。

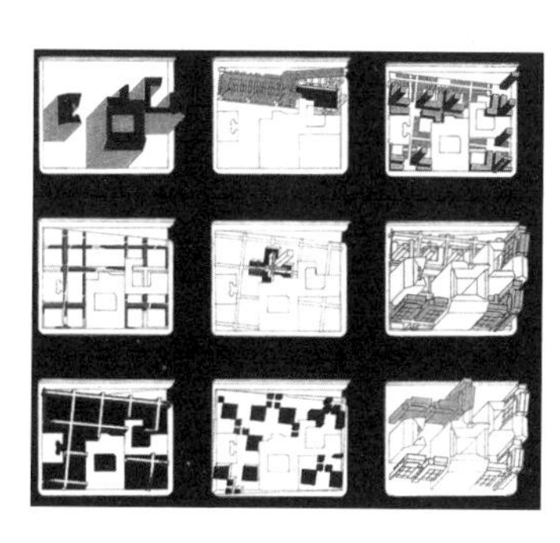
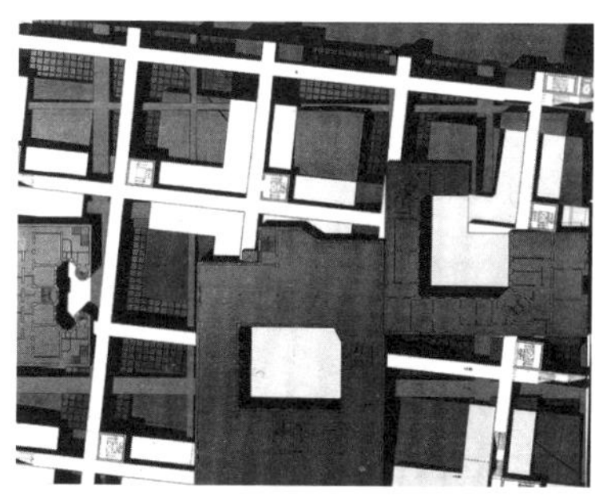

图 3-2-18　艾森曼用大量图解分析来得到叠于基地上的多幅网格

1999 年，艾森曼在拉维莱特公园（De La Villette，图 3-2-20）竞赛中的方案进一步将成城市网格的操作发展为城市事件的叠合。威尼斯案中的网格和小房子在这里再次出现，唯一变化的是原始网格由柯布西耶的威尼斯医院网格转化为更为抽象的表达现代意义的均质网格。此外，艾森曼对横穿基地的一段中世纪城墙进行了实体化再现，并在基地的划分中更多地体现了原始城市的肌理。假若我们这里将艾森曼对于图解的应用与之前的生成性语言学阶段进行比较的话，可以发现二者的重大区别：在前一个阶段，由于图解的功能是要体现形式生成过程中的一种踪迹感（tracing），所以艾森曼的图解往往集中于形式自身的操作，其图解的功能在于解释、叙述和形容；而在这一阶段，形式的自治不再通过形式的自我发展而得以证明，更多的是基于一个更为宏大的世界观而展开，在这个世界里不再具有前一阶段中那种“形式系统”的整体性及形式演进的精确性和必然性，反而更多强调的是

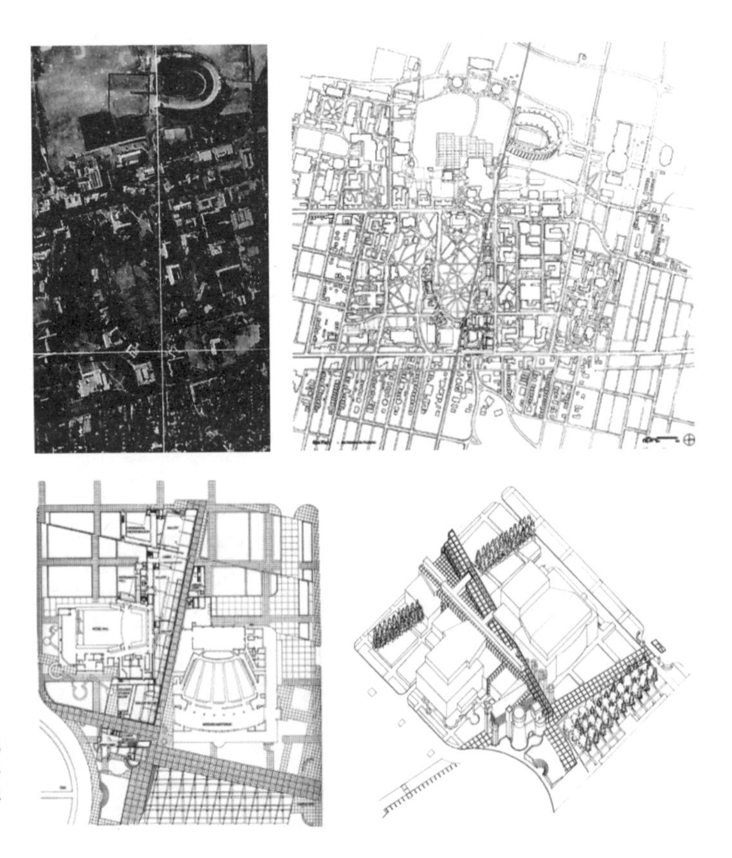

图 3-2-19　建筑网格的生成是依托于不同时期的城市网格，城市网格与校园网格叠在一起，一种新的形式体系建立

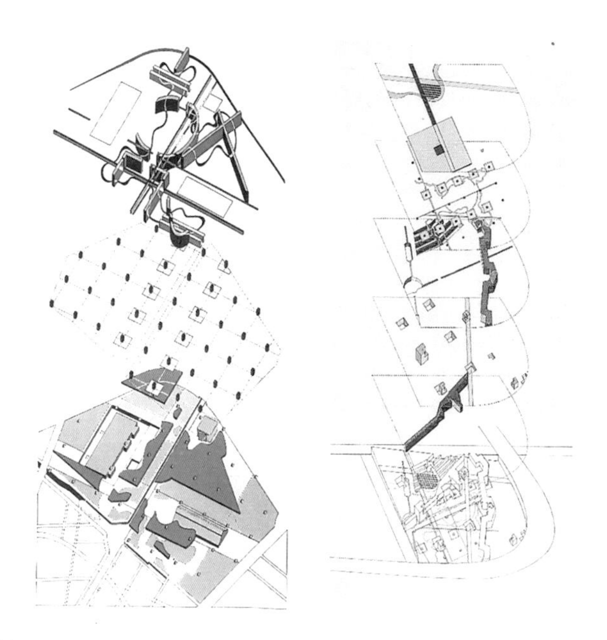

图3-2-20　伯纳德·屈米和彼得·艾森曼的方案表现出惊人的相似性

偶然性、系统的不确定性及非固化的矛盾性。虽然这个世界存在有各种可能，但也因此而更为真实，这也就是艾森曼所谓的更符合当时那个时期的“实用性”。

当然，这并不意味艾森曼完全放弃了形式自治的概念，可能只是因为拉维莱特项目的尺度，艾森曼采取了这样一种近似考古学的先客观系统分解，再主观层级叠置的策略，进而建筑形式的自主性让位于一个更高层级的因素——城市事件。但我们同样可以看到，方案中每个系统自身的自治性仍然非常清晰。可以说，这一时期艾森曼的形式图解已经出现了他晚期《图解日志》（*Diagram Diaries*）中所谓的“内在性”（interiority）和“外在性”（exteriority）的图解区分。对于艾森曼而言，“内在性”和“外在性”是两个相互支撑和相互影响的概念，对实践而言是不可替代的两个核心概念。虽然艾森曼并不否认形式的自治是由内在性决定的，但其分解概念又同时允许“外在性”的合理存在，并体现出其价值。外在性的影响在他这一时期的实践中表现得极为明显，而只有个别的几个案例体现了他对于“内在性”图解应用的新策略，这其中包括法兰克福生物中心项目（Biozentrum der Universitat, Frankfurt）、卡耐基 · 梅隆研究中心（Carnegie Mellon Research Institute）和瓜迪奥拉住宅项目（Guardiola House）。

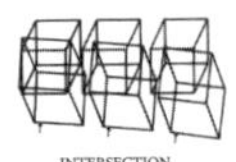

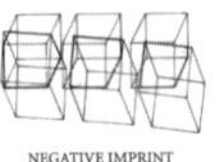

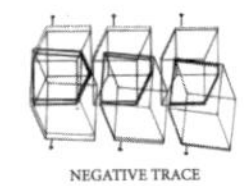

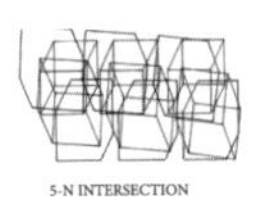

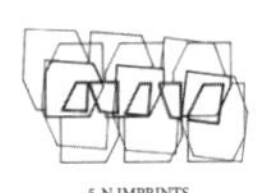

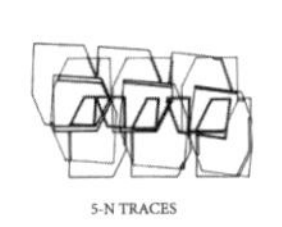

图 3-2-21　布尔运算的多重结果成为形式的载体

1987 年的法兰克福 J.W 歌德大学的生物学中心方案是一个典型的利用“内在性”图解思维来寻找新形式的案例。艾森曼将生物学家用来表示连续的细胞链符号直接转化为了建筑形式，而校园的传统街道轮廓也因为被这种具体化的符号语言而被激活。

1988 年的卡耐基·梅隆研究中心设计（图 3-2-21）可以被当作法兰克福项目的另一重转化，只不过这里用来进行形式推演的基本形被换作了计算机程序中的布尔盒子。每一栋建筑都由多组盒子组成，而每一组盒子都包含了两个实体和两个虚体。实体和虚体盒子之间分别通过“布尔”的方式加以整合。整个整合的过程既包含一种踪迹的显现又包括一种新结构的衍生。而后每组盒子之间的组合又会因为外部基地条件的变化而出现多样性，使得最后的形式结果呈现出多维度的复杂状态。

在同为 1988 年的西班牙瓜迪奥拉住宅项目中，曾经在 X 号住宅中出现的“L”形的体块被再次利用，不过在这里艾森曼首次尝试了一种不规则的倾斜变形。倾斜的不确定性使得艾森曼不得不撇开他之前所探索的面体关系而深入到三维空间的向度来讨论形式的演变，而这一点对继他之后的形式图解发展起到了重要的推动作用。

数字图解的出现

20 世纪 90 年代，整个世界都因为计算机技术的发展而出现了质的改变。而在这一时期，艾森曼同样找到了图解与计算机技术的结合点（图 3-2-22）。计算机技术给艾森曼的图解操作——错动、扭转、切割、放样、镜像、布尔等提供了更为强大的支撑。正是艾森曼这些与计算机技术结合的图解探索，影响到了后来的数字化建筑等众多先锋设计概念。

1992 年的马克思·莱茵哈特大厦（Max-Reinhardt-Haus，图 3-2-24）设计可以看作是计算机技术工具的第一次图解生成实验。舍

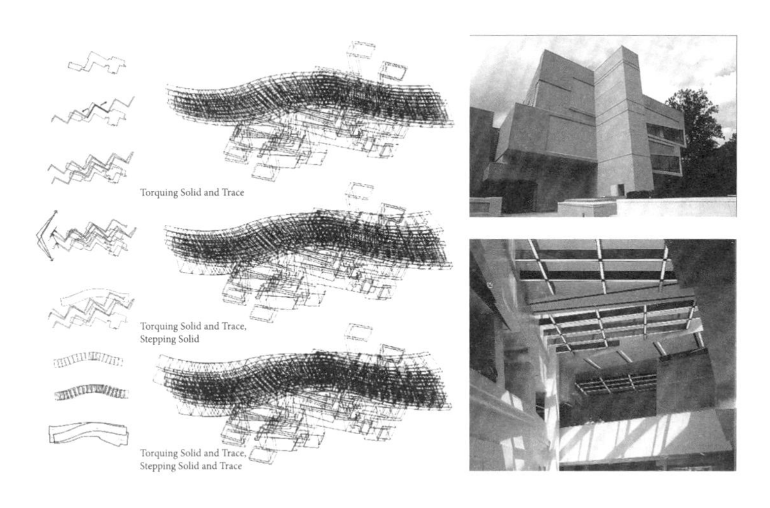

图 3-2-22　阿诺夫中心项目可能是第一个用计算机绘图的设计方案

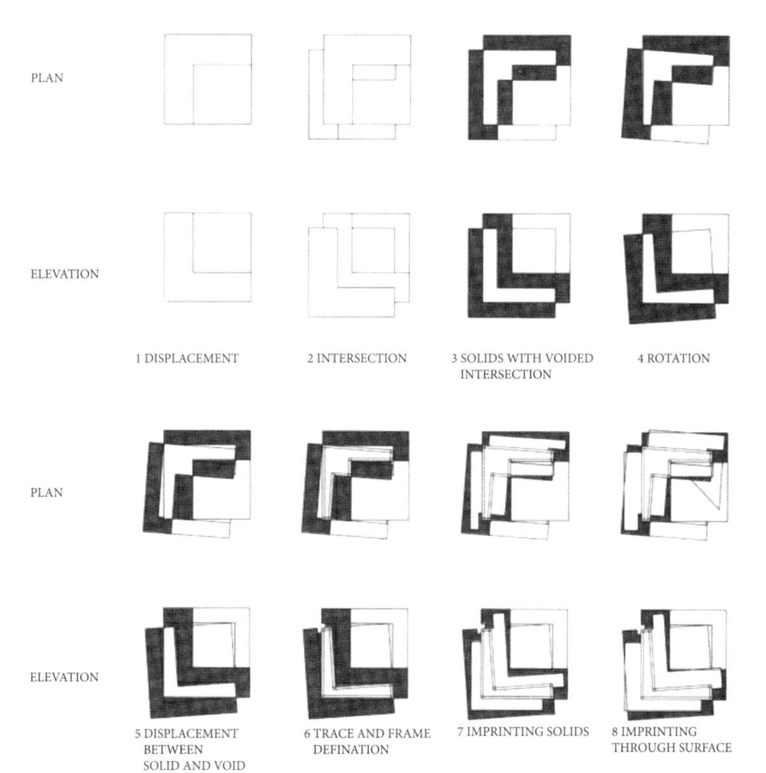

图 3-2-23　"L"形体的倾斜叠置生成新的形式

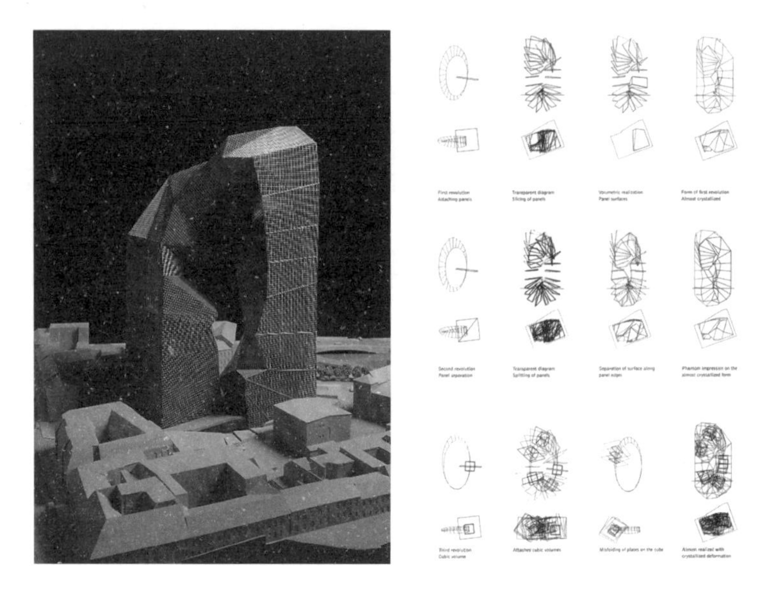

图 3-2-24 通过在空中悬置的多个方形板状物的旋转、放样，得以拟合而成一个表面完整复合的一个环状物

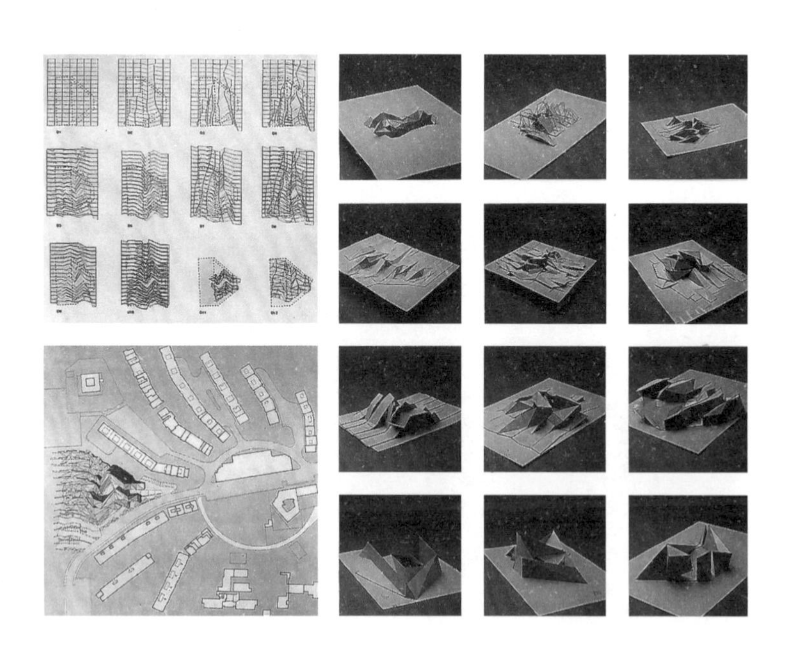

图 3-2-25 在千禧教堂的设计中，网格的变化更加丰富了

弃了前一个时期复杂体块和材料质感的组合，这个项目给人的直观印象是形体完整而表面纯粹。“莫比乌斯环”的概念第一次在艾森曼的图解操作中有了具体的物化形态——通过多个方形板状物的旋转、放样而拟合成一个表面完整复合的环状物。当然，塔楼的旋转在艾森曼的认识中仍然体现为一种形式的自我指涉，还是一种形式来源于形式的操作模式。

而于 1993 年设计的伊门道夫大厦（Haus Immendorff）可以看作是基于同一思路的另一个实践。建筑体块被分割成内外两个部分，分别在垂直方向上扭转并彼此交叉，在建筑的顶部形成涡旋上升形态。建筑表皮则通过一种被称为“单子波”的非线性函数而生成一种波浪震荡的效果，并获得了一种形式的不确定性。

1996 年的千禧年教堂设计竞赛（The Church of the Year 2000 Competition，图 3-2-25）投标虽然未能实现，但却很大程度上的发展了艾森曼的图解生成理论。他先通过一系列挤压、切割、扭转、折叠等手段使得整个基础网格得以三维化。之后艾森曼又通过引入液晶分子的模型图，基于先前的网格生成建筑体量。整个建筑好像从地面破土而出，在空间盘旋扭曲后又回到地面，其形态更像是一种地面本身的震动而非地面上的附加建筑物。

艾森曼在维特科瓦、柯林罗等前人图解思想基础上，将图解操作从分析解释性作用发展至生成性工具，将二维平面图解衍生为三维轴测图解，甚至更高维度的计算机生成图解。在这个过程中艾森曼一直在探究建筑形式背后的逻辑。如果说前人探究形式生成逻辑时是想通过制造一台机器进行无穷的创造，那么艾森曼就是在试图研究所制造的机器的内部原理，并在该原理下衍生出作为形式生成工具的更多机器。在计算机时代，艾森曼借助新的技术看似将图解工具的生成性发展至顶峰状态，甚至已经接近尾声，然而格雷戈・林恩在恩师的启发下结合算法又将图解推向了数字方向的巅峰。

从艾森曼到格雷戈·林恩的数字图解

Digital Diagram from Peter Eisenman to Greg Lynn

正如宠物为我们寻常生活带来一抹野性色彩的同时必须受到控制和约束，计算机能够为设计过程带来一定程度的约束同时也会有出乎意料的结果。

——格雷戈 ·林恩

Just as a pet introduces an element of wildness to our domestic habits that must be controlled and disciplined, the computer brings both a degree of discipline and unanticipated behavior to the design process.

——Greg Lynn

从 1988 年的解构主义建筑展后，艾森曼的图解理论进入了计算机技术对非笛卡尔几何学(Non-Cartesian Geometry)进行探讨的阶段。这一时期，格雷戈·林恩在艾森曼事务所的实习经历为他后来对数字图解的探索埋下了伏笔。林恩从艾森曼那里继承了认识建筑的态度：建筑风格不是固定不变的，也不是重复某一种模式。林恩给建筑界提出了一种新的设计范式——数字逻辑与建筑形式图解之间的结合。在林恩看来，建筑是一个多学科交叉的产物，任何信息和知识对建筑的发展和创新都可能起到巨大的影响。在技术、艺术及德勒兹哲学等建筑学以外的学科影响下，提出了相应的折叠(Folding)、泡状物(Blob)、动态形式（ Animate Form ）与复杂性（ Intricacy ）等新的理论，将传统图解思维发展成一种全新的数字图解观。

格雷戈 · 林恩的数字图解观

如果说艾森曼的图解操作是建筑形式生成过程中的句法逻辑，那么林恩则是完美地将这一特点在数字化语境下进行了升华。早期艾森曼的图解更多地依赖于手工思考，而林恩则是利用计算机技术，探索人工所难触及的更为复杂的形式生成逻辑（图 3-3-1—图 3-3-3）。

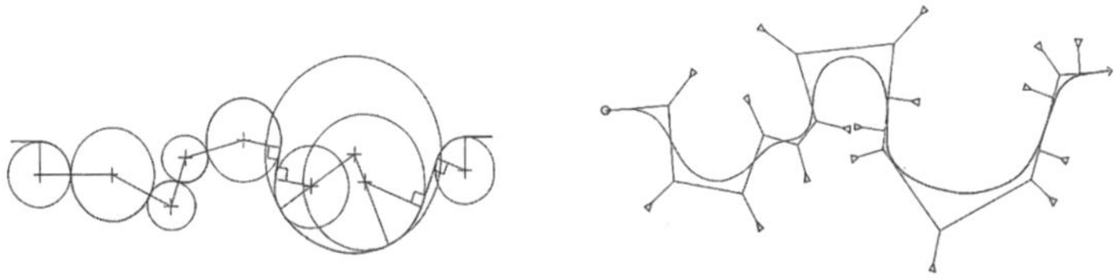

图 3-3-1　依靠中心点定义的传统曲线绘制法与依靠角点定义的计算机曲线绘制法

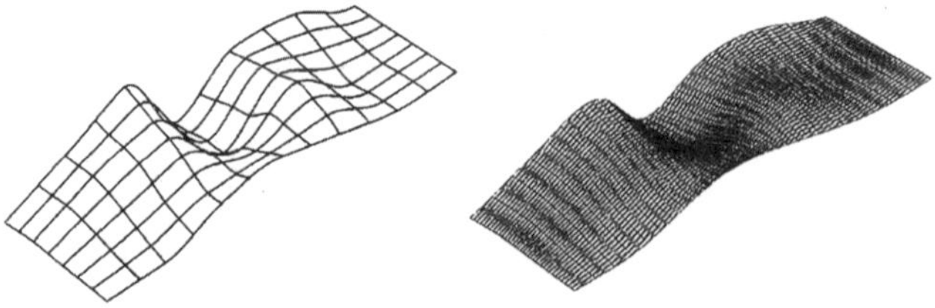

图 3-3-2　左图是通过 U、V 线确定的曲面，右图是将曲面表面细分为三角面的结果

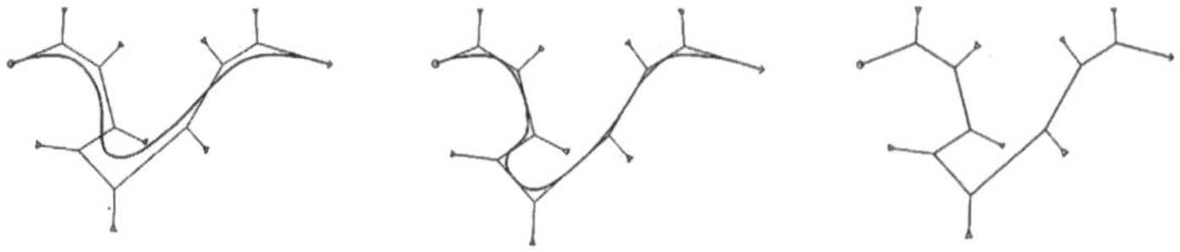

图 3-3-3　曲线阶数的不同带来同等角点控制下不同的曲线形状（从左往右分为七度曲线、三度曲线与二度曲线）

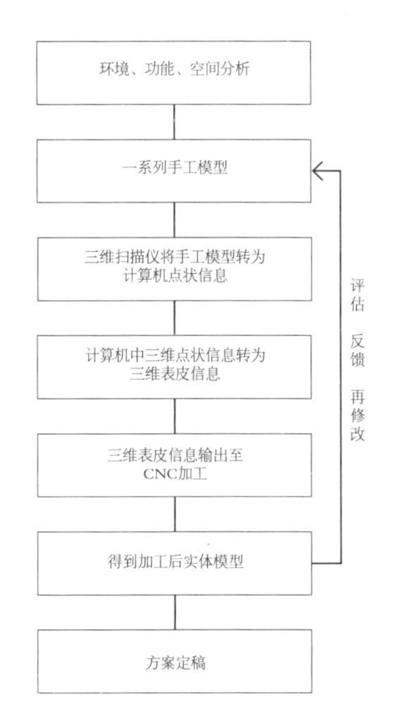

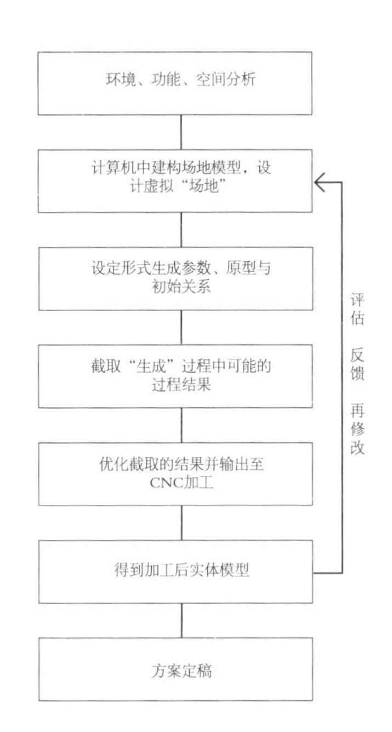

图 3-3-4　盖里（左图）与林恩（右图）在计算机设计中的不同工作方式流

在本体层面，林恩反对欧几里得几何学（Euclidean geometry）和笛卡尔坐标系（Cartesian coordinates），批判当时建筑学院教育所应用的网格式空间设计手法。因为无论欧几里得几何学还是笛卡尔坐标系都根植着一种静态逻辑，而静态逻辑则会极大地“扼杀”可能性，所以他认为这些都会对建筑的发展和认知产生极大的限制。为了打破传统空间体系的局限性，林恩借助了新的工具——计算机。

对计算机在设计方面有突破性的运用是从艾森曼、弗兰克·盖里（Frank Gehry）[①]等建筑师开始的，然而林恩对数字工具的操作和他们有质的不同（图 3-3-4）。在设计理念上，林恩拒绝对一个具体建筑形象进行数字模拟（图 3-3-5），他更强调一种建筑形式的动态生成过程，强调空间个体的生长逻辑。建筑不仅仅是是一件造型作品，还是一场事件，如同自然物与周边环境交融后演变生成的结果。在计算机应用上，通常建筑师仍是通过主观判断对建筑形式进行塑造，之后计算机仅仅协助他们将形式进行表现与优化。而计算机在林恩的设计过程中往往承担了部分智能创作的角色，其强大的运算能力能够胜

① 弗兰克·盖里（1929—），著名后现代主义及解构主义大师，主要作品有毕尔巴鄂古根海姆博物馆、迪士尼音乐厅、魏斯曼艺术博物馆等。

图 3-3-5　盖里早期喜欢在其设计中以具体的形式作为设计原型，上图为“鱼餐厅”

图 3-3-6　胚胎住宅的 CNC 加工成果模型展出

图 3-3-7　林恩设计的餐具系列都是借助生物的形态关系进行设计，其生长也是遵循同样的原理

① CNC（Computer Numerically Controlled），计算机数字控制

任更复杂的形式创作，从而实现人脑无法完成的形式图解过程。在建造加工上，林恩对 CNC①技术的使用极大地提高了建造水平，摆脱了以往在对复杂形体建造时所采用的搭模、浇铸等繁琐工艺。

同时，CNC 技术自身也可以被认为是一种形式图解机制。对 CNC 技术的运用为林恩的作品带来了一种基于建造流程的美学特征——精致、规律的纹路赋予了表皮独特的肌理。在“蝌蚪”项目中，每个部件似乎都如被打磨了一般，产生了一种磨砂的效果；而“胚胎住宅”的表面则呈现出波纹状的纹理形式（图 3-3-6）。

数字图解的形成

总体来说，当代科学、艺术及哲学这三大因素是林恩的数字图解思想的外在动因。

首先，一方面，计算机技术成为林恩在设计时必不可缺的图解工具；另一方面，他的形式生成理论受到遗传学与生物学中突变理论的影响（图 3-3-7）。林恩借鉴生物学等相关知识，利用计算机模拟生物遗传、进化甚至变异等过程，以达到对场地上建筑生长演变过程的控制。

其次，立体主义、未来主义与新印象派的绘画等对林恩的建筑思考也有着重要的影响。柯林·罗认为立体主义绘画本身就具有一种透明性，一种多层次空间叠合复杂关系。在此基础上，林恩认为立体主义的绘画方法可以使静态的结构形式具有动感，形成叠加结构形态中的时间性。这些特点使林恩对于建筑的“动态性”产生了新的解读。

最后，德勒兹的褶子（Lepli）理论给予林恩在建筑形式与文脉关系处理上提供了重要的参照。常规中，对于建筑与文脉的关系有两种策略：一种是压制政策，通常建筑以一种既有形式被置于场地中，而忽视基地本身的冲突、断裂、散乱等；另一种是与前者相反的放任自由，其中更加强调不同的物理、文化、社会文脉在形式中造成的差异与多元化。林恩对两者的片面性均提出批判，并从德勒兹的褶子理论角度提出第三种策略，即“混合流动方式”的“平滑”与“曲线”。这种方式是一种“折叠”策略，德勒兹称其为“连续的变化”和“形式连续的发展”。它“不是消除而是融合各种差异”，既保持了第一种文脉策略中的统一性，又遵循了第二种对于环境的积极态度。

艾森曼作为林恩的老师，对其在数字图解方面发展也有着潜移默化的影响。在 1988 年解构主义建筑展览后，艾森曼更加明确了图解思想的方向，发展出“内在性”和“外在性”两种图解工作模式。这一时期艾森曼的图解工具，虽然在工作原理中几乎不再有大的变化，但由于一些外部条件的影响而衍生出不同的思考模式，其主要集中于

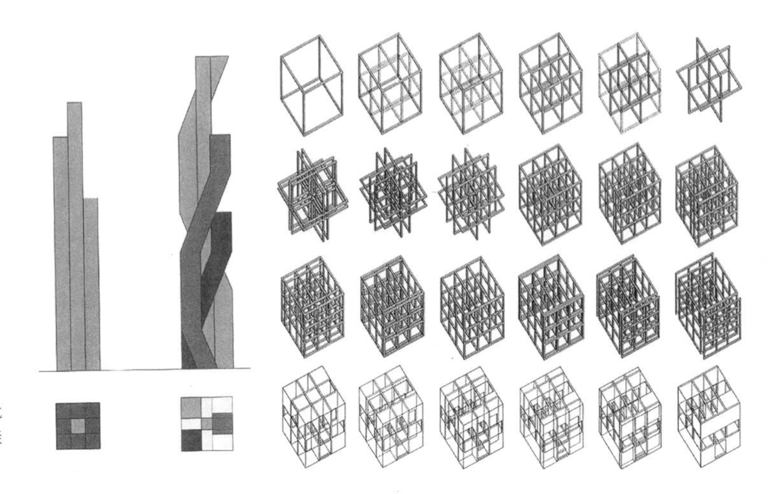

图 3-3-8 林恩的世贸遗址设计竞赛——变异的九宫格（左）与艾森曼的九宫格（右）

数字技术发展和城市理论发展两个方面。计算机技术使得艾森曼在探索建筑形式方面更加大胆与多样化。他的形式操作手段——错动、扭转、切割、放样、布尔等都可以通过计算机技术在三维空间里实现。然而不可否认的是，在图解的数字化理论方面，艾森曼并没有取得巨大的突破，甚至其操作思路仍是延续原来图解的生成过程。幸运的是，艾森曼晚期利用计算机辅助设计之时恰逢林恩在其事务所实习。林恩在艾森曼事务所参与了卡耐基·梅隆大学、辛辛那提大学阿罗诺夫设计与艺术中心（Aronoff Center for Design and Art, University of Cincinnati）、莱伯史陶克公园（Rebstockpark Master Plan）等项目的设计，这段经历对林恩后来建立全新的数字图解理论体系有很大帮助。

林恩对艾森曼的网格手法进行过深入的解读与研究。并在其参加的世贸遗址设计竞赛方案中也运用了九宫格平面布局法。只不过这种源于九宫格的弯曲扭转管束形式，与艾森曼颠倒、置换手法下的九宫格形式相比，展现出计算机辅助下的全新形式结果。并且林恩的设计概念并非如同艾森曼的建筑内部自治或语法解读，他更多关注的是对建筑与城市地标关系的全新解读（图 3-3-8）。

卡耐基·梅隆大学研究中心设计同样也是林恩在艾森曼工作室参与的主要项目之一。该建筑形式是通过计算机布尔运算得出的：首先按照要求形成若干成对的体块，之后体块之间交错形成内与外的空间形式，其痕迹并用框架进行表达。研究中心在某种程度上体现了建构的逻辑关系，如同林恩在胚胎住宅中所做的分析过程一样，都是通过计算机在建筑形态生成过程中建立的一种空间句法组织关系——重合叠加的部分为腔体，剩余部分为外部表皮。

随后辛辛那提大学阿罗诺夫设计与艺术中心的设计手法——折叠与扭转成为林恩日后工作研究的重点之一。项目中原有建筑呈现出折叠与连接并存的状态，扩建部分则在原有建筑北侧沿山坡排布，兼顾新老建筑的结合，与原建筑曲折几何形态的呼应。新建部分通过建筑轴网关系的扭转和折叠形成的最终形态，进而使得其空间的创造建立在对历史和环境的解答上。同样的图解方式也出现在林恩后来独立参与的希尔斯大厦（Sears Tower）竞赛中——结构被置于基地文脉中，与当地文脉的力量纠缠在一起，使建筑呼应原有形式的同时呈现出新的传承。

艾森曼在阿罗诺夫设计与艺术中心项目中运用的折叠操作是借用了德勒兹的“褶子”概念，设想了一种空间上的连续性。本质上，“褶子”概念是在传统意义的结构中建立一种新的逻辑，折叠空间不再以时间为线索，而是以变化的曲率代替平面的投影。基于“褶子”概念的折叠图解操作使得基于笛卡尔坐标系的网格空间有了新的代替品。折叠产生了元素与形体上的错位，通过扭转的网格与地基原有规划的并置，完美地解决了建筑与基地及新老建筑之间的衔接问题。可以说，“褶子”概念成为了艾森曼在20世纪80年代的主要探索和研究方向，而林恩对于哲学在建筑中的应用思考也于此时得到强化。

在莱伯斯托克公园（图3-3-9）设计中地形学与突变理论的运用启发了林恩对于多学科交融观念。公园规划的基地位于法兰克福，该区域从18世纪以来一直延续德国传统的方格网状城市布局。为了和原有的基地肌理相互呼应，艾森曼将一个“7×7”的正交网格置于基地中，并用数字“7”影射突变理论的7个形式：折叠突变（fold catastrophe）、尖顶突变（cusp catastrophe）、燕尾突变（coattail catastrophe）、双曲脐突变（hyperbolic umbilic catastrophe）、椭圆脐

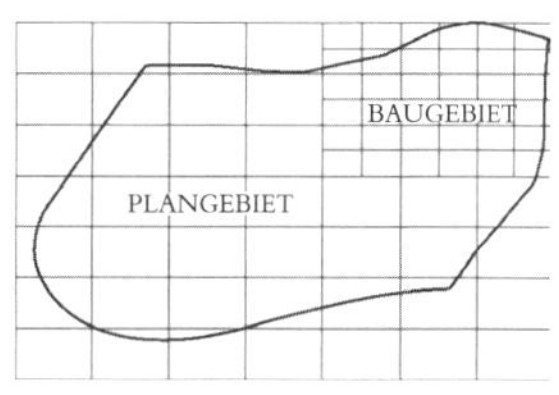

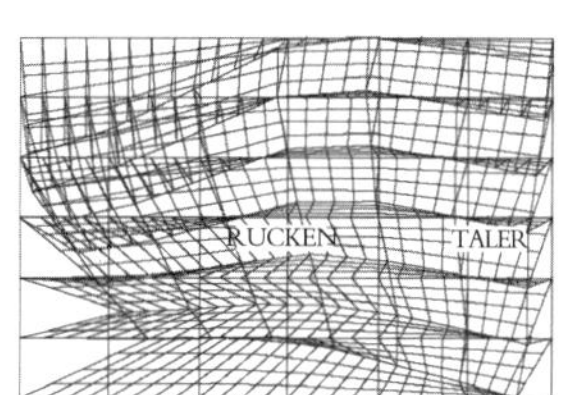

图3-3-9 莱伯斯托克公园规划——应用地理学与突变理论

突变（elliptic umbilic catastrophe）及抛物脐型突变（parabolic umbilic catastrophe）。艾森曼通过图解调节网格使其与基地的形状接近，从而形成一个扭曲的城市空间折面。这个过程中涉及两个概念，一个是折叠，另一个则是来自遗传学的突变理论。而这种通过两者结合形成的地形学设计方法无疑也对林恩后来的多学科交叉思维模式产生了重要影响。

数字图解理论

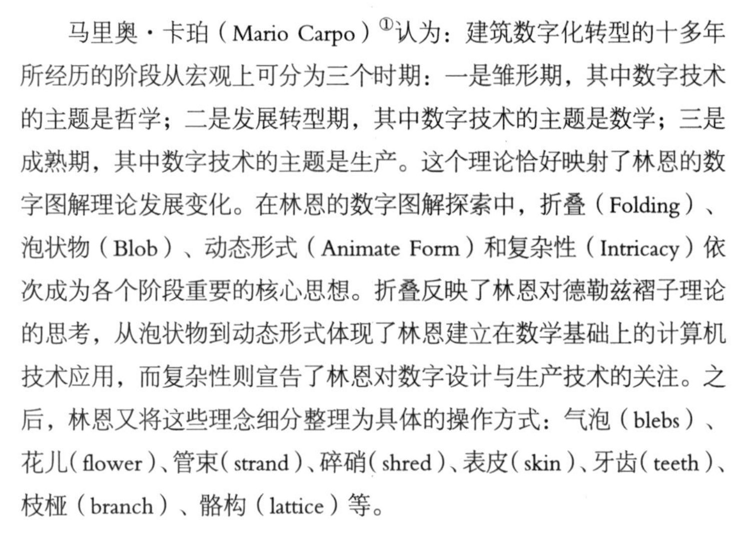

马里奥·卡珀（Mario Carpo）[①]认为：建筑数字化转型的十多年所经历的阶段从宏观上可分为三个时期：一是雏形期，其中数字技术的主题是哲学；二是发展转型期，其中数字技术的主题是数学；三是成熟期，其中数字技术的主题是生产。这个理论恰好映射了林恩的数字图解理论发展变化。在林恩的数字图解探索中，折叠（Folding）、泡状物（Blob）、动态形式（Animate Form）和复杂性（Intricacy）依次成为各个阶段重要的核心思想。折叠反映了林恩对德勒兹褶子理论的思考，从泡状物到动态形式体现了林恩建立在数学基础上的计算机技术应用，而复杂性则宣告了林恩对数字设计与生产技术的关注。之后，林恩又将这些理念细分整理为具体的操作方式：气泡（blebs）、花儿（flower）、管束（strand）、碎硝（shred）、表皮（skin）、牙齿（teeth）、枝桠（branch）、骼构（lattice）等。

① 马里奥·卡珀，建筑史学家、批评学家

图 3-3-10 艾森曼的莱伯斯托克公园规划与林恩的韩国长老会教堂设计关于折叠的解读对比

林恩在 1993 年的《建筑中的折叠》一文中对“折叠”概念进行了阐述。折叠的概念来源于莱布尼茨（Gottfried Wilhelm Leibniz）及后来法国哲学家德勒兹对于其“褶子”概念的再解读。这里的“褶子”并不是指现实中折叠的形态，而是形而上层面的“褶皱”。“褶子”可以反映宇宙中存在的两个根本运动方式——折入（fold in）与折出（fold out）。这两种运动方式同时展现了一种多样性和时空连续的概念。林恩认为“折叠”概念作为一种图解操作能更好地使建筑与时间性文脉实现融合，既保持了建筑与场地的统一，又保证了建筑的内在性与多样性的客观存在。这种独特的理念同时对现代主义与解构主义各具有倾向性的策略进行了批判与完善。

林恩在韩国长老会教堂（Korean Presbyterian Church，图 3-3-10）的设计中首次对折叠图解操作进行了探索与尝试。在设计过程中，计算机虚拟环境中的形式原型是一些按照教堂主要功能而决定并由软件设置带参数的球体。这些球体具有柔性、易变性等特点，并遵循着一定的原则（尺寸、形式、技术要求等）而变化。从某种意义上讲，它们甚至像是有生命的个体。个体之间、个体与文脉之间不断地在表皮处进行着碰撞和结合，直到它们与表皮融为一体，形成一个折面覆盖的建筑形式。

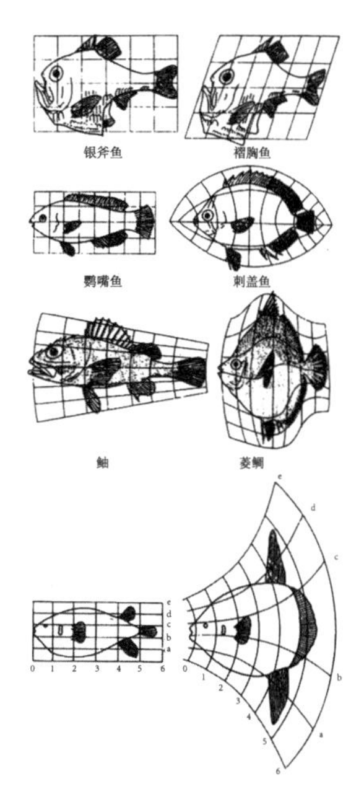

图 3-3-11 汤普森的拓扑学研究方法

同样，折叠概念与技术手段在林恩后来的氢馆（Hydrogen Pavillion）项目中同样得到实践。这里显而易见的是，虽然林恩的长老会教堂、氢馆和艾森曼的莱伯斯托克公园都起源于德勒兹的“褶子”思想，但是最终得到的建筑形式却各不相同。他们都体现了内在的、抽象的、连续性的“折叠”概念，但由于林恩对于折叠理念的不同理解以及折叠方法的迥异，从而产生了更为动态的建筑形态。在林恩看来，折叠包含着一种建立在时间与变化上的逻辑，而这种“变化”的思想则是来自于他对传统建筑设计中九宫格方法与生物学家达西·汤普森（D' Arcy Thompson）的拓扑学方法的对比（图 3-3-11）。

九宫格操作方法是根据具体的场地因素与空间需求而进行的固定、精确、间断、确定和静态的形态生成过程。汤普森拓扑学方法则是一种动态和流质的几何关系，通过拓扑网格的变形研究变化的差异性。例如，如果给鱼的形体结构赋予控制的网格，那么随着网格的变形，鱼的形态也会发生相应的拓扑变化从而形成不同物种鱼的体态（图 3-3-15）。这个过程反映了物种在进化时受到外部环境因素影响下的变化机制，并从侧面体现出拓扑学变化方法的动态、平滑、非确定的特征。相应地，林恩列举了当代广告、娱乐和电影制造工业的一些“变形”效果，例如迈克尔·杰克逊（Michael Jackson）的《黑或白》（*Black or White*）MTV 以及电影《终结者Ⅱ》（*The Terminator Ⅱ*）中的液态人物等，都是拓扑学变形的效果。这种动态变化的折叠思想也成为了日后林恩的重要设计概念之一。

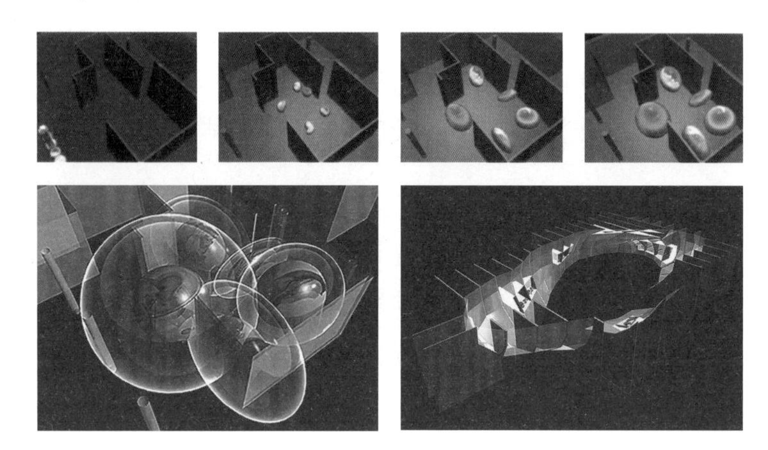

图 3-3-12 泡状物的设计生形过程

① "泡状物"一词来源于 3D 软件 Wavefront 的塑形技术名称，"Blob"是"Binary Large Objects(二进制大型物体)"的缩写。

泡状物[①]是林恩基于计算机变形技术所提出的一种形式概念。在 Wavefront 软件中，球体单元被定义为内外两层：核心和表皮。首先，球体内核的内在作用力和球体之间的外在作用力会相互影响并作用于表皮物质本身，使这些球体出现形变。之后，变形球由于相互之间的作用力影响聚集到一起形成新的个体（图 3-3-12）。这个新的个体既是一个由多个单体构成的复杂组织形态，同时又是具有不可分割性的单一物质。如果说柏拉图式中的几何球体是由特定的参数所确定的完美形式，那么泡状物则是由动态参数所控制的作用力影响而成的流体形态。建立在这样的理论依据上，林恩开始对建筑的形式有了新的理解——形式不再由简单的某几部分组成，而是受到了周围环境中力的作用而生成的新的整体。

受到泡状物中整体与部分之间动态关系的启发，林恩在 1999 年的《动态形式》（*Animate Form*）一书中正式开始了关于计算机动画技术在设计方面的应用探索——通过对"动态""场""力""时间"等概念的探讨，并结合计算机的组织运算去生成建筑形式。在此之前，建筑师对于动态性的理解主要分为两类：一类是关于场景与事件，物体的一系列静态动作被实时捕捉并叠合于一幅画面中；另一类是关于现象的透明，多个历史背景在某个时刻同时出现并叠合产生一种不连续感。林恩认为这些概念虽然能通过时空信息的叠加反映出它们的运动性质，但这些运动始终都是被观察者附加于静态建筑的概念。因此林恩提出了他对于建筑的动态概念——"动态形式"。林恩所理解的

"动"并不是物理学所定义的涉及位移(movement)与动作(action)的运动(motion)概念，而是更接近"动画"(animation)的动态概念。林恩的"动态"思想与建筑形体的生成、衍变和塑形有关。在林恩看来，动态形式并非强调建筑的真实运动，而是更偏重通过"动画"这种图解反映力在建筑塑形中的作用。没有力，一切运动都是虚假的。

力是运动的根源，但林恩所谈及的力除了物理学中常见的重力、阻力、剪力等，还包括了空间中非显性的作用力。同时，受物理学中的"场"的概念启发，林恩认为力是以场的形式作用于物体的，场是力的存在方式，因此物体和力场可以时刻进行着信息的交换。为了更好地描述力、场与物体之间的关系，林恩参考了汉斯·詹尼(Hans Jenny)[②]的研究。汉斯·詹尼将铁屑混合于流质体中，并赋予其振动与磁场环境。随着振动模式与磁场性质的变化铁屑产生了相应的动态转变并产生了不同的沉淀形式(图3-3-18)。回到建筑设计中，建筑场地也可以看作是一种"场"，建筑所受到的场地中文化、历史、环境等外部影响都可以被抽象归纳为不同力的作用。但由于这些场地中力的作用是时刻变化且相互叠加干涉的，因此很难用传统的手工图解进行描述思考，而这时计算机辅助技术的发展恰好极大地帮助林恩进行了对数字场域空间的描述。

② 汉斯·詹尼(1899—1992)，出生于瑞士，土壤学家，专攻土壤的形成机制

在三门桥竞赛(Triple Bridge Gateway Competition,图3-3-13)中，林恩对巴士站、车流量等基地周边环境的相关组成要素做了详细的调研，并将众多要素作为力场输入至计算机中建立一个动态虚拟环境。之后林恩在巴士终点站处设置了一个粒子喷射器向建筑场地内发射粒子束。每个粒子都受到场地中的作用力会改变自己的运动轨迹，同时粒子之间的相互影响也会形成不同的密度状态。最终，计算机按照这样的动力学图解运算得出了动态的桥体设计形式。

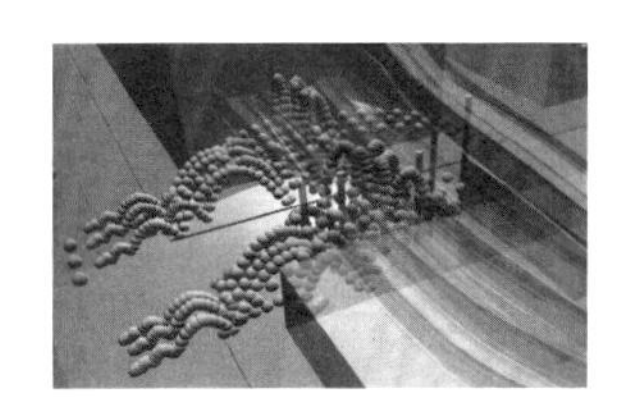

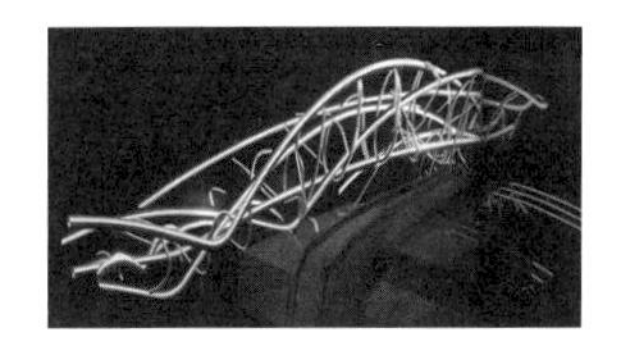

图3-3-13 三门桥竞赛中的粒子发射生形过程

"场"与"力"在设计中的虚拟依靠于拓扑学与动画技术的运用，其本源则是计算机中的"微积分"运算。这种强大的"算法"支撑可使更多的图解逻辑得以实现，从而产生建筑形式的突破。基于此，林恩认为计算机有三种优于绘图等静态设计媒介的基本组织方式：拓扑(topology)(图3-3-20)、时间(time)和参数(parameter)。由

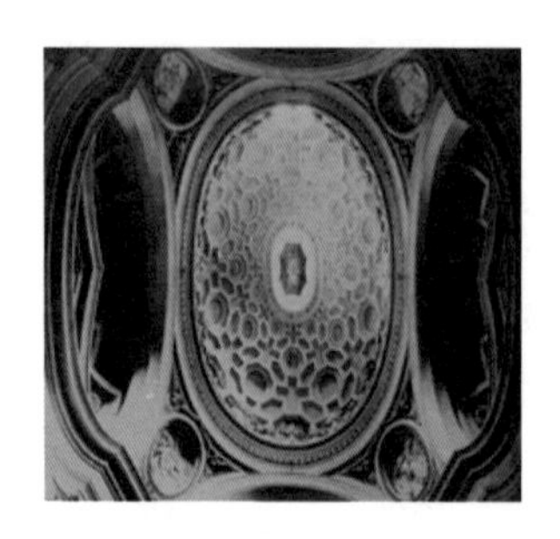
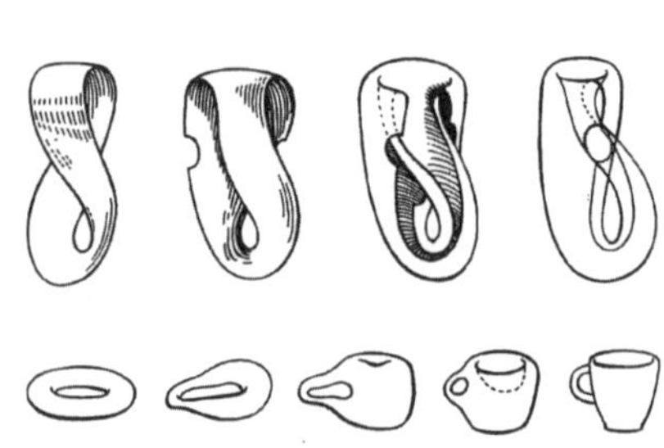

图 3-3-14 波洛米尼（Borromini）设计的教堂天花细部与林恩列举的拓扑变化实体案例

于采用了微积分运算，计算机在拓扑表现、时间表达与参量的输入变化等方面更加容易。这三个因素相互关联作用，成为林恩所认为的动态建筑设计生形所要具备的条件。

2003 年，林恩在宾夕法尼亚大学当代艺术学院（ICA）以策展人的身份，提出了“复杂性”这一概念，这也意味着林恩的数字图解思想再次发生了转化——从抽象的哲学理论切入到利用计算机技术操作形成的全新生产模式。“复杂性”概念仍然是以莱布尼茨单子逻辑与德勒兹褶子理论为基础，但同时利用计算机技术在组织结构和元素间分配联系上的特点为形态建造技术带来新的可能性。需要澄清的是，林恩所探索的“复杂性”，并非像古典建筑中的装饰与雕刻样式，而是一个具差异性和多样性的系统——“与简单的等级、交叉、分类、模块不同，复杂是不可约减的统一体。”这也就是为什么相比于古典建筑的装饰，巴洛克时期的流动更接近于林恩的“复杂”概念。因为消除了重复性，通过变化和差异的体现，每个点都具有其在时空上的特殊定义，而无法被简单地进行还原为孤立的个体（图 3-3-14）。在林恩的“复杂”概念中，细节与整体呈现出新的关系——细节可以被无限深化，细节反映整体，而整体又包含细节。例如在分形几何中“科赫曲线”（Koch Curve，图 3-3-15）[①]，随着折线层级的增加，相比于最初的三角形图案，最终产生的图形更接近一个有机的状态。从这个案例中可以看出，细节并不是作为独立的个体来构成整体，而是参与到整体形式的关系中。

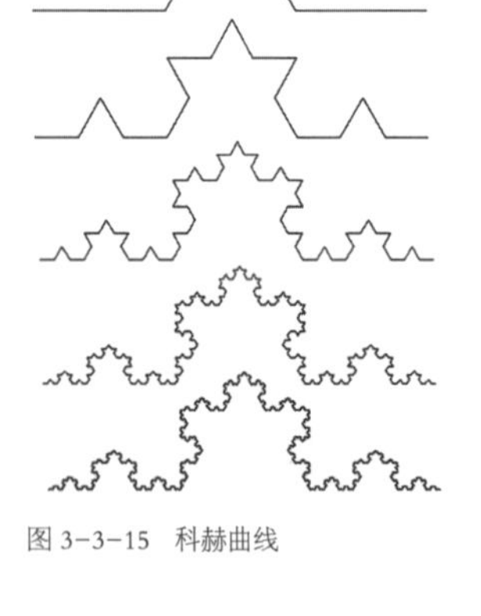

图 3-3-15 科赫曲线

林恩基于“复杂”概念的作品可以被定义为四类：第一类是群聚体（aggregation）与集聚（assemblage），通过不可简化的元素叠

① 科赫曲线（即 Koch 曲线），是一种分形。其形态似雪花，又称科赫雪花、雪花曲线。它最早出现在海里格·冯·科赫的论文《关于一条连续而无切线，可由初等几何构作的曲线》

加而形成统一的整体形式（图 3-3-22）；第二类是表皮与结构的叠合，运用拼贴技巧消除接缝处的断裂（图 3-3-23）；第三类则是机器人成形，将生硬的机械系统转化为具有抽象生命意义的复杂体（图 3-3-24）；第四类为融合，通过包容性的体量组织模式直接在物体上进行事件融合。

在这四种分类的基础上，林恩开始探索通过“量产定制”（custom fabrication）将“复杂性”概念上转化为生产的模式。“量产定制”不同于机器生产，它意味着“在计算机控制下进行快速、非标准化地批量生产”，在满足普适需求下保持每个产品的特异性。刘易斯·芒福德（Lewis Mumford）[②]在 1934 年的《技术与文明》（*Technics and Civilization*）一书中指出，刚刚过去的机器时代是“旧技术的”“硬质的”“人适应机器的”，而即将到来的机器时代是“新技术”“软质的”“机器适应人的”。赖特也在《消失的城市》（*The Disappearing City*）一书中指出，建筑的工业化并不意味着式样的标准化，所有的标准形式皆是机器生产的结果。在新的技术支持下，林恩正是希望打破机器时代“量产”所带来的“标准化”状况。林恩所定义的“量产定制”是在统一性与唯一性、共性化与个性化、集配式与特殊式之间寻找平衡点。“量产定制”具有两个层面的含义：一是“定制化的自由生产”，在同一个数学控制下的对象域中规模化、定制化的产品生产；另一则是“非标准化的普遍性”。在林恩的数字图解体系中，建筑形式中的基本元素各不相同且相互关联，如果在计算机控制下，这一套基本元素可以被分别批量生产的话，那么将会形成一种经济性的建造模式。因此，“量产定制”真正为林恩基于数字图解的形态生成设计提供了坚实的物质建造基础（图 3-3-16—图 3-3-18）。

② 刘易斯·芒福德（1895—1990），美国历史学家，科学哲学家，著名文学评论家。

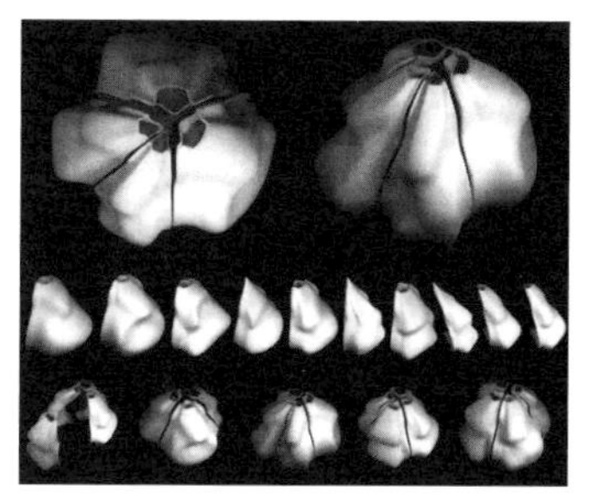

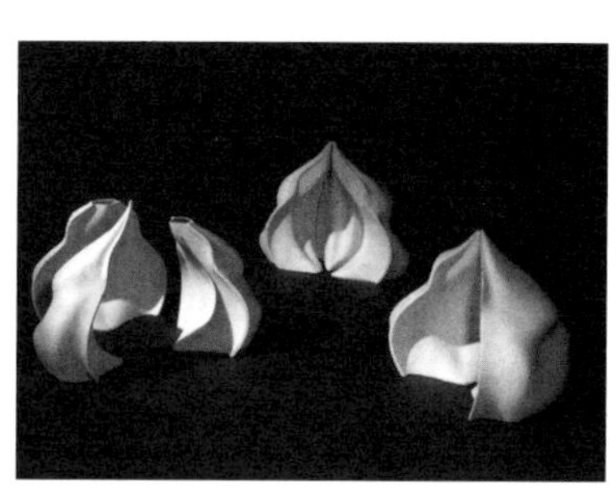

图 3-3-16 “茶壶”系列是林恩最喜爱的作品之一，完美地体现了“量产定制”的理念

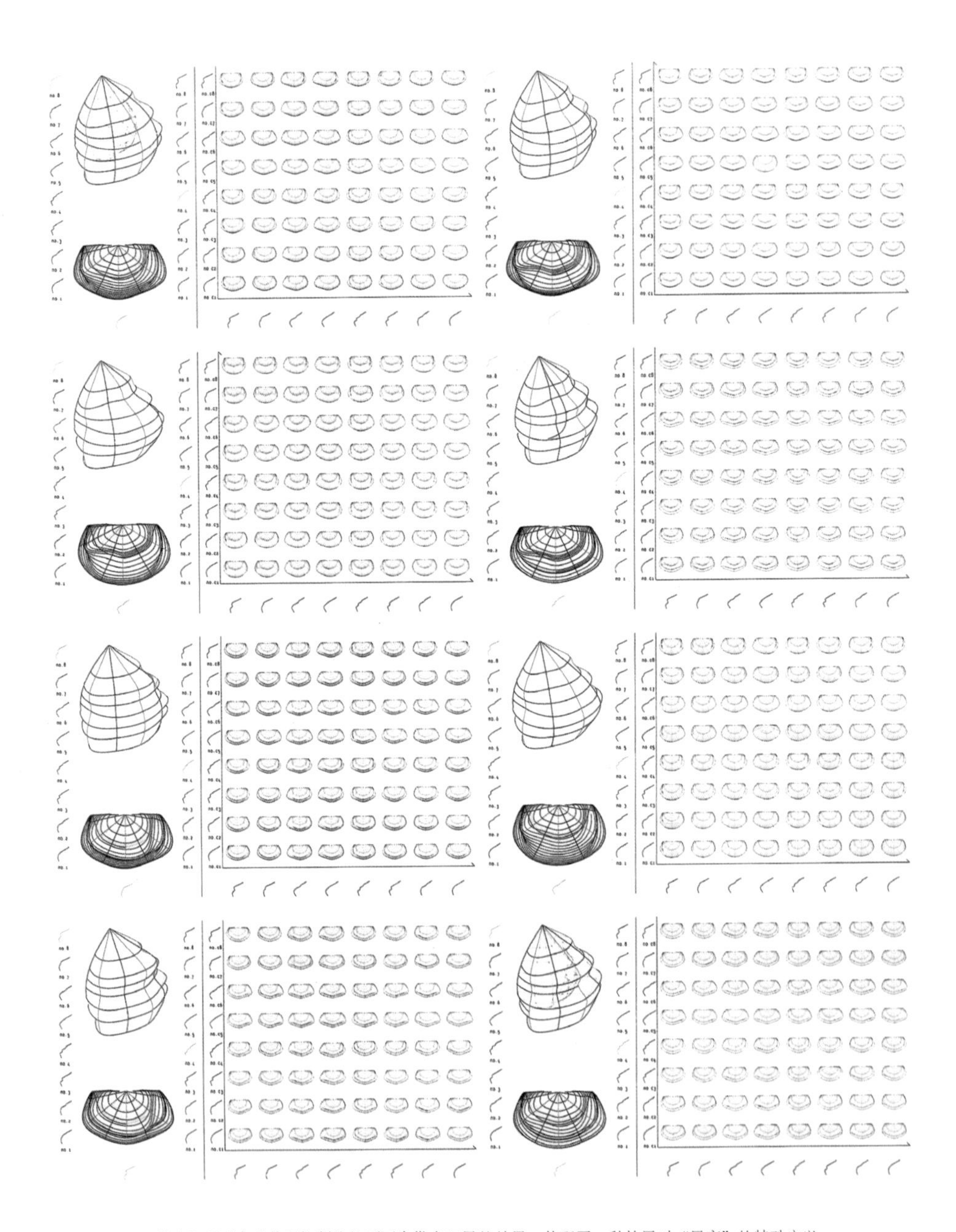

图 3-3-17 “茶壶”系列产品体型控制线的不同会带来迥异的结果，体现了一种林恩对“量产”的特殊定义

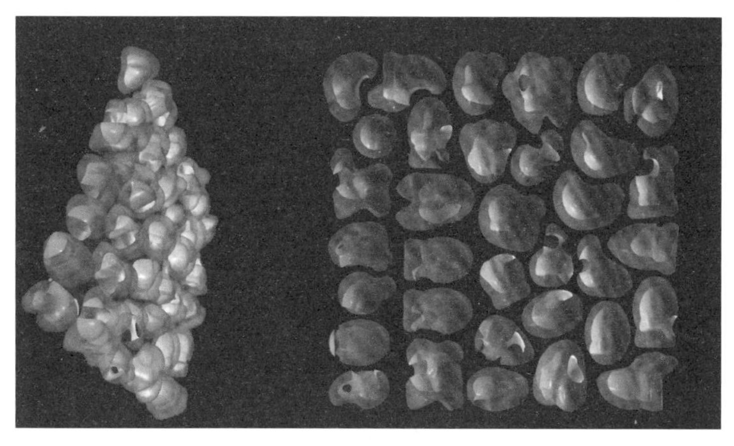

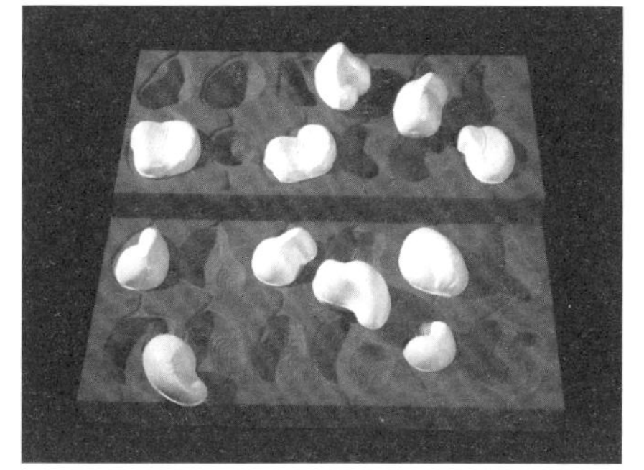

图 3-3-18　胚胎住宅研究过程同样体现了“量产定制”的理念

在格雷戈·林恩的探索中，图解工具从手工绘图形式的创作模式转变为数字化的生形体系。在计算机工具的辅助下，林恩结合前沿科学技术与当代哲学思想对图解理论进行了全新的诠释。这种数字图解理论在建筑领域中形成一支崛起的新兴力量，并对后来的多样的数字图解的探索（生成图解、结构性能图解、环境性能图解、几何建造图解等）产生了深远的影响。从维特科瓦与柯林·罗的分析性图解到艾森曼的生成性图解，再到林恩的多学科交叉下的数字图解体系，可以看出建筑师对于图解思想的探索步伐从未停止过。图解思想随着时代的发展，其本身会衍生出源源不断的创造力，并通过不断地自我提升与完善，为建筑、城市及社会方面的探索提供系统的思想架构。

生成图解
Generative Diagram

卡尔·楚的计算生成图解
Karl Chu's Computational Generative Diagram

乔治·斯特尼与泰瑞·奈特的形式语法生成图解
George Stiny and Terry Knight's Shape Grammar Diagram

算法生成图解
Generative Algorithm Diagram

卡尔·楚的计算生成图解

Karl Chu's Computational Generative Diagram

现在，并不存在统一意向的建筑世界观。这背后有两层原因：第一，人们关于宇宙并没有一致的见解，或统一的理论；第二，当今世界是一个主要由市场经济驱动的多元化的融合体，很少涉及综合反映数学、科学和哲学发展等的思想。然而尽管如此，有一点仍是可以确定的：拓扑学的出现及其在数学中的发展推动了本体论的革新，并确立了一种新的建筑范式的产生。

——卡尔·楚

There is currently no universal image of architecture that stands for the world due to two reasons: first, there is no universal agreement or theory of everything about the universe and, secondly, the world has become a multiplicitous conglomeration of nation-state-corporations driven predominantly by the hegemonic flux of the market economy with little regard for updating the image of thought that is reflective of developments in mathematics, science and philosophy. Be that as it may, one thing remains certain: the emergence of topology in conjunction with developments in mathematics implicitly necessitated a renewal of ontology and the implications it has in developing a new paradigm of architecture.

——Karl Chu

艾森曼的形式图解带来了建筑“自主性”的革新，引领建筑师开始更加深入地思考“建筑是什么？”，并希望能从更本质的层面来寻找解答。随着艾森曼对形式图解的研究（诸如错动、扭转、切割、布尔等），逐渐揭示了建筑设计方法在形式逻辑操作下的重大潜能。这种抽象的逻辑性蕴含了自下而上的形式逻辑生成的更多可能。而这种思维方式则重新挑战了原有的建筑哲学的思考方式。在计算思维介入建筑设计以后，形式逻辑与计算机算法的结合极大地拓展了形式生成的可能性。从建筑本体论的角度来说，这是一种全新的形式本源的可能。

建筑生成图解

卡尔·楚的研究探索了如何从更为抽象的角度对建筑重新定义。从哲学的角度，卡尔·楚认为，可以将任何存在于世间的事物定义为“是”（being），而对这种对“是”的描述可以划分为两个层面：“是作为其表象”（being-there of appearance）和“是作为是”（being as being），即“本体”（ontic）和“本体论”（ontology）。“本体论”是一个关乎事物普遍存在状态的形而上的问题，它超出了事物本身可见、可感知的物质实体。它用科学层面的语言学描述解释了“是”在哲学层面的内在普遍性质。“本体论”不涉及任何语义学或者符号学层面对事物的指代，而是就其存在的本身进行探索，即“是作为是”（being as being）。因此，“本体论”可以被认为是“是作为其表象”的对立面。“是作为其表象”是对事物在“本体”层面的描述，用海德格尔的理论来说，它指代的是其“存在”（existence）所处的实际状态 。因此，在卡尔·楚的理论中，“本体”和“本体论”之间，或者说“存在“与“是”之间的关系可以进行如下定义：

本体论

本体

本体论 = 是

本体 = 是作为其表象

图 4-1-1　布雷设计的牛顿纪念碑

当然这并非指"本体"层面的描述是不真实的。实际上，"本体"的描述所指的是事物内在属性的外在表现，而"本体论"的描述则更为抽象，是对事物外在表现的概括，所以在哲学意义上两者都是同等真实的。在 "本体论"层面的建筑学关注的是建筑所存在的普遍和终极状态。卡尔·楚认为，"本体"维度下的建筑学更多的是考虑每一个建筑项目本身在其特殊的地理位置和周边环境下的特定概念与策略，而"本体论"则考虑的是超然于这些地理时间概念之后的更深层次的建筑学意义。极少有建筑项目在其设计过程中会涉及"本体论"层面的讨论，因为这一层面的问题在绝大多数的实践项目中都和具体建筑任务没有直接关系，或者说，并非是一个必备的选项。但这其中依然有一些例外，尽管这些例外还是从"本体"层面的具体概念出发，解决了一个特定场所的建筑问题，但同时也在其中植入了一些对建筑学"本体论"层面的思考。从阿尔伯蒂、布雷（Etienne-Louis Boullee）、皮拉内西（Giovanni Battista Piranesi）、帕拉蒂奥到超级工作室（Superstudio）、阿基佐姆工作室（Archizoom Associati）、路德因·西尔贝斯爱蒙（Ludwig Hilberseimer）、雷姆·库哈斯（Rem Koolhaas）和丹尼尔·李伯斯金（Daniel Libeskind）等都在他们的设计中回应了一些关于建筑学自身中更本质的问题（图 4-1-1）。

艾森曼对于形式生成图解的研究已经在较深层次触及了建筑的"本体论"问题。墙、柱、楼板、门窗等一系列表观层面的物件都被抽象到了一个形式操作的系统之内，同时场所和环境也被部分抽离，其试图通过形式逻辑作为内在系统性要素来操作建筑空间设计。然而，“形式”依然成为艾森曼没有摆脱的限制。从“本体论”的定义来说，建筑应该超出一些可视的、可感知的外在表现，即“形式”。因此，在形式逻辑本身较为简单时，艾森曼的形式生成图解还可以保持其抽象性，然而如果形式逻辑本身变得复杂，艾森曼的形式生成图解就很难再保持高度的抽象性，进而掩盖了其在“本体论”层面的意义。

不得不承认，形式范式对整个建筑发展史影响至深，任何一个建筑师都难以逃脱对某种形式范式的趋向。形式范式提供了一种高效且多样的建筑生产依据，可以应对这个由政治与经济主导的世界。在大多数情况下，它被用于解决现实世界中的问题，在社会、文化、经济环境中通过建造去改变物质世界。形式范式从出现到发展至今，始终是一种由经验积累而得到的、以人为中心的托勒密式（Ptolemaic）①的概念，是当下社会政治、经济与技术现状的体现，而事实上缺乏在“本体论”层面的对普适问题的反思。随着计算机技术的发展，当形式变得纷繁多变，再难以有一个强有力的形式范式将它们进行统一和抽象的时候，基于形式范式的自治性或“本体论”研究也变得迷茫。卡尔·楚认为，建筑学“本体论”的研究需要超脱任何范式的限制，具备绝对一般性和普适性。而这其中，生成图解同样需要一个“本体论”层面的变革。

① 托勒密提出了“地心说”观点，“托勒密式”泛指一种以人为中心的经验主义。

单子论（Monadology）与多样性（Multiplicity）

卡尔·楚的研究先抛开形式范式，他认为需要一种新的依据来承载建筑的“本体论”，来回答那个终极的建筑问题——“建筑是什么？”（What is Architecture?），或者推及到那个更终极的问题“它是什么？”（What is It?）。17 世纪理性主义大师戈特弗里德·威廉·莱布尼茨（Gottfried Wilhelm Leibniz）②对于“本体论”曾提出了非常经典的理论——单子论，单子论中对单子的描述是：“一种无法延展、没有形状、不能再分的粒子，因此单子是自然中真正的原子，是一切事物构成的基础元素。”（Leibniz，1714）

②戈特弗里德·威廉·莱布尼茨（1646—1716），德国哲学家、数学家。

单子论将单子解释成一切事物最根本的元素，并且单子不具备一般物理粒子在时空上的延展性，是一种抽象的存在。单子的意义在于它将物质的最基本构成定义为某种粒子，这作为一种理论猜想与数百年之后对微观粒子的发现相吻合。除此之外更重要的是，单子论定义了单子的性质，而这种性质揭示了单子构成万物的规则。单子论认为，一个独立的单子拥有两种基本性质：感知（perception）和欲求（appetition）。单子一旦存在，即受到欲求的内在驱动与其他单子进行作用，并产生感知过程。之后感知再驱动欲求，由此往复无限循环形成世界的宏观感知 。可以说，单子论为万物的存在提出了一种生成性的解释。

单子论形成了一种统一的世界观，即万物是由一种本质上完全相同的单子构成，这意味着万物在本质上是趋同的。单子论的统一性观点与巴门尼德（Parmenides of Elea）[③]对于世界的抽象性观点一致，即“存在是一”，或者说多样性的本质即是“一”。包括斯宾诺莎（Baruch Spinoza）、黑格尔（G. W. F. Hegel）、德勒兹和加塔利都是这一观点的支持者。

③ 巴门尼德（约公元前 515 年—前 5 世纪中叶），古希腊哲学家，前苏格拉底哲学家。

然而，以阿兰·巴迪约（Alain Badiou）[④]和雅克·德里达（Jacques Derrida）[⑤]为代表的哲学家则持相反意见。他们认为这个世界的不能被归结为一个完整的“一”。巴迪约曾引用了集合理论上著名的悖论来证明他的观点——“包含所有集合的集合不是一个集合”，即包含所有存在的完整的“一”是不存在的（Badiou，1997）。但巴迪约同样也认为，存在一种“绝对”（absolute）作为一切的根本仍是必要的，否则“是作为是”的本体论层面讨论将毫无意义 。这种“绝对”与黑格尔所定义的根植于事物自我意识中的那种“绝对”并非同一概念，而是一种唯物主义范畴，即不包含任何神学或者精神层面的，单纯由集合理论的数学逻辑所催生的概念。但同时这种“绝对”又是一种形而上的概念，它虽然构成万物但又无相无形，其存在与运转的根据仅仅是逻辑与公理。

④ 阿兰·巴迪约（1937—），法国当代著名哲学家。

⑤ 雅克·德里达（1930—2004），法国著名的哲学家，20 世纪下半期最重要的法国思想家之一，西方解构主义最有代表性的人物之一。

如果我们来对莱布尼茨的单子论和巴迪约的“绝对”理论在本质上的相通性进行总结的话，那就是它们都建立在一种最基本单元（“单子”或“绝对”）之上，并通过探索这种基本原型的规则（“感知与欲求”或“公理与逻辑”）来建构起整个世界。换句话说，一种抽象的、形而上的单元遵从一定的逻辑与规则的相互影响是形成万物的基本过程。可以说，这种共识提供了新的“本体论”研究的依据。而更重要的是，它也同样成为影响建筑生成图解理论思维发展的核心内容。

星球自动机（Planetary Automata）

在计算机技术发展的推动下，这种抽象的、形而上的原型及其相互作用的逻辑与规则被赋予了新的含义。1990 年，约翰・惠勒（John Archibald Wheeler）[①]对那个“它是什么？”的本源问题给出了一个非常具有启发性的解答：“它来自比特”（It from Bit）。“比特”（Bit）在这里有两层含义：一是指物理上的“微小物体”，这与单子论和微观粒子理论是一致的；二是指数学和信息学上的“数位”和“字节”，这是一种摆脱物理存在的抽象。在“比特”的第二层含义中，万物并不仅仅是由单纯的粒子堆砌而成，而是在堆砌过程中有很多“信息”被加入了进来。“信息”成为构成万物的另一个重要组成内容。如果宇宙大爆炸代表了初始的“0”到“1”的过程，产生了第一个“比特”的信息，那么对于当前整个宇宙而言，科学上对其信息总量的估计达到了 10^{90} 比特。我们总结约翰・惠勒的理论，即万物同时由物质上的微小粒子和抽象意义上的信息构成，而信息可以表达为“数位”或者“计算机代码”（计算机代码的最本质体现实际是二进制数位码）。受其所处时代的技术背景的影响，约翰・惠勒的解答兼具抽象与具体，可以说其提出的“比特”概念同时指代了莱布尼兹单子论中的“单子”和“单子”间的“欲求”与“感知”。

① 约翰・惠勒（1911—2008），美国物理学家、物理学思想家。

约翰・惠勒的“比特”概念对“本体论可以呈现为什么”的问题提供了一种新的解答，但没能很好地对“本体论如何具体呈现”进行回应。如果本体论只是呈现为代码的堆砌，这无疑是形而上的抽象，对于建筑学讨论“建筑是什么”缺乏进一步的参考意义。著名的计算机学家史蒂芬・沃尔夫拉姆（Stephen Wolfram）[②]对万物本质做出了另一种解释，即著名的计算等价性原理（the Principle of Computational Equivalence）：“一切进程，无论是发生于自然还是人为，都是计算的表现。”（Wolfram，2002）

② 史蒂芬・沃尔夫拉姆（1959— ），英国数学家、物理学家和计算机学家。

史蒂芬·沃尔夫拉姆的解释相比约翰·惠勒的理论更进了一步，它对代码的组织形式进行了解答，即“计算”（computation）。“计算”提供了一种即具体又抽象信息载体，这正是解决第二个问题“该如何具体呈现”所需要的。同时，对建筑学来说，建筑生成图解需要一种具体而又抽象的载体去表达建筑的生成过程，而史蒂芬·沃尔夫拉姆的解答恰好为这种生成图解系统提供了基础。可以说，“计算”以及与之紧密相连的“算法”（algorithm）构成了建筑学新的生成图解。

基于“计算”的概念，卡尔·楚提出了指向建筑本体论的建筑原型系统“星球自动机”（Chu，2006）。他认为，人对建筑的认识是有局限性的，人类和建筑都只是茫茫宇宙中非常小的一部分，两者处在同等的位置，并都在随着时间的推移而演进。因此，人们认识的建筑实际上只是人们所认为的建筑[3]。卡尔·楚做了一个非常著名的类比——油画《圣城耶路撒冷》（*Heavenly Jerusalem*）。在画中，漂浮在天空中的城堡代表了人们对圣城的愿景，而实际上人们并不知道真正“圣城”的模样。漂浮的“圣城”只是人们意识中“圣城”形象的倒影，也就是人们意识的外在呈现。因此，本质上《圣城耶路撒冷》所体现的是人的意识而非建筑本身（图 4-1-2）。

③ 出自卡尔·楚于 2010 年 12 月在 TEDxBrooklyn 上题为“Genetic Architecture”的演讲。

从哲学层面上来说，如今大多数的建筑项目都是“本体”层面的表达，是在托勒密式的范式指引下在具体环境中的表达。而卡尔·楚提出的这种“星球自动机”原型是基于广义计算的理念，是试图去摆

图 4-1-2　油画《圣城耶路撒冷》

脱一切范式的束缚来生成的建筑。具体解释，“星球自动机”有三个方面的内容：

1. 后人文主义的建筑范式（The Post-Human Paradigm of Architecture）：“星球自动机”试图建立一种摆脱人类主观意识而仅仅基于生成式计算的建筑生成系统。

2. 建筑作为“可能世界”的建造（Architecture as the Construction of Possible Worlds）：“可能世界”的定义是卡尔·楚通过将图灵理论应用于建筑领域而提出的。根据计算机领域邱奇·图灵论题（Church Turing Thesis），任何能进行计算的事物都能被图灵机（Turing Machine）所计算。而美国量子物理学家大卫·多伊奇（David Deutsch）提出的图灵法则（the Turing Principle）可以作为邱奇·图灵议题的延伸，图灵法则声明“任何在宇宙中物理上存在的事物都是可以被计算的”。依据这一法则，建筑作为一个现实世界存在的事物，必然是可以通过不同程度的计算得到的。

3. 一种建筑学上的计算单子论（A Computational Monadology of Architecture）：莱布尼兹的单子论被一种独立的、规则导向的生成系统“元胞自动机”（Cellular Automata）重新定义。元胞自动机是一种具有自生成属性的计算机图像系统，其基本概念由波兰数学家斯塔尼斯拉夫·乌拉姆（Stanislaw M. Ulam）与匈牙利数学家约翰·冯·诺依曼（John von Neumann）于1950年提出。它是一种离散的动态系统，包含两个方面的内容：首先是原型，系统由特定的方形单元晶格组成，每个晶格被模拟为一个单元细胞；其次是生成规则，生成规则是元胞自动机的控制器，它可以通过检测每个细胞以及其周围细胞的当前状态来决定该细胞的未来状态。随着时间的迭代，晶格中的每个细胞根据周围状态按简单的规则进行变更。可以说，元胞自动机是单子论在计算意义上的直接呈现，单元细胞代表了单子，而单子论中定义的“感知”和“欲求”则呈现为生成规则。“星球自动机”是一种基于元胞自动机的建筑原型计算生成系统。更具体来说，“星球自动机”提出的是一种概念，并不特指某种具体的形式原型。“星球自动机”只是一种抽象的法则，它是广义计算角度下建筑生成本体论的表达。

卡尔·楚提出的“星球自动机”原型的出现提供了一种广义计算角度下建筑生成的具体方法，对哲学层面“本体论”的抽象讨论也通过这一原型得到了具体表达。建筑生成在这一语境下摆脱了形式范式，从一个近乎虚无的原点和绝对抽象的规则上展开整个生成过程。同时，建筑生成图解也摆脱了对形式操作的呈现，转向了对抽象原点和规则的图解化描述。

建筑原型“ZyZx”

“星球自动机”虽然对广义计算角度下的建筑生成法则进行了具体描述，但依然是一个抽象的概念。所以卡尔·楚在“星球自动机”的系统基础上进行了第一个 “ZyZx”建筑原型创作。

“ZyZx”建筑原型是一种基于最基础的“一维元胞自动机”（One-dimensional Cellular Automata）而生成的建筑形式。“一维元胞自动机”是一种最为基础的元胞自动机。在一维元胞自动机中，细胞“生存”在彼此相连的网格中，每个细胞有左右两个相邻细胞。每个细胞根据相邻细胞的情况在既定规则的迭代验算之后会呈现某种状态—— “生”或“死”两种最基本的“生命状态”，之后计算机程序设计将用不同的颜色来分别表示这两种“生命状态”。

卡尔·楚的“ZyZx”原型采用了一维元胞自动机中的一种特殊类型——“帕斯卡三角形”（Pascal Triangle）作为其生成体系的描述。在帕斯卡三角形中，细胞以 0 和 1 的顺序从左边开始依次向下一层级分解为两组，直到所有的细胞相邻可能性都考虑完毕。如果每个细胞有两种状态，三个相邻细胞可以排列成八组不同状态组合，而其中每一组细胞的前一代状态决定着下一代细胞组中央细胞的状态。在该八组排列组合的顺序中可以从上到下用“01001000”字符串来定义元胞自动机的迭代规则，这便是帕斯卡三角形的基础架构（图 4-1-3）。在该架构基础上我们利用同样的方式可以定义出更多一维元胞自动机的迭代规则，规则总数可以达到 2 的 8 次方，即 256 种（图 4-1-4）。

帕斯卡三角形是采用三个相连细胞的迭代规则，其更迭状况只有两种，即“生”与“死”或者“黑”与“白”。而这两种状态可以衍生出的新规则可能性可以达到256种之多。当细胞的可能状态超出2个时，其产生的规则将会是更加庞大的数量级。另外，除了状态上的可能性，当帕斯卡三角形中的细胞单体被替换成具有其他几何特征的单元时，细胞矩阵所表现出来的外在形象也会随之发生改变，而卡尔·楚的“ZyZx”建筑原型即是在帕斯卡三角形基础上的一种几何变化。

卡尔·楚首先将这种平面矩阵网格变为球形网格，来作为“ZyZx”建筑原型的基础架构。选择球体作为原型基础架构实际上有着哲学层面意义。上文中讨论到了巴门尼德的宇宙观，巴门尼德认为存在是“一”，而这个“一”是在一个包含无限的大球体内，是一个连续的不可分割的整体，“它不可分，尽管它很相似，某处的它并不比另外一处多，以防它聚集在一起，它也并不减少，任何东西中全都是它”（Parmenides，公元前5世纪）。这个关于几何特征的哲学理念，也可以被理解为指引建筑学发展的理念：球体作为万物存在的整体表现。在很长一段历史时期内，球体几何都在描述它对天堂的象征性，无论从罗马的万神殿还是到散布在世界各地的圆顶建筑，历史见证了这种方式。卡尔·楚在这里选择球体作为基础，也是在哲学层面寓意着一种对万物本源的回应。

“ZyZx”球体的形成规则与帕斯卡三角形的形成规则在本质上是一致的。由于球形网络可以看作是平面网络的拓扑变形结果，所以帕斯卡三角形的形成规则完全可以适用于ZyZx球体原型的生成过程。而具体操作层面不同的是，ZyZx系统对每个细胞单元进行了重新定义：每个细胞单体 “生”与“死”或者“白”与“黑”的生命状态被替换成了几何意义。这时，与帕斯卡三角形的逻辑一致，当每个细胞单元具有两种几何状态时，ZyZx球体的最终形态可能性一共有2^8=256种。而如果每个细胞被定义为拥有三种几何形态时，那么该种原型系统的变化将达到3^{27}种，即万亿的数量级。因此，ZyZx虽然只是一种基于一维元胞自动机形成的几何系统，但其变化的可能性可以说是无限的（图4−1−5）。

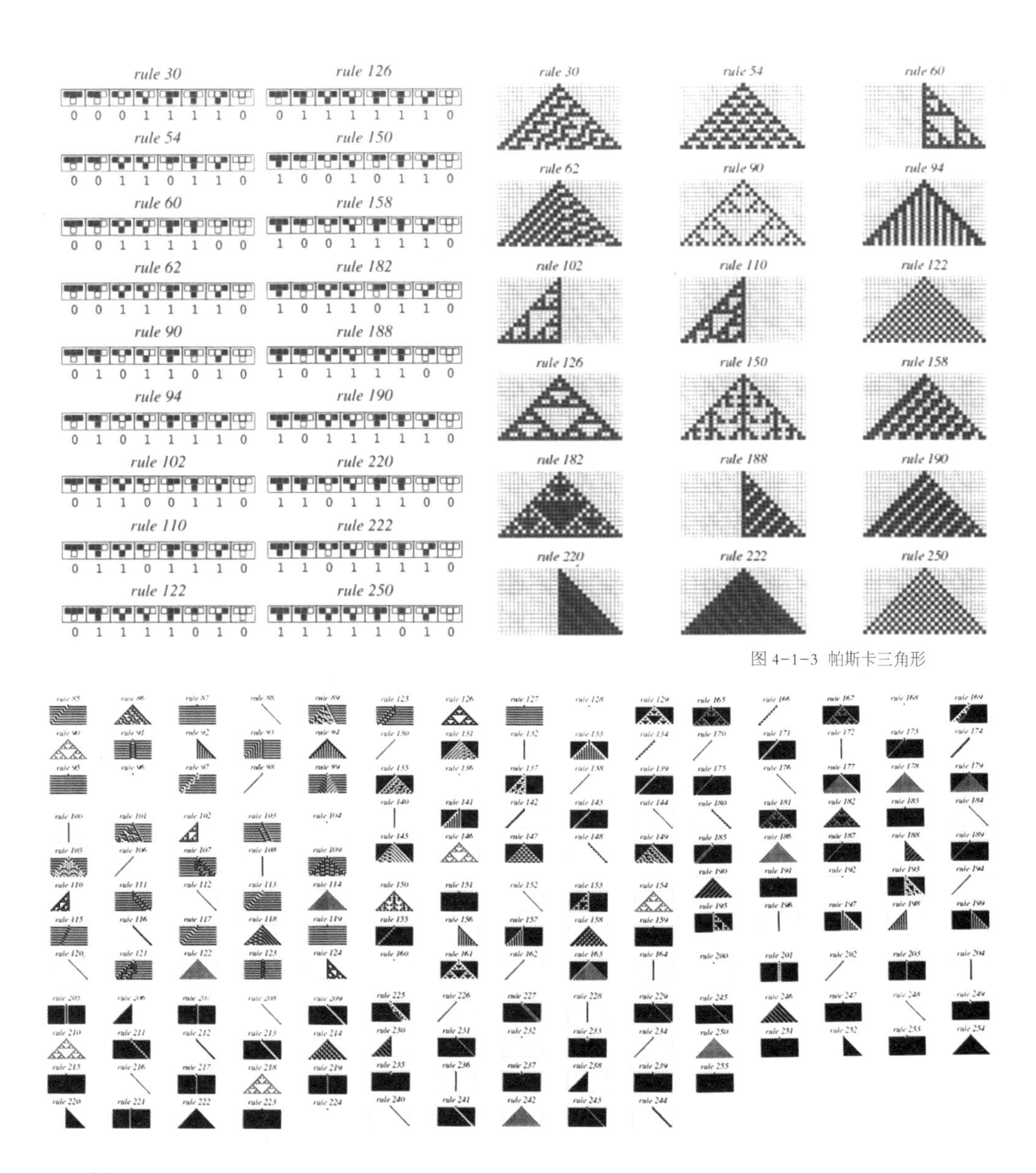

图 4-1-3 帕斯卡三角形

图 4-1-4 帕斯卡三角形的 256 种可能

当然，“ZyZx”球体只是一种生成逻辑的原型化呈现。原点与规则是生成逻辑的两个基础，也是建筑计算生成图解的核心，但仅有这两方面还并不足以形成建筑原型。就元胞自动机而言，其生成结果只是非常抽象的细胞存活状态，而为了得到具备建筑特征的原型，我们还需要将这种抽象的二进制码式的生成结果进行建筑化的转译。这就如同卡尔·楚在 ZyZx 原型中对一维元胞自动机生成结

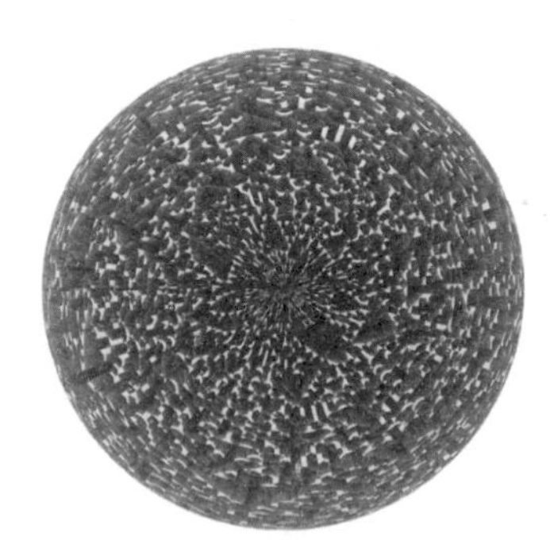

图 4-1-5 “ZyZx”建筑原型

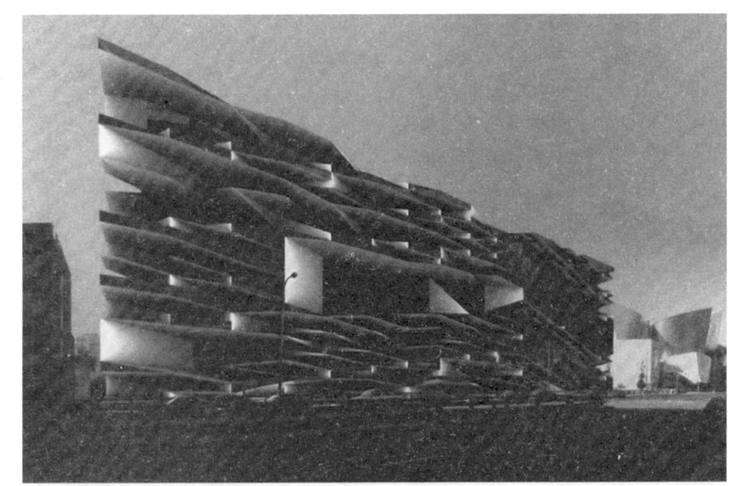

图 4-1-6 “ZyZx”建筑原型

图 4-1-7 “ZyZx”建筑原型

果的建筑几何化（图 4-1-6，图 4-1-7）。因此，在具体建筑设计操作层面，计算生成图解所需要包含的内容有三方面：原点（genes）、规则（rules）与转译（mapping）。

不可否认的是，这种建筑原型距离我们当前世界中的建筑实践还有非常大的距离，但“星球自动机”原型系统所包含的内容中指向的是“建筑作为可能世界的建造”（Architecture as the Construction of Possible Worlds）。这里“可能世界”所指的范畴本质上远远大于我们所处的现实世界。在卡尔·楚的理论体系内，“可能世界”被定义为适用于图灵法则的世界，即“可计算的世界”。而在“可计算世界”的范畴既然大于“物理可能的世界”，当然也就超越了“物理可能的世界”所包含的我们所处的“现实世界”（图 4-1-8）。卡尔·楚所关注的是“建筑作为可能世界的建造”远比“现实世界”的建造要更为抽象，从而它也就能够超脱具体问题与具体环境来对建筑“本体论”进行直接回应。

总而言之，计算生成图解提供了一种形式图解之后的建筑思想与范式，一种更为抽象的、本体论的形式探索。随着对生成图解在认识论和方法论层面的深入挖掘，计算生成图解在不断地模糊着生成性图解与描述性图解之间的界限：其直接指向的并非建筑形式生成结果，而是对生成的原点、逻辑和转译规则的描述。这种模糊性是计算生成图解所追求的高度抽象性所带来的结果。然而，无论是何种层面的探索，其最终目的都是实现建筑形式的创造。所以，随着计算生成图解思想在建筑实践中的进一步应用，基于各种具体规则与计算机算法的建筑生成研究也不断出现，例如形式语法等一系列算法生成研究，而这些研究极大地推动了建筑生成设计朝着逻辑性与复杂性并存的方向发展。

图 4-1-8 卡尔·楚对于“可能世界”的图解描述

乔治·斯特尼
与泰瑞·奈特
的形式语法生成图解

George Stiny and Terry Knight's Shape Grammar Diagram

类似于传统的语法，建筑语言拥有其自身的语法规则来统筹分析、设计和创造的过程。

——博扬·泰帕夫切维奇

Analogous to traditional grammar, language of architecture has its own grammatical rules that govern the process of analyzing, designing and creating buildings.

——Bojan Tepavcevic

图解形式语法

形态（shapes）、线条（lines）、曲线（curves）和实体（solids）的世界就如数字的世界一样充满规则却又变化多端（David Berlinski，2001：31）。正如欧氏几何给我们的印象，世界被包围在一个可管理的智能结构里。在计算生成图解中，卡尔·楚的“星球自动机”建筑原型系统已表现出该智能结构的特征，但是在这些特征背后控制着整个生成系统的逻辑则往往被人忽视。在实际设计过程中，逻辑既驱动形态生成，又主导规则本身。规则作为建筑生成图解的载体，以其具体而又抽象的方式表达着建筑的生成过程。在计算理念和数字技术跨越式发展的今天，基于“星球自动机”建筑原型规则的组织逻辑，逐渐演变成为具体且丰富的形式生成法则。在此背景下诞生的形式语法（shape grammar），以类比自然语言的自发展方式，将“设计规则”作为语法结构，运用图解作为语言的交流工具，扩充了建筑生成体系的发展。

通过几何学和图解来研究建筑特征的方法由来已久。在早期的设计中，几何与建筑生形总是有着千丝万缕的联系，而图解则仅仅作为展示生形结果和传达设计思想的工具。近年来，计算机技术与计算几何的发展，以及计算机辅助设计（CAD）或计算机辅助加工（CAM）技术的成熟使得建筑设计与复杂几何形体的交融成为了可能。其中最早将计算机程序技术应用在建筑领域的案例便是基于形式语法和专家系统（expert system）[①]的人工智能规则去生成一系列几何形体。所以说，作为建筑设计图解的形式语法既来源于几何，又作用于几何。

形式语法的诞生可以追溯到20世纪50年代中期，其初期的基本目的是在于发展出一种类似于自然语言的形态描述体系，使计算机能够自动理解和翻译。到了60年代，艾伦·伯恩霍尔兹（Allen Bernholtz）和爱德华·比尔斯顿（Edward Bierstone）利用计算机算法将复杂的设计问题分解为简单的子问题，进而重构解决方案。这可以说是计算机算法在艺术与建筑方面的首次尝试。同时，这也启发了乔治·斯特尼（George Stiny）[②]和詹姆斯·吉普斯（James

① 专家系统是一个智能计算机程序系统，其内部含有大量的某个领域专家水平的知识与经验，能够利用人类专家的知识和解决问题的方法来处理该领域问题。

② 乔治·斯特尼，曾在悉尼大学，英国皇家艺术学院、奥本大学和加州大学洛杉矶分校任教，现为麻省理工学院建筑系计算机设计学教授。

Gips）[3]在这方面的研究工作。

[3] 詹姆斯·吉普斯，波士顿大学教授，从事计算机科学与人机交互方面的研究。

乔治·斯特尼现任麻省理工学院（MIT）建筑系计算机设计学教授。1972年，他和詹姆斯·吉普斯一起创立形式语法，并将形式语法描述为一种代表视觉、空间甚至是思维的原始绘画语言。在斯特尼1978年出版的《算法美学》（*Algorithm Aesthetics*）一书中，形式语法成为解释和评价艺术作品的嵌入式审美系统（Terry Knight，1999）。两年后，斯特尼的另外一篇文章《形式构造的两个练习》（"Two Exercises in Formal Composition"），奠定了形式语法在建筑领域应用的基础，成为第一个面向设计生成系统的开创性理论研究（图4-2-1，图4-2-2）。

最初斯特尼并没有对他早期作品中运用的形式语法做出具体描述，而是于1980年在他的论文《幼儿园语法：用福禄贝尔积木做设计》（*Kindergarten Grammars: Designing with Froebel's Building Gifts*）中才首次解释了创建基本形式语法的具体步骤。通过研究弗雷德里克·福禄贝尔幼儿园的设计方法，并以形式语法的设计规则与其进行对比和分析，斯特尼最终利用福禄贝尔积木以清晰的搭接方式重构了幼儿园的主体空间。该研究使得形式语法首次在三维空间中被定义，为此后形式语法的实践应用奠定了基础。

在实践中，作为计算机几何学的基础——以形式语法为原型的空间建构方式改变了传统的设计思维。设计过程被重新转译为语言的组织和表述过程。作为语言的发起者，设计师仅仅需要根据形式语法的基本规则组织设计内容。这时候，图解就像设计师和语言之间的媒介，既能够准确地传达信息，还能让设计拥有交流的属性。在这过程中，任何种类的建筑形式都可被解释为一种规范的语法体系及其形成的规则、句法和语义。

图4-2-1 《算法美学》（*Algorithmic Aesthetics*），乔治·斯特尼，1978

图4-2-2 形式语法规则生成的6种桥梁设计图解"Bridgework"，乔治·斯特尼，1978

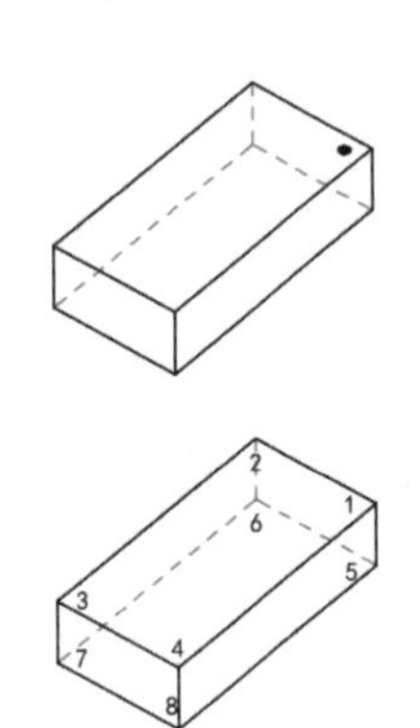

图 4-2-3　基本形态的标记规则

作为一种基于设计规则的生成系统，形式语法具备模仿、创造和分析的特点。从理论上说，形式语法可以被理解为基于语法处理系统的数学模型；而在实践中，形式语法则是一种通过直接操控形式规则来生成设计的通用式计算机语言。语言理论的重点是词语的表意，而词语的表意则是以语法结构为基础的。相比自然语言在语法结构下由词组句形成的意义传达，形式语法则归属于遵循设计规则的形态计算生成图解。在固定的规则与条件下，形式语法以“形”作为基本设计单元，通过不断地将规则应用于“初始形态”或者“当前形态”来迭代衍生出设计结果。设计由形态生衍，而形态又可以看作有限直线段的最大集合（George Stiny，1980：343–357）。形式语法采用了“if–then”的计算机程序语言作为核心图示构成规则，以递归的方式施加到基本形体上，直到设计完成。设计师既可以在相同的设计规则下，通过改变初始基本形态而获取不同的设计结果，又可以基于同一初始形态，通过制定不同的设计规则来达到不同的设计预期。这样的设计方法将设计师的工作简化为了一个有限自动机（finite automaton）（图 4–2–3—图 4–2–5）。

在实际应用中，形式语法规则可以分为两大类：“生成式规则”（generation rules）和“修饰式规则”（modification rules）。所谓“生成式规则”是指依据基本形态特征从无到有地衍生出设计结果。“修饰式规则”是指在设计产生后，对其进行诸如拉伸、缩放、平移、

图 4–2–4　形式语法规则图解

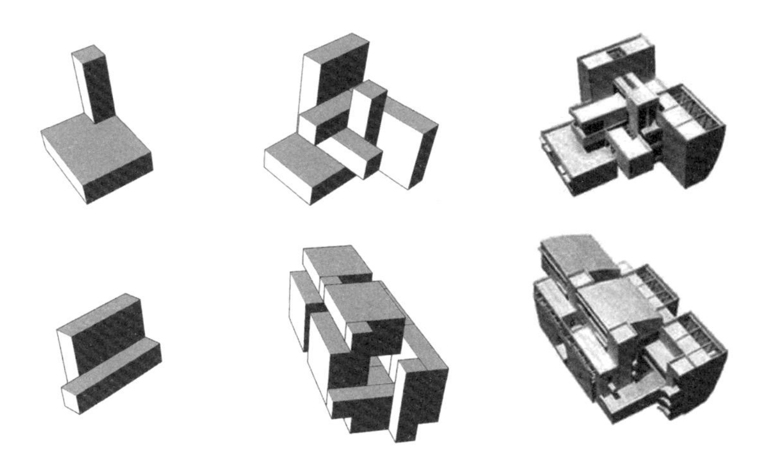

图 4-2-5　由形式语法生成的设计——洛杉矶历史文化博物馆，MIT，2001

错切、变形等修饰的规则。作为设计的决策者，设计师在建构形式时可以随时在这两种规则之间进行切换，以在原有基础上满足新的设计要求。

传统设计策略与形式语法不同，其设计方式完全取决于设计师自身的直觉与创造力，在方案构思的过程中往往缺乏推进的动力，这也表现出了逻辑性不足的特点。而形式语法将设计过程转换为一种图解计算模式，通过定义形态的构成形式和规则，使得设计意图与背后的系统性分析得以进行更清晰的推演。当规则取代直觉，设计师便无需再依赖创作灵感，设计过程也变得有据可循。

从广义上说，形式语法既可以描述建筑的形态与意义，又可以被定义为一种计算机设计的生成方式和特定设计问题下解决方案的集合。如自然语言捕获自身的结构一样，形式语法也定义了建筑自身的语言。 它开拓了一种审美的哲学，既不通过强行模仿或解构，也不通过对设计过程附加某种实际意义，而是通过将设计思维逻辑化，平衡理性与感性的权重，强调规则作为设计生成的工具，并以图解作为形式表现的载体反馈到建筑设计中，对建筑设计框架起到推动作用。

此外，形式语法也允许设计师通过编码设计规则来对已有的设计进行分析，进而可以同时具备生成性和描述性。依据这个标准，形式语法可以分为生成型语法和分析型语法。如前文所述，生成型语法是在初始形式的基础上通过设计规则来产生新的形态，而分析型语法则是更多地深入探讨并描述现有设计风格的继承与演变过程（Rodrigo Coutinho Correia，2013：9–10）。

形式语法的分析与生成

在斯特尼提出了创建基本形式语法的具体步骤之后，1981 年泰瑞·奈特（Terry Knight）[①] 在现有基础上对设计语法的发展提出了建议。她首先指出，语法的创建需要在原有的设计上通过分析形态与空间的关系得到。这种从已有形态中提取基本设计语法的策略也正是形式语法背后蕴含的分析整合属性的基本原理。

① 泰瑞·奈特，麻省理工学院建筑与规划学院副院长、计算式设计专业的教授，著有《设计中的形式语法与色彩语法》（*Shape Grammars and Color Grammars in Design*）、《建筑设计、教育与实践中的应用》（*Applications in Architectural Design, and Education and Practice*）等书。

最早有关分析型语法的案例是 1977 年斯特尼在他的文章《冰裂纹：中国式窗花的生成设计小结》（*Ice-ray: A Note on the Generation of Chinese Lattice Designs*）中提出来的。“冰裂纹”的起源是中国传统瓷器烤制时产生的裂纹，在中国古代建筑中，“冰裂纹”大量出现于窗花、门、楼梯、屏风等构件或家具中。图案主要由三角形构成，通过延长每个三角形的边，并围绕一定的几何图形不断地重复着该规则，最终形成“冰裂纹”图案。当三角形个体的种类越多，变化也随之越来越丰富，所形成的“冰裂纹”也更接近自然形态（图 4–2–6，图 4–2–7）。

此后，乔治·斯特尼又使用形式语法建立了适用于重构帕拉第奥别墅平面的规则。通过分析帕拉第奥建筑的相似特征，并转化为可以用计算机程序实现的操作过程，斯特尼生成了一系列“帕拉第奥建筑风格”的平面。整个过程既印证了分析型语法的实用价值，同时也建构起了形式语法由分析到生成转化的全过程（George Stiny，1978：5–18）（图 4–2–8，图 4–2–9）。

20 世纪八九十年代，形式语法的应用几乎完全侧重于分析重构。类似的形式语法应用分析案例包括：《营造法式》[②] 文本解读、台

② 《营造法式》是北宋官方颁布的一部建筑设计、施工的规范书，作者李诫，是我国古代最完整的建筑技术书籍。

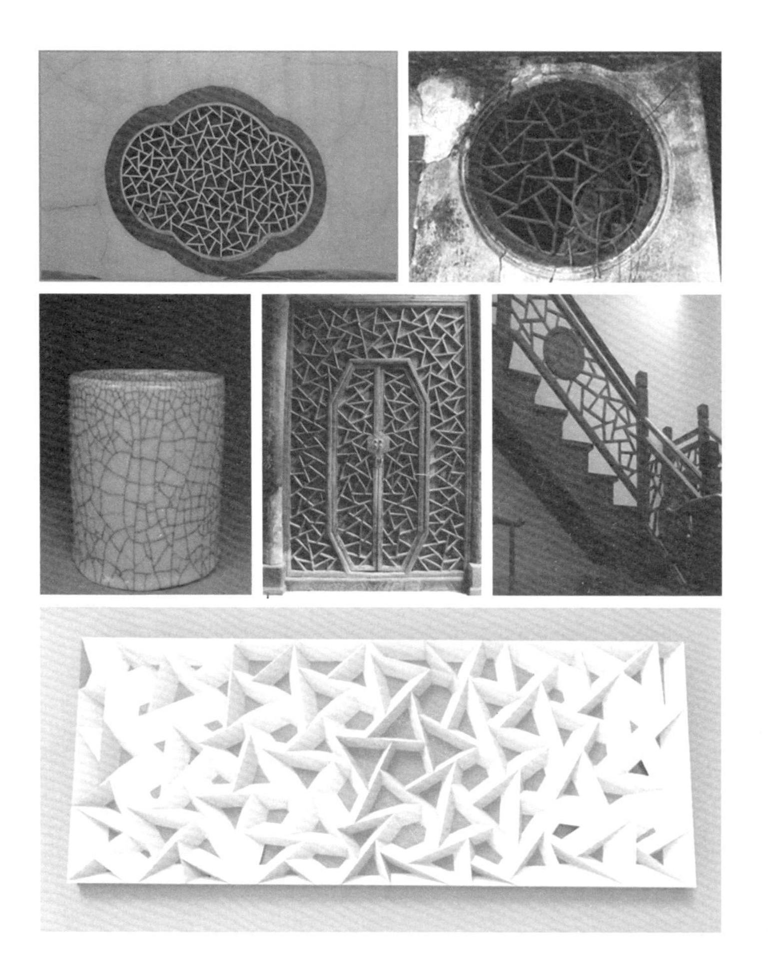

图 4-2-6　中国古典“冰裂纹”造型在楼梯、门、窗上的应用

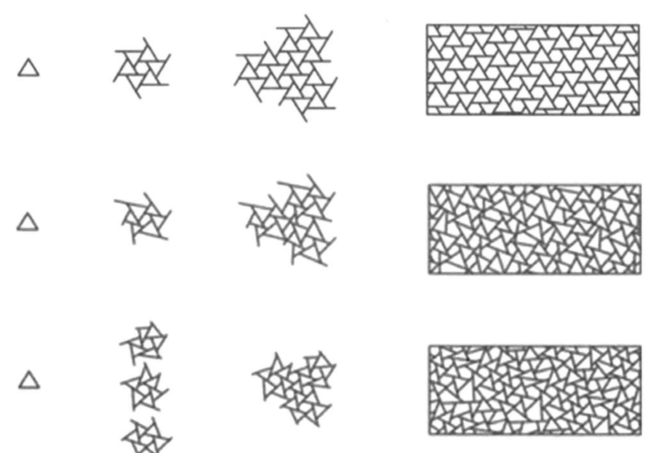

图 4-2-7　“冰裂纹”的规则分析图解

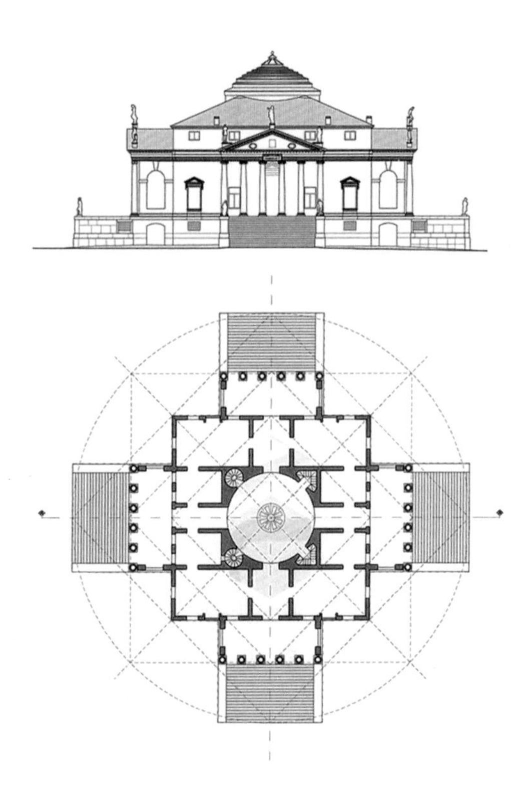

图 4-2-8　帕拉蒂奥别墅特征分析图解

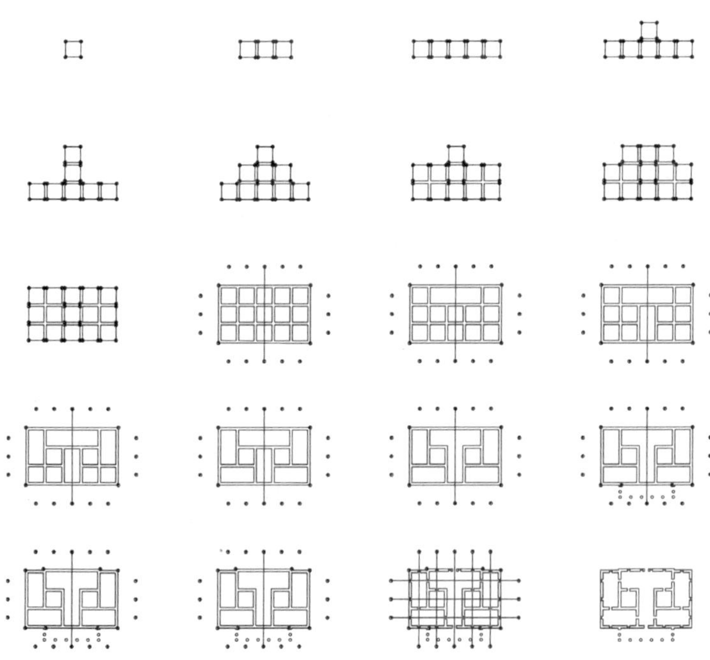

图 4-2-9　形式语法生成的帕拉第奥平面规则图解

湾传统民宅、安妮女王住宅、莫卧尔花园、乔治·赫普尔怀特(George Hepplewhite)的座椅设计及弗兰克·劳埃德·赖特的草原式住宅等。这一系列的设计作品所表现出的建筑风格或印象都能够通过形式语法来描述,进而设计师可以通过设计逻辑来理解建筑所具备的特征,并以该特征为出发点设计出与之呼应的语法规则。

20 世纪 90 年代后,随着高效能计算机的普及,生成型语法开始广泛被用于设计过程中。作为直接掌控形态发展趋向的决策者,设计师可以根据特定的需求来制定规则并生成最终的建筑形态,然而在实践中,设计问题带来的约束影响着设计师对具体形态及其空间关系的控制。因此,除了分析型语法具备的审美趋向之外,生成型语法往往还需要将功能、结构及形态与空间的适应关系作为整体来统一设计。

位于西班牙的科尔多瓦当代艺术中心(Contemporary Art Center Cordoba)项目,便是以形态和空间的适应性关系作为设计出发点的生成型语法应用案例。设计师将正六边形作为形式语法的

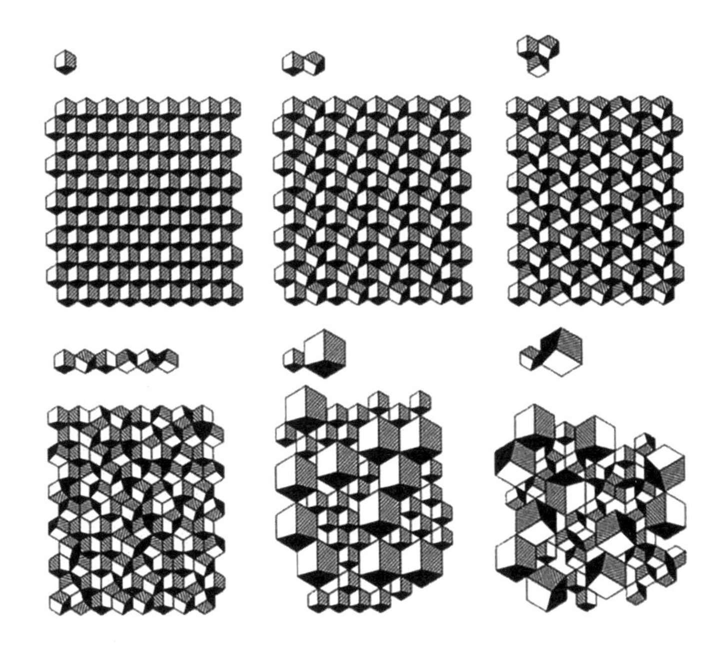

图 4-2-10 科尔多瓦当代艺术中心立面生成图解

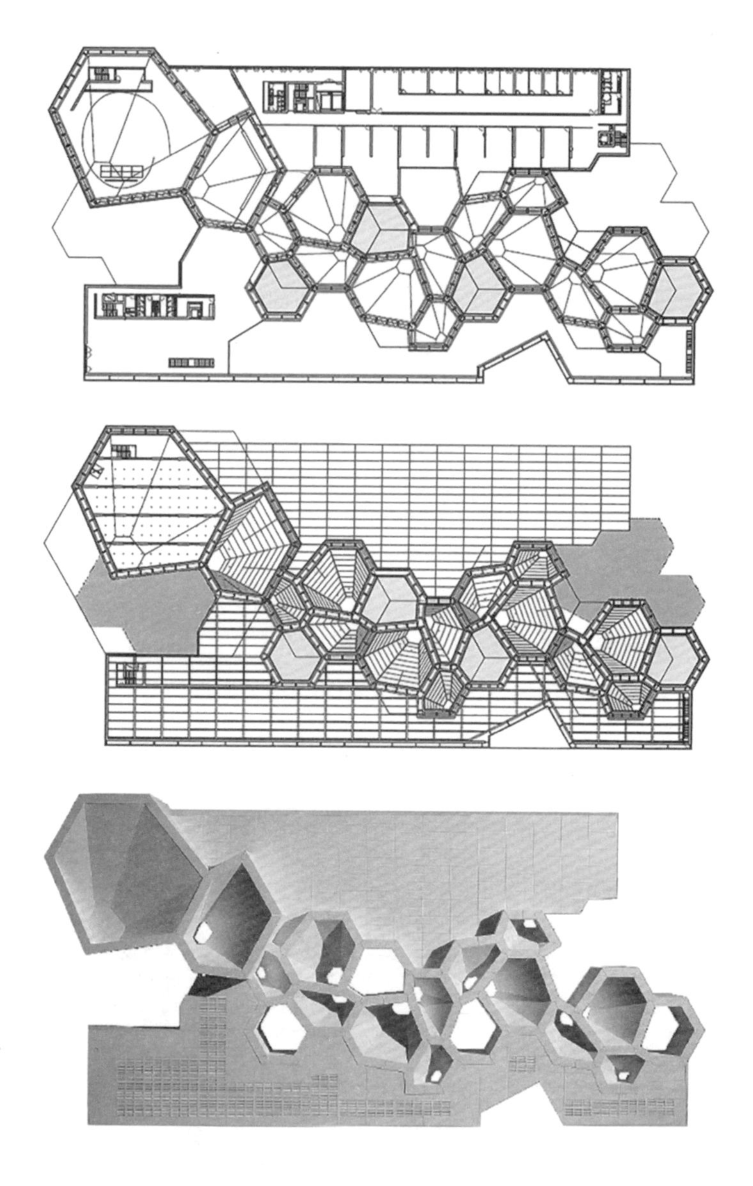

图 4-2-11　科尔多瓦当代艺术中心屋顶形态生成图解

初始形态，在融入伊斯兰的传统元素后，正六边形衍化为表面带有凹凸的不规则蜂窝窗形态。从建筑顶部观察，不规则六边形重复排列，不同的大小对应着室内不同类型的房间。整个过程就像组合游戏一样，图形的排列生成了不同层次的空间序列，并延续到了建筑的立面，阐述着伊斯兰传统的几何规则和诗歌般的叙述节奏（图 4-2-10，图 4-2-11）。

生成型语法为设计提供了基于思维规则的生成模式，这也是广义生成设计的重要思想开端。但是，基本的形式语法只能处理在单一初始形式之上按照单一进程运行的设计语言，这样的工作方式难以适应复杂形态的生成需求。因此，在面对设计方法中全新挑战的情况下，形式语法也从实践中得到了延伸。

多维形式语法图解

1992 年，泰瑞·奈特以乔治·斯特尼的案例为基础，对形式语法进行了扩展并构建了限制类型的色彩语法（color grammars），这为多维形式语法的发展拉开了帷幕。在奈特的案例中，形式语法起始于形式词汇与空间的关系。在图解框架下，空间关系约束了形式词汇彼此在组合方式上的可能性。而这种简单的构图理念也是形式语法的关键所在，它提供了通过加减形态来生成设计的理论依据。从理论上说，形态与空间的关系可以通过任何东西来描述，并且在数量上也是无限的。

形式之外，建筑还具有空间品质，而色彩便是建筑的空间品质之一。奈特以色彩语法为例，探索了形式语法对形态之外其他属性的控制能力。可以说，色彩语法是形式语法的一种延伸。形式语法包括一个初始形式和一组形式规则，而色彩语法则是在形式语法的基础上增加了第三个元素——色场（color field）。

色场的填充相对自由，它既能够表示为用单一颜色填充的有限区域，也能够表示为包含多种不同颜色连续填充的复合区域。在二维平面上，色场对应色彩填充面；在三维空间中，色场对应色彩填充体。在具体操作层面，色场是在色点（color spots）的基础上形成的，而色点是有限区域内带有某一色彩的点集。色点通过其占用的空间和表达的色彩而被定义，之后一组离散色点的集合组成色域。

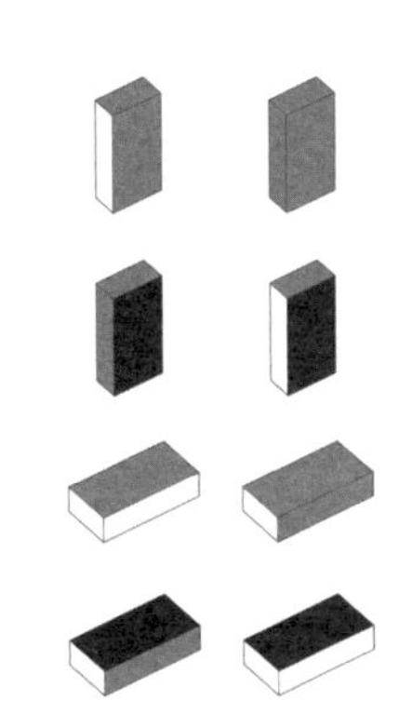

图 4-2-12　色彩语法中的 8 种不同填色方式

场和点类似于形与线。场和形都可以是空间上连续或不连续的个体，都是由更低级的空间连续物——点和线所组成的。但是两者间又存在很重要的差别：场和点同时具有空间和色彩属性，而形与

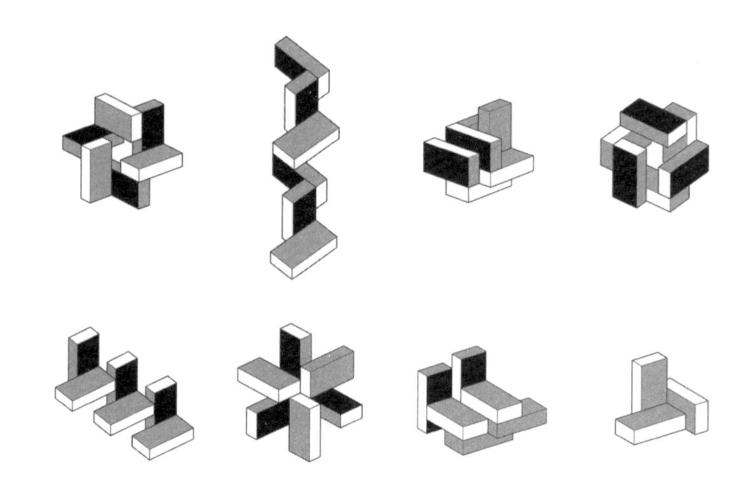

图 4-2-13　色彩语法规则图解

线则不然。例如，色点有各种不同的类型——绿点、蓝点或红点，而线则只有一种。所以，当两个色场重叠时，重叠部分会呈现出新的色彩定义。在空间上，这表示了重叠区域内两类色点的重叠关系。

对重叠色场的处理，奈特在色彩语法中应用了视觉艺术中的概念：不透明（opacity）、透明（transparency）、分层（layering）和编织（weaving）等。当两个色场重叠时，重合的色点会进行一次排序。排序时，既可能是一个点主导另一个，也可能是两点同等分量。当一个点主导时，主导点将覆盖被主导的点。当两个点同等分量时，两个点的色彩将相互混合，从而产生出新的定义。

作为形式语法的延伸，色彩语法同样运用常规的方式定义设计语言。其定义过程首先需要定义色点、色场、色域及它们之间的关系和操作；其次用色场、标记和形状来组合产生初始形态；最后通过规则的递归来衍生出新的形态。由于在色彩语法中，规则的应用可能意味着色场的相加，因此任意两色场中重合色点的排序也必须与所应用的规则同时被指定（图 4-2-12，图 4-2-13）。

较之标准形式语法，色彩语法在形式操作之外增加了感知因素，使形式语法更加契合建筑设计的实际需求。同时，色彩语法的创建在补充完善基本形式语法的同时，也开拓了多维形式语法的设计思

路。为了能够适应某些类型的复杂设计，基本形式语法随后衍生出了众多复合多维的语法专题。其中包括了进行并行运算的平行语法

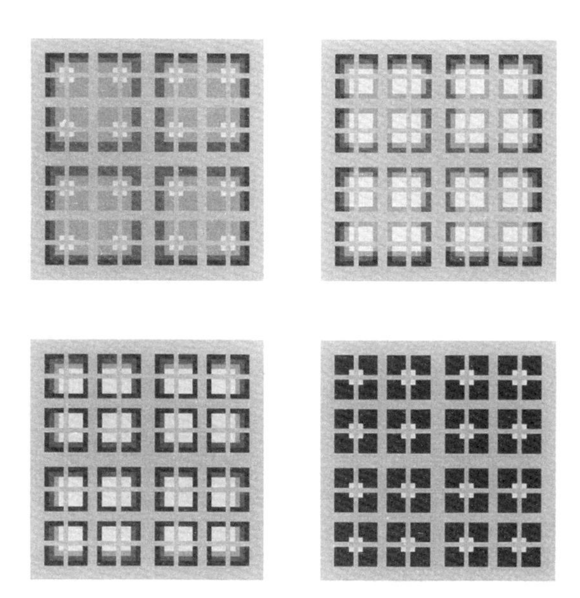

图 4-2-14 色彩语法规则生成不同的莫沃尔花园平面，泰瑞·奈特，1993

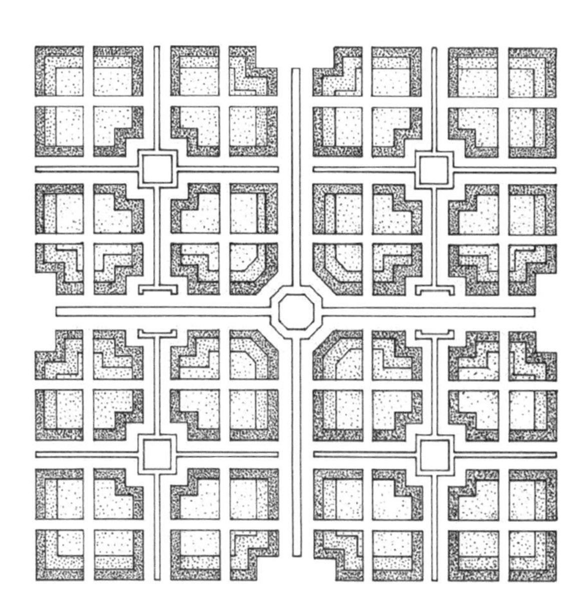

图 4-2-15 莫沃尔花园平面图解，MIT，2001

（parallel grammars），对结构或者形式集合进行计算的结构语法（structure grammars），以及对生产中产品分布及其约束进行计算的分布语法（distribute grammars）等。尽管这些多维形式语法种类繁多，却都遵循基本形式语法的核心逻辑。可以说基本形式语法就像一部图灵机器，是计算机时代多维语法的基础源头（图 4-2-14，图 4-2-15）。

作为早期的多维形式语法，色彩语法是源于对基本形式语法的延伸和扩展，同时也是形式语法的图解交流结果。此后，随着计算机程序中的"分类"思想扩散至建筑设计领域，设计问题根据其自身的特点而被归类，由此诞生的各类多维形式语法也被作为一种数学模型分别映射到与之对应的设计问题中。

如果说形式语法是试图通过有限的规则来描述无限可能的物体组合，那么参数化语法（parametric shape grammars）是为了增加形式语法的函数描述能力，在其基础上通过附加条件来增进生成形态的全新属性。

到目前为止我们所讨论的形式语法都只考虑单一形式。参数化语法的突破在于引入了形式族群（A family of shapes）的概念，使形式语法能够对多重变量或形式参数进行运算。给定一个形态，根

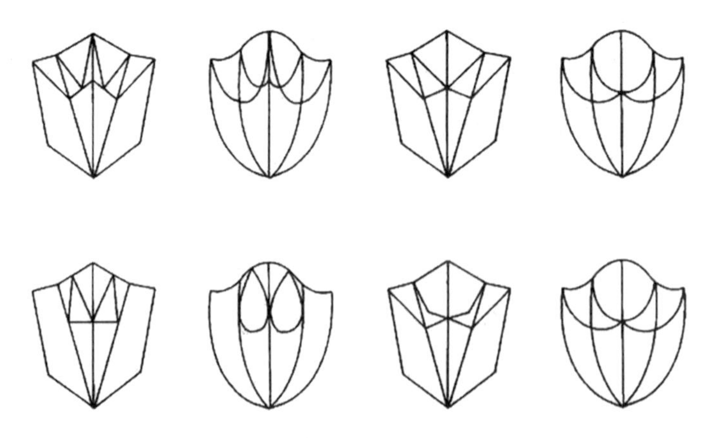

图 4-2-16　参数化语法的应用——赫普尔怀特椅

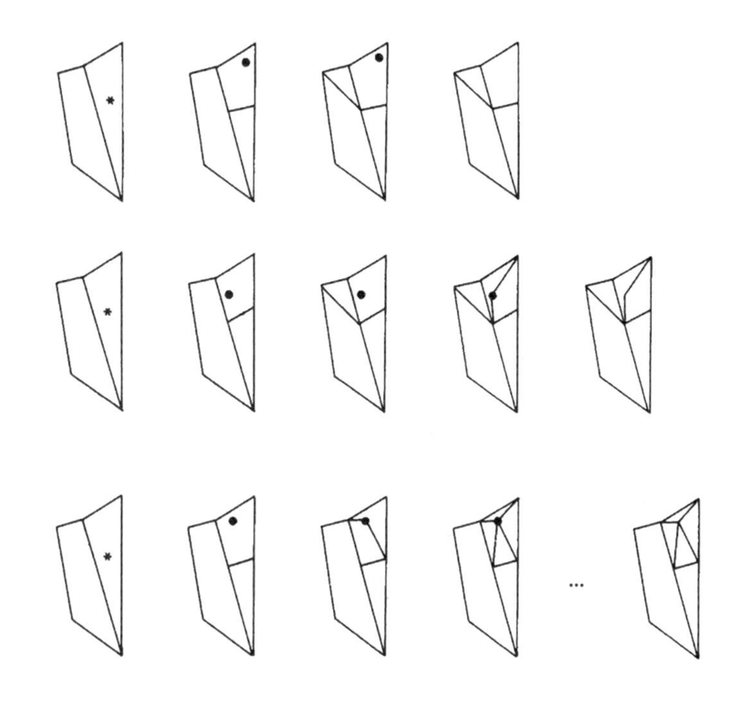

图 4-2-17　赫普尔怀特椅背生成过程图解

据某些特定的标准对指定形态的组成元素进行尺寸定义，来产生一个形式族群。更精确地说，对一个参数化形状 s，允许其某些尺寸成为变量。当将一个赋值 g 赋予这些变量时，就产生了这一族群的特定形态。对参数化形状 s 进行赋值 g 的结果就是这一形式族群 $g(s)$。参数化形状及其赋值可以视为形式语法中形式变换的拓展（图 4-2-16，图 4-2-17）。

除了允许形式的位置、方向和大小发生改变以外，参数化语法还可以使形式以某些特定的方式发生变换。一般而言，参数化语法的赋值可以使形式的任何空间属性发生变化。

形式语法与参数化语法的区分体现了欧几里德（相似）变换与基于变量进行空间形式研究之间的分离。基本形状语法较适用于通过采用算术和几何比例关系来定义的形式语言，而参数化语法则可以采用任何方式的比例关系来定义形式语言，例如某种变换虽然保

图 4-2-18　两种参数化语法规则的混合应用生形过程

留了形态的直线属性，但是线与线之间的相对尺寸和角度都可以进行变换。

可以说，参数化语法是形式语法的一种高阶状态。在参数化语法中，规则由参数来定义，因此能够将更多的已有条件纳入考虑。而这通常会影响新形式的内部属性，从而允许更加多样的形式可能性的产生（图 4-2-18）。

形式语法在阐明设计构成的同时也在其他方面也为这些设计的描述提供了基础。越来越多的形式语法被用作定义建筑空间设计的生成语言。这类语法设计中功能性元素的主要细节都是采用非形式的语言描述来定义的。例如在斯特尼和米切尔提出的帕拉迪奥别墅的形式语法中，特定功能元素的出现回应了特定形式语法规则的应用，因此形式语法规则隐含地创造了“外墙”和“内墙”，并定义出中央“大厅”、配套“房间” 等。

描述性语法（description grammars）是给定一个由形式语法定义的设计语言，进而通过对形式语法采用一种递归模式（recursive schema）精确地将设计描述并建立起来。因此，描述性语法可以在不直接谈论设计空间组成元素的情况下，通过空间功能或其他内容来描述设计。对描述性语法的理解可以主要分为两套规则：针对构成设计的空间元素的规则，以及用于描述设计的目标、功能或类型等方面的规则。一般来说，第一种类型的规则可以用形式语法 G 来表示；第二种类型的规则可以用一个描述性函数 h 来承载。LG-D 将形式语法 G 的语言 LG 中的设计映射到描述的集合 D 中。通常 h 是一种多对一的关系，因此在 LG 中不同的设计可以具有相同的描述结果。

描述性语法一般通过一些固定标准指定设计的相关特征和属性。例如，可以列举建筑房间、门厅、出口和楼梯的功能体量——以轴线处理元素之间的关系。对于同一个设计语言 LG 下的同一个设计，描述性函数 h 可能不同。而这种描述的不明确性不是因为对 h 的定义错误，而是形式语法 G 允许通过不同的方法生成同一种设计。因此严格来讲，h 是为定义 LG 中不同的设计生成过程而被建立的。

图 4-2-19　描述性语法分析草原式住宅的生成步骤图解，H. 科宁，1981

基本形式语法能够直接针对形式进行构成操作，但往往需要另外增加语言描述能力来阐明功能等建筑相关的要求。描述性语法以描述性函数作为运算工具，在不直接讨论形式的前提下，提供了在类型、功能与空间等方面进行描述性设计的可能性，成为形式语法的重要补充（图 4-2-19 — 图 4-2-21）。

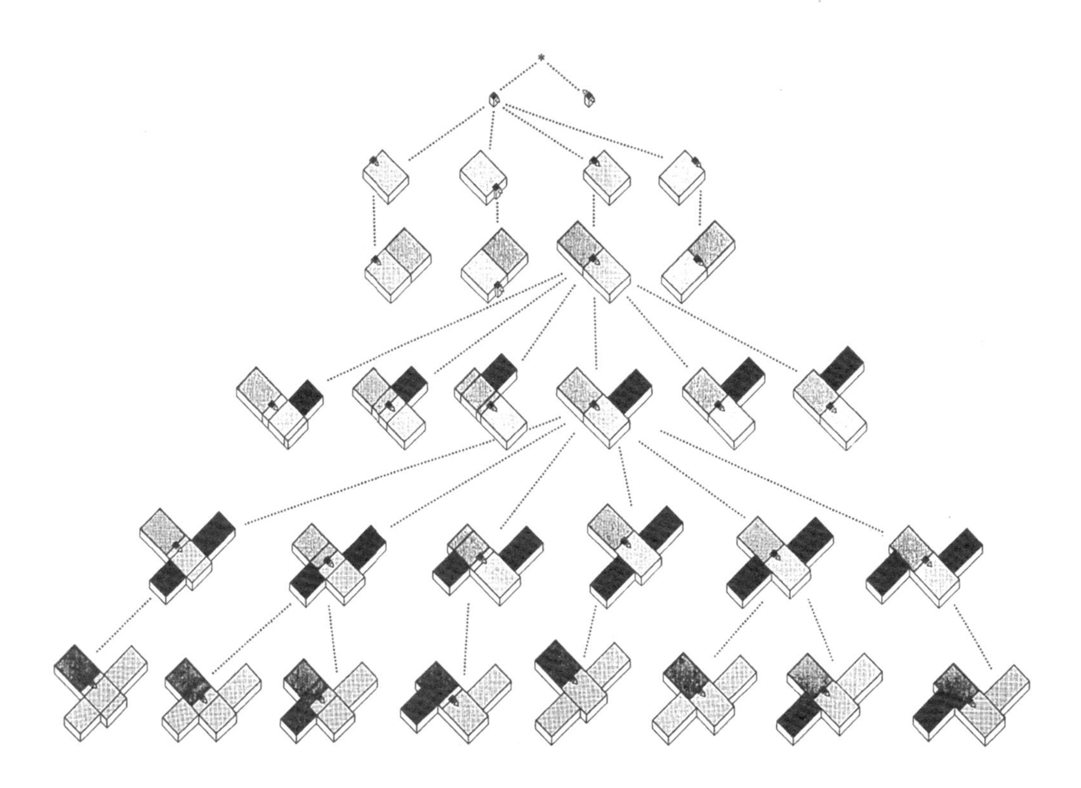

图 4-2-20　描述性语法分析草原式住宅的生成类型图解，H. 科宁，1981

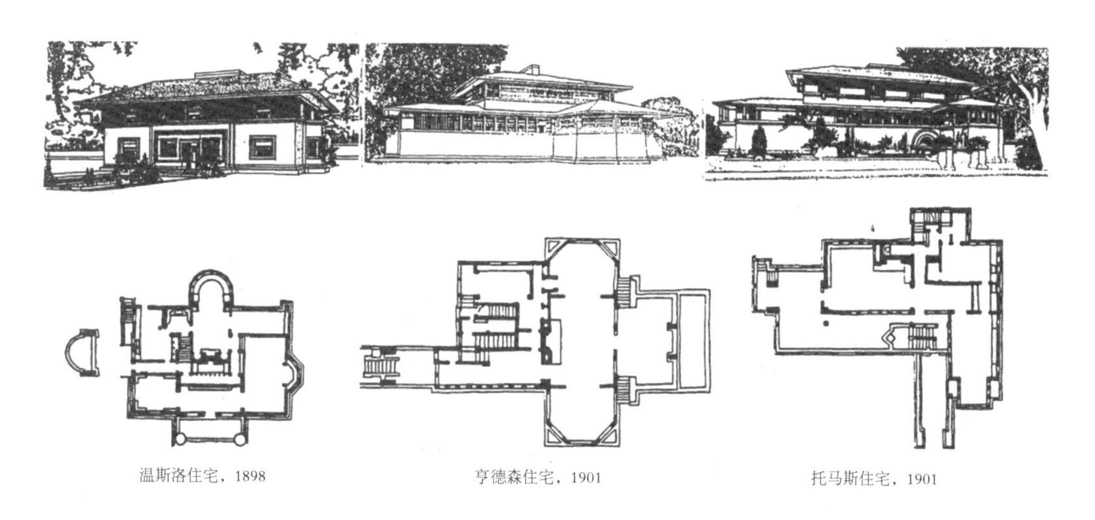

图 4-2-21　几类由描述性语法分析的草原式住宅平面，H. 科宁，1981

综合形式语法

① 李以康，1975 年毕业于麦吉尔大学，1977 年获哈佛大学东亚语言与文明学院优等生，之后在麻省理工学院计算式设计专业攻读建筑哲学博士，著有《形式语法解读营造法式的建筑风格》（“A Shape Grammar for Teaching the Architectural Style of the Yingzao fashi”）。

在形式语法的实际操作中，简单的形式语法会遇到类似于人类语言中各种各样的情况和场景，因此同一个项目往往需要多种形式语法的综合应用。其中李以康（Andrew I-kang Li）① 运用图解的方式对《营造法式》的解读便是形式语法综合应用的经典案例。

在《营造法式》中，中国传统建造被视为一种基于设计规则的建筑体系。在这一体系中，《营造法式》的文本可以被认为是一种规则，其中建筑建造过程是规则的执行过程，而建筑本身则是规则系统的输出成果。根据中国传统建筑的规则系统，李以康运用形式语法对《营造法式》文本进行了解读，并用简易的操作方式呈现出来。

李以康将营造法式归结为 5 个规则：建筑类型（厅堂或殿堂）、建筑等级（共八等材）、建筑尺度（间数，架数）、构件类型（柱、斗拱等）、屋顶截面（举折，屋面曲线）。通过语法规则控制柱、梁、檩、椽等传统构件的尺寸参数构造出不同的结构支撑原型。

基于以上 5 个基本规则，传统建筑系统能够被清晰建立起来。在此基础上，李以康从营造法式中提取了 16 个元素，包括 7 项图解性元素和 9 项描述性元素。斯特尼曾将语法的形式定义为一种 n 元关系，李以康在这里的研究就可以看作 16 项元素与 7 个子设计组成的 n 元关系。7 个子设计依次展开，对应的 7 个步骤如下：首先生成平面间架数和建筑基本平面网格；其次确定梁的位置，并在剖面上进行内部空间分割；第三步依据梁架位置调整平面柱列分布；第四步根据平面和柱高生成部分立面；第五步根据檩条垂直间距，进行屋顶举折，进而生成屋面曲线；第六步将屋面曲线补充到剖面上，完善屋顶；最后，完善立面及整体设计。在此过程中，9 项描述性元素被以此赋值（李以康，2001）（图 4-2-22）。

营造法式的解读过程最主要运用的是平行语法。在此建筑平面、立面、剖面以不同的语言规则平行运算，并且相互关联和影响。同时这一过程也综合了描述性语法及参数化语法。在常规观念中，《营造法式》建筑系统的复杂性往往令人望而却步，李以康的图解化解读却能够以明晰的思维模式对其进行处理和描述，这恰恰再次印证了形式语法在解决复杂问题时的优势和能力。

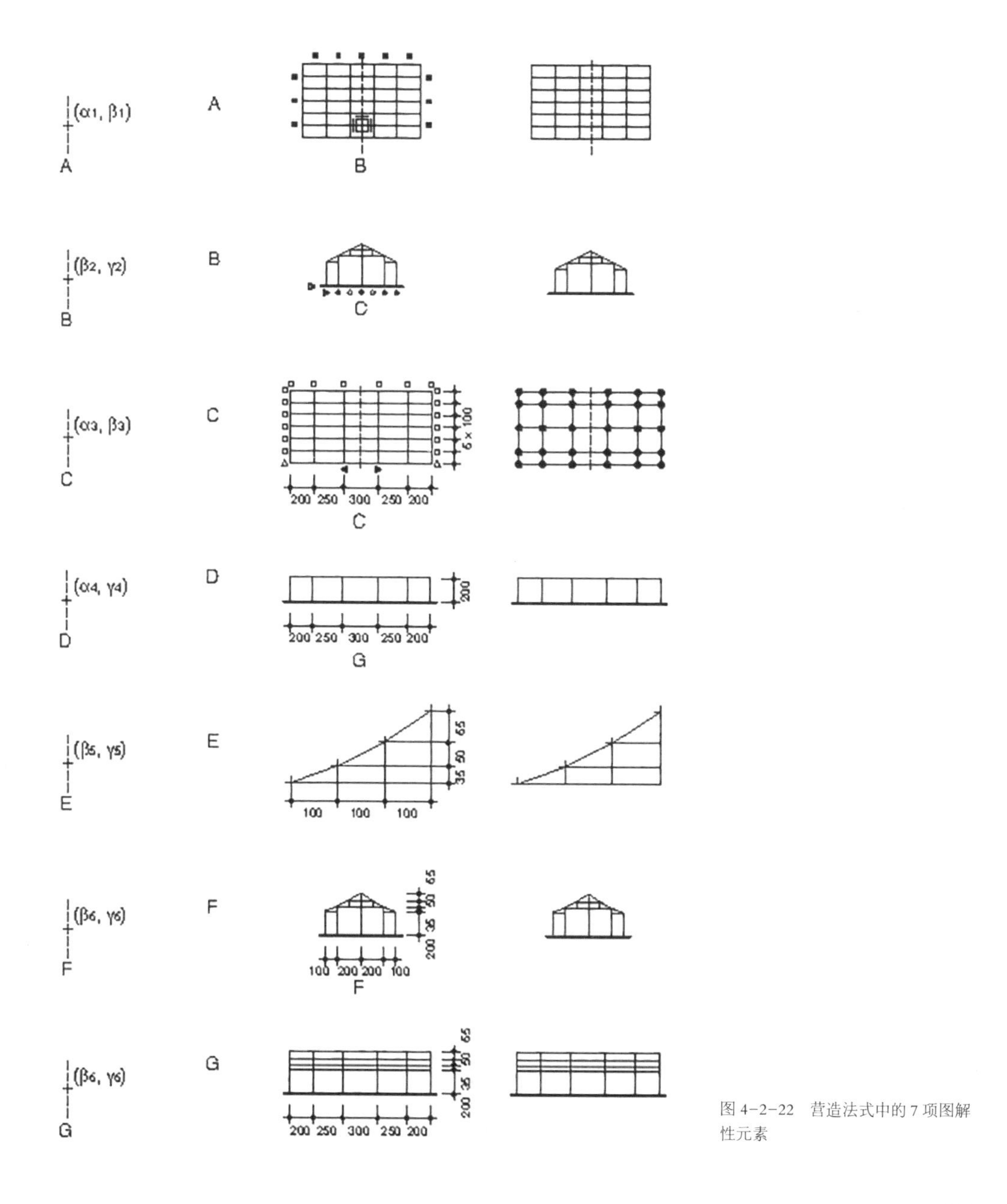

图 4-2-22　营造法式中的 7 项图解性元素

图解思维与动态规划

在复杂形式语法的综合应用中，图解化也被认为是另一种动态规划（dynamic programming）的概念。其基本思想类似于计算机程序运算法则，是将待求解的问题分解成若干个子问题，通过对简单子问题的求解进而回溯获得原问题的答案。所以，无论是运用形式语法来分析设计或是生成设计，图解化的思想依旧是核心逻辑。其中位于葡萄牙埃武拉（Evora）地区的马拉古埃拉（Malagueira）住区规划设计是基于图解化形式语法的动态规划代表作。

大批量住宅自工业革命以来备受关注，众多现代主义建筑师都曾经探讨过这一问题。阿尔瓦罗・西扎（Alvaro Siza）[①] 在这一议题上的关注点是挖掘住区历史遗存中最隐秘的场所价值。而他在马拉古埃拉的集合住宅的设计中所采用的形式语法规则便展现了其基于这一理念的逻辑性设计探索方法。马拉古埃拉集合住宅是一个拥有1 200 户居住单元的开发项目，西扎为此设计了一种特殊的生成型语

① 阿尔瓦罗・西扎（1933—），葡萄牙著名建筑师，当代最重要的建筑师之一。其作品注重在现代设计与历史环境之间建立深刻的联系，1992年，凭借加里西安当代艺术博物馆获普利茨克奖。

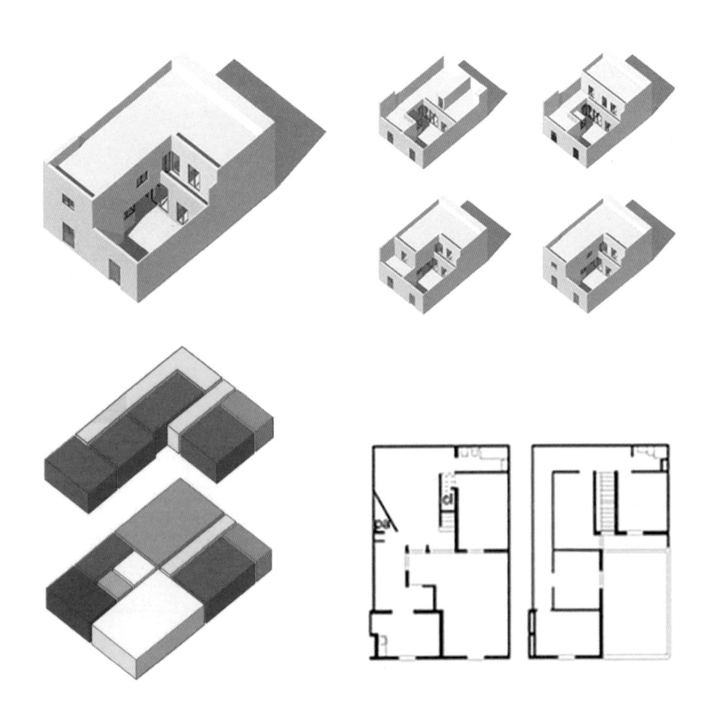

图 4-2-23　马拉古埃拉住宅 Ab 类户型图解

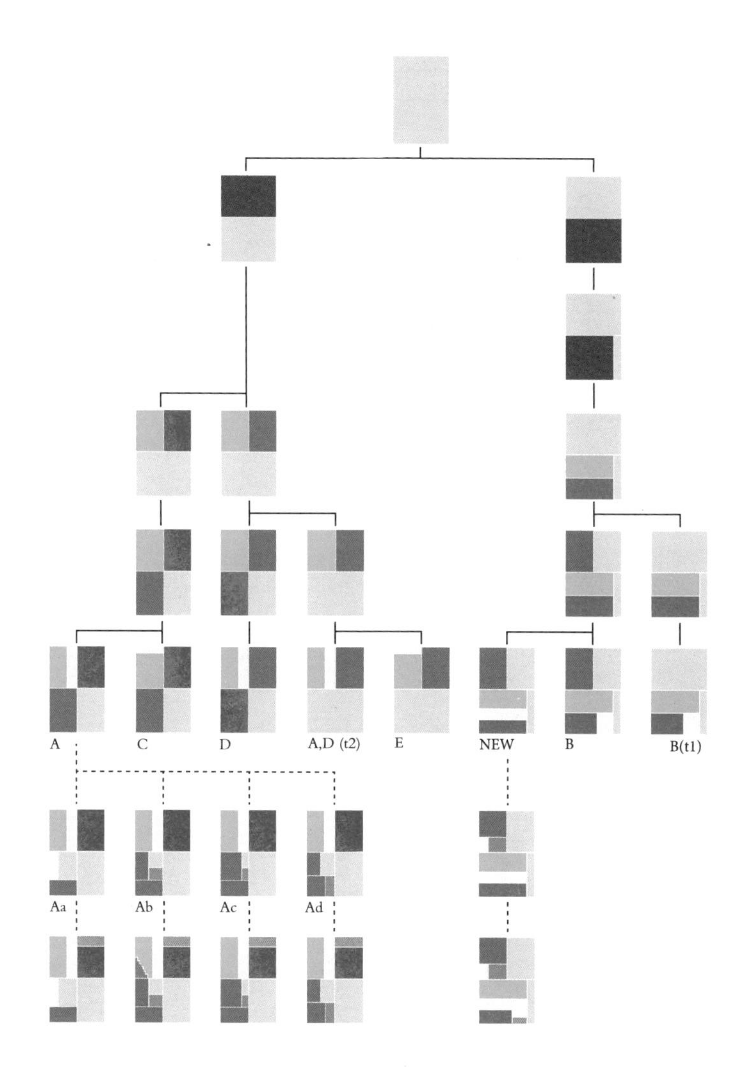

图 4-2-24　马拉古埃拉住宅平面生成步骤

法。他首先将住宅区划分为街区和住宅单元，这一简单的总体设计为住宅单元的生成语法提供了基本语境。语法集合包括 36 个住宅原型，分为 5 个总体类型和多个子类（subtypes）。其中每一子类型根据卧室数量（1 ~ 5）不同而变化。住宅原型的设计首先是在长方形中定位四块主要区域（院落、起居、服务和卧室），并通过摆放楼梯形成基本格局。原型根据院子的布置分为两类：ACDE 类院子在前，B 类院子在后。然后西扎用小写字母表示居住子类，比如总体类型 A 包括 Aa，Ab 等子类，而每个居住子类又根据卧室数目（用

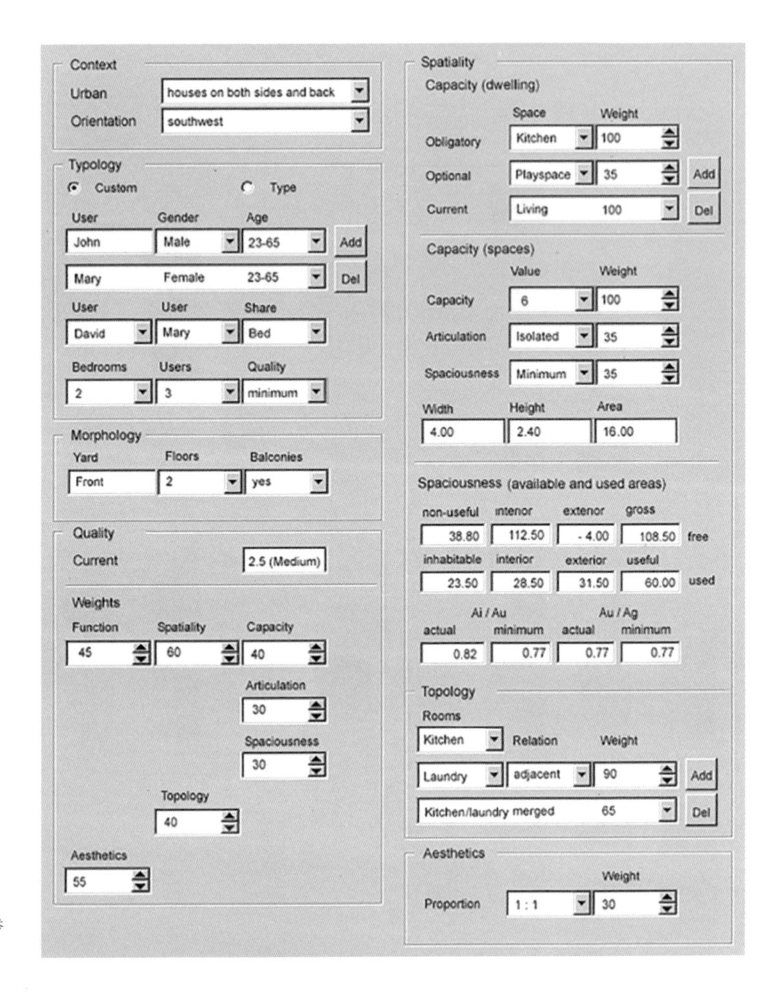

图 4-2-25　马拉古埃拉住宅类型参数控制界面

t1，t2 ……表示）分为 5 种。在生成过程中，规则的应用主要是对矩形空间的操作，包括六种规则：空间划分（space divide）、删除标记（delete lables）、连接空间（space connection）、延伸空间（space extension）、功能分配（function distribution）、序列变换（sequence transformation）。住宅的平面尺度是固定的，但是不同的基地位置决定了住宅的 6 种位置类型。生成过程根据建筑层数分为 3 个阶段：首层、二层和露台，而每一阶段又分为多个步骤并循序渐进（图 4-2-23，图 4-2-24）。

这一设计方法将图解化动态规划的优势体现得淋漓尽致，虽然经过多重简化，但形式语法仍然具有生成无限种设计可能性的潜力。在实施过程中，西扎将这一形式语法制成程序，用户可根据需求填写参数自行生成设计。这一过程的核心是决定内部空间尺度的参数化语法。这种语法使内部空间在尺度上具备了极大的灵活性和适用性。马拉古埃拉集合住宅的设计本质上展现了形式语法在大批量生成自定义设计中的运算能力。正如西扎所言，设计是执行和验证语法的过程，设计存在于语法之中（图 4-2-25）。

当形态被理解成一种有结构的空间组织，一种图解化规则的呈现方式，这时形态（figure）就变成了一种形象（image）或是一种意象（idol）（Deleuze，1981）。这使得形态可以从具象中被抽取出来，成为感觉的对象。图解理念与语法规则之间的联系使得隐藏在形态之中的组织逻辑和操作规则可以依靠人类感官所理解的准则去建构，进而通过图解方式去探讨建筑衍生的理念，产生设计发展的新出发点。

伴随着计算机技术的飞速发展，相对成熟的形式语法理论逐渐衍生出这种基于计算能力的设计分支。以计算机图形学作为起始，形式语法的图解规则开始将设计与运算紧密联系，实现了设计思维由“自上而下”到“自下而上”的转变，其逻辑性强且易于描述的特点奠定了它在数字化生成设计领域的基础地位，为算法生成设计体系提供了理论依据，并为复杂系统下的多代理元智能体系统提供了基本框架。

算法生成图解

Generative Algorithm Diagram

数学与建筑之间一个天然而又十分实用的区别是前者倾向于抽象的概括，而后者则是完全具体的指向。

——莱昂内尔·马奇

A crude, but useful, distinction between mathematics and architecture is that the former tends towards abstract generalizations, whereas the latter is concretely particular.

——Lionel March

建筑、代码与图解

卡尔·楚的计算生成图解在认识论层面定义了全新的图解范式所要表达的内容，在此之后，约翰·惠勒（John Wheeler）和史蒂芬·沃尔夫拉姆（Stephen Wolfram）将这一内容具体化为“代码”与“计算”。然而这里依然存在的问题是，这些关于形式生成问题的解答对于建筑师来说依然非常遥远。卡尔·楚的研究虽然在一定程度上指出了计算生成图解的应用方向，但他提出的“可能世界”仍然超越了大多数建筑师所理解的“现实世界”边界。诚然对形式语法的探索具有较好的现实指导意义，并且基于计算生成图解建立了一整套相对封闭的独立体系，但是同样缺少了计算思想所体现的广泛普适性。基于此，对算法生成图解的建立，主要是为了形成一种体现计算生成图解实用性特征的建筑形态图解体系，这种体系通过进一步将形而上的生成性思想融入建筑设计当中，从而对实践中的建筑形态问题产生更为直观的影响。

图灵法则[1]声明了“宇宙中任何物理存在的事物都是可以被计算的”，那么毫无疑问，建筑作为现实世界中典型的物理存在，也自然是可以被算法所定义的。在计算机领域，任何可被计算的事物都可以通过代码的形式被呈现。英国数学家、建筑师莱昂内尔·马奇（Lionel March）[2]致力于研究一种可以通过数学的手段解决建筑形式困扰和设计难题的“建筑科学”。无疑，计算机是这项新“科学”的核心，他将这个“科学”称之为“布尔描述”（Boolean description）。1976年，莱昂内尔·马奇在《建筑的形式》（*The Architecture of Form*）一书中通过列举两个经典的案例详细论述了使用数学编码来对建筑的平面布置与体量构成进行描述的方法。

① 图灵法则是指19世纪早期流行于法国的哲学口号，旨在剔除教诲、道德和实用价值之后传达最真实艺术的内在核心。

② 莱昂内尔·马奇（1934—），英国数学家、建筑师、数字艺术家。

第一个案例是由密斯·凡·德·罗主持设计的西格拉姆大厦（Seagram Building）。莱昂内尔·马奇撇开了这个作品享有盛名的材料使用和工艺处理，而把目光聚焦在了设计中基于均质三维网络的体块构成体系上。他首先将这种三维网络用二进制码进行了定义：实体的网格为1，空心的网格为0。从而将西格拉姆大厦裙房部分的体量构成使用一串二进制码进行了表达。之后，马奇将这一长串

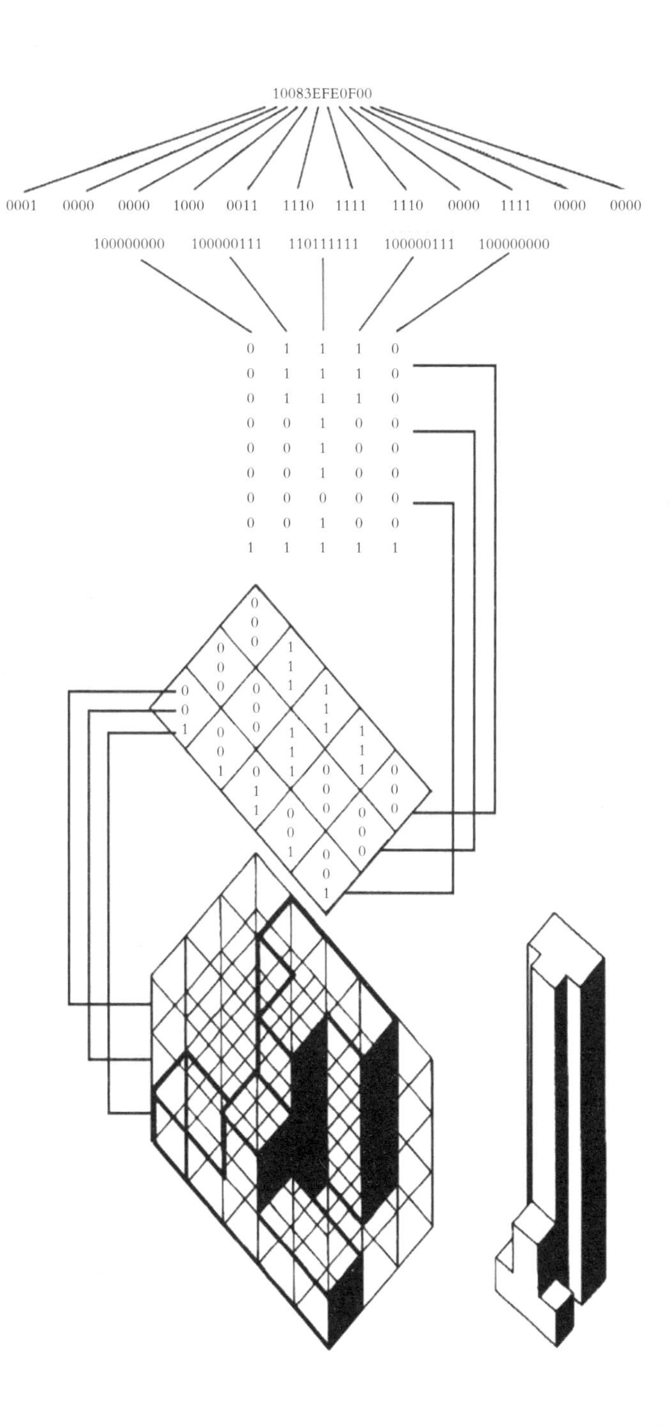

图 4-3-1　西格拉姆大厦的编码图解，肖恩·凯勒，2006

二进制码重新编译为十六进制码，得到了编码：10032EFE0F00（图4-3-1）。

第二个案例是由勒·柯布西耶设计的“最小住宅”（Maison Minimum）设计方案。这一案例中莱昂内尔·马奇使用了同样的计算方式，只不过其指向的建筑编码内容由体量构成转向了平面分布。马奇通过对平面进行均质网格划分，并使用二进制码将有墙穿过的网格单元定义为1，没有墙穿过的网格单元定义为0，从而从

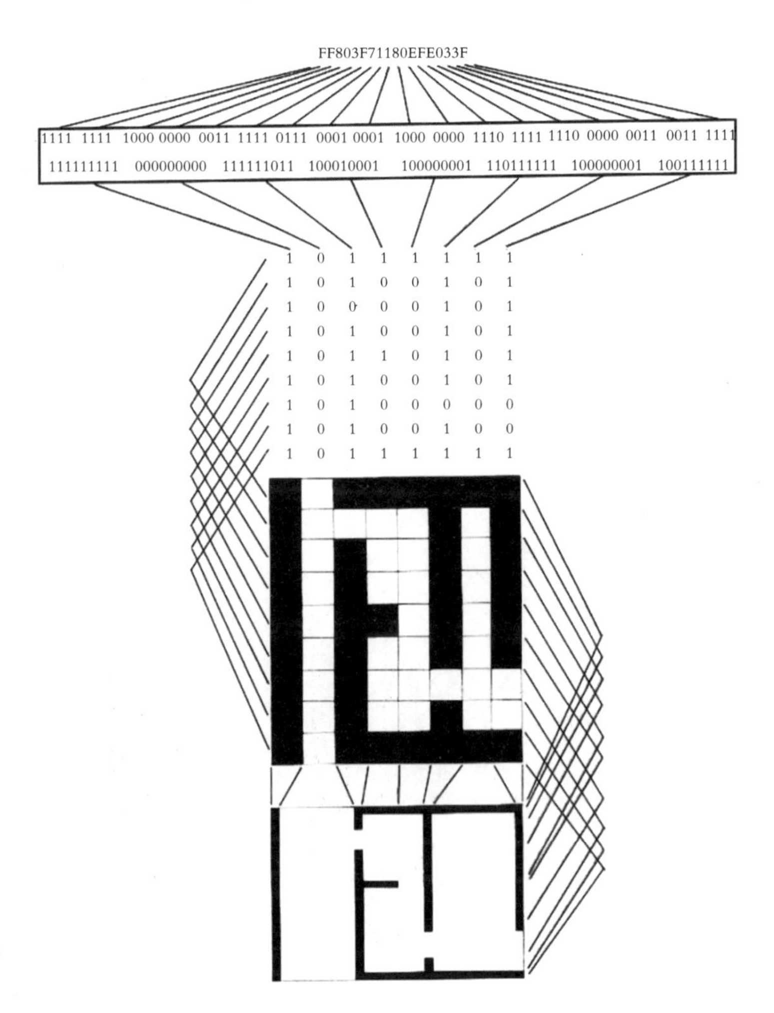

图4-3-2 “最小住宅”的编码图解，肖恩·凯勒，2006

建筑平面中抽象出一个二维码矩阵。之后，他通过进一步将二维码矩阵转译为十六位编码，最终得到了一串同样并不算长的序列：FF803F71180EFE033（图 4-3-2）。

在这两个案例中马奇都使用了布尔代数（Boolean algebra）[①]对建筑进行代码抽象。对于马奇而言，布尔运算代表了一种绝对的理性推理过程，他希望通过这种代码描述的方式使设计过程更加严谨客观以减少设计师主观直觉对建筑形态的影响。可以说，这种代码描述方式是将建筑与计算机程序设计、拓扑学和信息学直接联系了起来。马奇曾这样表述这一观点：

> 将计算机科学引入到建筑设计中尽管使得布尔数学结构与建筑结构之间的联系变得必然，但还不够明确……就其本身来说，目前计算机在建筑设计领域是且仅仅是一种类似于丁字尺，或者平行尺的工具。然而这两者的区别在于计算机实际上在引导我们更加严谨地思考我们所从事的事情而并非仅仅在我们需求的方面予以辅助。那些诸如组装建筑构件，或者布局规划和结构网络、又或者组织内部空间这一类的建筑学任务，都有其在数学结构领域所对应的内容（March，2015：553-578）。

马奇认为，建筑设计与计算机之间可以通过数学进行连接，同时这种连接将赋予建筑设计更为严谨的科学意义。在之前所述的两个案例中，不难发现布尔运算在它们之中成为编译的核心基础。尽管这两个案例的编译图解严格来说属于描述性图解，但它们描述的方式与传统建筑图解又有着巨大的区别。在这里，代码内部及代码与形式之间的转译规则成为了图解的核心，图解不再仅仅由传统意义上点、线、面和色彩等视觉层面的要素组成，而更多的是通过数字、字母和数学计算逻辑进行表达。可以说在这两个案例中，图解发生了一次质的转变。

与卡尔·楚的形而上学的计算生成建筑相比，莱昂内尔·马奇以数学为基础的建筑研究为之后的算法生成设计提供了一个更加具体的基础。同时，由于其研究的建筑编程图解为计算机介入建筑设计的图解化表达提供了一个非常重要的参照，同样成为算法生成图解的一个重要基础框架。

① 布尔代数，由乔治·布尔（George Boole）在 19 世纪提出，是一种面向逻辑的代数处理方式。

图解到算法的转译

如上文所说，马奇对于西格拉姆大厦和“最小住宅”的建筑编程过程严格来说更倾向于描述性图解，并非生成性图解。然而依据卡尔·楚的研究，算法与建筑的结合应是一个从原点开始依照某种计算规则进行建筑生成设计的图解化表达。其中，原点的概念较为清晰。从计算或者数学的角度出发，原点可以由一段初始代码表示。然而，规则的概念则相对较为宽泛与模糊。不过既然建筑形式与计算代码可以达成某种层面上的等价，那么我们不妨从计算机与代码的角度来重新思考“规则”这一概念的具体内容。

关于计算机的起源，普遍认同的观点是，世界上第一台电子计算机于 1946 年在宾夕法尼亚大学诞生。但需要注意的是，这里所指的是电子式的计算机。实际上，真正意义上的第一台通用计算机（机械式计算机）可以追溯到由查尔斯·巴贝奇（Charles Babbage）[①]于 19 世纪 30 年代发明的分析机（Analytical Engine）。分析机是一台大约 30m 长、10m 宽的黄铜制机器，它由蒸汽机驱动，并由打孔纸带进行输入和输出。这一成果受到了当时著名英国诗人拜伦之女艾达·洛夫雷斯（Ada Lovelace）[②]伯爵夫人的重视。这也就是为什么艾达·洛夫雷斯还有一个广为人知的头衔——历史上第一位程序员。

① 查尔斯·巴贝奇（1792—1871），英国数学家、工程师。

② 艾达·洛夫雷斯（1815—1852），被广泛认为是第一位程序员，对现代电脑与软件工程造成了重大影响。

艾达·洛夫雷斯设计了一个应用于分析机上的对伯努利方程（Bernoulli Numbers）的求解程序，这个程序被人们视为“第一个计算机程序”。同时，在这一程序中第一次出现了应用于计算机中的“算法”，她还为这一算法制作了一份流程图解，记录在她的研究笔记“NOTE G”中。当伯努利方程这样的数学规则被写入计算机中时，算法便随之产生。“算法”一词的英文“Algorithm”最早来自于公元 9 世纪的波斯，原为“Algorism”，意思是阿拉伯数字的运算法则。所以可以明确的是，在早期算法指的就是数学运算法则。然而随着算法在计算机领域应用的逐渐深入，需要解决的问题逐渐变得复杂，“算法”在数学运算之外，开始包括了逻辑运算、关系运算及数据传输等多类内容（图 4-3-3）。

Diagram for the computation by the Engine of the Numbers of Bernoulli. See Note G. (page 722 et seq.)

Number of Operation.	Nature of Operation.	Variables acted upon.	Variables receiving results.	Indication of change in the value on any Variable.	Statement of Results.	Data. $^1V_1$ 0001 [1]	$^1V_2$ 0002 [2]	$^1V_3$ 0004 [n]	Working Variables. $^0V_4$ 0000	$^0V_5$ 0000	$^0V_6$ 0000	$^0V_7$ 0000	$^0V_8$ 0000	$^0V_9$ 0000	$^0V_{10}$ 0000	$^0V_{11}$ 0000	$^0V_{12}$ 0000	$^0V_{13}$ 0000	Result Variables. $^1V_{21}$ B_1 in a decimal fraction. [B_1]	$^1V_{22}$ B_3 in a decimal fraction. [B_3]	$^1V_{23}$ B_5 in a decimal fraction. [B_5]	$^0V_{24}$ 0000 [B_7]
1	×	$^1V_2 \times {}^1V_3$	$^1V_4, {}^1V_5, {}^1V_6$	$\{^1V_2 = {}^1V_2;\ ^1V_3 = {}^1V_3\}$	$= 2n$		2	n	2n	2n	2n											
2	−	$^1V_4 - {}^1V_1$	$^2V_4$	$\{^1V_4 = {}^2V_4;\ ^1V_1 = {}^1V_1\}$	$= 2n-1$	1			2n−1													
3	+	$^1V_5 + {}^1V_1$	$^2V_5$	$\{^1V_5 = {}^2V_5;\ ^1V_1 = {}^1V_1\}$	$= 2n+1$	1				2n+1												
4	÷	$^2V_5 \div {}^2V_4$	$^1V_{11}$	$\{^2V_5 = {}^0V_5;\ ^2V_4 = {}^0V_4\}$	$= \frac{2n-1}{2n+1}$				0	0						$\frac{2n-1}{2n+1}$						
5	÷	$^1V_{11} \div {}^1V_2$	$^2V_{11}$	$\{^1V_{11} = {}^2V_{11};\ ^1V_2 = {}^1V_2\}$	$= \frac{1}{2} \cdot \frac{2n-1}{2n+1}$		2									$\frac{1}{2} \cdot \frac{2n-1}{2n+1}$						
6	−	$^0V_{13} - {}^2V_{11}$	$^1V_{13}$	$\{^2V_{11} = {}^0V_{11};\ ^0V_{13} = {}^1V_{13}\}$	$= -\frac{1}{2} \cdot \frac{2n-1}{2n+1} = A_0$											0		$-\frac{1}{2} \cdot \frac{2n-1}{2n+1} = A_0$				
7	−	$^1V_3 - {}^1V_1$	$^1V_{10}$	$\{^1V_3 = {}^1V_3;\ ^1V_1 = {}^1V_1\}$	$= n-1\ (=3)$	1		n							n−1							
8	+	$^1V_2 + {}^0V_7$	$^1V_7$	$\{^1V_2 = {}^1V_2;\ ^0V_7 = {}^1V_7\}$	$= 2+0 = 2$		2					2										
9	÷	$^1V_6 \div {}^1V_7$	$^3V_{11}$	$\{^1V_6 = {}^1V_6;\ ^0V_{11} = {}^3V_{11}\}$	$= \frac{2n}{2} = A_1$						2n	2				$\frac{2n}{2} = A_1$						
10	×	$^1V_{21} \times {}^3V_{11}$	$^1V_{12}$	$\{^1V_{21} = {}^1V_{21};\ ^3V_{11} = {}^3V_{11}\}$	$= B_1 \cdot \frac{2n}{2} = B_1A_1$											$\frac{2n}{2} = A_1$	$B_1 \cdot \frac{2n}{2} = B_1A_1$		B_1			
11	+	$^1V_{12} + {}^1V_{13}$	$^2V_{13}$	$\{^1V_{12} = {}^0V_{12};\ ^1V_{13} = {}^2V_{13}\}$	$= -\frac{1}{2} \cdot \frac{2n-1}{2n+1} + B_1 \cdot \frac{2n}{2}$												0	$\left\{-\frac{1}{2} \cdot \frac{2n-1}{2n+1} + B_1 \cdot \frac{2n}{2}\right\}$				
12	−	$^1V_{10} - {}^1V_1$	$^2V_{10}$	$\{^1V_{10} = {}^2V_{10};\ ^1V_1 = {}^1V_1\}$	$= n-2\ (=2)$	1									n−2							
13	−	$^1V_6 - {}^1V_1$	$^2V_6$	$\{^1V_6 = {}^2V_6;\ ^1V_1 = {}^1V_1\}$	$= 2n-1$	1					2n−1											
14	+	$^1V_1 + {}^1V_7$	$^2V_7$	$\{^1V_1 = {}^1V_1;\ ^1V_7 = {}^2V_7\}$	$= 2+1 = 3$	1						3										
15	÷	$^2V_6 \div {}^2V_7$	$^1V_8$	$\{^2V_6 = {}^2V_6;\ ^2V_7 = {}^2V_7\}$	$= \frac{2n-1}{3}$						2n−1	3	$\frac{2n-1}{3}$									
16	×	$^1V_8 \times {}^3V_{11}$	$^4V_{11}$	$\{^1V_8 = {}^0V_8;\ ^3V_{11} = {}^4V_{11}\}$	$= \frac{2n}{2} \cdot \frac{2n-1}{3}$								0			$\frac{2n}{2} \cdot \frac{2n-1}{3}$						
17	−	$^2V_6 - {}^1V_1$	$^3V_6$	$\{^2V_6 = {}^3V_6;\ ^1V_1 = {}^1V_1\}$	$= 2n-2$	1					2n−2											
18	+	$^1V_1 + {}^2V_7$	$^3V_7$	$\{^2V_7 = {}^3V_7;\ ^1V_1 = {}^1V_1\}$	$= 3+1 = 4$	1						4										
19	÷	$^3V_6 \div {}^3V_7$	$^1V_9$	$\{^3V_6 = {}^3V_6;\ ^3V_7 = {}^3V_7\}$	$= \frac{2n-2}{4}$						2n−2	4		$\frac{2n-2}{4}$		$\left\{\frac{2n}{2} \cdot \frac{2n-1}{3} \cdot \frac{2n-2}{3} = A_3\right\}$						
20	×	$^1V_9 \times {}^4V_{11}$	$^5V_{11}$	$\{^1V_9 = {}^0V_9;\ ^4V_{11} = {}^5V_{11}\}$	$= \frac{2n}{2} \cdot \frac{2n-1}{3} \cdot \frac{2n-2}{4} = A_3$									0								
21	×	$^1V_{22} \times {}^5V_{11}$	$^0V_{12}$	$\{^1V_{22} = {}^1V_{22};\ ^0V_{12} = {}^2V_{12}\}$	$= B_3 \cdot \frac{2n}{2} \cdot \frac{2n-1}{3} \cdot \frac{2n-2}{3} = B_3A_3$											0	B_3A_3			B_3		
22	+	$^2V_{12} + {}^2V_{13}$	$^3V_{13}$	$\{^2V_{12} = {}^0V_{12};\ ^2V_{13} = {}^3V_{13}\}$	$= A_0 + B_1A_1 + B_3A_3$												0	$\{A_0 + B_1A_1 + B_3A_3\}$				
23	−	$^2V_{10} - {}^1V_1$	$^3V_{10}$	$\{^2V_{10} = {}^3V_{10};\ ^1V_1 = {}^1V_1\}$	$= n-3\ (=1)$	1									n−3							
Here follows a repetition of Operations thirteen to twenty-three.																						
24	+	$^4V_{13} + {}^0V_{24}$	$^1V_{24}$	$\{^4V_{13} = {}^0V_{13};\ ^0V_{24} = {}^1V_{24}\}$	$= B_7$																	B_7
25	+	$^1V_1 + {}^1V_3$	$^1V_3$	$\{^1V_1 = {}^1V_1;\ ^1V_3 = {}^1V_3;\ ^5V_6 = {}^0V_6;\ ^5V_7 = {}^0V_7\}$	$= n+1 = 4+1 = 5$ by a Variable-card. by a Variable card.	1		n+1			0	0										

图 4-3-3　NOTE G 中对伯努利方程求解程序的图解

如今，广义上的算法可以被定义为：在有限步骤内求解某一问题时所使用的一组明确的规则。可以看出，无论在运算内容上产生怎样的变化，“规则”或“法则”这一关键词是从算法诞生之初便一直是其核心内容，所以当我们在讨论建筑计算生成中的“规则”所具体指代的内容时，“算法”应该就是我们所寻找的答案了。

另外，从第一个计算机算法的诞生中我们也不难发现算法与图解之间密切的联系。艾达·洛夫雷斯在对分析机上的伯努利方程算法进行表达时，便使用了图解对运算法则进行组织与描述。时至今日，算法的图解式描述依然是算法学习与研究中重要的组成部分。随着算法研究的深入与系统化，算法描述也逐渐衍生出几种不同的方法，总体来说这些方法可以分为两大类：一类是语言性描述，即将算法简化成一种更加易于人或者计算机理解的语言进行表达，如自然语言描述、伪代码描述和编程语言描述等；另一类则是图解性描述，即通过图解的方式对描述语言进行重新梳理，使其更加具有逻辑性并易于阅读。目前比较系统化的两种图解性算法描述分别是流程图和 DRAKON 图表，前者是自然语言描述的图解化，后者是编程语言描述的图解化。这两种描述的共同点都是采用流程图表的形式，并且各自都有一套标准的图解模板（图 4-3-4，图 4-3-5）。

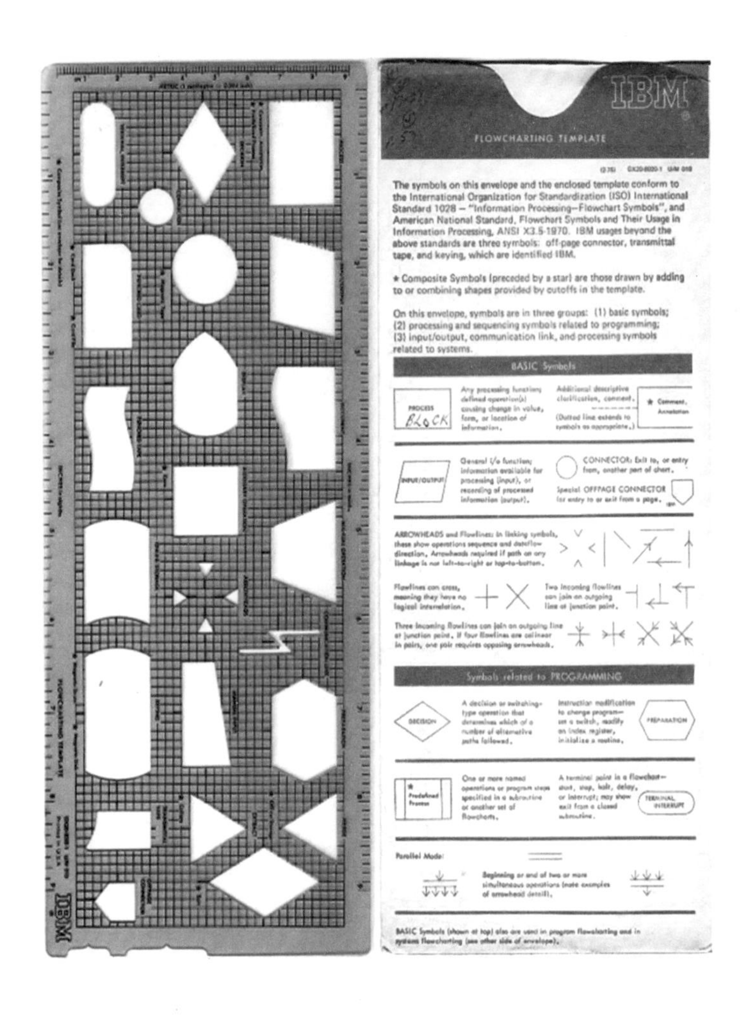

图 4-3-4　流程图标准模板

值得注意的是，这两种算法描述图解中内容表述的主要载体是字符或代码，图示只是作为一种建立逻辑框架的工具介入到图解过程之中。因此，可以说算法图解已经不再是单纯以图示的形式来进行运转，而是以某种系统结合了图示与代码各自的优点。这其中，图示的优势在于能清晰高效地建立与逻辑的关系，这对于图解的使用者——人来说是非常重要的属性；而另一方面字符或代码的优点在于对计算机任务的引入及对算法图解描述精确性的控制。在算法图解过程中，图解不再只是人与人之间进行交流与演示的工具，计算机同样成为图解过程的参与者。因此，图示与代码的并行将是算法图解所应该呈现的理想状态。莱昂内尔·马奇的两张建筑编程图解虽然尚未涉及具体的算法，但其展现的图示与代码的并行关系与算法图解却完全一致。

综上所述，算法生成图解实际上是计算生成图解在将算法应用于建筑生成设计领域的一个具体呈现。算法生成图解既展现了计算机领域算法描述的特点——以代码描述为核心，同时也保留了建筑图解的原有特征——以图示为基础。由于计算机算法可谓数不胜数，并且随着技术的飞速发展仍在不断地递增，另外算法本身的目的就在于解决一些复杂的问题，所以从建筑生成设计的角度而言，引入

	Icon 指令图标	Name of Icon 指令图标名称
1		Title 初始
2		End 终止
3		Action 操作
4		Question 设问
5		Choice 选项
6		Case 条件
7		Headline 标题
8		Address 地址
9		Insertion 插入
10		Shelf 轴
11		Formal Parameters 形式参数
12		Begin of For loop For 循环起始
13		End of For loop For 循环终止

	Icon 指令图标	Name of Icon 指令图标名称
1		Title with parameters 初始参数
2		Fork 分叉函数
3	N=2 N>2	Switch 转换语句
4		Simple loop 简单循环
5		Switch loop 转换循环
6		For loop For 循环
7		Wait loop 等待循环
8		Action by timer 操作定时器
9		Shelf by timer 轴定时器

图 4-3-5　DRAKON图表标准模板

算法图解无论是对于建筑中形式层面还是非形式层面的问题都将带来源源不断的启发。不仅设计生成结果的可能性将被大大扩展，同时其科学性与严谨性也将被进一步提高 。

“分形柱式”图解

不同于形式语法中基于语言规则的设计流程，在计算模式下的建筑生成设计是将形式内部的“规则”转化为“算法”，进而以代码和运算的方式被计算机读取并演进。在这之中，单一的形式规则首先在计算机内部被编码为运算器，以进行初级的形态操作。之后，不同运算器间的组合与迭代（iteration）在设定了判定条件的情况下形成真正意义上的“算法”，进而将形态的操作向更加复杂化的层级进行衍生。这里，生成过程中的“算法”对应于形式语法中的“规则”，而“迭代和递归”与“判定和优化”成为连接建筑设计与计算机算法的两组核心。

通常意义上，迭代是一种通过不断重复同一算法的反馈来逐渐逼近所需目标或结果的过程。其中，每一次对算法的重复称为一次“迭代”，而每一次迭代得到的结果会作为下一次迭代的初始值。值得注意的是，在迭代算法中，其预先设定的迭代规则在整个递推过程中始终保持不变，即在迭代规则设定后，影响最终结果的因素只有迭代的初始值。因此，迭代规则的设定可以被认为是迭代算法中最为重要的部分，其通常被称为迭代算法的“生成器”（generator）。

迭代公式 $f(x_{n+1})=x_n+1$，且 $f(0)=0$		递归公式 $\mathcal{F}(x_{n+1})=f(\mathcal{F}(x_n))$，且 $f(x_n+1)=x_n+1, f(0)=0$	
f_n	迭代结果	$\mathcal{F}_n$	递归结果
f_1	1	$\mathcal{F}_1$	1
f_2	2 （1+1）	$\mathcal{F}_2$	1，2
f_3	3 （（1+1）+1）	$\mathcal{F}_3$	1，2，3
f_4	4 （（（1+1）+1）+1）	$\mathcal{F}_4$	1，2，3，4

图 4-3-6 迭代与递归代数式对比

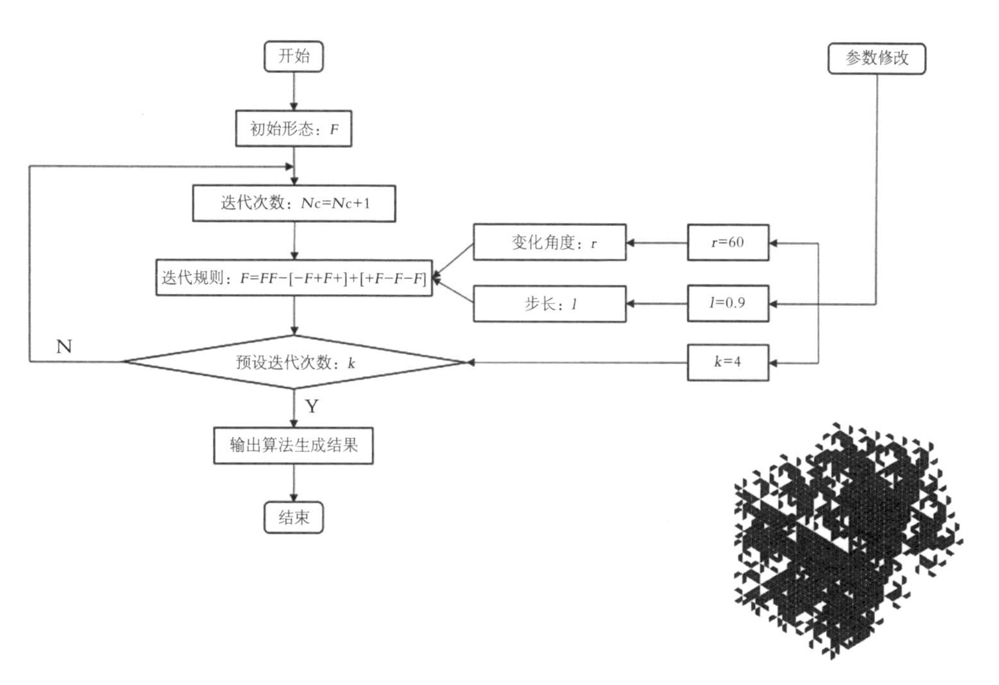

图 4-3-7　基于 L 系统的迭代算法生成设计

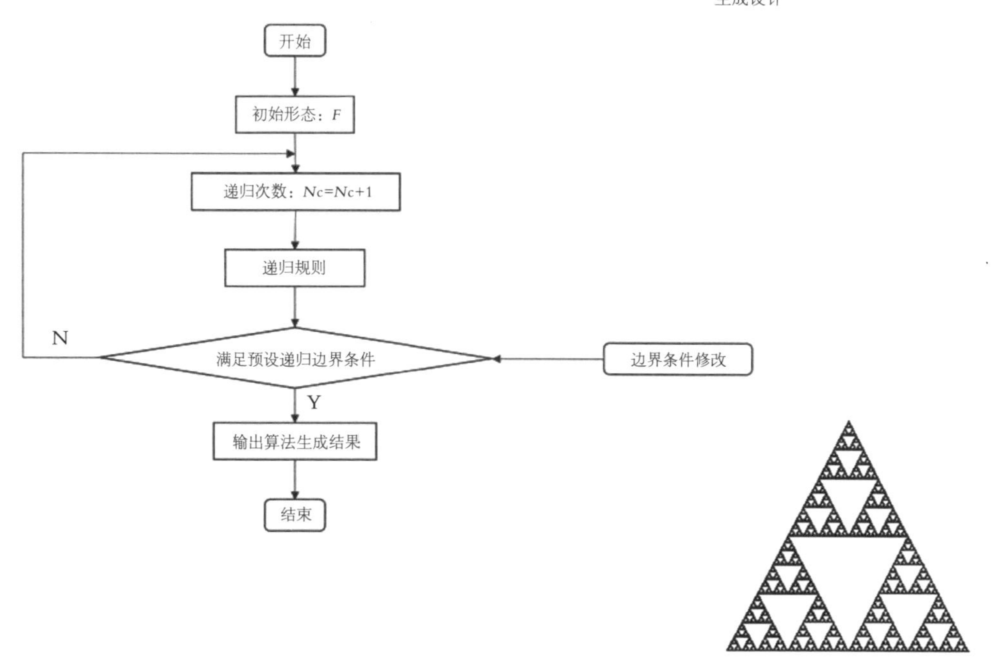

图 4-3-8　递归分割生成设计

与常规迭代中的推演过程不同，递归（recursion）是指将每一步迭代所产生的结果累积在一起而形成一种叠加几何结构的过程，其生成的最终形态可以被认为是从第 1 步至第 n 步所有迭代结果的集合。从结果上来看，递归可以被看作是另一种规则下的迭代算法，而从过程上来说，两者则是基于完全不同的运算逻辑（图 4-3-6 — 图 4-3-8）。

无论是迭代还是递归算法通常会以分形逻辑为载体应用于建筑形式的生成过程之中，并在计算机运算能力下实现精确的视觉呈现。例

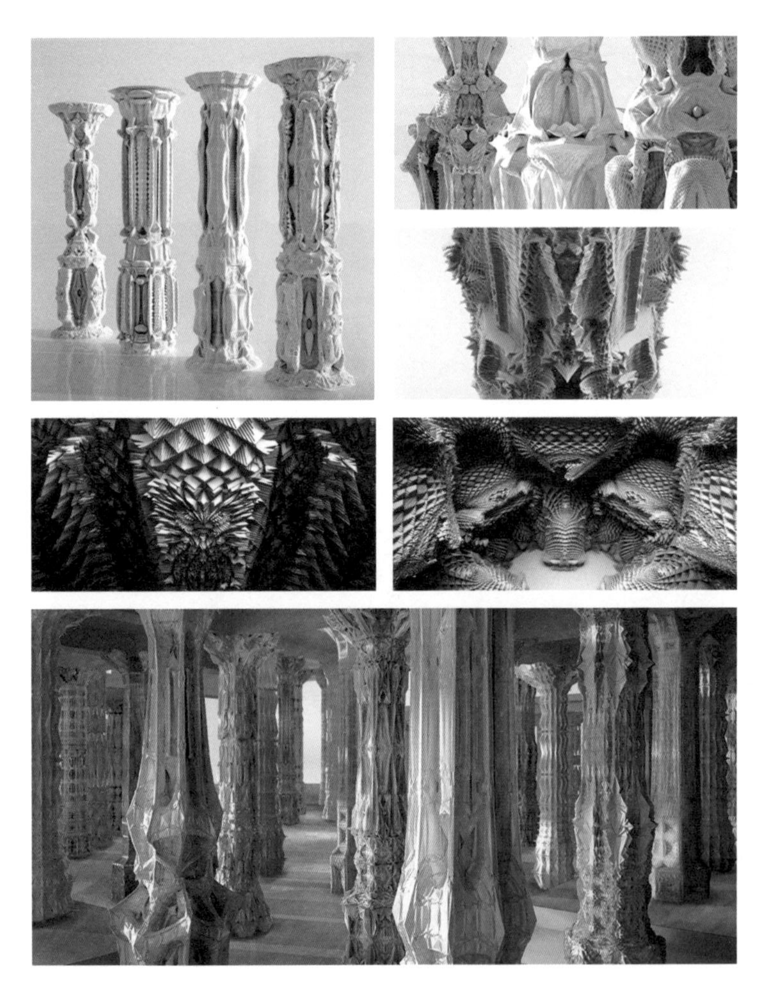

图 4-3-9　迈克尔 · 汉斯米耶尔的“分形柱式”

如，迈克尔·汉斯米耶尔（Michael Hansmeyer）[1]的作品“分形柱式”（fractal column）便是利用对自然有机结构的迭代模拟阐明了算法图解与程序化建筑形态之间的关系。

汉斯米耶尔将一种称之为“细分”（subdivision）的算法应用到“分形柱式”的生成设计中。本质上，“细分”是一种基于迭代与递归逻辑的图解思维。在“细分”过程中，设计师将柱式表皮作为一个初始值，以供计算机进行不断的迭代衍生。表皮被视为一个阈值[2]或者数学基元[3]，通过不断的细分可以生成出极其复杂的运算结果。从图解与数学的联系来看，这个过程中产生的任何形式结果均是作为一种数学基数来被编码，因此理论上可以迭代出无穷小的形体以进行进一步操作。

在得到了预设迭代规则的运算结果之后，汉斯米耶尔又进一步对柱式进行了形态分层处理，以将算法生成的坐标化形态定义转化变为可供物质建造的模式。在实际建造中，2.7 m高的柱子通过薄板的叠加被建构成层化模型，近600万个分形面都分别相交于一个代表薄板的平面以形成对每一层轮廓的数控加工路径。整个“分形柱式”的建造过程可以视为将“可计算”的“形态阈值”通过代数编程的转化之后由数控机床进行加工的过程。在一定程度上，这意味着形式算法与建构图解的表达不再是相分离的领域，就好像外形不再需要强加在建造之上，设计师不仅可以计算形式本身，也可以“计算”形式的可建造性。

在迭代与递归的思想下，设计师可以从不同的维度来理解形式。在程序算法的建构下，代码成为图解的象征性代表，设计师可以通过释放代码的内在动力对极其复杂的形态进行迭代生成。而这其中，对复杂形式的“转化”成为分形几何思维在建筑设计中进行应用的主要方式。汉斯米耶尔以其“代码—形式”的逻辑将建筑实体建造的角度扩大至计算范畴，并渲染了一种图解形式表达的极端临界，这为建筑的复杂性探究提供了重要的参考价值(图 4-3-9)。

① 迈克尔·汉斯米耶尔，建筑师和程序员，任教于瑞士苏黎世联邦工业大学（简称 ETH Zurich，英文名 Swiss Federal Institute of Technology Zurich），从事算法生成设计方面的工作。

② 阈值又叫临界值，是指一个效应能够产生的最低值或最高值。

③基元指的是构成生物体的大分子上局部区域。

进化图解理论

如果说“迭代与递归”是算法程序化的形态生成思想，那么作为联系计算机算法与建筑形式的另一核心词汇——“判定与优化”则更侧重于建筑设计过程中的形态合理化进程。英国建筑理论家约翰·弗雷泽（John Frazer）①曾在他提出的进化建筑理论中对这种算法生成的概念进行过系统性的论述。

①约翰·弗雷泽（1945—），英国建筑师，计算机技术应用于建筑、城市与设计方面研究先驱者。

计算机通过对逻辑语言的数字化在形式的语法规则和算法逻辑之间建立了“捷径”。其中，“判定”是计算机程序中最基本的逻辑运算过程，一般以“if-then”的编程语言来执行；而“优化”可以被理解为执行判定的前提条件，它的建立往往与建筑设计中的需求或目标有关。由于判定的标准和优化的方式都可以被视为对设计问题的量化过程，所以在理论上存在着对形式结果进行操作的无数种可能性。

约翰·弗雷泽将自然界中的生物进化理论与建筑生成设计相结合，提出了建筑“生成进化范式”（Generative Evolutionary Paradigm）。

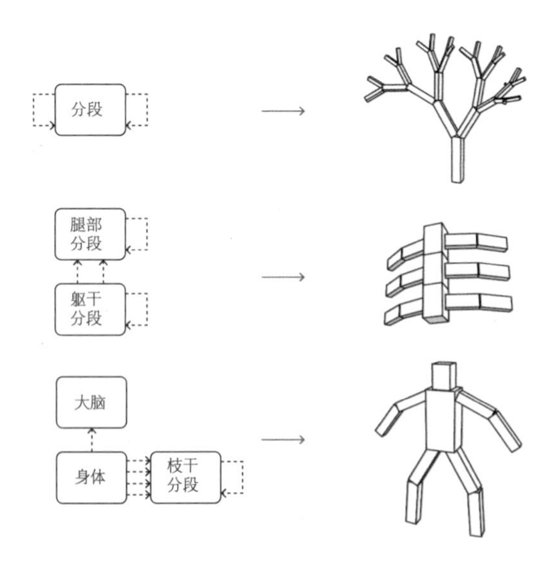

图 4-3-10　计算机分段式处理构造的虚拟“生物”

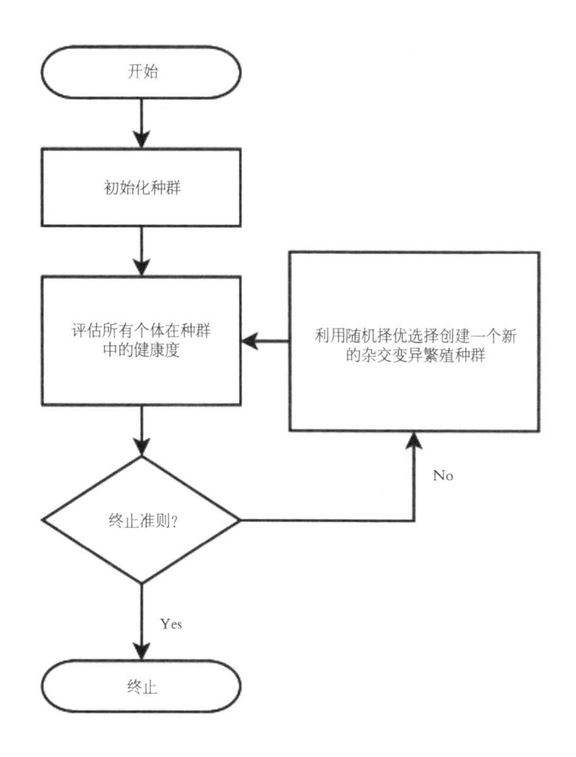

图 4-3-11　遗传算法流程图

在生物进化中，遗传密码（genetic code）是一切进化发生的基础。同样，在进化建筑理论中也需要这样一种“遗传代码”来作为建筑生成的基础并对建筑概念进行描述，而这种代码便是由计算机来承载。通过程序逻辑与边界条件的交互回应，实现代码的突变与发展，这即是“生成进化范式”的核心。为了实现这种进化式的建筑生成模式，约翰·弗雷泽提出了一套具体的操作流程（图 4-3-10，图 4-3-11）。

在建筑遗传代码的设定中，初始代码的设定很大程度上决定了最终生成结果的范围。弗雷泽认为，虽然一套基于原有问题解决经验的代码体系会对某些具体的工程问题而言非常有效，但这种完美的代码很有可能也会制约生成过程中的创造性。就如同在各个设计领域都会使用到的参数化工具，这些工具虽然在结果上给出了很丰富的可能性，但是过程中一旦参数类型与范围被确定，其生成结果的种类实际上也就已经被限定在某一范畴。因此，一种非常开放的代码设定对于生成结果的广泛性和灵活性来说是非常必要的。

关于代码发展的规则，我们已经论述了关于算法生成中规则的具体含义，这些论述与弗雷泽对规则的定义是基本一致。弗雷泽在他的研究中同样引入了元胞自动机、L 系统等多种计算机领域较为成熟的算法来进行建筑进化生成研究。

如何将代码转译至形式模型，是整体流程中的关键问题。由于建筑最终是通过形式来呈现，所以形式转译对于建筑算法生成来说是不可避免的一步。莱昂内尔·马奇的研究证明了建筑形式可以被代码化，而形式转译所要做的是将逻辑代码进行建筑形式化。从图解的角度来说，形式与代码只是同一建筑图解的不同呈现形式，在算法生成图解中两者需要相互配合来完成建筑形式的生成。

在明确环境属性设定方面，环境的加入是约翰·弗雷泽的进化建筑理论中最重要的一点。首先，毫无疑问环境与进化论的基本观点相关，即生物的遗传、变异和自然选择都来自于生物与环境的相互作用，从而最终导致生物的适应性改变。进化建筑理论认为这种进化逻辑同样可以适用于建筑生成，建筑也需要在与环境的互动过程中进行演进。由于环境成为了设计中重要的考虑因素，所以相比卡尔·楚的计算生成理论，弗雷泽的理论可以被理解为更加贴近“现实世界”。

在评价与选择标准方面，“适者生存”代表了生物进化的选择标准。自然界中，这一标准通过生或死来实现，这是生命的基本特征。然而建筑并没有生或死这样的属性，这就意味着整个生成过程需要建立一种适合于建筑的选择标准来对所有的生成结果进行筛选。虽然从工程问题的角度来说，选择标准可以是一个十分明确的可量化的指标，但是在设计问题中，很多标准往往难以清洗界定，甚至会相互矛盾。所以说，制定选择标准是约翰·弗雷泽进化建筑体系中的最困难也最重要的一个环节。

1968 年，弗雷泽第一次尝试去将这种体系用于实践，建立了“爬行系统”（Reptile System）。“爬行系统”是一种从根本上基于单元化和遗传规则的系统，弗雷泽希望用这种系统来实现不同空间结构体的生成。这个系统由两种折叠结构单元体组成，两种单元体相互之间有 18 种不同的连接方式。所以，当多个单元之间相互组合时，系统便能够衍生出大量的组合可能性，并且这些可能性最终可以被转化为具有丰富多样性的平面与空间结构。弗雷泽在对这个系统的探索中做了一张清晰的图示来说明结构单元体的形成过程。首先，单元体是由一种非正交的坐标系来定义，坐标系三根坐标轴的相互夹角为 120° 。坐标系中每个点的具体坐标由四位整数（*A*、*B*、*C*、*D*）来定义。其中前三位整数永远都在表示坐标系的中点的位置，所以坐标系内的任意一点坐标的前三个值 *A*、*B*、*C* 之和永远为 0，而这一固有属性可以在输入原始坐标时提供一个基础的数据检查。坐标的第四位整数“*D*”值用来描述结构单元的类型和形式。“*D*”会由下一层级的两位数字 T' 和 T'' 组成，前一位用来代表单元体的类型和在垂直方向的深度，后一位则用来描述单元体在水平方向的距离。这样，整个坐标系统最终呈现为（*A*、*B*、*C*、T'、T''）的格式，之后这种格式的数据被输入到剑桥大学阿特拉斯计算机（Atlas Titan Computer）中，通过一系列的算法子程序进行生长与发展，直到生成最终要求的建筑形式。弗雷泽在最初探索时使用了两种代码逻辑来进行形式生成，分别命名为“结形”（knot）和“星形”（star），之后“星行”代码又被进一步发展用以探索基础的建筑形式演化（图 4-3-12—图 4-3-15）。

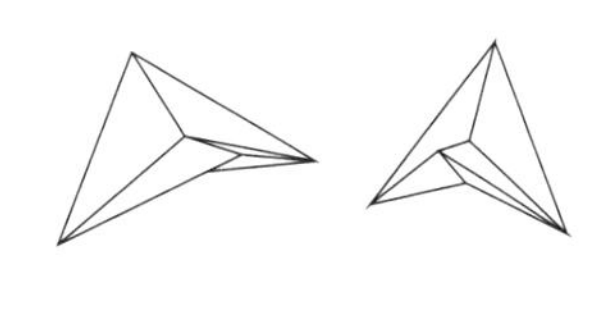

两种结构单元

11 21 32 42 52 62

13 23 34 44 54 64

15 25 36 46 56 66

18 种单元空间编码取向

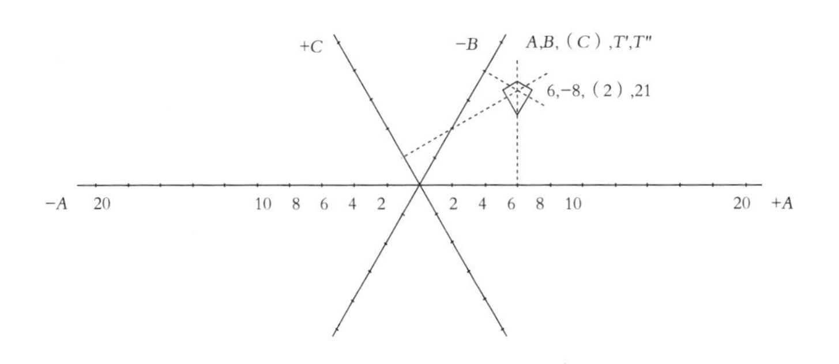

图 4-3-12 “爬行系统”单元生成图解

图 4-3-13 Reptile System 的程序流程图解

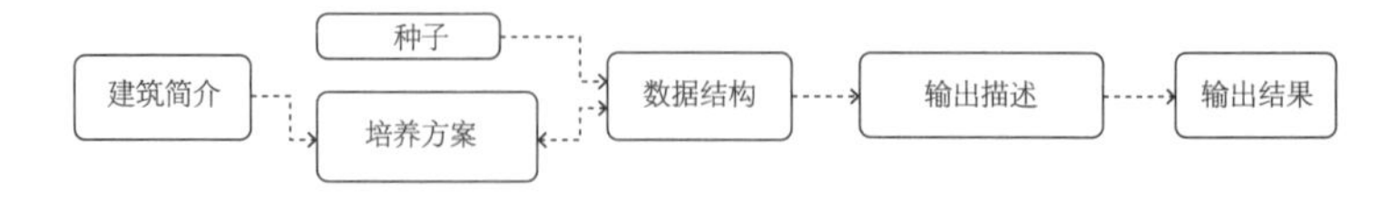

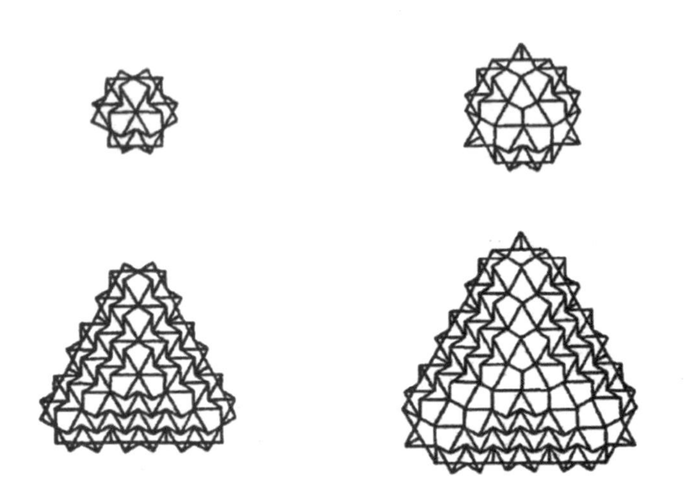

图 4-3-14 两种不同的最初代码："结形"和"星形"

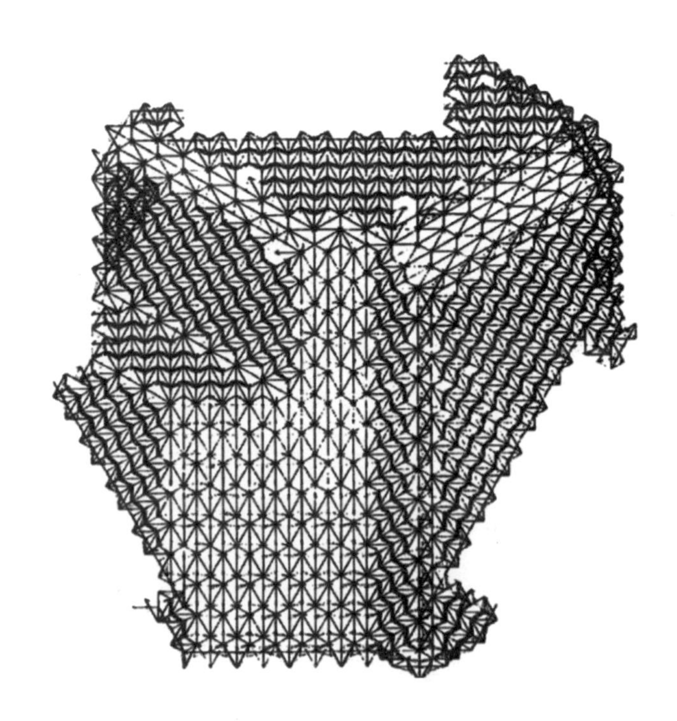

图 4-3-15 "星形"所生成的平面形态

从过程呈现的角度来说，弗雷泽的“爬行系统”很直接地体现了算法生成图解的基本特点：在结构单元体的生成图解中，图示与代码并置是核心的表现手段；在“爬行系统”的程序图解中，类似算法流程图的表达成为图解的主要内容；在生成结果的表现中，最终形态只是众多可能性中代表某一类型的典型结果。这些图解最终表现出来的特点与弗雷泽所定义的“生成进化范式”完全一致——代码与规则成为操作的基础，形式转译与选择成为最终形式生成的手段。所以这里又一次验证了在算法生成图解中，图解的抽象性被进一步提升到了代码的层面，图解的指向从形式转向规则、从结果转向过程，图解与图的区分变得清晰而明确。

多代理系统算法图解

随着计算机技术的智能化，算法主导的设计生成途径也随之更加丰富。在以迭代和递归为逻辑载体的分形系统和以判定和优化为导向的进化建筑理论之外，多代理系统（Multi-agent System）作为一种模拟动态生成体系的方法应运而生。多代理系统是一种通过模拟自主性个体行为之间相互影响的过程，来生成整体行为效果的算法。这种算法最初出现于 20 世纪末。在当时，现代科学在探索物质世界运转规律的问题时提出了复杂系统理论。科学领域认为复杂系统是由大量具有智慧性的个体组成，个体之间不仅存在交互作用，而且能够根据环境信息调整自己的行为。之后针对复杂系统，人们又提出了“涌现”[①] 的概念，即通过计算机模拟复杂系统中的个体行为和它们的相互作用，让整个系统的复杂性变化可以自下而上地“涌现”出来。而这种“涌现”概念便是多代理系统的前身。

① 涌现是汉语词汇，解释为事物的时间量变。在同一时期大量的出现；突然出现。

如果说分形系统与遗传进化理论是在建筑师主导的规则下进行的算法逻辑，那么多代理系统则可以被认为并不存在特定的主导个体。多代理系统是随时间变化而进行的自下而上的逐步迭代，并且过程中会呈现出动态变化和自我组织的特性。在建筑设计中，如果将建筑空间看作是一个复杂系统的话，那么人可以被视为组成建筑系统的基本单位——代理元（agent）。大量的代理元通过在一个限定的空间范围内中进行智能性的运动，并且随着相互之间的作用而固定下来，最终会形成一种具有高度自治性的网络结构——即建筑雏形（图 4-3-16—图 4-3-18）。

在多代理系统的算法生成中，代理元由程序编码表示，它不一定指代具体的事物，而是在诠释整个系统中基础单元的行为。因此，在加入环境评价与选择标准的基础上依据建筑的需求探寻并编码适当的代理元表达式，成为了生成算法的设计中最为核心的问题。阿

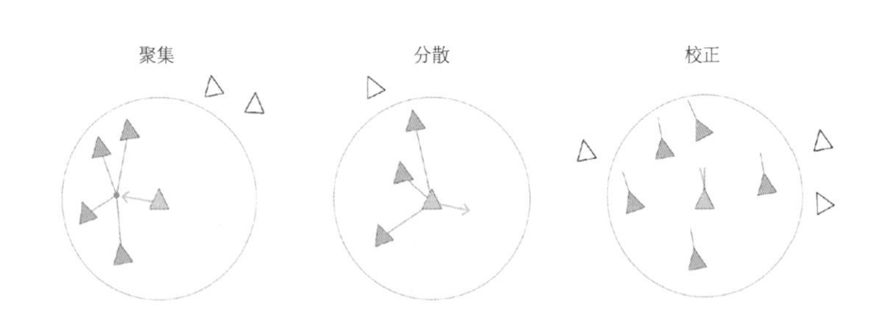

图 4-3-16　三种代理元行为：聚集、分散与校正

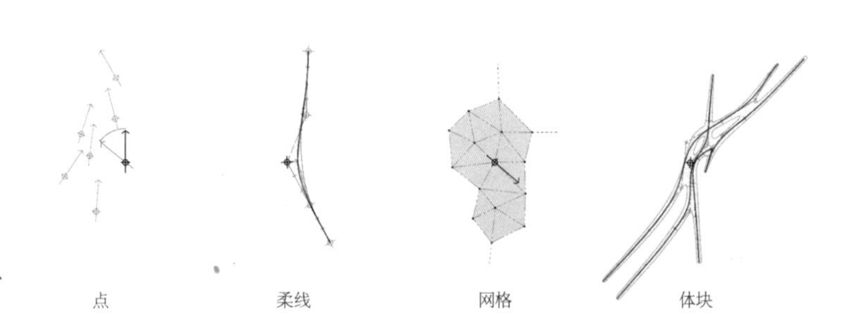

图 4-3-17　代理元的表达方式：点、柔线、网格和体块

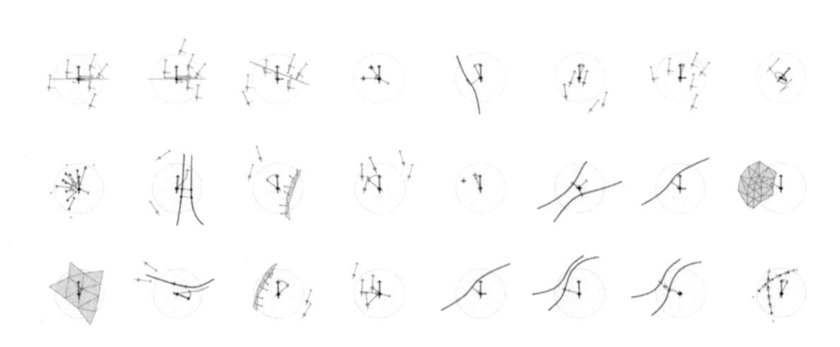

图 4-3-18　代理元之间的交互作用以及代理元对环境的响应

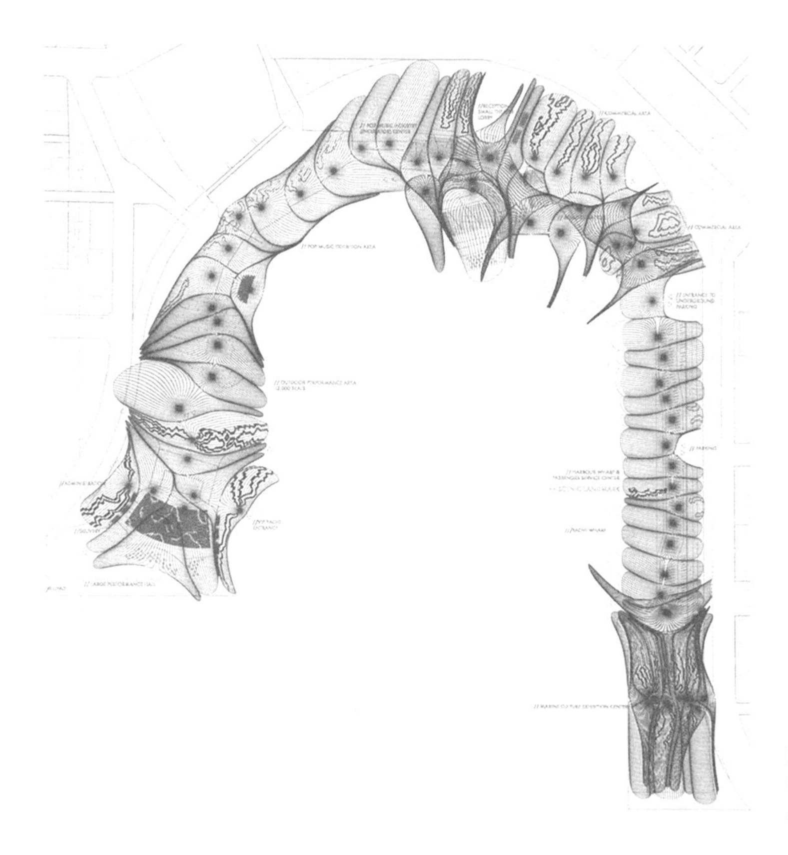

图 4-3-19　流行音乐中心设计——磷光具有磁感线规律的代理元编织成的动态磁壳领域

丽萨·安德鲁塞克（Alisa Andrasek）[1] 主持的 Biothing 事务所一直从事着多代理系统生成设计的研究与实践，而位于台湾高雄的流行音乐中心设计——磷光（Phosphorescence）便是其中之一。在这个设计中，阿丽萨首先通过模拟电磁场中磁感线的分布，将场地编织为一个无时无刻不在变化的动态磁力领域，其中具有磁感线规律的线性肌理作为的一种代理元通过不断地自组织将场地与建筑缝合为一体，来整合生态系统下的各种环境因素。之后在建筑空间的建构中，阿丽萨又根据液体中微粒的无规律运动——布朗运动作为数学逻辑，建立了另一种代理元的行为模式来模拟人类的活动。这些代理元通过相互之间的作用不断侵蚀着原始的磁场曲面，从而生成各种不同的裂缝与坑洞。随着整个多代理系统的进化，磁场曲面在逐渐消解，最终自然生态中的复杂关系在建筑形态系统的构建中慢慢显现了出来（图 4-3-19）。

① 阿丽萨·安德鲁塞克，Biothing 事务所主持建筑师，计算式建筑设计实验研究者，毕业于萨格勒布大学，并在哥伦比亚大学获得建筑设计硕士学位。

总体上，多代理系统是通过构筑反映建筑内外各种影响因素的参数化模型，对计算机内部的迭代运算进行系统式的动态演化。它在充分利用计算机运算能力的同时，也重新诠释了算法与图解之间的动态关系。如果说“图解是一部抽象的机器”，那么基于多代理系统的生成算法就是一种不断演进的动态“生命体”。

集群智能算法图解

20 世纪后期，随着复杂性理论和混沌理论的发展，人们对生成设计的认知也发生了转变——生成的概念不再仅限于“自下而上”并趋向某一目标的迭代结果，同时包括了周期性或混沌式的形式自组织行为。随着人工智能的兴起，在多代理系统基础上发展出来的集群智能（Swarm Intelligence）算法在这一时间内迅速成为具有代表性的学术分支。在集群智能概念中，群体指的是“一组相互之间可以进行直接或者间接通信（通过改变局部环境）的主体，能够感知其所处的环境并做出相应的反应，并且在没有全局模型的情况下进行涌现问题的求解”。而智能一词的定义为“单一思维的主体通过合作所表现出的复杂行为特征”。

在集群智能的发展初期，它被广泛应用于对群体社会生物体的行为研究之中。例如，自然界中蚂蚁、蜜蜂等社会性昆虫的群体行为均反映了大量简单个体通过交互而产生集体智能的现象。之后，这些生物群体的社会行为激发了设计领域对集群智能算法的应用。在设计方法层面，集群智能系统主要通过自主智能体所形成的局域交互作用来运行，而智能体之间构成的分散式自主系统又进一步构成了更加智能的集群行为。不同于多代理系统，集群智能反映了更加复杂的内部构成形式，而这种复杂的机制使算法摆脱了传统生成设计中的单一目标趋向性，进而转变为对环境的高度智能化回应。

由于集群智能是基于“自主代理元”（Autonomous Agents）间的相互作用，进而导致涌现行为的发生，所以任何一个集群智能算法都依仗于一定数量的基础个体而存在。而这些巨大数量的个体形成了集群智能的另一个特点——自组织性。大量智能个体间的往复

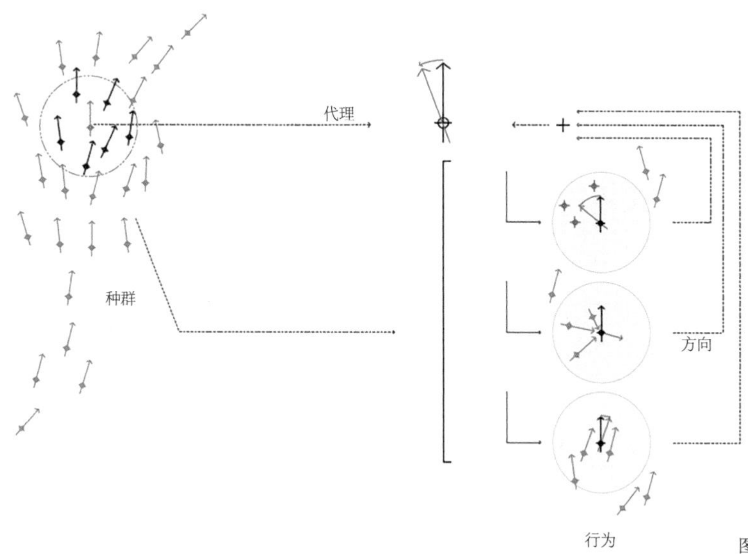

图 4-3-20　大量自主代理元的交互行为形成集群智能的现象（1）

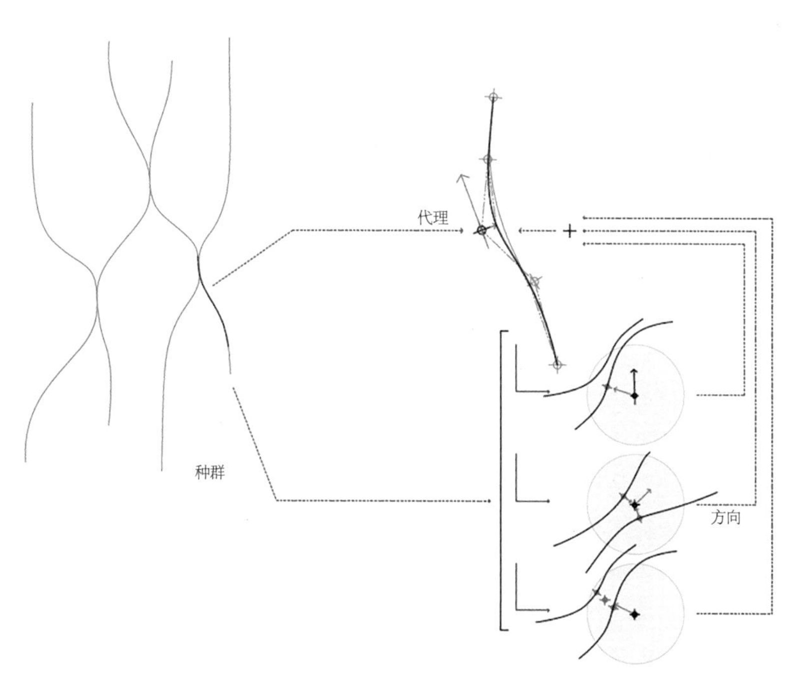

图 4-3-21　大量自主代理元的交互行为形成集群智能的现象（2）

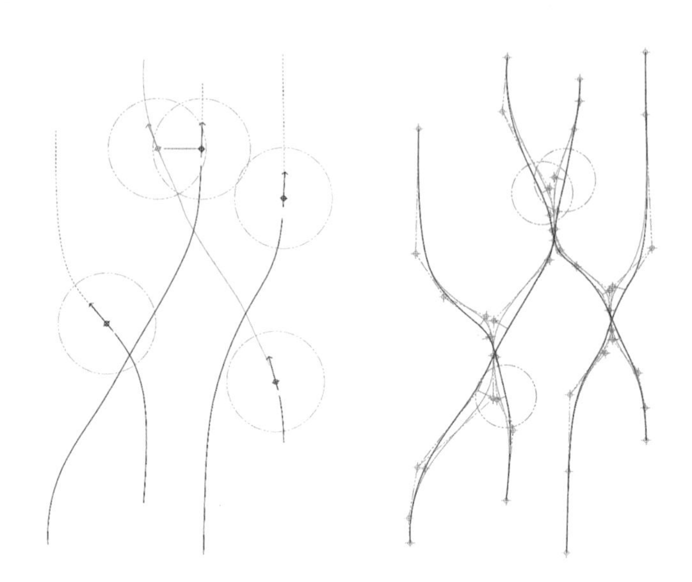

图 4-3-22　自主代理元多次迭代运行后形成的稳定状态

循环作用会使得宏观机体的秩序被不断地重新整合与排列，从而自组织成为一种内在固有属性贯穿于涌现过程的始终（图 4-3-20，图 4-3-21）。

罗兰德·斯努克斯（Roland Snooks）[①] 创立的 Kokkugia 设计团队一直致力于对集群智能概念的研究，通过将这一概念与算法相互结合，以探索对建筑装饰、结构和空间的设计生成。在墨尔本码头的研究项目中，Kokkugia 设计团队以蚂蚁在寻找食物过程中发现路径的行为来模拟人类步行所呈现出的自组织性，从而开发出了基于行为的生成设计方法。与蚂蚁觅食的行为逻辑类似，人类在行走过程中也总是趋向于选择两点之间最近的路线；而又不同于蚂蚁，人类的步行还具有与周围个体保持一定距离的特点以保证自身能随时加速或者转身的需求。在集群智能体系的建立中，Kokkugia 设计团队基于这些行为特点构建了每个个体的行为规则，并在个体数量、个体基本体量、搜寻角度、搜索范围和概率等约束条件下，通过个体间的智能化自组织使得整个系统对人流的模拟不断趋向实际情况，并以此优化建筑路径、形成建筑雏形（图 4-3-22，图 4-3-23）。

① 罗兰德·斯努克斯：Kokkugia 的合伙人以及 Studio Roland Snooks 创始人，致力于为行为学的设计方法建立方法论及概念性的基础。基于集群智能逻辑及多代理系统的算法策略。

值得一提的是，集群智能系统的复杂结构改变了涌现过程中层级的性质。在墨尔本码头的研究项目中，所有组织中的个体均被设想为过程代理元，它们能够在一个连续的没有设计层级的系统中始终进行着相互之间的作用，从而在宏观上形成自组织的涌现结果。

从图解的角度来说，以集群智能为代表的算法逻辑改变了常规观念中“化繁为简”的图解概念，使得生成设计转向了基于多重决策和复合过程并趋向高度复杂性的架构体系。常规意义中，图解作为一种隐形机器对建筑系统的生成过程本质上是对设计思维成熟化的分解与再现。而与图解相反，迭代、递归、多代理系统、集群智能等算法对于形式的生成实际上是一种自下而上的摆脱设计师固有思维的涌现过程。当算法本身成为一种生成性“图解”，虽然它所表达的仍是关于物质化空间的具体指向，但其背后运行机制则是编码式的量化逻辑。可以说，这种开放式的体系与数据化的架构不仅形成了生成设计的高度自动化，也打开了人们对建筑设计中的不确定属性的全新认知。当然，同时我们也不应忽视的是，算法本身也从来都并非只是一种抽象工具。随着性能化建构方法的兴起，以遗传算法为代表的优化机制作为一种设计理念体现出了全新的潜力，而这种性能化思维与算法的全新结合毫无疑问地将成为建筑生成图解在未来全新的呈现形式。

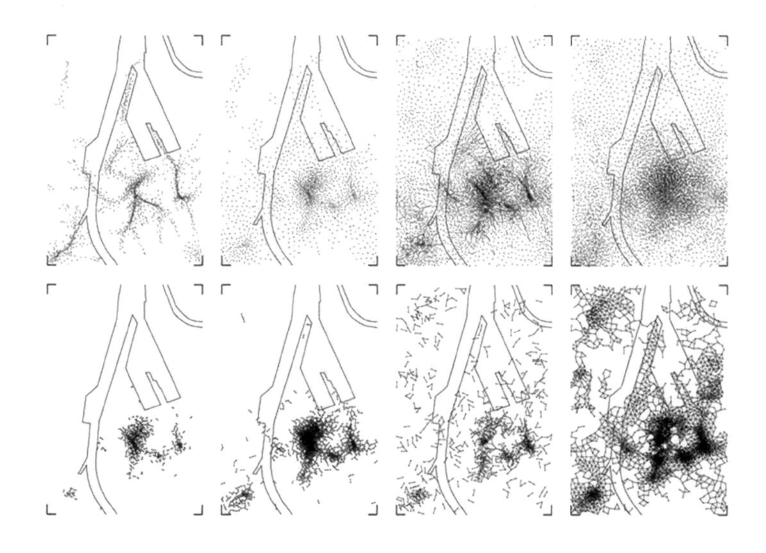

图 4-3-23　Kokkugia 事务所设计的“墨尔本码头研究”，基于集群智能系统的设计生成图解

结构性能图解
Structural Performance Diagram

结构建筑学图解
Archi-neering Diagram

静力学图解
Graphic Statics

数字化结构性能生形图解
Structural Performance Based Digital Form Finding Diagram

结构建筑学图解

Archi-neering Diagram

结构是建筑师的母语。建筑师是用结构思考和言说的诗人。

——奥古斯特·佩雷

Construction is the maternal language of the architect. The architect is a poet who thinks and speaks in construction.

——Auguste Perret

回顾历史，我们可以看到建筑结构在形式与力学之间具有多重存在方式。古罗马时期，维特鲁威就曾提出建筑的三要素“坚固、实用、美观”，从本质上指出建筑应该符合结构需要。文艺复兴时期，阿尔伯蒂则认为建筑应“看上去”（looks like）符合结构，揭示了建筑结构所承载的符号与受力的双重意义。在理性主义时期，勒·杜克（Eugene-Emmanuel Viollet-le-Duc）宣称，空间无法独立于结构形式存在，建筑表层与结构的关系被赋予了伦理的含义。而到了现代主义时期，奥古斯特·佩雷（Auguste Perret）和勒·柯布西耶更是通过不同的建筑理念赋予了钢筋混凝土结构不同的意义 。建筑师对于结构与建筑之间关系的解读一直随着时代的变迁而发生变化。这些变化一方面受到建筑意识形态的影响，另一方面受到设计技术和建造水平的制约。

在数字化时代，随着“性能化设计”理论的发展和数字化建造技术的逐渐成熟，结构与形式逐渐超越了此消彼长的二元对立关系而趋向于一体化，结构理性与建筑形式正在逐渐走向融合。

结构之于建筑

纵观建筑史，建筑师与结构师之间的关系很有趣地反映在建筑形式的演进之中。在古希腊，“architekton”一词同时包含了建筑（archi-）和工程（-tektura）的概念，这一时期“建筑师”（architect）和“工程师”（engineer）是一个统一的概念。architekton不是现代意义上的建筑师，而应该翻译成总设计师（master designer）或者建造总监（construction manager）（Addis，2007）。这也是肯尼斯·弗兰姆普敦（Kenneth Frampton）的“建构”理论的基础。在这个时代的建筑工程中，建筑与结构是不可分割的整体。这种特殊的关系促成了欧洲历史上最伟大的建筑——希腊神庙、罗马斗兽场等无一不是建筑与结构的完美统一。建筑与结构的“和谐”关系在中世纪的哥特建筑中延续下来。哥特教堂高耸、连续、轻盈的内部空间来源于束柱和尖券肋骨拱结构的成熟应用和表达，其清晰的力学传导和统一的空间形式成为近代结构理性主义的思想源头。

然而，随着文艺复兴时期建筑与结构的学科分离及职业建筑师的出现，二者之间的联系也逐渐减弱。职业建筑师首先出现于文艺复兴时期的意大利，其中大多数建筑师从传统的手工艺匠人转化而来，所以在初期仍然保留了工程实践和建造的成分。之后，一些接受古典建筑教育的新兴建筑师如阿尔伯蒂和舍立奥（Sebastiano Serlio）的出现推动了建筑与建造的相互隔离。以阿尔伯蒂为代表的新兴建筑师很少关注建造层面的技术与经验，他们的兴趣更多地转移到对"和谐比例"和"古典形式"的研究中。同时，在菲利波·伯鲁乃列斯基（Filippo Brunelleschi）和李奥纳多·达·芬奇（Leonardo Da Vinci）等人的影响下，绘画逐渐成为工程设计过程的核心内容。随着 16 世纪机械印刷术的出现，图纸在建筑工程中的复制和传播能力进一步的提升，职业建筑师可以在不在场的情况下，凭图纸对建造进行指导，深远地加速了建筑学与结构工程的分离。当然这种分离趋势也受到了结构工程领域的影响。文艺复兴时期的主要建筑材料仍旧以传统的砖石和木材为主，而这些材料的建造方式早已发展成熟，结构师无意于对结构承载问题进行突破和革新。所以，结构自身发展的停滞，在某种程度上也成为了结构因素淡出建筑学的主要原因之一。19 世纪末，钢结构和钢筋混凝土结构的发展进一步加速了建筑与结构的分离。钢结构与钢筋混凝土结构的性能远远优于传统木结构和砖石结构，从而进一步将建筑师从结构限制中解放出来。

随着建筑与结构的学科分离，建筑师与结构师的角色有了明确的区分。建筑学试图寻找学科的自主性，而结构工程在自身的阵地上也不断向专业化和精细化方向发展，致使两个学科间的鸿沟日益增大。建筑师构思形式，而把建造与实现的工作留给了结构工程师，建筑师与工程师建立起了一种"后合理化"（post-rationalization）的合作模式（Michalatos，2014）。文艺复兴伊始，直到现代主义运动时期，建筑与结构的关系都可以归入这一模式。在整个现代建筑运动中，结构长期处于被忽视的状态，仅仅作为建筑设计的支撑被置于到整个设计过程的后期。

虽然建筑与结构的分离从文艺复兴开始逐渐成为主流，但如果深入追溯，仍可以在这条历史主线之外梳理出一条与之相反的脉络——

图 5-1-1　1864 年勒・杜克设计的音乐厅用铸铁材料表达哥特的结构理性精神

建筑与结构的融合。在建筑学领域，这条脉络始于 18、19 世纪建筑学界对哥特建筑结构性的重新认识。在这其中，法国建筑理论家维奥莱・勒・杜克深受哥特建筑的影响，认为建筑形式本质上就是结构形式，建筑美的意义在于形式与结构的内在一致性。这些论断掀起了一股结构理性主义的思潮（图 5-1-1），并深刻影响了亨瑞・拉布鲁斯特（Henri Labrouste）、安东尼奥・高迪、翰瑞克・贝尔拉赫（Henrik Petrus Berlage） 等人。到现代建筑运动时期，在结构理性主义思想影响下的“建构”观念进一步促使包括密斯・范・德・罗、弗兰克・赖特、约恩・伍重（Jorn Utzon）等在内的建筑师对结构和建造的诗学产生了兴趣 。结构理性主义和建构思想的引入可以说是建筑师在新的材料和技术条件下对结构、建造意义的重新思考，这在一定程度上促进了建筑师与工程师之间的合作，但是建筑与结构在设计过程中的划分并没有因此而得到改善。

之后，建构理论和观念促使现代建筑师对工业革命以来的建筑技术进行了重新审视。他们从 19 世纪的火车站、飞机库、桥梁等结构工程作品中看到了建筑的全新意义。与建筑师相比，结构工程师对结构形式和材料具有更好的驾驭能力。从水晶宫到埃菲尔铁塔，铸铁、钢等新的建筑材料使结构工程师能够独立完成建筑的设计与建造。到 20 世纪，随着钢筋混凝土结构的成熟，爱德华・托罗哈（Eduardo Torroja）、皮埃尔・奈尔维（Pier Luigi Nervi，图 5-1-2）、海因茨・伊斯勒（Heinz Isler） 等结构工程师在结构性能探索的同时创造了极具建筑品质的混凝土空间结构。这些结构工程师的实践使他们在历史上能够享有与建筑师同等的设计地位，被称为结构建筑师（architect/engineer）①。然而值得注意的是，尽管结构建筑师的出现使得结构本身在建筑领域得到了前所未有的关注，但是建筑与结构之间的鸿沟并没有因此而弥合。

真正意义上建筑与结构的学科融合起源于 20 世纪后期设计工程师（design engineer）② 的出现。如果说“形式、结构、材料”的序列式工作过程是结构后合理化模式的主要特征，那么这一等级化的工作模式随着设计工程师的出现而得到显著改观。彼得・莱斯（Peter Rice）可以被称为设计工程师的先驱。与约恩・伍重在悉尼歌剧院的结构合作中，

① 结构建筑师，由 Macdonald AJ 在《结构与建筑》（*Structure and Architecture*）一书中提出，用来指代 20 世纪初一批在建筑领域具有突出成就的结构工程师。

② 设计工程师，由 Rivka O 和 Robert O. 在《新结构主义：设计，工程与建筑技术》（*The New Structuralism: Design, Engineering and Architectural Technologies*）一书中提出，用来指代 20 世纪后期出现的在与建筑师密切合作中能够对建筑设计产生重要影响的结构工程师。

图 5-1-2 奈尔维设计的罗马小体育宫利用钢筋混凝土网壳结构创造了优秀的建筑品质

彼得·莱斯对屋面陶板的几何问题研究影响了歌剧院的肋结构和屋顶的整体造型（图 5-1-3），这一过程有效地将传统设计过程转变为“材料、结构、形式”。结构工程师与建筑师通过密切合作共同对建筑形式的演化产生影响，建筑设计开始走出结构后合理化模式，从概念阶段便开始与结构设计融合。

在过去的十余年间，设计工程师这一职业已经发展成为连接结构设计和建筑设计的有效媒介。弗雷·奥托（Frei Otto）、埃德蒙·哈波尔德（Edmund Happold）、川口卫（Mamoro Kawaguchi）、与库哈斯和伊东丰雄（Toyo Ito）等合作的塞西尔·巴尔蒙德（Cecil Balmond，图 5-1-4）、与 SANAA 合作的佐佐木睦朗（Mutsuro Sasaki）等都是设计工程师的典型。

随着这些设计工程师与建筑师的密切合作，建筑学领域中建筑与结构相融合的趋向也愈发明显。“结构建筑学”（archi-neering）概

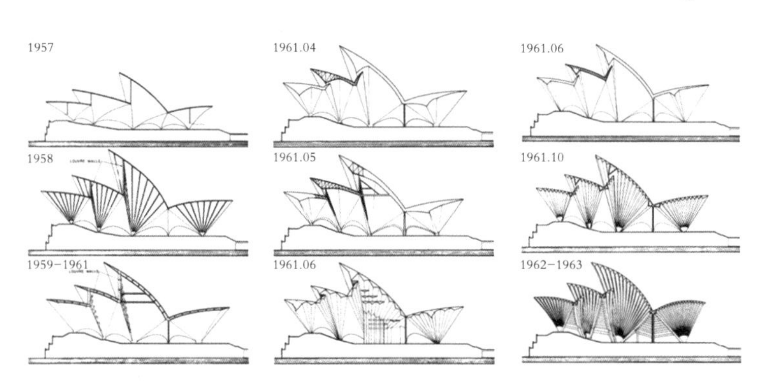

图 5-1-3 悉尼歌剧院结构和几何形式的演化过程

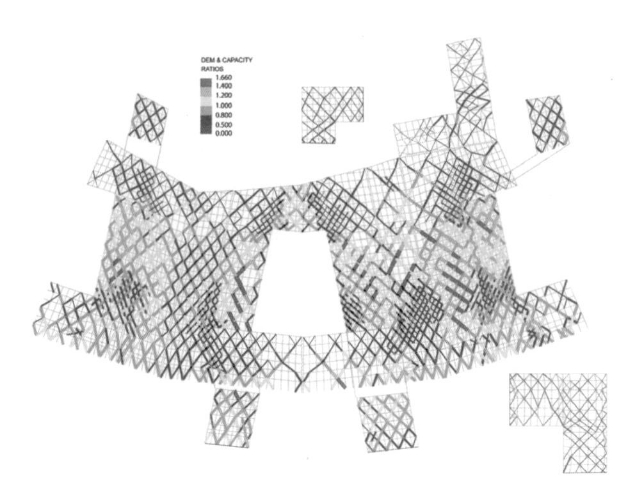

图 5-1-4　巴尔蒙德在与库哈斯合作的 CCTV 总部大厦中，结构分析最终极大地影响了建筑表现

念的出现正是对这一意愿的明确表达。“结构建筑学”这一名词最早来自于德国建筑师赫尔穆特·雅恩（Helmet Jahn）和韦尔纳·索贝克（Werner Sobek）的同名著作，书中通过大量案例探讨了技术如何协助优秀建筑的实现 。2008—2009 年日本结构建筑师斋藤公男策划的“archi-neering design”（AND）展通过精巧的模型对历史上百余座建筑进行了结构剖析，引发了广泛的讨论。斋藤公男（Masao Saitoh）进一步发展了“结构建筑学”的概念，根据建筑创造过程的两个维度——“意象”与“技术”之间的相互渗透和影响，将建筑创作分为三种向度—意象先行、技术先行和意象技术，鼓励建筑师从不同向度理解建筑创作 。

形式追随结构

数字技术的发展带来了建筑设计方法和建造技术的转变。数字化设计和建造技术使设计开始趋向于非标准化、复杂建构及曲面形式。在数字技术的支撑下，一种新的设计思维——基于性能的设计方法应运而生，通过将性能信息（结构性能、环境性能、材料性能等）作为设计参数输入形式设计过程，驱动建筑形式生成，实现性能与数字设计技术、建造技术的无缝衔接。

在学术领域过去几十年的发展中，哈佛大学设计研究生院（GSD）、麻省理工学院（MIT）、哥伦比亚大学（Columbia University）、密歇根大学（University of Michigan）以及许多其他建筑学校都建立起与性能相关的建筑设计科目。性能化设计方法正逐渐成为一种越来越重要的设计范式。

在这其中，结构性能化设计是指建筑师通过对建筑结构性能（结构稳定性、材料特点、跨度关系、抗震性能等）进行分析，在设计过程中通过模拟、运算和优化工具找到空间形态与结构合理关系的过程。可以说，结构性能化设计是一种力学性能分析驱动形式生成的设计方法。随着计算机技术的迅猛发展，模拟运算软件的不断开发，结构性能和材料特性等诸多内容可以被精确模拟和计算。在设计流程中，建筑材料和结构作为设计参数融入形式概念设计之中，成为设计过程的驱动因素。建筑师可以同时对于建筑的材料特性、几何特性及生产逻辑进行统筹控制，从根本上颠覆了“形式、结构、材料”的序列式工作思路。

结构几何图解

几何图解是结构性能化设计流程中的重要工具。与提供“黑箱”结果的代数法相比，几何图解可以将结构性能直接应用到结构本身的几何形式之中，既呈现结构内在的应力，又可处理结构外在的形式。可以说，几何图解既是一种性能的解释分析工具，也是结构形式的生成工具。

虽然结构几何图解相比代数法具有十分明显的优势，但它的发展与成熟也经历了一段较为漫长的过程。在现代意义上的荷载和应力概念尚未出现的时代，以几何为准则的图解方式在“结构设计”中扮演着重要的角色。古代工匠将自己从实际建造中积累和总结的材料性能、结构作用、建造方式的经验知识以几何图解的形式加以呈现，并指导后续的建造实践。“几何”形式的结构元素成为薪火相传的建造经验的综合体现。

毫不夸张地说，古希腊思想家建立了西方文化对世界的认知方式，而几何是希腊人发明和应用的最具深远影响的认知工具之一。希腊人相信几何揭示了世界构成的法则。在古希腊，几何学远不止是数学的一个分支或一种抽象科学，更是一种应用型艺术（practical art）。对希腊思想家、数学家、物理学家而言，严谨的几何逻辑是解释和证明工程中杠杆、滑轮等器械工作机理的最重要的工具。因此，正如维特鲁威在《建筑十书》所呈现的那样，早期的工程设计过程具有明显的几何学性质。

在中世纪，几何作为应用艺术一直被延续，并且12世纪欧几里得《几何原本》的重新发现更为这个时期注入了关键性的元素，即：几何逻辑论证概念。在当时，作为工程设计、绘图和验证的工具，几何在建筑实践中展现了巨大的作用。在《几何原本》的影响下，中世纪的几何学出现了理论几何与实践几何的划分，而这一划分正是现代工程实践中工程力学与静力学的雏形。

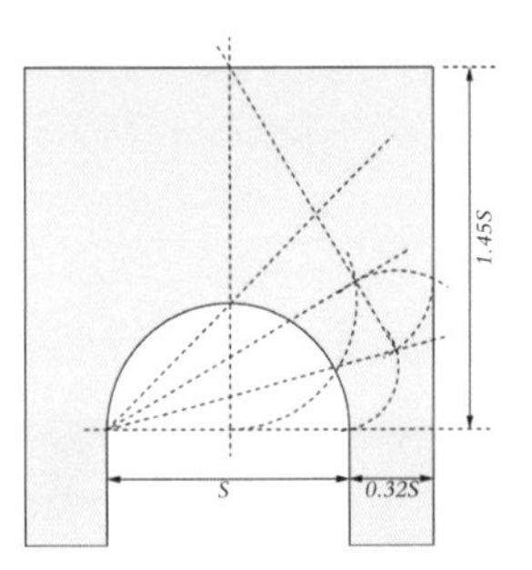

图5-1-5　吉尔利用几何图解对砖石拱的墙墩厚度进行分析

文艺复兴时期，具有典型力学性质的几何图解开始成为结构合理性的推演工具。西班牙建筑师吉尔·德亨塔南（Gil de Hontanon）[①]曾经以4种代数计算方法、3种几何图解方式以及2种计算半圆拱柱墩厚度的几何图解方式（图5-1-5）讨论了7种墙墩和飞扶壁的设计。利用这些不同方法所得到的扶壁尺寸与教堂的空间呈现形成了很好的对应关系。虽然这种建立在经验之上的结构几何图解并不存在科学的因果关系，却在当时的建造实践中表现出巨大的实用性价值。

到17世纪，对不同类型拱券和柱墩的几何图解方式出现在大量建筑著作中。其中最著名的案例是将拱券曲线——无论是半圆拱、尖券还是椭圆券——划分为等长的三段进行几何图解的方法。这种方法后来被收录进弗朗索瓦·布隆代尔（Francois Blondel）[②]的鸿篇巨制《建筑学教程》（Course of Architecture）中，成为著名的“布隆代尔法则”（图5-1-6）。尽管这一方法并没有考虑材料本身的尺寸，但仍然以其简洁性和便利性一直被沿用到19世纪晚期（Addis，2007）。

受限于精确性等因素，基于经验法的几何图解往往会产生大量的结构冗余，但这并无法掩盖它在科学方法尚未问世的时代为结构设计做出的巨大贡献。几何图解是建筑师工程实践中最重要的依据，使大

① 吉尔·德亨塔南（1500—1577），西班牙文艺复兴建筑师。

② 弗朗索瓦·布隆代尔（1618—1686），法国军事工程师，数学家。

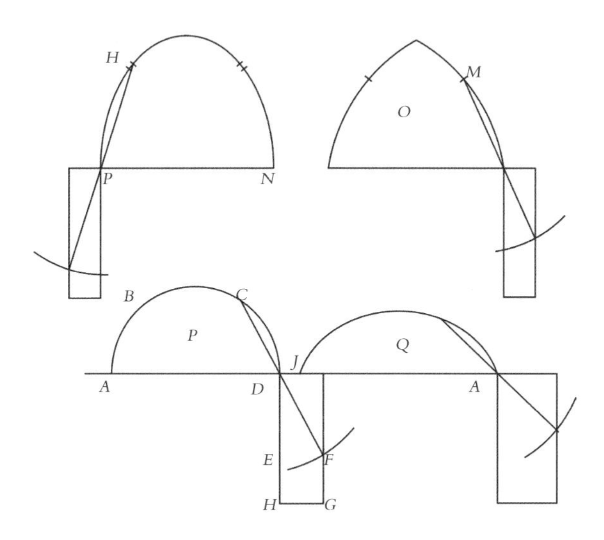

图 5-1-6 布隆代尔法则

量工程得以顺利完成。直到 19 世纪末，现代力学的出现使得结构内在原理能够被科学准确地解释时，几何图解才正式退出历史舞台。

图解化结构性能

早期几何图解作为结构逻辑的经验概括，虽然能够解释结构外在形式与内在应力之间的相关性，但是无法科学地描述结构的工作原理。虽然几何图解法容易掌握和传播，但其适用性和灵活度却很低，不同人群和地区的经验之间往往难以协调。因此随着科学的发展，几何图解逐渐让位于以力学计算为基础的结构性能图解。不同于几何图解对结构的形式进行几何的操作，结构性能图解更加关注于结构本体中更深层的内力分布与传导。

在 13 世纪的"科学革命"（scientific revolution）中，"假设—推导"（hypothesis-deduction）的科学研究方法促进了新的知识类型的产生，静力学即是其中之一。静力学的研究最早与约旦 · 纳斯（Jordanus Nemorarius）③这一名字联系在一起。约旦 · 纳斯首次用带有长度和方向的线段将静态应力图解化，并用这种方式研究了一个弯曲杠杆的平衡问题。从当代的视角来评价，这可能并不是重大进步，然而作为使

③ 约旦 · 纳斯，13 世纪欧洲的数学家和科学家。

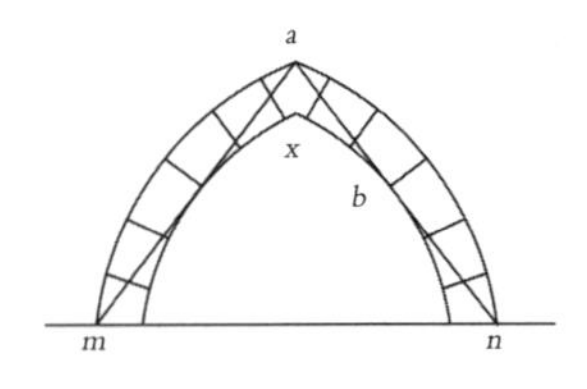

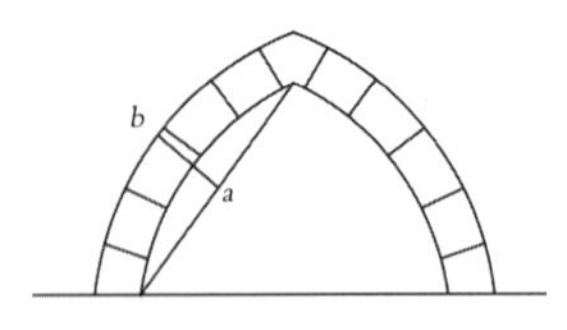

图 5-1-7　达芬奇对砖石拱券结构的平衡图解

用几何工具对力进行二维图解与分析的开端，这一方式的出现具有极其深远的影响。

文艺复兴时期的“全才”（universal man）达·芬奇在工程和科学领域也具有广泛的涉猎。达·芬奇的大量手稿显示，他的探索涉及材料强度、基本结构性能等方面的科学知识。达·芬奇是第一个留有手稿的从定量的视角思考材料与结构的工程师。如果说约旦·纳斯是第一个将力在图纸上用几何线条来图解化的人，那么达·芬奇则是开始用这种方式来解析结构原理。达·芬奇在手稿中把他对结构变形、荷载大小（用数字标示或用不同尺寸的元素表示）等基本结构作用的理解进行图解化，并在图纸中进行“思考实验”（thought experiment，图 5-1-7）。与前人相比，达·芬奇的实验不仅考虑了垂直重力的作用，同时开创性地将非垂直向的荷载纳入考虑范围，并用这种想法设计了不同高度的拱券的侧推力实验。从达·芬奇开始，结构图解不再是对建造经验的拟合，而是在用科学和实验的思想探索结构的内在原理。结构性能图解开始从经验向科学进行转化。

工程师西蒙·斯蒂文（Simon Stevin）[①]被称为“静力学之父”，他是古希腊之后推动传统静力学向现代静力学发展的重要学者之一。在 1586 年的著作《静力学法则》（*The Principles of Statics*）中，他绘制了我们现在熟知的“力的平行四边形”，并给出了一些在悬吊物作用下产生的二维和三维悬链线的案例，成为 19 世纪图解静力学（Graphic Statics）的重要源头（图 5-1-8）。

① 西蒙·斯蒂文（1548—1620），荷兰数学家、工程师。

到 17、18 世纪，欧洲进入理性和启蒙时期，现代静力学也拉开了序幕。意大利科学家伽利略（Galileo Galilei）、英国科学家罗伯特·胡克（Robert Hooke）和以萨克·牛顿（Isaac Newton）对力学的科学发展作出了巨大贡献。在结构性能图解方面，物理学家伽利略用几何

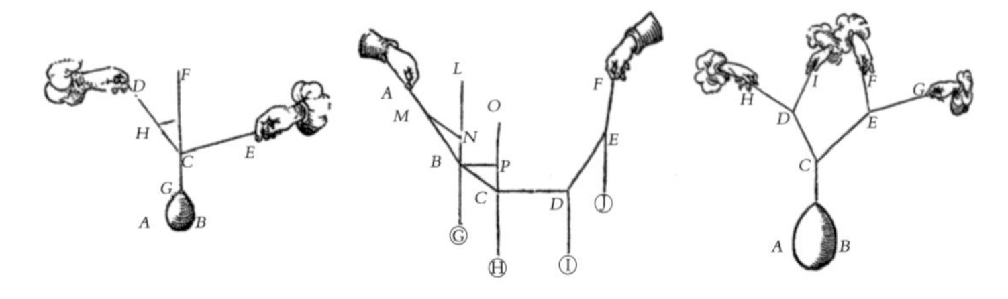

图 5-1-8　西蒙·斯蒂文首次将矢量的力图形化表达

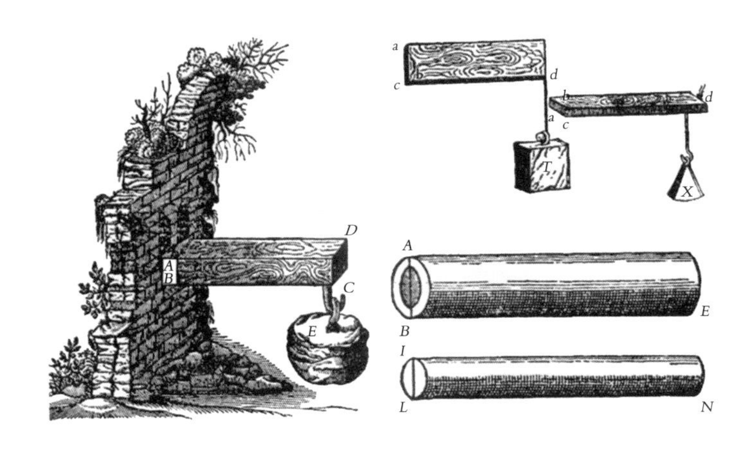

图 5-1-9　伽利略对结构强度及其变量（截面形式、材料高度等）的图解

图示的方式对两千多年前亚里士多德和阿基米德提出的物体强度问题给出了科学的诠释——通过绘图分析对悬挑造成的材料断裂进行图解化表达（图 5-1-9）。值得一提的是，伽利略的图解首次区分了材料强度和物体强度概念。换句话说，它区分了微观材料的特性与宏观结构的特性，因此为基于应力（微观单元的受力，而非宏观上的应力或强度）的思维方式铺平了道路。

17 世纪以来，现代力学突飞猛进，但是力学发展在很大程度上得益于数学分析方法的进步，而图解仅仅作为一种边缘性的思考工具。直到 19 世纪，图解方法与日趋成熟的静力学结合才将结构性能图解的优势展现出来。

在 19 世纪末，得益于钢结构建筑体系和钢筋混凝土技术的出现，建筑师开始尝试新的建筑方法和材料并探索新的形式依据，“图解静力学”就是其中较早的设计方法。1864 年，卡尔·库曼（Karl Culmann）[②] 发表了其主要著作《图解静力学》（*Die Graphische Statik*）（5-1-10），利用绘图方法阐述了钢结构桁架计算及钢结构桥梁受力等问题，标志着图解静力学学科的出现。卡尔·库曼最早发起并推广了图解静力学理论，他的图解法影响了当时的职业教育及许多重要的结构工程师。他的学生如莫里斯·克什兰（Maurice Koechlin）就曾参与了埃菲尔铁塔设计工作，并在铁塔的结构设计与

DIE

GRAPHISCHE STATIK

C. CULMANN,

ZWEITE NEU BEARBEITETE AUFLAGE.

ERSTER BAND.

ZÜRICH

图 5-1-10　《图解静力学》

② 卡尔·库曼（Karl Culmann），1821—1881，德国结构工程师，被誉为“图解静力学之父”。

建造中扮演了重要角色（Kurrer K-E，2012）。图解静力学通过图解法将形式与力流进行直接关联，对结构形式与应力流动进行双向控制，实现了结构分析与设计的统一 。

进入 20 世纪，建筑师对复杂的结构形式需求逐渐超出了手工绘制图解的能力范围，力学图解法受其精确性影响又开始慢慢被代数分析法取代。直到 20 世纪末，随着计算机辅助设计的成熟才为静力学图解带来了新的转机。图解静力学等传统方法被转译成数字算法，打破了手工绘图的局限性，在计算机的帮助下逐渐完善了对复杂结构的分析与生形的能力。2005 年，菲利普 · 布洛克（Philippe Block） 在博士论文中提出了一种利用图解静力学对砖石拱形建筑进行分析的方法。他利用图解静力学生成的推力线来分析犹他州国家公园的景观拱门“魔鬼的花园”的结构极限状态和崩溃模式，并利用图示将砖石内的应力可视化 （图 5-1-11）（Block，2007）。菲利普 · 布洛克利用这种方法开发的数字工具 Interactive Thrust 成功将传统图解静力学数字化。随后，在他的研究团队所开发的犀牛拱（Rhino Vault）软件中，这种推力线图解方法被进一步发展为三维推力网络分析（Thrust Network Analysis），并可以在预设的条件下自动生成稳定状态的三维空间拱形结构。

图 5-1-11　菲利普 · 布洛克利用图解静力学分析犹他州国家公园的景观拱门“魔鬼的花园”等结构的极限状态和崩溃模式。

在数字时代，结构性能图解完全超越了对力流的简单呈现。有限元分析等结构数值计算方法开始在计算机平台上以过程化的性能图解展现出来，并以多维度动态化的实时反馈技术成为结构性能找形的关键。谢亿民（Mike Xie）[①]教授利用结构拓扑优化开发了双向渐进结构优化算法（BESO）。这种算法不但可以在结构中移除不需要的材料，还允许材料在最需要的地方按照结构形式进行生长。近年来BESO算法在全球范围内得到广泛的应用。例如，在高迪设计的圣家族大教堂的建设中，谢亿民与马克·博瑞（Mark Burry）[②]的合作使得高迪神秘的几何及结构设计得以被解码，保证了圣家族教堂的顺利建设。另外，在丹尼尔·派克（Daniel Piker）开发的Kangroo插件中，动态平衡找形方法可以以动态化和互动性的图解形式帮助建筑师对复杂的力学环境进行数字模拟，创造稳定的结构形态。帕纳约蒂斯·米哈拉托（Panagiotis Michalatos）开发的千足虫（Millipede）犀牛插件使建筑设计从“构件拼装”拓展到“多维材料柔性分布”的领域，使设计师拥有更大的空间驾驭非线性的力学现象（Michalatos，2014）。这些研究都对数字时代下结构性能图解的发展产生了重要的影响。

① 谢亿民（1963—），澳大利亚工程院院士，中国国家“千人计划”专家。“渐进结构优化法”创始人。现任澳大利亚皇家墨尔本理工大学杰出教授，创新结构与材料研究中心主任。

② 马克·博瑞（1957—），新西兰建筑师，皇家墨尔本理工大学设计学院创始人。

回顾结构图解发展的历史，建筑师结构意识的匮乏和设计过程中结构工程师参与的相对滞后，使建筑学与结构工程呈现出一种分离的趋势。在当代语境下，图解作为建筑师的重要思考媒介，其发展为建筑师运用结构性能化思维创造建筑形式提供了重要工具。以数字化结构性能图解为基础，基于力学性能的建筑设计方法将力流（force）、形式（form）与材料（material）整合一体化，使得结构性能成为建筑形式生成过程中的重要驱动因素。结构性能图解作为建筑师与结构师、结构与形式、图解与数值之间不可或缺的桥梁，无疑将会打破建筑与结构的设计边界，建立两者间全新的协作关系，使建筑学与结构学回归一种全新的统一与融合。

静力学图解
Graphic Statics

图解（静力学）法在结构内力与几何之间提供了一种直接的对应关系。它成为一种设计工具，可以快速地发展和提炼形式，既控制结构内在的应力，又处理结构外在的形态。

——雷莫·佩德雷

The graphic method provides direct correspondence betweenthe forces in a structure and the geometry of the structureitself. It became a design tool allowing the rapid developmentand refinement of the form to either control the forcesthemselves or to manipulate the geometry of structure itself.

——Remo Pedreschi

在建筑学形式与结构的分离危机中，建筑师与结构师之间的障碍主要来自于两种不同的思维模式——图解思维与数值思维。图解是建筑师用于构思抽象空间和形式的主要媒介，而结构工程师则善于运用数值分析对结构的稳定性和应力流动进行量化分析。因此对于建筑学而言，在同一种图解模式下实现形式与力流的综合表达成为重新融合两者的重要途径。在这一语境下，产生于19世纪的静力学图解通过图示法将建筑形式与应力流动进行直接关联，为建筑师与结构师的合作展现了另一幅图景。在数字时代下，静力学图解与计算机技术的结合使得静力学中的双向（形与力）反馈机制得到充分发挥，同时调动建筑与结构的创造性，在形与力的交互之中使建筑恢复到本质的完整性。

静力学图解的形与力

在计算机尚未问世的时代，复杂的代数计算方法成为阻碍静力学发展的主要屏障。而得益于当时出现的投影几何，图解静力学中清晰的力学表达和结构分析能够不依赖于形与力的解析或数值关系，在一种共通的几何语言中对形式和结构进行连续、双向控制。这种控制来自于其中两种图解的交互性（reciprocal）：形图解（form diagram）代表结构、作用力和荷载的几何形状；力图解（force diagram）表示结构中内力与外力的整体或局部平衡状态。形图解与力图解的交互关系具体体现在三个方面：首先，力图解中的每根线段与形图解中的每根线段相互对应；其次，形图解与力图解中相互对应的线段相互平行；第三，力图解中的线段长度与形图解中的内力大小呈正比（图5-2-1）。这样，图解静力学在一种图解方法体系中将形式与力流相互关联，这一优势使其成为当时结构工程师普遍采用的分析工具。

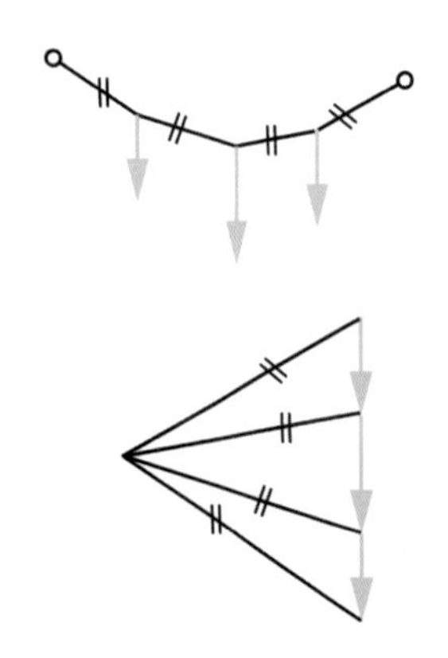

图 5-2-1　图解静力学：形图解与力图解

在图解静力学之外，另一种被广泛使用的结构图解是弯矩图（moment diagram）。弯矩是力与距离的乘积，弯矩图是弯矩大小的图解，弯矩图的“中和轴”上下区域分别表示结构受拉和受压。

当弯矩图的形式与建筑轮廓的形式相互统一时，往往表示材料的受力更为合理，所以许多建筑师和结构师都将弯矩图作为重要的设计依据。诺曼·福斯特事务所（Norman Foster & Partners）与奥雅纳公司（Arup）设计的雷诺中心（Renault Centre）（图 5-2-2）作为高技派重要代表建筑之一，其非常规的梁柱结构轮廓正是符合在重力均布荷载作用下的弯矩图形式（Macdonald AJ，2007）。

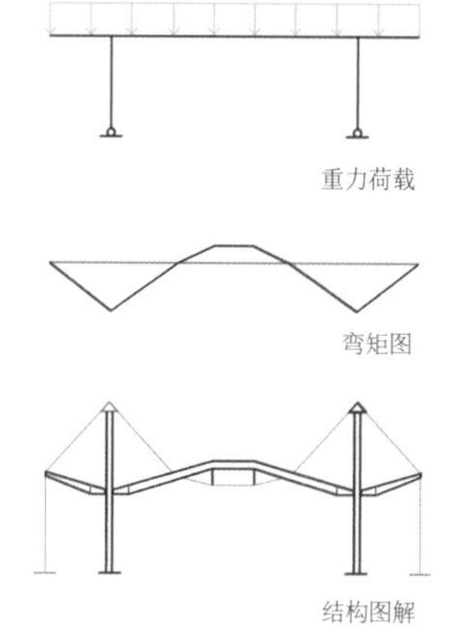

图 5-2-2　雷诺中心的形式与弯矩图

建筑师石上纯也（Junya Ishigami）与结构师小西泰孝（Konishi Yasutaka）合作完成的桌子设计同样有效地利用了弯矩图（图 5-2-3）。小西泰孝利用离桌面两端 1m 的反弯点（contraflexure point，弯矩为零的点）将桌子分为三段，之后将 8m 长的预应力铝板与两端各 1m 长的钢板铰接，巧妙地实现了桌面近乎极限的高跨比。

如果对弯矩图和静力学图解进行比较，弯矩图固然能够提供一种十分有效的结构分析方式，然而图解静力学却能更好地建立一种直观的形式反馈机制。在图解静力学中特定的线型（即形图解）对应了特定的内力值（即力图解），通过对形与力的关系建立，力的传递路径呈现出结构形式的平衡状态，多段线围合的区域为建筑形式设计提供了参考（图 5-2-4）（孟宪川，2011）。所以，如果弯矩图是工程师进行结构受力分析的工具，那么图解静力学则可以成为建筑师进行结构形式生成的重要帮手。

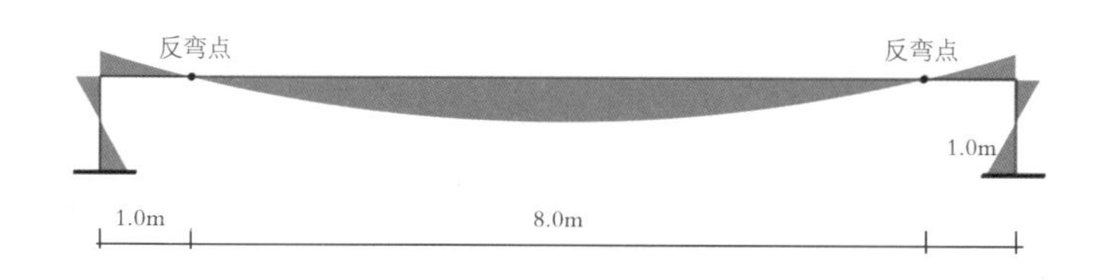

图 5-2-3　建筑师石上纯也采用弯矩图图解设计的桌子

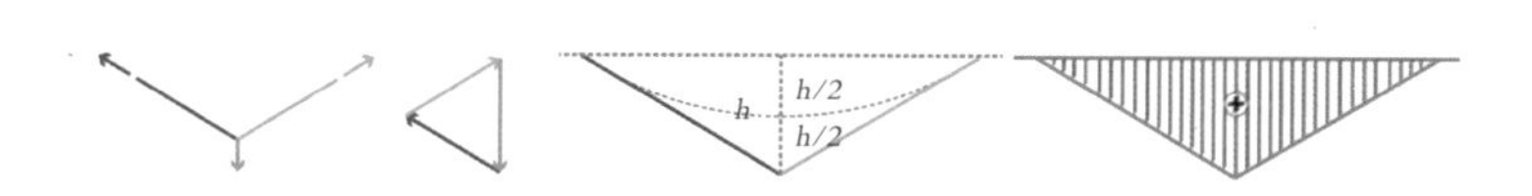

图 5-2-4　图解静力学与弯矩图对比分析

传统图解静力学

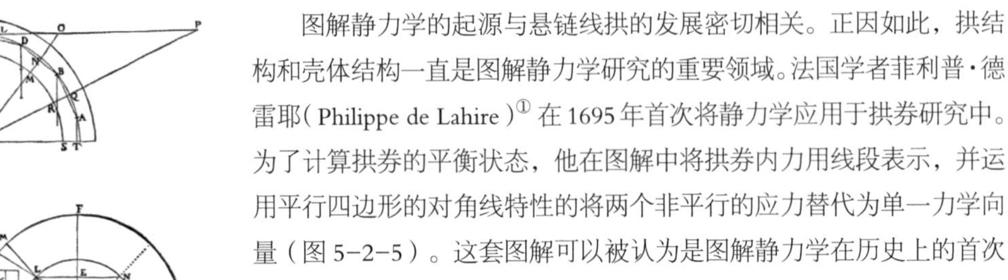

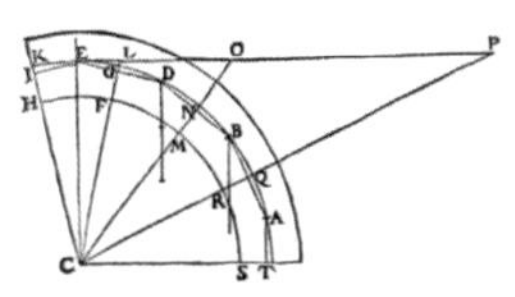

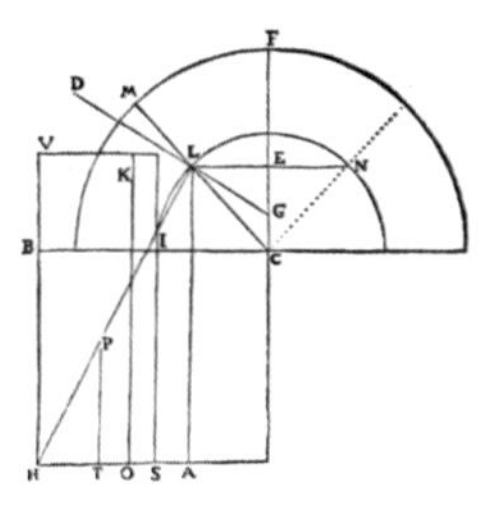

图 5-2-5　菲利普·德雷耶运用力的平行四边形法则对砖石拱的平衡

图解静力学的起源与悬链线拱的发展密切相关。正因如此，拱结构和壳体结构一直是图解静力学研究的重要领域。法国学者菲利普·德雷耶(Philippe de Lahire)①在 1695 年首次将静力学应用于拱券研究中。为了计算拱券的平衡状态，他在图解中将拱券内力用线段表示，并运用平行四边形的对角线特性的将两个非平行的应力替代为单一力学向量（图 5-2-5）。这套图解可以被认为是图解静力学在历史上的首次出现。

法国学者皮埃尔·伐里农（Pierre Varignon）②在 1725 年的《机械或静止》（*Nouvelle Mécanique ou Statique*）一书中对无弹性绳子悬吊重物后的平衡状态进行探讨，提出了悬链多段线（funicular polygon）与力多段线（the polygon of forces）的概念，并利用不同受力状态下的多段线解释了两者之间的相互关系，推动了图解静力学的进一步形成（图 5-2-6）。

之后，物理学家罗伯特·胡克（Robert Hooke）提出了悬链线理论，极大地加速了砖石结构研究和图解静力学的诞生。拱券设计的原则在于实现最大的轴向压力和最小的弯矩，因此，胡克提出了“最高效的拱结构应该是倒置的悬链线的形式”（as hangs the flexible line, so but inverted will stand the rigid arch）（Hooke，1675）。这一想法成为日后安东尼奥·高迪、弗雷·奥托等人进行物理找形实验的重要理论基础。

在伦敦圣保罗大教堂的设计中，罗伯特·胡克与建筑师克里斯托弗·雷恩（Christopher Wren）③合作，第一次有机会将他的悬链线理论应用于建筑实践。不同于以往的建筑师与工程师，胡克与雷恩二人都对形式和结构有充分理解，因此二人的合作模式更加类似于当代建筑师与工程师的合作。在圣保罗大教堂的设计中，拱顶结构层找形采用了胡克的悬链线法。悬链线形式由于内在应力纯粹为拉力，所以其倒置状态成为了设计稳定砖石拱结构的重要依据。这种找形方法不仅保证了教堂结构稳定性，同时还有效地减小了穹顶的厚度。

① 菲利普·德雷耶（1640—1718），法国数学家，天文学家。

② 皮埃尔·伐里农（1654—1722），法国数学家。

③ 克里斯托弗·雷恩（1632—1723），英国著名科学家和建筑师，在 1666 年伦敦大火后主持重建伦敦圣保罗大教堂。

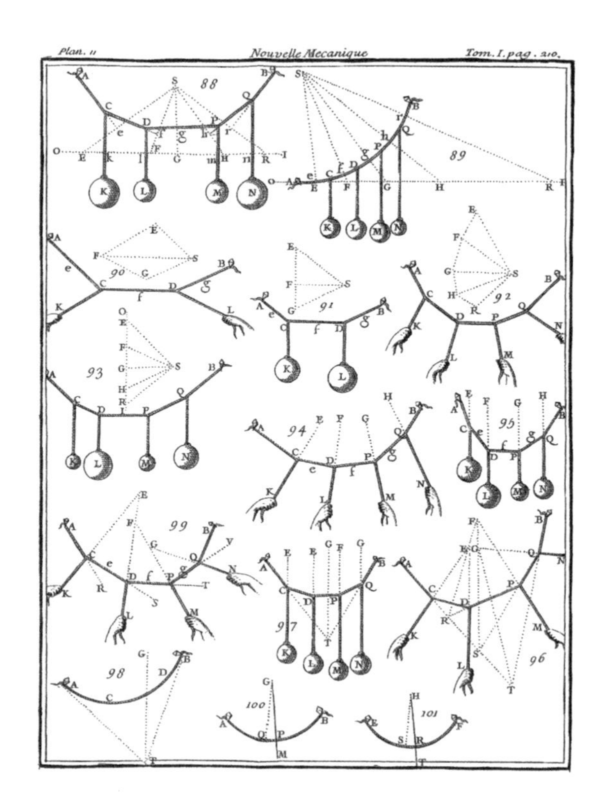

图 5-2-6　皮埃尔 · 伐里农对多段线受力形态进行静力学图解

在罗马圣彼得大教堂建成 100 年后的 18 世纪 40 年代，乔瓦尼 · 波黎尼（Giovanni Poleni）④在内的一批工程师被任命研究圣彼得教堂穹顶的安全性 。在对穹顶进行静力分析时，波黎尼采用了胡克的悬链模型技术，在二维平面上验证了穹顶剖面形态的稳定性（图 5-2-7）。

④ 乔瓦尼 · 波黎尼（1683—1761），意大利物理学家，数学家。

可以说，悬链线理论在图解静力学的早期发展过程中提供了形式与力流之间直观的对应关系，为图解静力学的形成奠定了至关重要的基础。

在 1864—1866 年间，卡尔 · 库曼发表了两卷《图解静力学》，标志着成熟的图解静力学方法正式出现。库曼认为，图解静力学是“使用新兴几何（the newer geometry）解决适合运用几何手段处理的工程问题”（Kurrer K-E，2012）。库曼这里所提到的新兴几何便是指让 · 维克多 · 彭斯乐（Jean-Victor Poncelet）的投影几何（projective

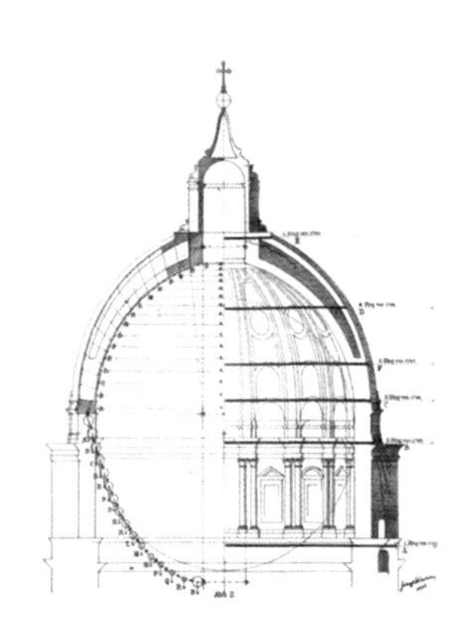

图 5-2-7　乔瓦尼 · 波黎尼利用悬链线原理分析和加固圣彼得大教堂

geometry）。利用投影几何，库曼发现了悬链多段线和力多段线之间的平面相关性，库曼将这种关系称为“交互”（reciprocal）（图 5–2–8）。然而，建立在投影几何之上的图解静力学具有显著的局限性，它仅仅能够适用于椭圆、抛物线、双曲线等便于几何操作的拱形结构。因此，库曼的图解静力学理论在当时仍然只是一种边缘性概念。

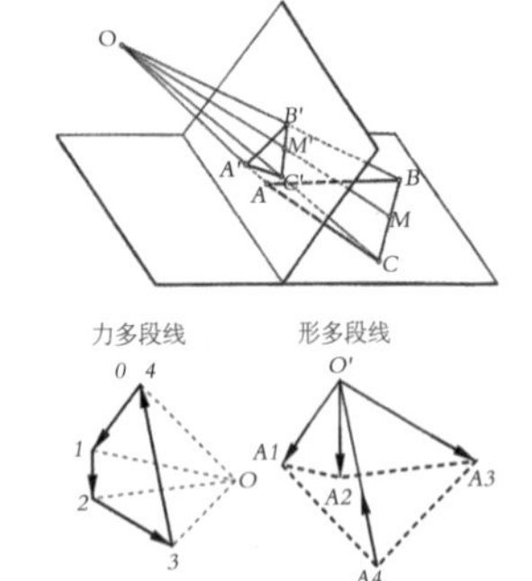

图 5–2–8　卡尔·库曼采用的投影几何与交互图解

大约与卡尔·库曼同时期，詹姆斯·克莱克·马克维尔（James Clerk Maxwell）[①]发展出一套交互图解。意大利科学家陆吉·克雷莫纳（Luigi Cremona）又在马克维尔的研究基础之上对它进行了进一步完善。这种交互图解的绘制无需依靠投影几何机制，而是基于一种特定的绘制规则，从而极大地扩展了图解静力学的应用范畴。之后，随着英国科学家罗伯特·亨利·鲍（Robert Henry Bow）所发明的鲍标记法（Bow's notation）的出现——用字母标记外力之间的空间，用数字标记结构元素之间的空间（图 5–2–9），使交互图解的绘制更加简便和直观，进一步推动了图解静力学的传播与应用。此外，鲍的著作《框架结构建造的经济学》（*The Economics of Construction in Relation to Frames Structures*，图 5–2–10）作为图解静力学用于工程实践的里程碑，将 136 种不同的梁架分为四种类型，并明确了力的交互多边形。至此，图解静力学的学科基础已基本形成。

① 詹姆斯·克莱克·马克维尔（1831—1879），英国物理学家、数学家。经典电动力学的创始人，统计物理学的奠基人。

图 5–2–10　《框架结构建造的经济学》（*The Economics of Construction in Relation to Frames Structures*）

在此后的半个世纪中，图解静力学的应用研究迅速发展。1868 年德国学者奥托·摩尔（Otto Mohr）在著作中将图解静力学研究拓展到连续梁等超静定结构问题。数学家亨利·特纳·艾迪（Henry Turner Eddy）发表了运用图解方法来确定圆顶的薄膜应力（membrane stress）的环向力（hoop forces）方法（图 5–2–11）。1881 年这一方法被慕尼黑工业大学教授奥古斯特·费波（August Foppl）应用于砖石拱顶的分析中，为图解静力学在整体结构中的应用铺平了道路，并深刻影响了后来拉斐尔·古斯塔维诺（Rafael Guastavino）在 20 世纪初的建筑实践。

然而在图解静力学的工作机制中，力图解需要建立在已有的形图解基础之上，因此，除去少数实践外，图解静力学往往只是作为对已有结构形式的分析工具。工业革命之后，建筑师与结构师的专业分工

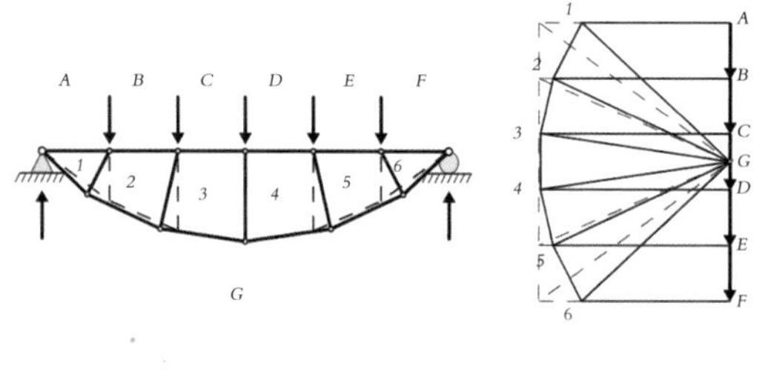

图 5-2-9　鲍标注法

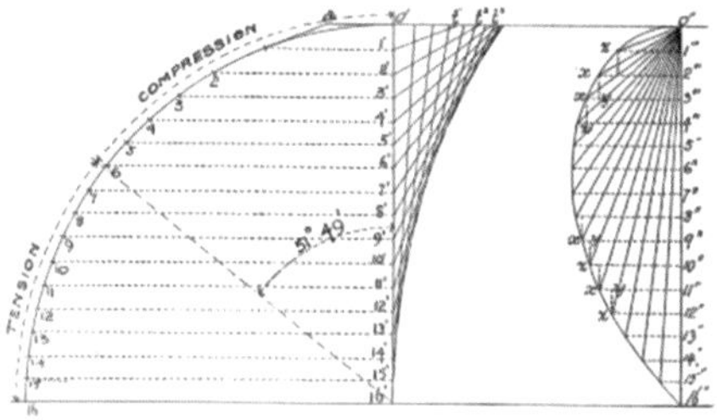

图 5-2-11　特纳·艾迪运用图解方法确定圆顶的薄膜应力

愈发明确，分析法取代图解静力学成为结构设计和内力控制的基础。结构设计实践作为建筑形式概念之后的分析过程，往往无法对初始形式设计进行直接反馈和调整。图解静力学在这一状态下经历了近一个世纪的消沉，直到计算机辅助设计技术的出现才得以改观。

当代图解静力学

结构教育在图解静力学的“再生”过程中起到了至关重要的作用。由于图解静力学对于形与力的直观展示为结构系统的教学提供了便利，所以图解静力学广泛地出现在教育机构的课程中。长期以来，瑞士的苏黎世联邦理工学院(ETH, Zurich)和洛桑联邦理工学院(EPFL)、德国的慕尼黑工业大学（Technische Universitaet München）、美国的麻省理工学院、英国的剑桥大学（University of Cambridge）、比利时鲁汶大学（Université Catholique de Louvain, UCL）等院校都将图解静力学作为结构工程和建筑学课程的重要组成部分。

出于教学需要，一些学者将图解静力学的知识体系进行了系统梳理，其中相对成熟的知识体系为美国“MIT 体系”和“瑞士 EPFL 体系”

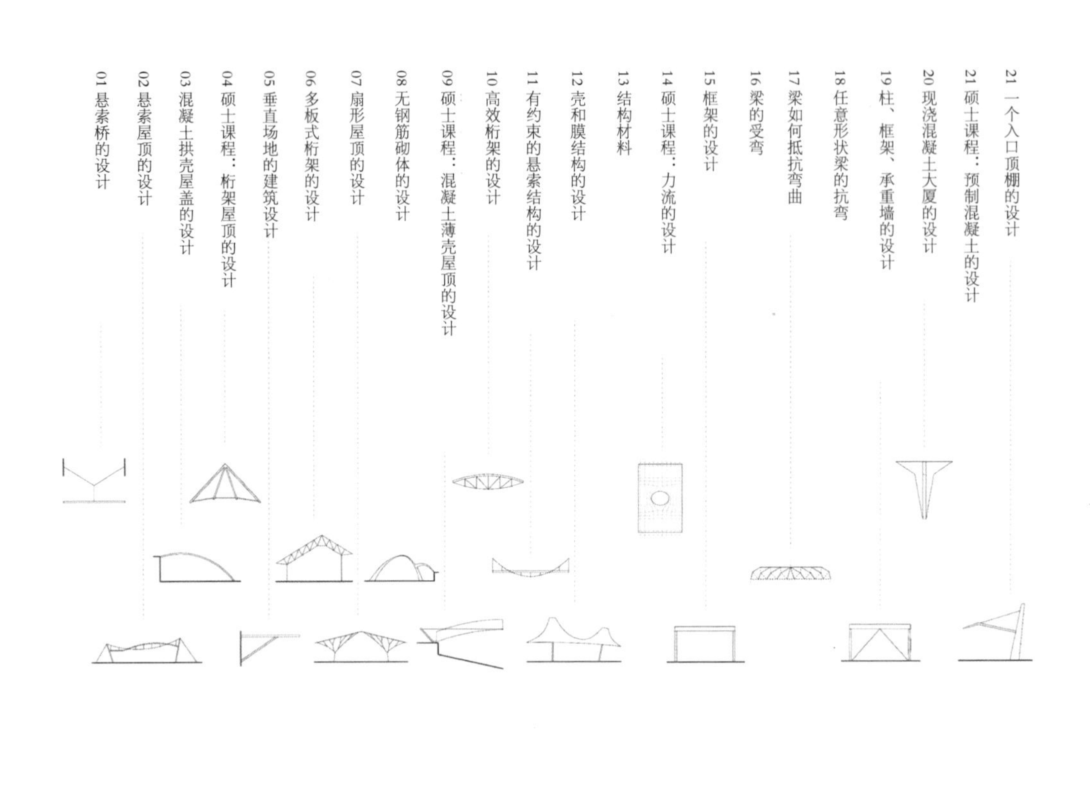

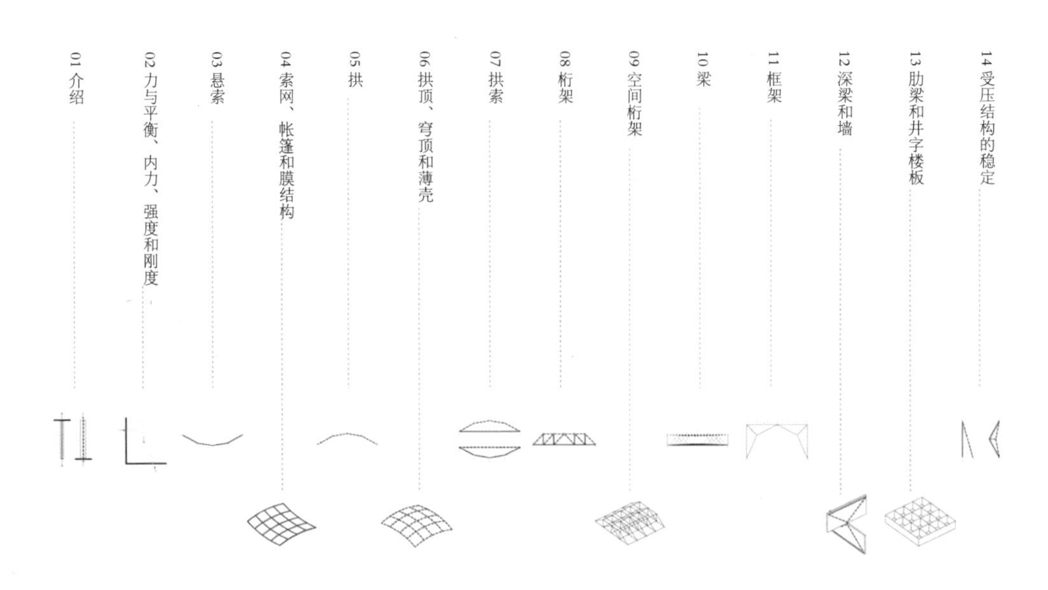

图 5-2-12　MIT（上）与 ETH、EPFL（下）图解静力学知识体系

（图 5-2-12）。1998 年麻省理工学院教授瓦克劳·扎拉伍思克（Wacaw Zalewski）、爱德华·阿伦（Edward Allen）出版了《结构塑形：静力学》（*Shaping Structures: Statics*，图 5-2-13）一书，该书被认为是关于图解静力学的最全面的理论著作。2009 年爱德华·阿伦、瓦克劳·扎拉伍思克、尼可·米歇尔（Nicole Michel）联合波士顿结构团队（Boston Structures Group）编著了《形与力：设计高效有表现力的结构》（*Form and Forces: Designing Efficient, Expressive Structures*，图 5-2-14）一书，以设计案例的形式对图解静力学的知识应用进行了详尽的汇总。2011 年，洛桑联邦理工学院（EPFL）教授穆托尼（Aurelio Muttoni）编写的教材《结构艺术：建筑结构的功能简介》（*The Art of Structures: Introduction to the Functioning of Structures in Architecture*，图 5-2-15）清晰地梳理了瑞士 EPFL 教学中的图解静力学知识体系。

图 5-2-13 《结构塑形：静力学》（*Shaping Structures: Statics*）

图 5-2-14 《形与力：设计高效有表现力的结构》（*Form and Forces: Designing Efficient, Expressive Structures*）

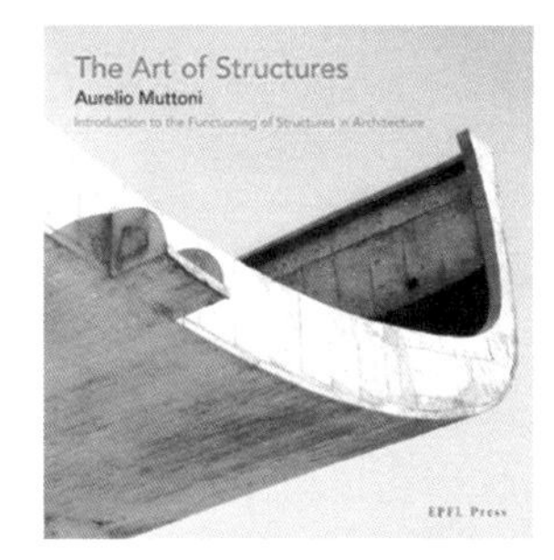

图 5-2-15 《结构艺术：建筑结构的功能简介》（*The Art of Structures: Introduction to the Functioning of Structures in Architecture*）

随着数字技术的发展，图解静力学在计算机的辅助下摆脱了复杂手绘过程的限制。同时，数字环境下的三维建模技术实现了形式与力之间的实时可视化反馈，使得图解静力学中的双向（形与力）交互机制能够得到充分发挥。更重要的是，数字环境打破了图解静力学的二维局限性，逐渐向三维空间结构计算挺进。这些技术的发展都推动着图解静力学开始从分析工具向生成工具的转变。

计算机化的图解静力学首先以一些交互网页的形式出现在教学中。在马萨诸塞州理工学院，爱德华·阿伦和瓦克劳·扎拉伍思克基于网页环境开发了图解静力学教学工具（Active Statics Online，图 5-2-16），使基于图解静力学的形式探索直观便捷地展现出来，第一次实现了图解静力学的数字化。苏黎世联邦理工学院的菲利普·布洛克团队开发的互动网页 eQUILIBRIUM（图 5-2-17），将图解静力学与动态数学软件 GeoGebra 相结合，提供了展示图解静力学的的全新方式。

由于互动网页仅仅能够提供对简单图解静力学和结构系统的理解，为了满足研究和实践的需求，一些学者在探索图解静力学设计方法的同时，将研究成果以软件工具的形式加以呈现。在麻省理工学院攻读博士期间，菲利普·布洛克通过推力线对砖石结构进行极

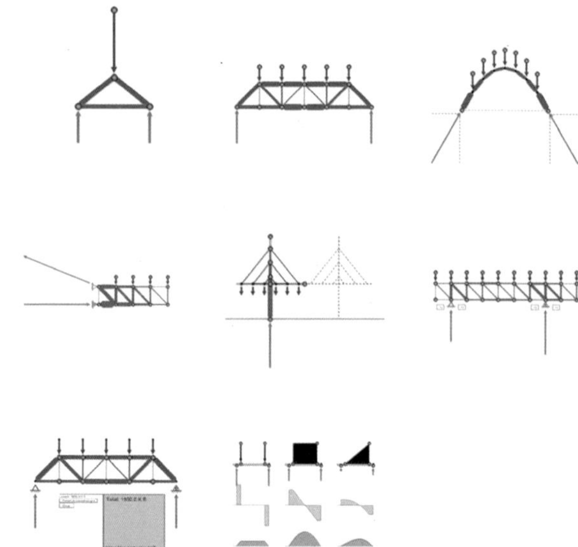

图 5-2-16　Active Statics 网页

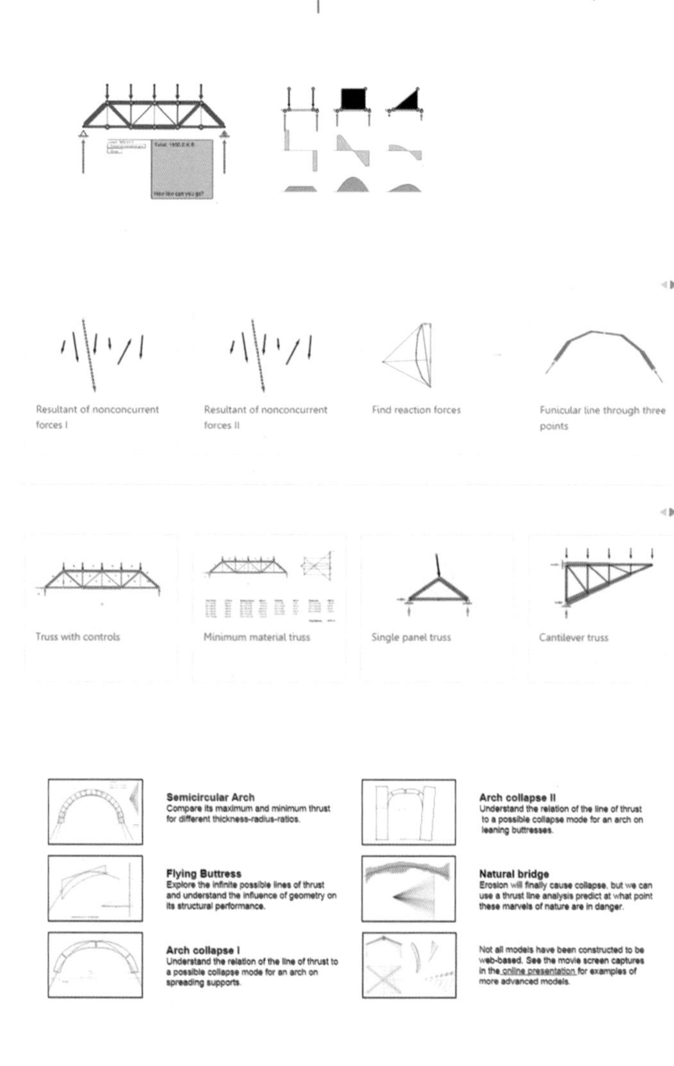

图 5-2-17　eQUILIBRIUM 网页

图 5-2-18　Interactive THRUST 网页

限状态分析，提出了基于图解静力学的“推力网络分析法”（Thrust Network Analysis, TNA），并开发了数字工具 Interactive THRUST（图 5-2-18）。此后，布洛克团队基于“推力网络分析法”开发的犀牛插件 RhinoVAULT 将图解静力学与力密度法（Force Density Method）相结合，发展成为设计拱壳空间结构的有效工具，并在一定程度上实现了图解静力学的三维化。

图解静力学的交互生形

当建筑学对结构研究的关注点从结构分析与优化等“后合理化”过程转向结构性能生形的前置策略，图解静力学研究也就不再局限于已知形式的图示分析了。在当代数字技术语境下，图解静力学之中形与力的双向调控机制被完全调动起来。不同于传统的分析与优化，图解静力学找形的目的在于直接将形式图像与结构力流整合在一个交互的设计回路中，利用形与力之间的反馈机制提高建筑师对结构形式的控制力。

在数字图解静力学中，这种交互式的设计方法主要通过操作力图解来影响形图解而实现。例如，布洛克研究团队在给定的荷载和约束条件下，通过对力图解的有限细分（finite subdivision）创造了新颖的纯压力结构形式（图 5-2-19）。在力图解中，内力多段线与外力多段线能够被清晰地区分，二者相互独立：内力多段线对应结构形式，外力多段线对应施加在结构之上的外加荷载和约束条件。利用力图解的这一特性，建筑师可以将内力多段线与外力多段线分开考虑：外力多段线作为结构找形的外部约束，在应力图解操作中保持不变；内力多段线可以通过一定规则进行细分，从而在相同的外部约束条件下产生多样的结构形式（图 5-2-20）（Akbarzadeh M，2014）。

虽然操作力图解能够在特定的约束条件下产生多样的结构形式，其生成结果却往往难以预测，所以在这个过程中增加对形图解的操作将成为提高图解静力学交互性的重要补充。近年来，东南大学的孟宪川博士提出的“衍生图解静力学”（Generating Graphic Statics）从形图解入手，进行形式推敲的同时实时更新力图解，通过一个交互的回

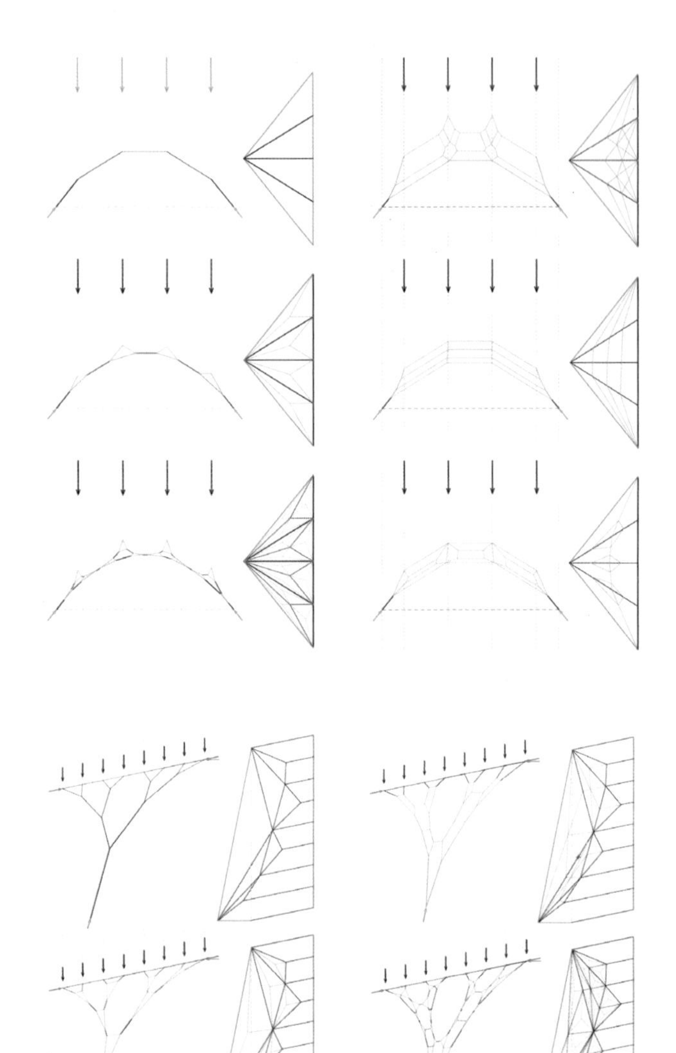

图 5-2-19　通过对力图解的细分创造新颖的压力结构

图 5-2-20　通过对力图解的细分创造新颖的枝状结构

路将图解静力学从特定类型的结构找形工具发展成为适合自由形式推敲的设计方法（孟宪川，2014）。该方法既有助于建筑师深刻理解已知形式（尤其是已有结构类型）的形与力的关系，又能作为灵活推敲形式、权衡形力关系的实用工具。

三维图解静力学

早期图解静力学计算三维空间结构的思路是将三维结构抽象为二维平面问题来处理。在胡克与雷恩设计的圣保罗大教堂和乔瓦尼·波黎尼对圣彼得大教堂的分析中，三维穹顶形式被划分为一系列旋转剖切面，从而将三维穹顶简化为二维平面问题来处理。这种做法虽然具有明显的局限性，却启发了早期对图解静力学三维化的研究。基于投影法的三维图解静力学是将三维结构投影到二维平面上，从而将水平平衡与垂直平衡分开考虑。这种方式背后的原理是：如果力在空间中处于平衡状态，那么它们在任意平面上的投影结果也同样处于平衡状态，所以一个空间力系处于平衡状态的充分必要条件是其在三个正交平面上的投影结果同时处于平衡状态。利用这一原理，投影后的形图解与力图解都处于平面状态，从而二维图解静力学中形图解与力图解之间的交互关系仍然有效。

投影法中最为典型的是菲利普·布洛克的“推力网络分析法”（Thrust Network Analysis，TNA）。在二维砖石拱结构的找形过程中，图解静力学可以计算出拱壳内的推力线，当所有推力线均在拱壳体量之内时，拱壳本身便能够保持受力平衡。而当一系列推力线被并置在一起时可以形成三维的推力网络，推力网络作为悬链线或推力线的延伸，表示一个空间拱形的最佳平衡状态。在传统结构计算方法中，最佳拱壳形态可以通过三维物理悬吊模型获取，但是物理模型中力的信息难以提取和控制。而推力网络分析可以看作物理悬吊模型在数字化环境中的重新呈现。由于砖石拱结构的设计通常只考虑垂直方向的重力荷载作用，因此砖石结构在垂直方向与水平方向的受力平衡可以分开处理（图 5-2-21）。在具体操作上，“推力网络分析法”找形可以分为两步展开：首先利用形态图解和应力图解的交互作用找到拱壳结构在水平投影面上的平衡状态，然后通过施加垂直荷载使其呈现为三维推力网格。在此过程中，水平面上的形图解与力图解始终保持交互，而三维拱壳结构与二维形态图解则始终保持投影关系。设计师可以通过调整形图解来改变结构的边界条件，或者通过调整力图解来改变拱壳的内力分布，以此在初始平衡的基础上进行互动找形（Block，2014）。基于“推力网络分析法”的犀牛插件 RhinoVault 以数字设计平台为依托，将这种方法植入到概念设计阶段，为设计师提供了灵活的结构性能生形工具。

“推力网络分析法”通过将荷载严格限制在垂直方向上，利用图解静力学将二维推力线分析拓展为到空间网络分析。但是从严格意义上讲，由于图解静力学只在求解水平受力平衡过程中起作用，所以这种将水平受力平衡和垂直受力平衡分别处理的做法并不是真正意义上的三维化图解静力学。完全三维化的图解静力学要求形图解、力图解、和几何约束都被定义在三维空间中。

近年来在图解静力学研究中已经出现了一些完全三维化的力学生形，其中最接近图解静力学思想的方法是马苏德·阿克巴扎德（Masoud Akbarzadeh），凡·米尔（Van Mele）和菲利普·布洛克等人在《利用三维交互图解寻找空间结构平衡》（*Equilibrium of Spatial Structures using 3D Reciprocal Diagrams*）一文提出的基于多面体的三维法（The full 3D approach with polyhedrons）（Akbarzadeh M，2013）。这种方法源于 1864 年麦夸恩·朗肯（Macquorn Rankine）[①]在《多面体结构的平衡原则》

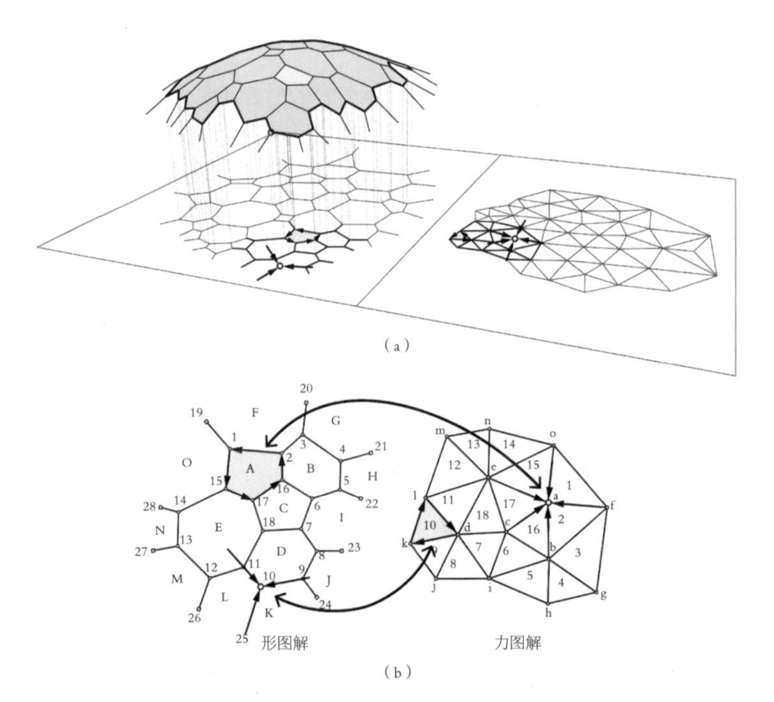

图 5-2-21 （a）推力网络、形图解、力图解的关系；（b）形图解与力图解的交互图解

（*Principles of the Equilibrium of Polyhedral Frames*）中提出的利用空间多面体表达形与力的交互关系的概念。他指出，在平衡状态下，对于作用在同一点上的多个空间力，可以被一个封闭的多面体所呈现。在多面体中，每个力垂直于多面体的每一个表面，同时力的大小与相应的多面体表面面积成正比 。后来克莱克・马克维尔（James Clerk Maxwell）用一种纯粹几何的方式对这一问题进行了研究，并对存在两个具有交互关系的多面体——形多面体和力多面体进行了深入的阐述。在克莱克・马克维尔的基础上，阿克巴扎德等人进一步扩展了这一方法，在原来的系统中加入外力因素，使其能够适应更加广泛的结构设计。这种方法的特别之处在于它采用多面体进行结构性能表征。交互多面体的关系类似于二维图解静力学中的交互作用：首先，应力多面体由一系列封闭的多面体组成，每一个多面体对应形图解中每一个点的平衡状态；形多面体是开放的空间网络，同时表征空间结构和外部荷载；形多面体中的每一条边垂直于力多面体中相应的面，每条边的内力大小与相应的表面的面积呈正比（图 5-2-22）。不同的是，在传统二维图解静力学中，杆件的阅读顺序能够反映力在结构中的流动方向，而三维空间中的应力多面体中不存在面的阅读顺序，因此无法表达力的流动状况。所以，应力多面体仍然不具备力三维静力学图解的全部功能。

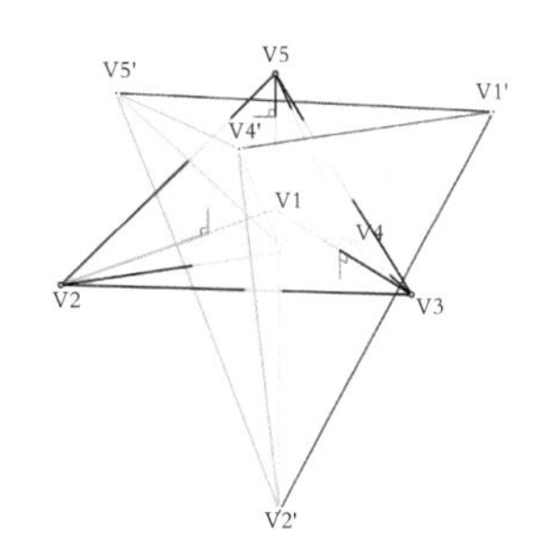

图 5-2-22　形多面体（v2v3v4v5）与力多面体（v2'v3'v4'v5'）的交互性图解

① 麦夸恩・朗肯（1820—1872），苏格兰机械工程师，土木工程师，物理学家和数学家。

形与力交互关系上的相似性使上述二维应力图解中的细分操作也同样适用于基于多面体的三维图解静力学。与二维力多段线相似，三维力多面体也可以分为内力多面体和外力多面体，分别代表空间结构的整体和局部平衡状态。纯压力空间结构的力多面体由一系列封闭的凸多面体组成，对它们的细分可以用于空间纯压力结构的找形。对三维力多面体的细分既可以针对多面体的表面，也可以针对多面体的内部空间。通过细分外部荷载所对应的多面体表面，可以在保证外部荷载合力大小不变（表面的面积保持不变）的情况下，将外部荷载细分为多个平行力，从而影响整体形式的变化（图 5-2-23）；同样，在保持力多面体表面不变（外部约束保持不变）的情况下，对多面体内部空间的细分相当于对形图解中的受力点进行细分（点的数量对应于力多面体的数量，图 5-2-24）。力多面体的细分能够增加结构体中的杆件数量，每根杆件所承担的轴向力（axial force）将会相应减小，从而减少了结构体屈曲的可能性。

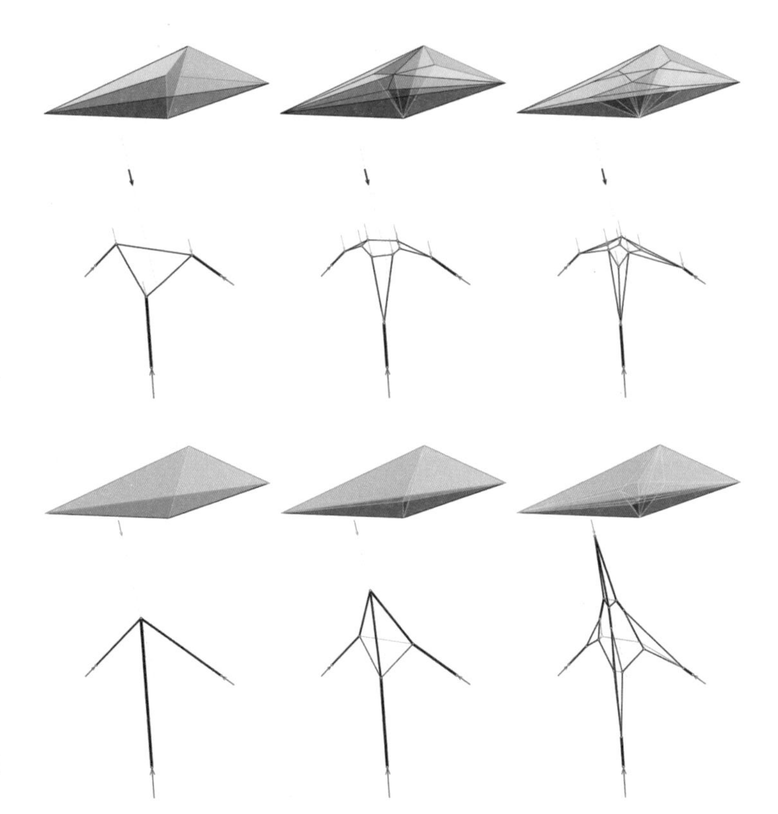

图 5-2-23　三维力多面体表面细分能将外力约束分散为多个平行力

图 5-2-24　三维力多面体内部空间细分能够增加结构体的杆件数量

目前，三维化仍然是图解静力学所面临的最重要的挑战，一旦三维图解静力学发展成熟，必然打破现有找形方式（力密度法、动态松弛法等）仅仅适用于特定结构类型的局面，从而产生全新的三维空间结构形式。

图解静力学实践

图解静力学将结构概念、造型、静力和尺度融合为一，以清晰的形力关系和便捷的创建方法广泛应用于实践中对结构形式的分析与调控。在图解静力学出现伊始，它便迅速成为一套结构和桥梁工程设计的现代“比例”规则（the rules of proportion）。库曼的静力学被广泛应用于19世纪70年代起大量的瑞士拱桥设计中，古斯塔夫·埃菲尔、桥梁建筑机构Holzmann & Benkieser等都曾经在设计中采用图解静力学的作为设计手段。甚至有一种说法认为埃菲尔铁塔的实际设计者是卡尔·库曼的学生莫里斯·克什兰，而当时为埃菲尔工作的克什兰所提出的埃菲尔铁塔方案正是在图解静力学的计算下考虑水平风力作用的结果。

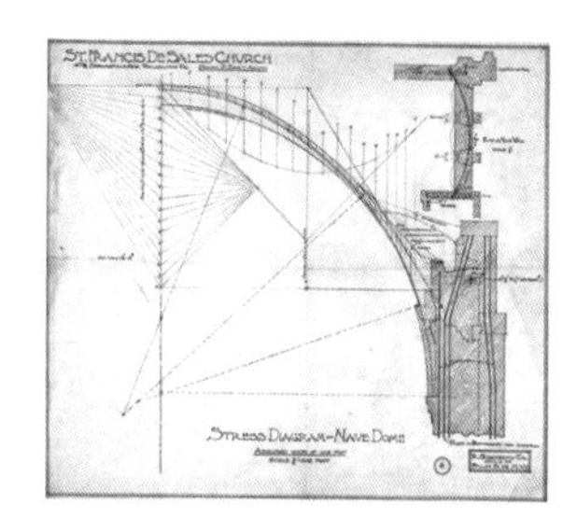

图5-2-25　小拉斐尔·古斯塔维诺利用图解静力学计算拱顶内力

在桥梁和梁架等杆件结构之外，整体性结构也是图解静力学应用的重要领域。1881年，特纳·艾迪（Henry Turner Eddy）提出了运用图解方法来确定圆顶的薄膜环向应力的方法。之后这种方法被奥古斯特·费波应用于砖石拱顶的分析中，从而开创了将图解静力学应用于整体结构计算的先河。在20世纪初的建筑实践中，西班牙建筑师拉斐尔·古斯塔维诺深受这种方法的影响，成为最早用图解静力学来指导整体结构设计的建筑师之一。古斯塔维诺公司曾设计和建造了历史上最特殊的砌体结构。这一砌体结构采用薄陶瓷砖材料，每块瓷砖尺寸大致为6×12×1英寸，通过分层平放的方式建造出大尺度砖石拱结构。在设计过程中，小拉斐尔·古斯塔维诺正是利用图解静力学寻找最高效的拱顶形式，并通过将瓷砖放置在推力线流经的位置，从而使结构形式与力流方向完全一致（图5-2-25）。卡内基·梅隆大学贝克厅（Baker Hall at Carnegie Mellon University）的主楼梯也是古斯塔维诺的建筑杰作。4英寸厚的拱壳在三维空间螺旋上升，运用图解静力设计的楼梯形态仅由轻薄陶瓷砖承载（Ochsendorf，2010）。

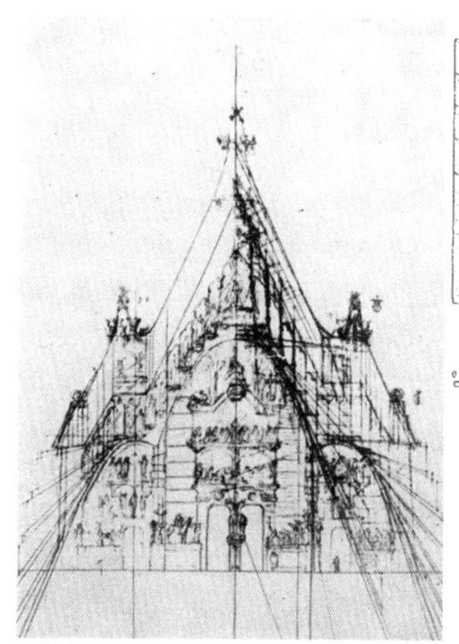

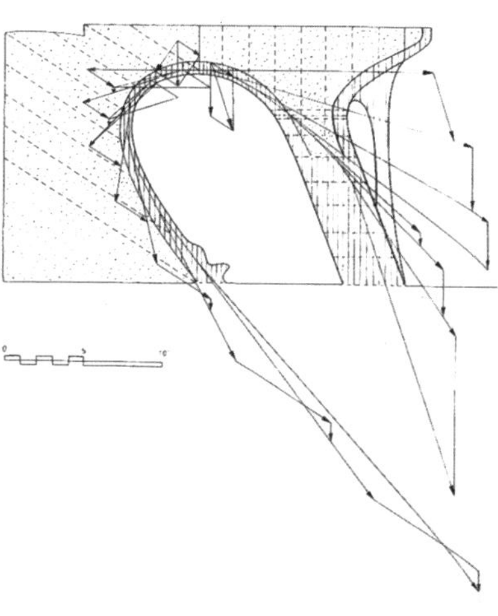

图5-2-26　高迪手稿中的图解静力学：圣家族教堂受难门（左）；古埃尔公园挡土墙（右）

图 5-2-27　瑞士萨尔基那山谷桥（Salginatobel Bridge）设计

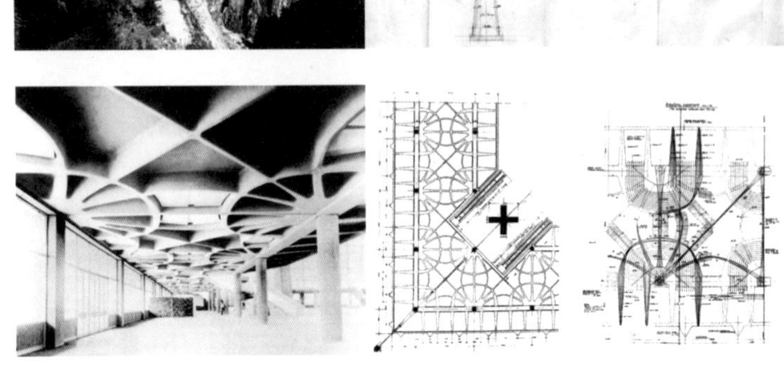

图 5-2-28　奈尔维在加蒂羊毛厂楼板设计中将混凝土板肋的形式对应于楼板的应力分布

图 5-2-29　托罗哈以“主应力”分布为设计工具设计的马德里竞技场看台

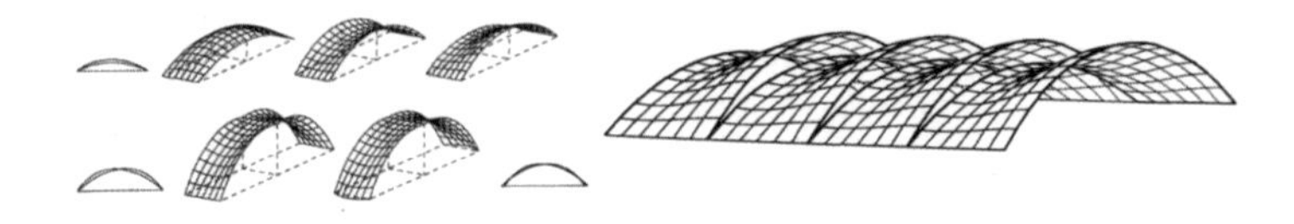

图 5-2-30　迭斯特利用悬链线开发的高斯拱结构

拉斐尔·古斯塔维诺父子将这种优化后的地中海拱顶技术带到美国，并产生了重大影响。在1889—1962年间，他们在美国各地一千多座重要建筑中建造了砖石拱结构，其中包括许多政府机构、博物馆、宗教建筑中的大跨度穹顶。

图解静力学找形也广泛出现在西班牙建筑师高迪的设计中。高迪和他的结构工程师马里亚诺·卢比奥·贝尔弗（Mariano Rubio Bellve）都曾经接受过图解静力学教育。在高迪看来，结构形式和物理应力的对应关系必然能够同时获得结构效率与形式美学，他认为结构形式应该来自于悬链线的自然成型，而不是预设的几何形态。在高迪的设计中，图解静力学和物理倒挂找形都曾被使用过。在古埃尔公园（Park Gúell，1900—1914）与荒山（Muntanya Pelada）间的挡土墙设计中，高迪就运用了静力图解的方式寻找挡土墙的最有效形式（图5-2-26）。在一次采访中，高迪说“我用图解法寻找圣家族教堂的悬链拱形，而在古埃尔公园中又采用实验方式，但是这两种方式是一样的，一个是另一个的兄弟。”（Allen E，2009）

作为卡尔·库曼在ETH的继任者威廉姆·里特尔（Wilhelm Ritter）的学生，瑞士结构工程师罗伯特·马亚尔（Robert Maillart）在他的混凝土结构设计中同样大量采用了图解静力学的方法。在瑞士萨尔基那山谷桥（Salginatobel Bridge）的设计手稿上，一系列推力线和力多段线的图解清晰地呈现了桥梁的找形过程（图5-2-27）。这些设计手稿显示马亚尔对图解静力学的应用与图解静力学创立初期的巨大差异。在初期，图解静力学的核心任务是作为结构分析的工具，分析过程发生在结构的几何特征已经确定的前提下。但对马亚尔而言，图解静力学是一种在形式生成阶段进行结构找形的设计辅助工具。在马亚尔的手稿中我们能够梳理出一个运用图解静力学寻找萨尔基那山谷桥侧立面形式的完整过程。

在20世纪繁荣的工程领域图解静力学教育及随之而来的形式追随力流的设计思潮在空间壳体结构的设计与建造中产生了重要影响。被认为继承了克雷莫纳遗产的奈尔维十分善于运用应力线的概念创造结构形式。在加蒂羊毛厂（Gatti Wool Factory）的楼板设计中，他

图 5-2-31　枕木峡的第二座步行桥设计

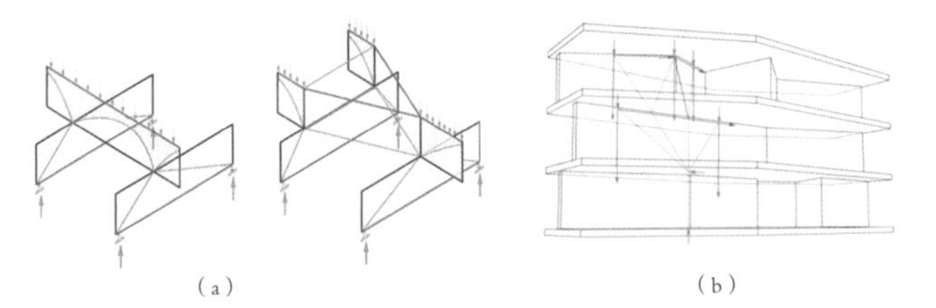

图 5-2-32　(a) 五户公寓，(b) 一墙宅

将混凝土板肋的平面分布形式对应于楼板的应力流向图，取得了结构性能与空间表现的双重效果（图 5-2-28）。同样，爱德华·托罗哈（Eduardo Torroja）的手绘图也直观地表达了他以“主应力”（principal stresses）分布为形式依据的设计方法。在托罗哈的钢筋混凝土薄壳结构设计中，他直接将结构的应力分布作为设计图形叠加到结构体上，作为配筋排布的依据，使钢筋混凝土结构同时满足了经济性和高效性（图 5-2-29）。另外，图解静力学还对乌拉圭建筑师艾拉迪欧·迭斯特（Eladio Dieste）产生了重要影响。在他的自承重筒拱的结构体系中，悬链线形的拱截面就起到了至关重要的作用。另外，迭斯特还

利用悬链线的方式开发出的复杂的双曲结构——高斯拱。这种拱壳利用特殊的双曲形式大大提高了结构体抵抗屈曲的能力（图 5-2-30）。

瑞士工程师约格·康策特（Jurg Conzett）毕业于苏黎世高等理工学院结构专业，接受过经典图解静力学训练。康策特将这种力学生形方式完美地应用到了枕木峡（Traversin）上前后两座步行桥的设计之中。在其中第二座步行桥的设计中，康策特将经典结构体系亚韦特（Jawerth）双弦桁架结构中的下弦曲线倒置，并利用图解静力学原理对新的结构体系反复进行形式推演，最终将力流转换为可以行走、触摸的优雅步行桥形态（图 5-2-31）。

瑞士工程师约瑟夫·席瓦茨（Joseph Schwartz）同样毕业于苏黎世高等理工学院。在与建筑师克里斯蒂安·克雷兹（Christian Kerez）的合作中，席瓦茨将图解静力学这一工具灵活应用，创造出异于常规的建筑与结构形式。在五户公寓（Apartment Buiding on Forsterstrasse）的设计中，墙这一结构要素不再是简单的竖向传力结构，而被理解为一种尺度巨大的深梁（孟宪川，2013）。席瓦茨在深梁的高度范围内进行图解静力学拉压关系的推演，从而使十分复杂的结构方案在最简练的力流概念下得到了解决（图 5-2-32）。可以说，席瓦茨的工作推翻了传统图解静力学的局限性思维方式，借助简练的力流概念和拉压杆模型（Strut and Tie Modeling），将形与力有机融合，展现了图解静力学实践的无限可能性。

静力学图解，在一种直观图示中通过简单的几何关系建立起形和力之间的交互作用。在当代语境下，图解静力学所提供的思维模式——将力学性能直接应对结构本身的几何形式——无疑从根本上对建筑与结构的学科分离做出了直接回应。在这里，静力学图解用灵活的方式打破了结构设计与表达中的僵化关系，同时建立了内在结构与外在形态的关联性，为建筑与结构的学科融合提供了可能。并且，这种将形式与力流紧密交织的设计方法无疑将激发更多关于建筑结构问题的批判性思考。

数字化结构性能生形图解

Structural-Performance-Based Digital Form-finding Diagram

数字建构是结构的几何表达与形式算法之间的统一。利用数字建构技术，结构形式可以通过编码，以参数化的拓扑逻辑进行调节……性能化设计的理想状态是性能参数完全作为生成设计的驱动因素。数字找形最终会实现“分析驱动生成”的设计范式。

——里夫卡·奥克斯曼，罗伯特·奥克斯曼

Digital tectonics is the coincidence between geometricrepresentations of structuring and the program that modulates them. Using digital tectonics, structural topologies can be modulatedthrough encoding as parametric topologies...The highest level of performance-based design is the exploitationof performance data as the driver of the evolutionary designprocess. Digital morphogenesis will eventually achieve "analysis driving generation/evolution"

——Rivka Oxman, Robert Oxman

在“后合理化”的传统工作模式下，结构工程师的职责主要在于对既有建筑形态进行结构分析和优化。结构工程师在建筑师预设的形式概念上工作，通过繁复冗杂的结构计算对形式概念进行支撑。作为结构工程师的主要工具，“数学分析法”虽然赋予结构设计过程高度的科学性和合理性，却以“黑箱操作”（black box operation）的模式丢失了视觉形式与物理结构之间的有机关联。虽然19世纪的图解静力学已发展出对“形”与“力”的综合操控能力，但是也往往仅被用于工程师对已有结构形式的分析中。这种工作流程上的分工使建筑与结构学科之间的隔阂不断加深。

结构“找形”（form finding）作为一种寻求建筑结构学科之间全新契合点、探索结构自身形式可能性的设计过程，在前计算机时代便已经出现了。在前计算机时代，面对超出的数学计算能力的复杂结构，三维物理模型被用作结构找形的主要手段，对复杂空间结构进行形式生成设计。随着数字时代的到来，“结构找形”从计算逻辑上具备了解决更复杂结构问题的能力，使得更加自由且精确的“数字化结构性能生形”设计成为可能。而这种可能性突破了形式设计与结构计算的分离，为创造高性能的建筑形式与结构提供了契机。

物质化的结构找形

基于三维物理模型的“结构找形”可以被认为是数字化结构性能生形图解的雏形。三维物理模型通常能够在不需要结构计算的情况下有效地预测足尺结构的性能特征，所以往往在无法用常规几何或数学公式定义的复杂结构形式设计中展现出明显的优势。当然，并不是所有结构体系都能够通过缩尺的三维物理模型进行找形实验。例如在网壳等需要抵抗弯矩的结构体系中，结构性能表现会随着整体尺度的缩放而发生非线性变化，所以小尺度模型并不能表征真实的结构状况。当涉及三维物理模型找形时，结构体系的性能往往需要无关尺度（independent of scale），即随着比例缩放呈线性变化。故这种方法常常被用在砖石拱等纯压力结构或悬链结构等纯拉力结构中（Adriaenssens S，2010）。

图 5-3-1 高迪运用倒挂模型进行古埃尔领地教堂地下礼拜堂的找形

悬吊模型一般被认为是物质化“结构找形”中最为广泛使用的方式之一。以胡克的悬链线定律为基础，悬吊模型不断地被用于历史上许多拱券或拱顶的找形和优化过程中。早期悬吊模型实践大都是在拱顶剖面上进行的二维实验。这种方法在三维空间的运用直到西班牙建筑师安东尼奥·高迪才被人广泛了解。高迪利用三维链条和沙袋的组合来模拟砖石拱壳结构的受力平衡状态，以寻找最理想的结构形式。在古埃尔领地教堂（Colonia Guell）地下礼拜堂设计中，高迪便利用一个倒挂模型来研究礼拜堂中倾斜柱子和拱券的静力平衡形式。他首先将教堂平面在木板上进行定位，之后在倒挂下来的索链上加铅袋，每个铅袋的重量依据荷载分布而调整，最终通过将悬链模型图像倒置，便得到了精准的纯压力结构形式，倒置的悬链线对应于砖石结构的推力线（图 5-3-1）。

如果将高迪的倒挂实验仍理解为采用二维链条来表达三维空间形态的话，那么海因茨·伊斯勒的研究则是直接采用三维曲面完成结构找形。海因茨·伊斯勒曾毕业于苏黎世瑞士联邦理工大学，被公认是壳体结构设计的先驱。伊斯勒的倒挂织物找形可以看作是高迪的悬链找形的延伸。倒挂织物在重力作用下会产生自由曲面形态，并往往因其优雅的形式而令人惊叹。伊斯勒在重力生形的基础上又发明了两种形式固定技术：一种方式是将一块布浸泡在液体石膏或树脂中，布料凝固后吊挂的形态就被固定了下来；另一种方式是在瑞士冬天的晚上将浸湿的布料悬吊在室外凝冻，也可以同样取得将形式固化的效果。这些技术不仅为设计过程中的模型操作带了便捷，布料本身固化下来的褶皱形态也可以作为壳体加固方式的参考。此外，海因茨·伊斯勒还探索了以其他的物理找形技术来代替悬吊模型的方法，其中包括著名的利用气压对弹性膜结构进行充气找形的技术。在利用不同的方式生成理想结构形式之后，海因茨·伊斯勒会利用数学模型对形式的结构性能的进行分析，根据必要的强度、刚度和抗屈曲能力要求确定所需的加固形式（图 5-3-2），所以我们可以说伊斯勒的结构找形是一

图 5-3-2　海因茨·伊斯勒在 1959 年 IASS 会议上列举的壳体结构的无穷可能的案例

图 5-3-3　弗雷·奥托用皂膜实验进行张拉结构找形

种在物理和数字之间不停转换的交互过程。基于这些找形技术，海因茨·伊斯勒创造了 20 世纪最优秀了混凝土壳体结构之一——位于日内瓦的希克里有限公司工厂（Sicli SA factory）。建筑由两个相互交叠的壳体组成并且每个壳体各自满足不同的功能要求——办公室和工厂。整个结构只有 7 个地面着力点，平均厚度仅有 10cm，完美地融合了支撑结构的美学概念和物理找形的普适性原则。

在伊斯勒之后，弗雷·奥托对壳体结构和张拉结构的物理模型找形做出了更进一步的创新。奥托强调自然建筑理念，主张结构应既符合建筑美学，又具有缜密的内在力学逻辑。在 20 世纪 50 年代，弗雷·奥托采用物理模型实验开创性地解决了三维膜结构和索网结构等找形问题。由于重力荷载在张拉结构中作用极小，奥托采用了本身十分轻质的膜或织物材料进行试验，这其中最著名的是利用具有恒定表面张力的肥皂泡进行“极小曲面”（Minimal Surface）①找形的皂膜实验。奥托将闭合的框架浸入到肥皂泡液体中，取出后在框内便形成了表面积最小的肥皂泡薄膜，同时薄膜表面压力也完全均匀（图 5-3-3）。此外，奥托和他领导的轻型结构研究所（Institute for Lightweight Structures）还对充气结构、液压结构和分支结构等丰富的三维模型技术进行了实验和探索，巧妙地生成无法采用数学模型定义的复杂结构形式。

① 在数学中，极小曲面是指平均曲率为零的曲面。肥皂泡的极薄的表面薄膜称为皂液膜，是满足周边空气条件和肥皂泡吹制器形状的表面积最小的表面。

物质化结构找形技术在创造丰富形态的同时，也为结构本身增添了缜密的力学逻辑。而这些逻辑本身，正是数字化设计中算法的核心。所以，利用物理模型的结构模拟无疑成为了当今对数字化结构性能生形技术进行研究的主要切入点。

数字化结构性能生形

前计算机时代的物理模型找形方法极大地推动了特定结构形式的生形研究，但是在生形过程中物理模型难以对这些结构形式进行精确的数学和几何描述。在这一背景下，计算机数字找形技术的出现成为了结构性能化生形的重大突破。在计算机的辅助下，高迪、伊斯勒、奥托等人的物理找形方式能够在数控环境中被精确模拟和实现。计算机强大的计算能力与数学算法相结合使得代数和解析方法的潜力得到充分发挥，以往只能采用物理找形才可以生成的结构形式，如今不仅能够在计算机平台上得以实现，还具备了精确的结构计算数据支持。最重要的是，计算机技术催生了一系列全新的找形技术和方法。其中建立在离散单元之上的有限元分析法迅速成为结构工程分析和找形的重要工具，并且衍生出丰富多样的结构生形设计方法。

数字化结构性能分析图解

结构分析的任务是对特定形式进行结构性能计算，找出结构的薄弱环节或问题区域。有限元分析是传统工程领域进行结构分析和模拟的主流方法。在有限元分析中，结构体被抽象为一个由有限数目和固定尺寸的离散单元组成的连续体。而由于离散单元的组合不受建构逻辑的限制，结构系统可以是任意的复杂不规则形状。

在结构分析中，有限元图解作为结构性能的直观呈现，是设计师进行结构调整的直接依据。在分析图解在中，结构的附加荷载与外部约束都能够得到清晰的表达。结构计算的数据可以通过单元色阶的连续变化方式呈现在整体结构性能分布图中，并且这些数据可以根据需要进行导出为后期结构调整和优化的提供参考（图 5-3-4）。

基于有限元分析的结构工程软件成为了结构“后合理化”时代工程师的主要工具。如 ANSYS、ABAQUS、Altair 等分析软件均为现代工程中的结构计算提供了强大的技术支持。然而，使用这些软件的使用往往需要扎实的结构学基础，其分析结果也需要专业人员进行解读，所以这些方法并没能在结构计算与建筑形式之间建立起联系。

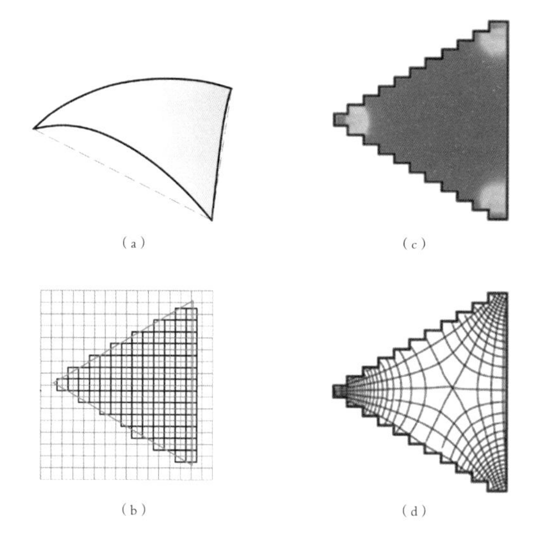

图 5-3-4　有限元分析：（a）初始形式；（b）分析模型；（c）分析图解；（d）应力线

数字化结构性能生形图解

随着计算机技术的发展，数字化结构性能图解逐渐超越了对结构性能的简单分析与呈现，更多地通过动态化的实时反馈机制成为结构性能生形的关键因素。与传统物理模型找形的方式相比，数字化结构性能生形的特征在于在创造形式的同时，将数学计算的“黑箱操作”以可视化且动态化的图解加以呈现。不仅结构分析结果可以被可视化，整个形式生成过程也在一定程度上实现了视觉呈现。以结构性能参数、材料特性、外部约束等条件为参数，数字化结构性能生形图解实现了力学性能与结构形式之间的交互影响。近年来，随着数字化结构生形研究的不断深入，越来越多的结构算法被建立起来，如基于有限元分析算法的拓扑优化生形、建立在几何刚度（geometric stiffness）基础上的力密度法（the force density method）、寻求动态平衡的动力松弛法（dynamic relaxation）、“粒子—弹簧”系统（particle-spring method）等（Adriaenssens S，2010）。这些结构生形方法虽然基于不同的计算逻辑和图解方式，但在计算机平台上均展现了整合结构设计与优化分析的综合能力。

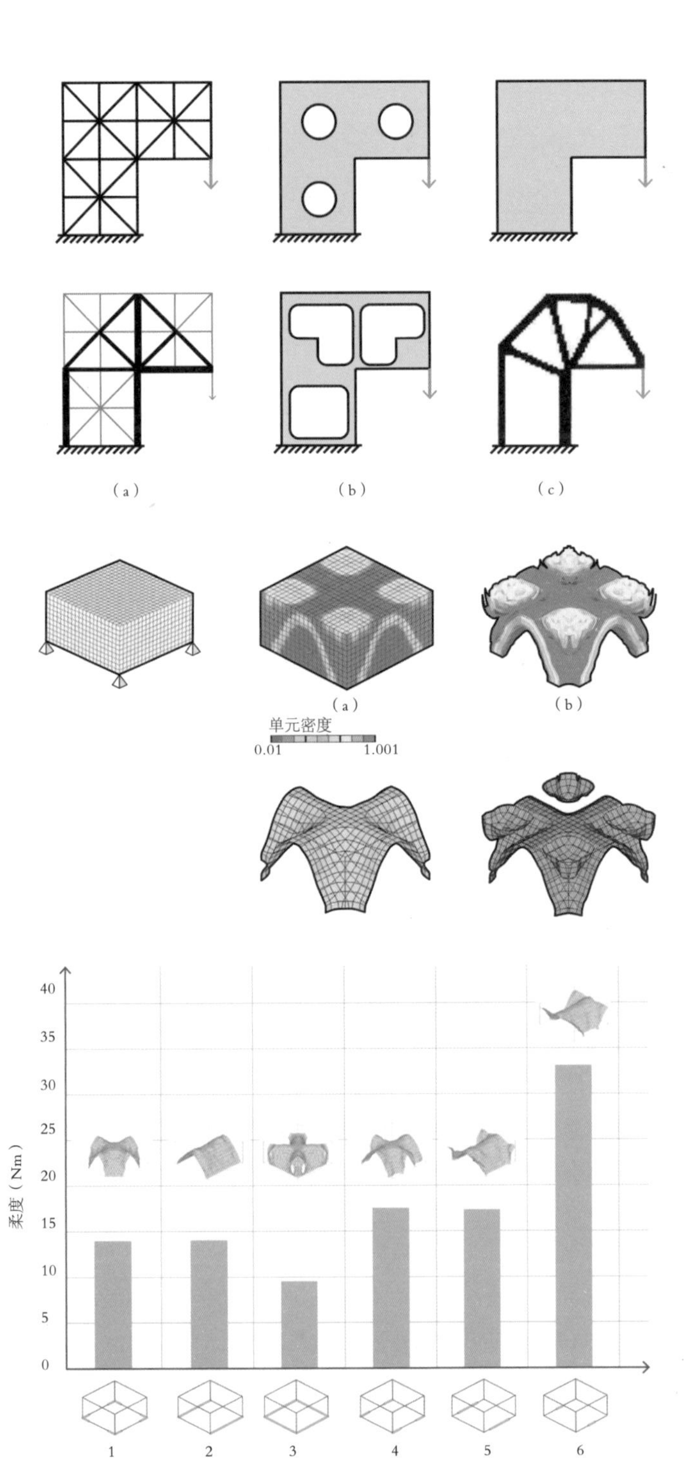

图 5-3-5　结构优化：（a）尺寸优化；（b）形式优化；（c）拓扑优化

图 5-3-6　从有限元分析到拓扑优化找形

图 5-3-7　改变拓扑优化的边界条件能够产生多样的结构形式

结构拓扑优化生形图解

基于有限元分析的拓扑优化是当下应用最为广泛的结构生形方法之一。在给定的荷载和边界条件下，拓扑优化法能够在设计空间中优化材料分布，在满足一定的结构性能指标的前提下减少材料用量。不同于传统意义上的结构尺寸优化或形式优化，基于有限元分析的拓扑优化能够从根本上改变初始结构形式的拓扑关系，从而创造出新的结构形态（图 5-3-5）。因此借助拓扑优化法，建筑师和结构工程师可以在初始设计阶段，依据设计需求寻找最高效的结构形式概念（图 5-3-6，图 5-3-7）。

本质上，拓扑优化背后的数学逻辑是一种迭代运算，因此整个优化过程能够与生形算法结合，直观地将每一步迭代优化可视化。利用

图 5-3-8　运用 ESO 算法进行重力作用下的悬吊图形优化

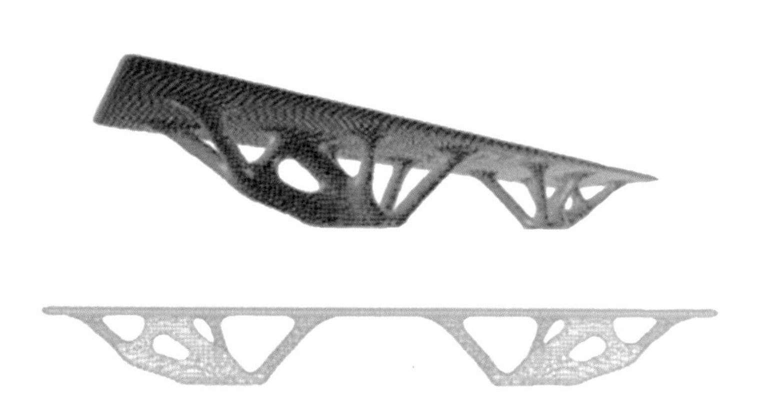

图 5-3-9　运用犀牛插件 BESO3D 得到的桥梁设计概念方案

图 5-3-10　运用 BESO 算法对高迪的圣家族大教堂设计进行模拟

这种特性，澳大利亚皇家墨尔本理工大学（RMIT）的谢亿民院士与格兰特·史蒂芬（Grant Steven）在20世纪90年代提出了渐进结构优化法（the Evolutionary Structural Optimisation，ESO）（Xie Y-M，1997）。基于拓扑优化逻辑，渐进结构优化法能够慢慢从结构体中去除低效材料，逐渐衍生最优的结构形态（图5-3-8）。在ESO的基础上，谢亿民又提出了双向渐进优化法（bi-directional ESO，BESO）。在双向渐进优化法中，材料根据受力情况既可以在低效区域被删除又可以高效区域被增加，进一步提高了优化过程的可靠性。双向渐进优化法将多种维度的复杂结构问题简化为直观的形式操作，成为了建筑师快速理解形式与结构关系的重要参考。

双向渐进优化法可以与其它的有限元分析软件（如ABAQUS、ANSYS）进行互连，也可以与一些计算机辅助设计软件（如Rhinoceros、Maya）整合使用，极大地拓展它在各类结构设计问题中的应用广度，为建筑师在概念设计阶段创造新颖高效的结构形式提供了便捷的工具（图5-3-9）。在圣家族大教堂的建造研究中，谢亿民与马克·博瑞团队合作，应用渐进结构优化算法对高迪的结构手稿进行优化模拟，得到的结果与高迪的设计惊人地相似（图5-3-10）。日本建筑师矶崎新（Arata Isozaki）与结构工程师佐佐木睦朗在卡塔尔国际会议中心（Qatar National Convention Centre）的设计运用了双向渐进优化算法生成了流线型的大跨度结构 。另外，在笔者设计的上海Fab-Union Space展馆中，双向渐进优化法同样成为了概念设计阶段形式生成的重要依据。在预设的荷载和支撑条件下，双向渐进优化算法通过迭代衍生出最优的结构分布，之后结构体量被几何化为直纹曲面（ruled surface）所拟合，成为建筑的核心交通空间，将力流传导、美学表现及建筑功能融合成有机的整体（图5-3-11）。

在数字化结构生形中，计算机辅助设计平台对结构生形算法的研究与应用有着至关重要的作用。当拓扑优化方法被设计师开发成计算机程序或工具包时，它便可以直接与数字设计工具衔接，使设计师能够快速便捷地将其应用到设计过程之中，用于指导研究与实践。在这一背景下，哈佛大学设计研究生院的帕纳约蒂斯·米哈拉托斯教授将软件视为一种使理论知识变得可操作化的便捷途径，一种比

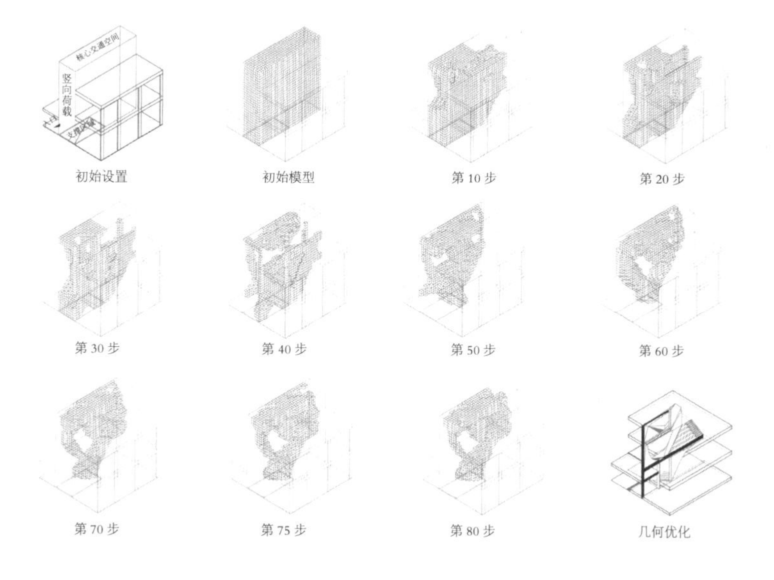

图 5-3-11　Fab-Union Space 运用 BESO 找形过程图解

起学术论文更直观也更易理解的总结研究成果的方式（Michalatos，2014）。帕纳约蒂斯以开发交互式软件工具为途径致力于重构建筑学与结构工程之间的关系。基于有限元分析和拓扑优化方法，他先后开发了 Millipede、Topostruct 等结构性能工具，并应用于 GSD 的建筑学教学实践中。 其中 Milipede 是一个基于 Grasshopper 平台的力学插件，包含一个用来处理设计过程中多种线性结构分析与优化问题的工具库。相较于传统有限元分析软件中分析结果以数据的形式输出，

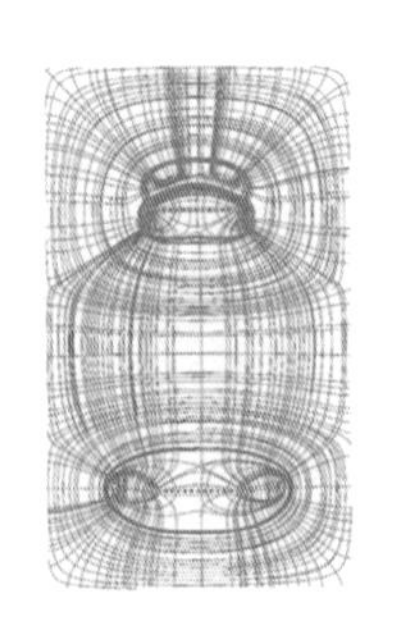

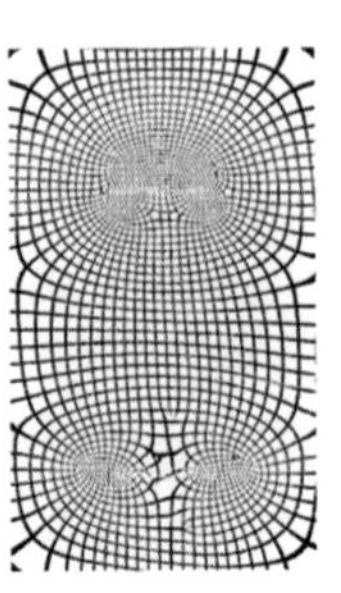
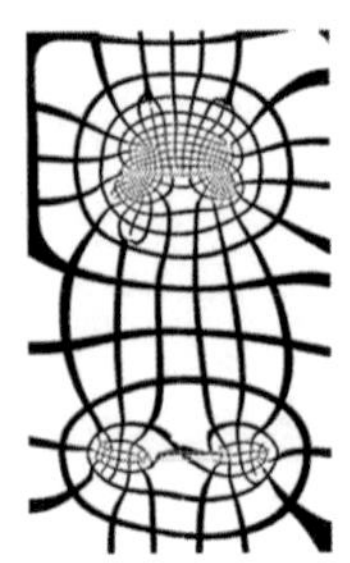

图 5-3-12　帕纳约蒂斯运用有限元技术将正应力分析结果以结构图形输出

Millipede 的创新之处在于对分析结果的几何化提取和可视化展示，从而实现与参数化设计找形过程的对接。以曲面结构的表面图案生形为例，Millipede 能够对分析结果进行几何优化，并将优化后的正应力曲线（以正应力曲线为例）附着回曲面上，并且在这一过程中允许设计师对曲线的密度和粗细进行交互控制。最终生成的结构图案不仅能够表征曲面的结构性能，还可以作为结构曲面网架找形的依据。此外，Millipede 同样允许分析结果以向量场、曲面、特征函数（eigenfunctions）[①]等多种形式输出到曲面中，以适应多样化的设计需求（图 5-3-12）。

① 特征函数是指某一函数经微分后等于原函数的倍数。这里采用特征函数的波形来表征结构体内力分布。

基于有限元分析的结构拓扑优化生形图解形式还为基于“柔度渐变”的结构设计思想提供了可能性。在传统的结构设计方法中，刚度是结构体最关键的性能要素之一。而从数学的角度而言，有限元结构分析和优化的目的往往是寻求最小刚度的结构形式。如上文所述，有限元分析图解的呈现方式是基于连续渐变的色阶，这为连续材料分布的柔性结构和无缝结构的设计提供了参考依据。有限元分析生成的连续灰阶可以通过三维变密度打印技术进行实现。这种探索无疑为结构性能化设计提供了全新的思考方式。

力密度生形图解

力密度法最初是为索网结构找形而提出的计算方法，如今已被广泛用于索网结构、膜结构和张力整体结构的生形设计中。力密度法是一种无关材料属性，只考虑结构几何刚度的方法。其中，力密度是指在构成索网的每个索段中内力与长度的比值，也被称为张力系数（tension coefficient）。在力密度法中，索网或膜结构被视为由许多离散杆件通过结点相连而成。在找形过程中，索网边界往往被设定为约束点，其余均为自由点。设计师通过在算法中指定结构的力密度，建立并求解每个点的平衡方程，进而得到每个自由点的坐标——结构外形。通过引入力密度的概念代替力与长度的比值，非线性方程组被简化为线性方程。不同的力密度值对应不同的结构外形，力密度分布则对应结构中相应的预应力分布图解。在设计实践中，力密度法能够通过改变力密度和外部荷载快速生成出特定的拓扑形式（图 5-3-13）。其中，位于巴特迪尔海姆（Bad Dürrheim）的索莱玛温泉酒店（the Solemar Therme）的木网壳屋面便是充分展现了力密度法特点的高效结构形态。

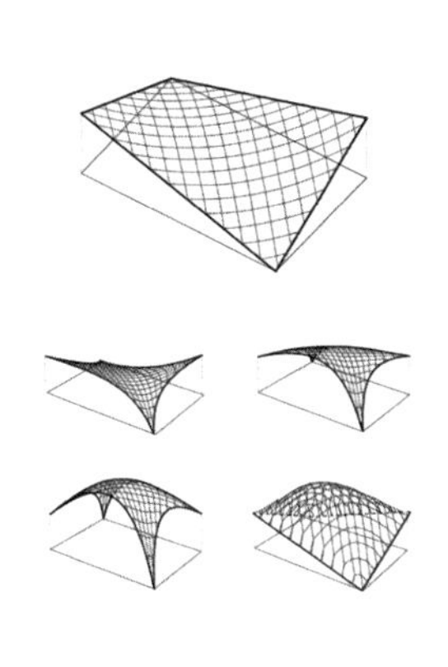

图 5-3-13　对同一初始形式，不同力密度值带来的形式变化

菲利普·布洛克的研究对力密度法进行了延伸。在他的推力网络分析找形方法中，寻找垂直平衡的过程采用了力密度法来解析点的高度坐标。但不同的是，推力网格分析法并不直接控制力密度值，而是通过调整力多段线的缩放比例（scale factor）间接影响力密度的分布。由于过程中力多段线的缩放比例与拱高呈现线性关系，从而可以准确预测结构形式的变化趋势，避免了直接操作力密度时难以对形式变化进行预判的缺陷。由于力密度法是几何刚度法的一种，因此最终形式完全独立于材料限制。只要结构网络的尺度保持不变，设计者可以将荷载设定到任何值，或者以任意材料将结构物质化。

动态平衡生形图解

如果说力密度法代表了数字化结构性能图解的静态方案，那么动态平衡法则将数字化结构性能生形过程中的动态性运用到了极致。动态平衡法是一种以动力学原理寻找动态平衡中稳态解的方法。力密度法能够利用精确平衡状态下的线性方程组来解决离散网络结构问题，动态平衡法则是建立在迭代与收敛法则之上，以动态方式逐渐趋近稳态平衡。动态平衡法的计算求解过程完全以形态的运动来呈现，这种直观动态的图解方式成为动态平衡法的主要特征和优势。

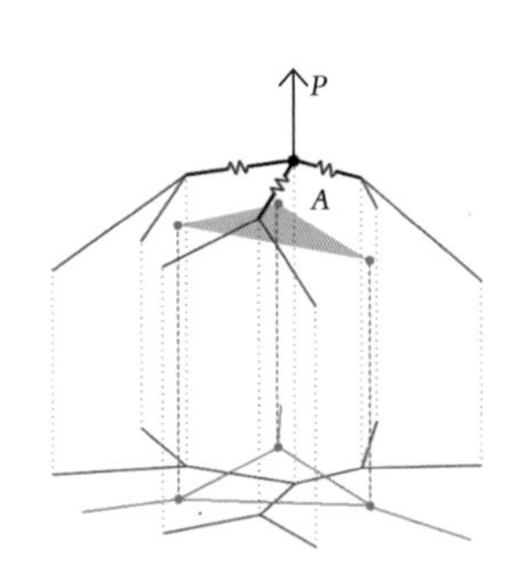

图 5-3-14 用动态平衡法找形的初始设置（点 *P* 所受外力等效于结构水平投影的对偶图 *A* 的面积）

动态平衡法主要包括动态松弛法（Dynamic Relaxation，DR）和"粒子—弹簧"方法（Particle-Spring method，PS）。动态松弛法建立在牛顿第二定律（Newton's second law of motion）的基础上，能够追踪结构在外加荷载作用下随时间产生的运动状态。动态松弛法首先将结构体系离散为节点（nodes）和杆件（bars），进而通过施加外来荷载使结构体系产生不平衡力，从而引起运动。在运动过程中，动态松弛算法会逐点、逐步追踪结构的运动量和残余力，直到结构由于阻尼而趋于静止，达到稳态平衡。在设计生形过程中，设计师可以随时修改结构的外部约束或内部的拓扑形式，进而到达新的平衡状态（图 5-3-14）（Adriaenssens S，2014）。

"粒子—弹簧"法与动态松弛法相类似，在"粒子—弹簧"法中，动态松弛法中的节点被具有质量、位置和速度属性的粒子（particle）代替，粒子之间以阻尼弹簧（spring）连接，粒子运动遵从牛顿第二运动定律，弹簧力遵从胡克弹性定律（Hooke's law of elasticity）。粒子通过运动能够表现出多变的整体形态，而利用阻尼弹簧连接的粒子则能够模拟出多种多样的非刚性结构。粒子—弹簧生形方法首先需要定义一个由粒子和线性弹簧组成的拓扑网格，这其中包括作用在粒子上的荷载、粒子质量、弹簧的刚度和长度等参数。之后，粒子质量产生的重力导致粒子发生运动，从而会引起弹簧的拉伸。当弹簧力与引起粒子位移的质量相均衡时，运动才会停止。这时，"粒子—弹簧"体系中作用在每个粒子上的内力和外力相互平衡，从而决定出整体稳定的结构体系形态。

与复杂的连续体模型相比，粒子系统的优势在于其直观性，而这一优势使得设计者能够便捷地操作模拟生形过程，而无需专业的结构技术知识。丹尼尔·派克在 Grasshopper 平台上开发的插件 Kangaroo 便是利用动态平衡法进行结构找形的代表（图 5-3-15）。Kangaroo 包括一系列利用计算机技术模拟现实世界物理行为的几何算法。在计算机辅助设计环境中，设计师仅仅通过简单的初始设定就能生成出丰富的几何形式，并与之实时互动（Piker，2013）。 这种根据外部约束进行实时设计调整的方式对于形变较大的张拉膜结构、弯曲木网壳结构和充气结构的形式生成都具有重要意义。

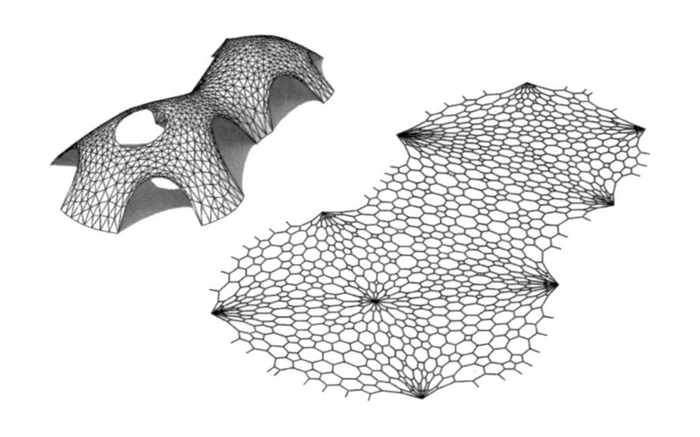

图 5-3-15　使用 Kangaroo 进行壳体结构找形

种类繁多的数字化结构生形技术为设计师提供了多样的选择。在特定情况下，一种合适的生形方式进行选择取决于设计师在设计初期所能够获取的结构信息。例如对某些纯受压结构进行静力平衡生形时采用几何刚度法更加高效；而在已知初始几何形式和材料特性时动态松弛法则更加直接。

另外，结构性能化生形是一种概念设计阶段的形式生成方式。对于大多数结构而言，结构生形的结果仍然需要精确的力学模拟和优化才能用于实际建造。例如，壳体结构的找形过程往往只是基于重力作用下的静态平衡，并没有考虑结构的失稳、屈曲、剪切等受力状况。如果说重力决定了壳体结构的形式，那么其他各种受力环境的综合将决定壳体结构的材料厚度。总而言之，多重受力情况的综合与联系无疑是数字化结构性能生形图解由概念算法转为研究实践的关键之处。

数字化结构性能生形

在学术研究领域，数字化结构性能生形研究往往会结合足尺度的原型建造实验展开。国际研究机构 OCEAN NORTH 长期开展结构性能化建构实验，其中名为 Nested Catenaries 的研究致力于悬链拱结构的性能化设计与建造方式的探索（图 5-3-16）（Hensel，2013）。德国斯图加特大学计算设计学院（Institute for Computational Design，ICD）长期与轻型结构研究所（Institute of Building Structures

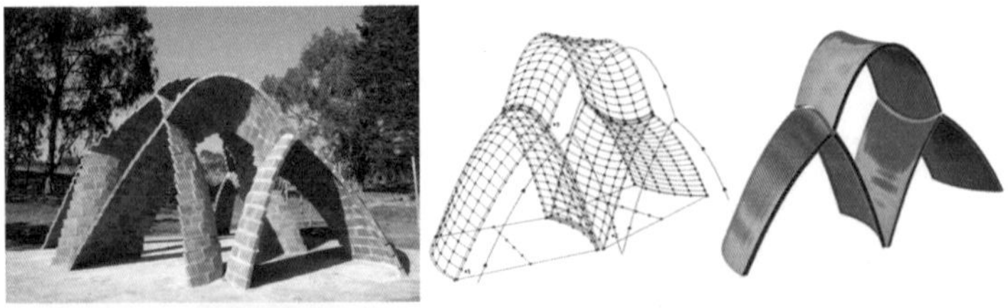

图 5-3-16　Nested Catenaries 研究项目

图 5-3-17　2013—2014 ICD/ITKE 研究展馆

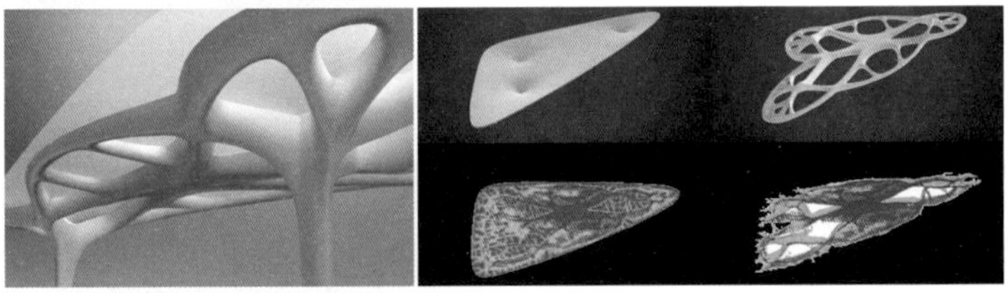

图 5-3-18　The Unikabeton 原型研究项目

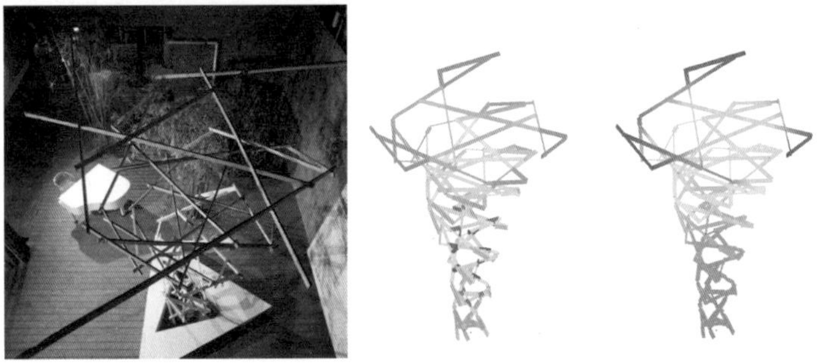

图 5-3-19　反转檐椽

and Structural Design，ITKE）合作，利用结构性能生形工具和机器人建造技术完成了一系列实验展馆的建造（图 5-3-17）（Menges，2015）。丹麦奥尔胡思建筑大学（Aarhus School of Architecture）长期开展钢筋混凝土结构的拓扑优化生形和数字化建造实验，并在皮特·多姆博诺斯基（Per Dombernowsky）和阿斯比约恩·森德加德（Asbjorn Sondergaard）的领导下完成了 The Unikabeton 原型研究项目（图 5-3-18，Dombernowsky，2010）。

同济大学建筑与城市规划学院在 2014 年“数字未来”夏令营中完成的研究项目“反转檐椽”，也是结构性能化生形研究的案例之一。

该项目将结构性能生形工具 Millipede 与中国传统木构形制相结合，以“檐椽”为研究原型，采用结构拓扑优化法揭示了“檐椽”潜在的结构原则，并在此基础上利用数字建造技术完了了一个互承木结构装置，充分展示了结构性能生形技术的巨大潜力（图 5-3-19）。

当数字化结构性能生形技术在学术研究领域呈现百花齐放的状态时，这种趋势也逐渐渗透到建筑实践之中。

扎哈·哈迪德（Zaha Hadid）事务所在近年来的建筑研究实践中对壳结构的数字化设计进行了大量的探索。例如在伦敦奥运游泳馆、阿塞拜疆巴库文化中心、蛇形展览馆餐厅等项目中，壳体结构都被作为主要形式原型，并通过拓扑优化实现了连续流动的大跨度空间。在 2012 年威尼斯双年展中，扎哈·哈迪德的设计团队将数字化结构性能生形技术与数控建造方法相结合，展现了壳体结构在数字化语境下的全新形态设计与实现方式（图 5-3-20）。

除壳体结构研究之外，扎哈·哈迪德还在多种类型的设计中广泛地应用结构性能化生形方法。在 3D 打印椅子的设计中，扎哈根据结构强度分布图解，采用变密度打印技术控制不同区域的材料密度，取得了形式美学和性能表现的完美统一。另外在迈阿密的 One Thousand Museum 项目设计研究中，也可以看到相似的结构考量对塔楼形态的影响（图 5-3-21）。

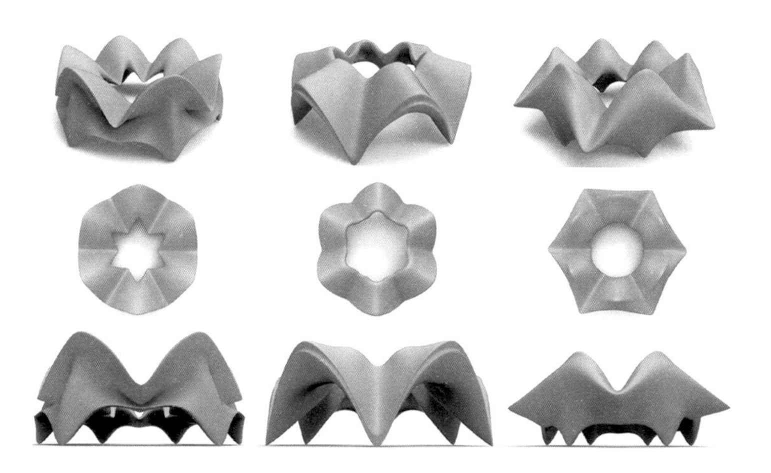

图 5-3-20　扎哈教学中的壳体结构。维也纳应用艺术大学学生作业

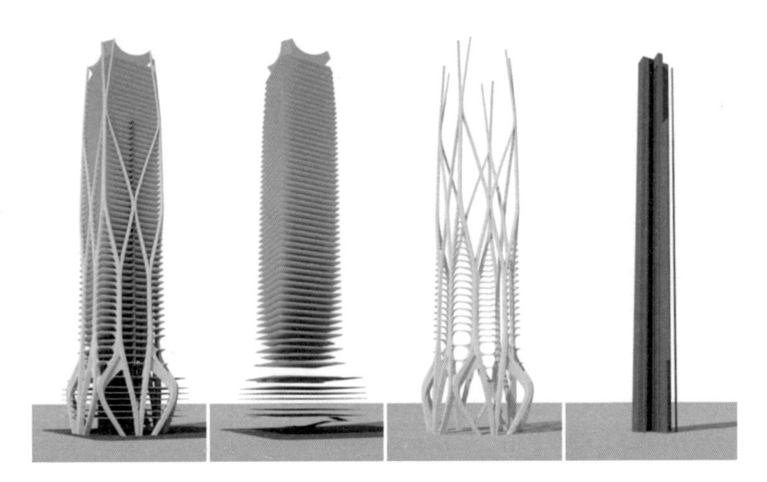

图 5-3-21　迈阿密 One Thousand Museum 项目

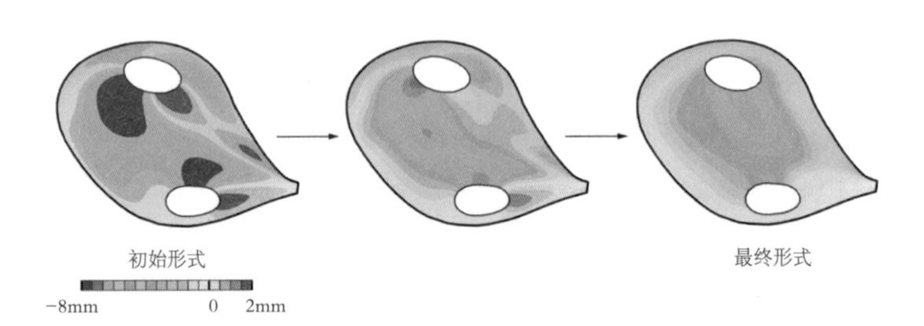

图 5-3-22　佐佐木睦朗与西泽立卫实现的丰岛美术馆

在结构领域，日本工程师佐佐木睦朗探索了一系列数字化结构计算方式，帮助建筑师进行“形态设计”（shape design）的同时寻找最有效的结构形式，极大地推动了数字化结构性能生形技术在实践领域的应用（佐佐木睦朗，2014）。

运用数字化设计方法对自由曲面混凝土壳体的找形和优化可以说是佐佐木睦朗的重要贡献之一。佐佐木睦朗从高迪、伊斯勒、奥托等人对壳体结构的研究出发，结合编程技术将结构工程中的敏感性分析用于自由曲面的混凝土壳体结构设计中，使结构整体应变最小化的同时优化曲面形式。在他完成的多个自由混凝土壳体项目中中——与矶崎新合作完成的岐阜县北方町社区中心、与伊东丰雄合作完成的各务原市火葬场、与 SANNA 合作的劳力士学习中心、与西泽立卫（Nishizawa Ryūe）实现的丰岛美术馆，都真正做到了力学性能与形式美学的完美统一（图 5-3-22）。

结构性能化生形技术作为一种延伸建筑师设计协同范围的重要工具，使建筑师有机会参与并实现复杂几何形体的结构设计，在驾驭全新的建筑形式的同时，提高项目的可建造程度。更加重要的是，这种建筑师和工程师之间的创新合作方式为弥合建筑与结构的学科分离状态提供了重要基础，通过将力流、形式与材料相整合更好地推动了建筑与结构设计的互动融合。而且在这些实践项目中展现了数字时代建筑师与结构师之间全新的合作模式的同时，也让我们看到了结构性能化设计所带来的全新形式可能性。建筑师和结构工程师各自的专业逻辑为当代性能化建筑结构设计提供了必要的条件，为建筑形式创新勾勒出新的可能性。可以预见的是，结构性能化设计一定会为数字化时代的思维方式和实践创新提供源源不断的动力。

环境性能图解
Environmental Performance Diagram

环境性能可视化图解
Visualization of Environmental Performance Diagram

数字化环境性能分析图解
Digital Analysis based on Environmental Performance Diagram

数字化环境性能生形图解
Generative Morphology based on Environmental Performance Diagram

环境性能可视化图解

Visualization of Environmental Performance Diagram

如果抛开我们对于传统时间和空间概念的认知，那么只有能量可以被认为始终在所有空间内保持数值层面的恒定均衡……

——威廉·奥斯特瓦尔德

Apart from the general forms of intuition of space and time, nothing remains quantitatively equal over all areas without exception but energy...

——Wilhelm Ostwald

人类和栖居的城市及自然环境的所有元素都处在一个开放的能量系统中（open system）。每个元素时时刻刻都在通过边界层与外界（surroundings）的物质能量交流并改变着自己的状态，这种无时无刻不存在着的能量交换，建构起了一个开放的系统。然而，对于人类来说，这个过程是不可见的，我们只有通过特殊的方法——可视化的图解，才可能认识和理解其特别的作用。环境性能的可视化图解可以呈现出建筑在开放能量系统中的新陈代谢，以及建筑作为能量存在的一种形式，如何吸收和释放能量来满足空间的日常需求。这种对物质和能量交换的抽象认知方法将会为我们建立起一种新的建筑本体论内容。

人类通过可视化图解对能量的认知可以分为三个阶段：最初，试图将物理学中的能量流动的观点引入建筑领域；其后，在现代主义时期，随着机械美学的出现，人为的机械干预，使得建筑与能量流动出现隔离；近年来，人们更加关注从一个完整的自然系统来观察能量在长周期中的变化和自然系统与城市建筑之间的相互作用。

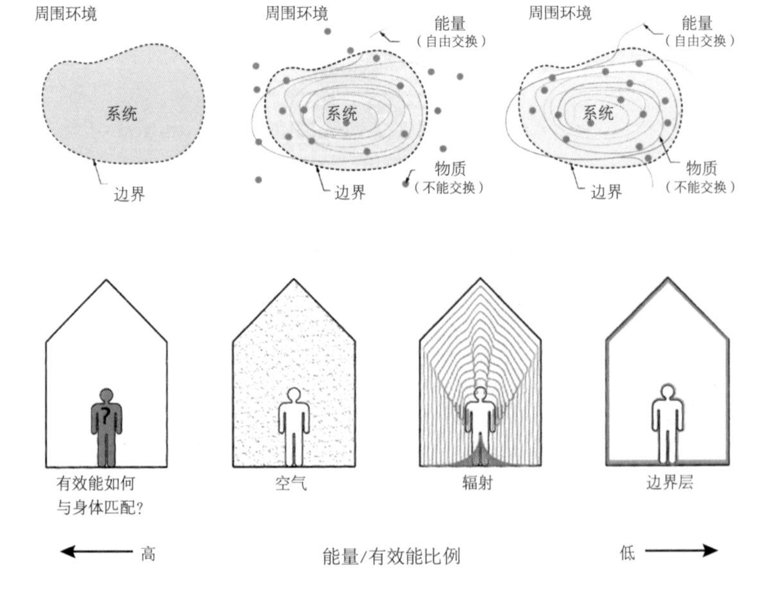

图 6-1-1　从左到右分别是能量系统的基本组成、开放系统以及封闭系统

图 6-1-2　建筑中的有效能匹配

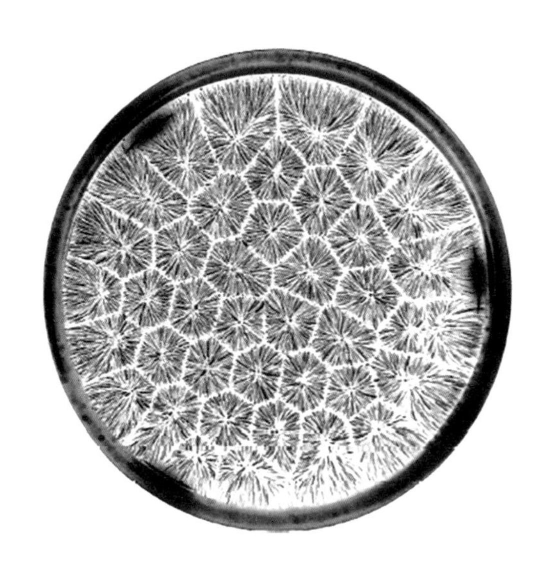

图6-1-3 Rayleigh-Benard对流图，能量耗散可视化

最初，对环境中能量流动的研究仅限于物理学的范畴。1865 年，鲁道夫・克劳修斯（Rudolf Clausius）提出了热力学第二定律。热力学第二定律是基于一个孤立的系统（isolated system）定义的，因为这个孤立系统中熵的微增量大于零，所以这个定律又可以称为“熵增定律”。熵（entropy）在浅义层面表示一个系统的混乱度，熵的值越大，系统表现得越无序。熵在热力学中往往体现为做功和温度的比值。对于热力学第二定律中的孤立系统来说，熵的增加会使这个系统逐渐趋于平衡状态。然而在一个开放的系统（open system）中（图 6-1-1），生命体会不断地与外界进行物质和能量的交换，这便构成了 1969 年伊里亚・普里戈金（Ilya Prigogine）[①]提出的耗散结构理论（dissipative structure）——开放体系通过熵的减少形成了远离平衡状态的结构。映射到建筑范畴，能量流通过热量的形式在建筑中传导并存积，而建筑如要作为一个开放的耗散结构，则需要合理的进行有效能匹配（exergy matching）来保持稳态（图 6-1-2，图 6-1-3）。

① 伊里亚・普里戈金（1917—2003），理论物理学家、物理化学家，从事不可逆过程的研究。

建筑中的能量流动思想首先衍生于建筑师对不同构造方式和材质属性的研究。1919 年挪威建筑师安德里斯・巴格德（Andreas Fredrik Bugged）做了一系列的关于墙体热力学性能的实验，称之为“温暖而便宜”（Warm and Cheap，图 6-1-4）。他对 27 个外观一样却具有不同墙面构造和材料组成的建筑进行了热工测验和数据分析。27 栋

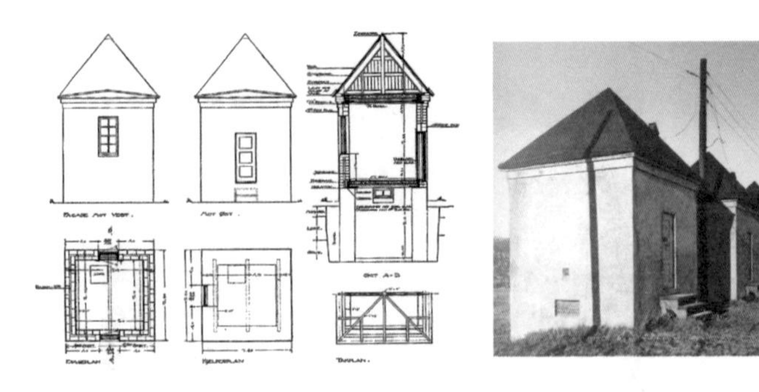

图 6-1-4 Warm and Cheap 实验

实验建筑的材料分为石头、木头、混凝土、水泥、石膏、煤、焦炭等，并且这些材料通过不同的构造方式——或预留空气或进行不同材料的组合，来形成实验墙面。在完全相同的气候条件下，巴格德通过一段时间的实验观察得到它们的热量消散、湿度变化等数据，并结合材料的综合属性得出热传导率、能量储藏率等（Kiel Moe, 2014: 79-93）。之后，这些实验得出的基本建构原理，在 20 世纪保温技术的发展得影响下，逐渐把建筑引向了与外围环境能量的完全隔离。

其后，在现代主义时期，机械设备的出现导致建筑围护结构完全转变为隔离构件，建筑本身被看作是保温隔热的热水瓶，与外界能量流动完全隔离。

一方面，自 1902 年威利斯·开利（Willis Carrier）发明空调以来，建筑设备与机械突飞猛进地发展使建筑与环境的脱离关系被加速；另一方面，20 世纪初形成的与机械美学相关联的各种艺术流派也逐渐将建筑导向一个孤立的系统。1920 年，保罗·舍尔巴特（Paul Scheerbart）在他所著的《玻璃建筑》中提到："玻璃将我们带入新的时代，砖石文化带给我们的除了伤害，一无是处"（Reyner Banham, 1960: 94-95）。当然，他同时也意识到玻璃在空间制冷和热损耗上存在的问题，所以他试图通过使用机械技术来解决这种缺陷。这种思潮遭到了后来很多建筑学者的批判。雷纳·班汉姆（Reyner Banham）在 1960 年著的《第一机械时代的理论和设计》（*Theory and Design in the First Machine Age*）中提到，现代主义追求形式与功能，主张通过批判式的技术发展及未来主义式的范式革新，完全摒弃传统的文化路径及其建筑范式。同时，他在《家不是一个房屋》（*A Home is Not A*

House）中提到美国人时刻想着向空间中传送更多的热、光及其它的能量，这必然导致了把机械式空调系统引入室内空间和整个建筑系统（Reyner Banham, 1969：70–79）；最终发展出的建筑很可能只是一个标准的生存单元（standard of living package），其内部由机械管道构成；而传统的墙会被一个椭圆形的壳代替，只为隔绝外部环境中的烟雾及灰尘（图 6–1–5）。

图 6–1–5　标准的生存单元

生物气候图的出现建立了人们对于建成环境和人体新陈代谢之间关系的更为本质的认知，让建筑中的能量流动发展到了更广泛的学科之中。在保温隔热的现代建筑能量议程之外，一些建筑师开始对于气候、人体及更为广阔环境的能量流动进行探索 (李麟学 , 2015(2)：10–16）。19 世纪上半叶，戴维・波斯威尔・瑞德（David Boswell Reid）[1]，尼古拉斯・盖治（Nicholas Gauge）等人从生理学的方面回应了空气流动；瑞德从温度上关注能量流动的意义；盖治则强调不理想的通风所形成的温度变化会引起疾病的产生（Kiel Moe, 2014: 191–193）。这些例子都指出了生理学、温度、舒适度之间错综复杂的能量关系，并驱动着一系列测量设备的发展，不断更新关于温度、空气流动及辐射传递的呈现技术。20 世纪 60 年代，奥戈雅兄弟（Victor Olgyay &

① 戴维・波斯威尔・瑞德（1805—1863），苏格兰外科医生、化学家和发明家，在公共建筑卫生和通风领域享有声誉，被称为“空调之父”。

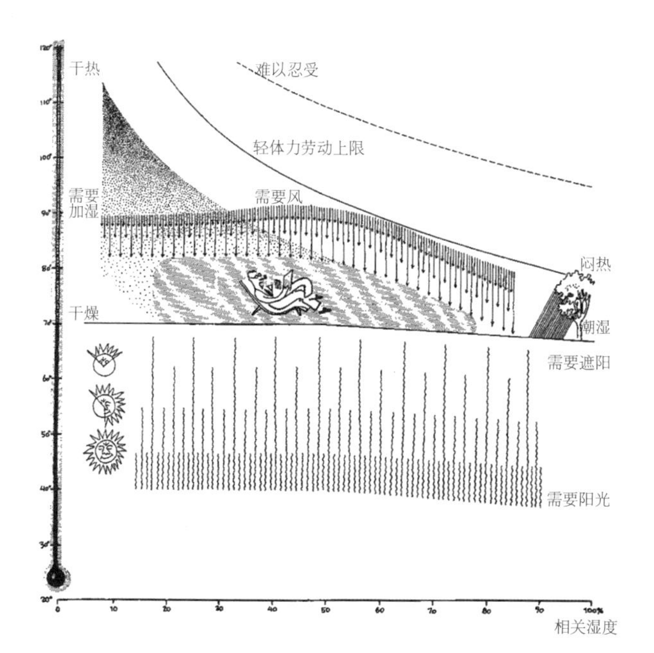

图 6–1–6　生物气候图

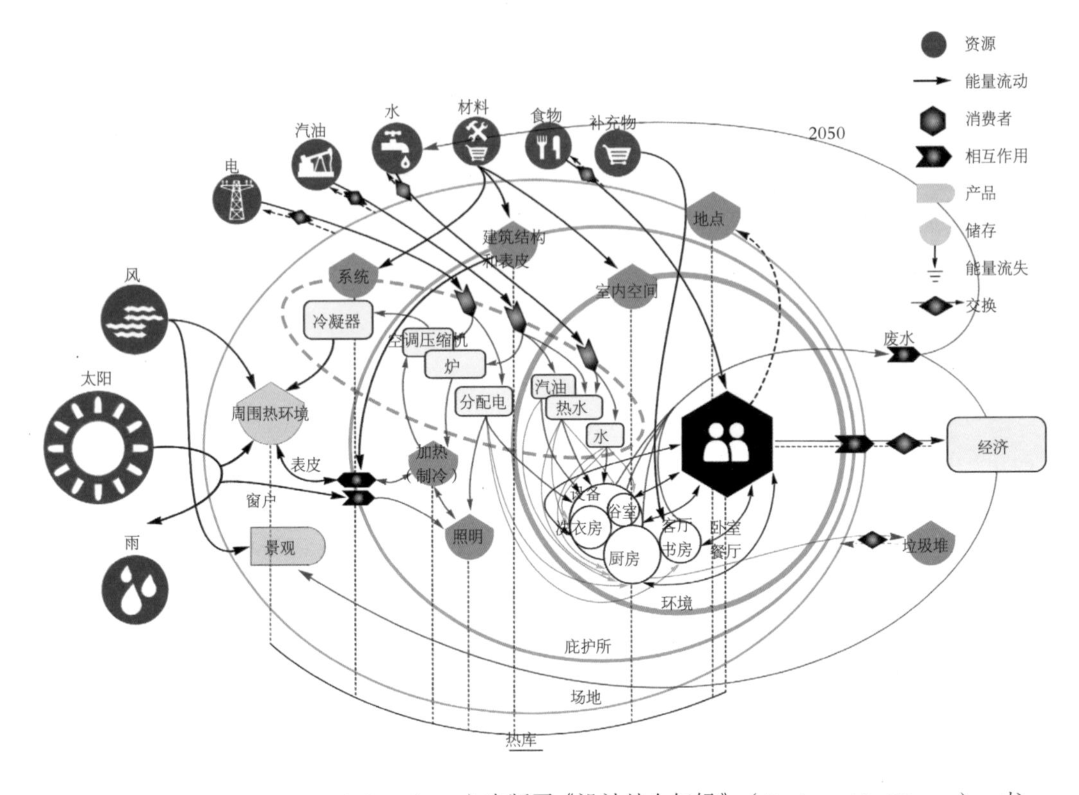

图 6-1-7　威廉·班汉姆根据霍华德·奥德姆能量图解单元绘制的能量流动图解。

Aladar Olgyay）出版了《设计结合气候》（*Design with Climate*）一书。他们认为建筑的设计需要结合气候、生物体的感受和基础的技术。奥戈雅兄弟在书中绘制了生物气候图（图 6-1-6），用以表达人体舒适区域的环境温度、湿度、平均辐射温度、风速等要素之间的关联性。这一研究不仅考虑了建筑中的微气候，还涉及了人体的衣服热阻和新陈代谢等方面，成为这个时期建筑、环境与人之间关系的重要连接枢纽。

1972 年，生态学家霍华德·奥德姆（Howard T. Odum）① 提出了能量流动的观点，并设计了一套语言对能量流动进行简要图解式的可视化分析。尽管奥德姆的生态理论是基于热力学第二定律，即在一个孤立的系统下生产的，但关于能量流动的分析更应该在一个开放的系统中，从更大尺度范围的整体来看待（图 6-1-7），但是这并不能掩盖他的能量流动观点在应用方面的贡献。通过把图示作为研究的媒介以使能量和物质的交换被更加直观地展现出来，奥德姆使能量流动成为了包括建筑学在内的很多学科的理论基础。

① 霍华德·T. 奥德姆（1924—2002），美国生态学家，他在生态系统方面因开创性贡献而被人所熟知。

环境的变化通过能量流动作为基本表现形式，而能量的流动又通过图解从最初的物理学被引向了建筑学的范畴。至此，建筑学开始逐渐远离了关于环境隔离的错误理解，而将建筑视为一个与社会、技术、文化、经济、生态相关联的集合体，并作为具有新陈代谢的活性物质，从根本上成为了热力学能量消散和聚集的主要承载体。

至此，能量认识论可以通过环境的三个基本要素：光照、辐射、风的可视化来描述建筑与自然的能源利用状况。太阳日照与室内照明的光照可视化图解可以用来描述光的能量传递过程；辐射热的可视化图解描述建筑中热工的传递过程；以及空气流动的可视化图解来描述的基于风环境的能量认知过程。

光照的可视化图解

通过图解记录太阳运动的基本规律，阳光所带来的不同照度可在保证房间获得充足的采光的前提下塑造多样的建筑空间变化。同时，根据图解所体现的光照几何关系，建筑表面不同的开窗策略也使得内部空间展现出不同的光照形式。所以说，太阳的运动给地面带来的照度和阴影成为了建筑采光必须考虑的关键要素。

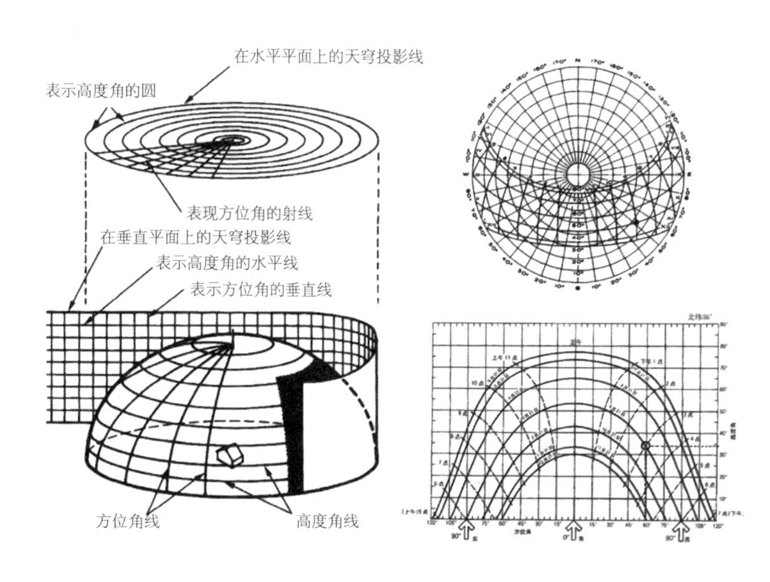

图 6-1-8　太阳水平轨迹与垂直轨迹图示，上方利用南北极投影法投影出的图形为水平太阳轨迹图，下方围绕天穹利用墨卡托圆柱投影法投影出的图形为垂直太阳轨迹图。

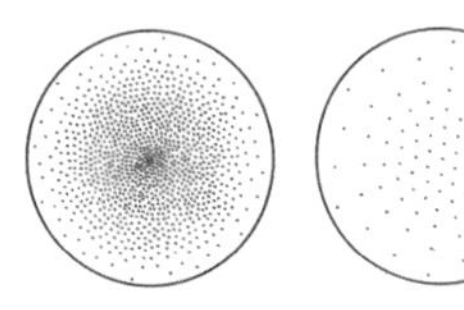
图 6-1-9　日照点状图，包括了全阴天天空光成分 SC（左）和全阴天外部反射成分 ERC

在公元前 9500 年，就开始利用日晷图来模拟太阳和阴影在全天和全年中位置的变化，并以此作为在建造过程中，评价场地和建筑关系的重要参考。当然，由于技术限制，日晷在测定太阳的运动时受天气影响很大。20 世纪中期，利比・欧文・福特（Libbey Owens Ford）开始对太阳在天穹上的轨道进行模拟，并绘制出太阳轨迹图（Sun Angle Calculator，图 6-1-8）来显示太阳在一年内的高度角和方位变化，以摆脱日晷在天气上的限制。1991 年穆尔（Moore.F）又发明出日照点状图（图 6-1-9），通过对散点的分析来评价场地上被遮挡物影响后的可利用日照[①]。1984 年菲利普・塔布（Phillip Tabb）在《太阳能规划：住宅问题处理指南》（*Solar Energy Planning: A Guide to Residential Settlement*）提到把建筑假定成一系列小木棒，通过绘制出木棒早上、正午和下午时候的阴影来构成房屋整体的阴影图案（图 6-1-10）。建筑存在于城市环境或村落中时，比邻建筑之间难免会存在光照的遮挡，而建筑师或规划师则可以参照阴影图案考虑组团之间的排布方式及间距来提供给每栋建筑充足的日照。同时塔布（Phillip Tabb）也提到了相邻建筑的采光权的问题——参照日照间距图，通过保证冬至日足够的采光时间来保证房屋获取光能的权利。

① 建筑的可利用日照分为：天空光成分（SC），即来自天空散射光；外部反射光成分（ERC），即来自地面或者其他室外物体表面反射的光线。

图 6-1-10　日照阴影图

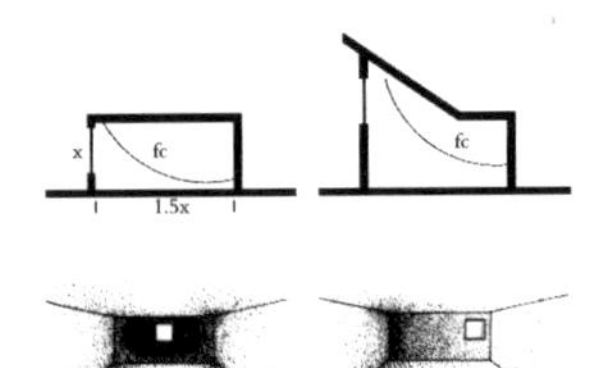

图 6-1-11　窗户的位置的选择可以改变室内光线的照度，利用墙面反射光提升亮度

由于不同的采光手段可以给房间带来特定的日照效果，所以为了理清这两者之间的具体对应关系，诺伯特・莱希纳（Norbert Lechner）通过大量的研究得出了几点基本的采光规律。的照明程度与距离呈非线性关系，入射光线的有效距离一般局限在窗户顶端高度 1.5 倍左右的区域内，因此增加窗口的高度，会增强室内的光线照度；其次在邻近墙面的地方开窗，侧墙能反射入射的光线，从而使室内光线变得明亮且柔和（图 6-1-11）；最后，使用双向采光照明能有效减少单向采光所可能形成的眩光：例如在现代建筑中，反光构件常被用在建筑北侧形成漫射光以提高照明质量（Norbert Lechner, 2004: 372-378）。

除了采光照明之外，光能还可转化为其他形式的能量流，在建筑系统中继续利用。1893 年法国科学家贝克勒（A. E. Becquerel）发现了“光生伏打效应”（photovoltaic effect），即利用太阳光通过半导体物质转变为电能的过程。1954 年美国科学家研制出第一块实用光伏电池，使得光伏发电取得了长足的进步。初期，建筑上的光电系统主要有两种基本的类型：电网连接式（grid-connection）系统和独立式（stand-alone）供电系统，这些系统仍以机械设备得运转为主。随后出现的光伏与建筑一体化（Building Integrated Photo-voltage，BIPV）系统又承载了“建筑物产生能源”的新概念，即将建筑物屋顶和墙面本身与光伏发电集成起来，使建筑物自身利用绿色、环保的太阳能资源生产电力。

辐射热的可视化图解

利用可视化图解的方式了解太阳辐射的变化，以及它所产生的热量在建筑中如何吸收、传导和释放同样是能量流动研究中的重要议题。这个过程中不仅不同的建筑构造与材料属性将直接影响室内空间的热环境，辐射产生的热能还可以通过采集器被储存并间接用于其它介质。

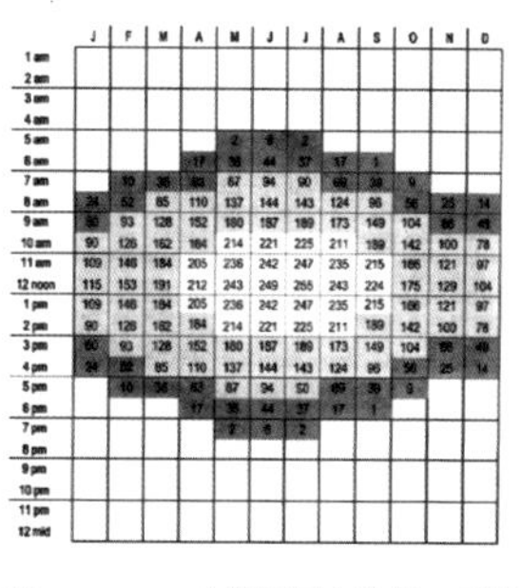

图 6-1-12　太阳辐射方阵图：哥伦比亚水平表面每小时的太阳辐射值

太阳辐射由于太阳角度和大气成分的变化，在不同的时间和场地上都会有所不同，而面对不同的太阳辐射情况，建筑师又应以不同的策略来对其进行呈现和应对。布朗（G. Z. Brown）曾用太阳辐射方阵图（图 6-1-12）表示一个水平表面在不同季节中每小时可获得的太阳辐射值，来确定在建筑外达到舒适温度的时间及建筑物内的太阳能采暖的潜能。而通过将方阵图辐射值与太阳轨迹图相结合，建筑师便可以确定遮阳设计的具体日期和时间。在 20 世纪 70 年代能源危机爆发后，人们逐渐意识到利用可再生资源的必要性和潜力。被动式太阳能系统及主动式太阳能采集设备都逐渐在建筑中发展起来。其中，被动式太阳能系统根据构成要素之间的关系可以分为三种主要策略（图 6-1-13）：第一种策略是爱德华・玛斯瑞拉（Edward Mazria）在 1979 年出版的《被动式太阳能手册》（*The Passive Solar Energy Book*）中提到的直接获取式策略——辐射热能透过玻璃并通过蓄热

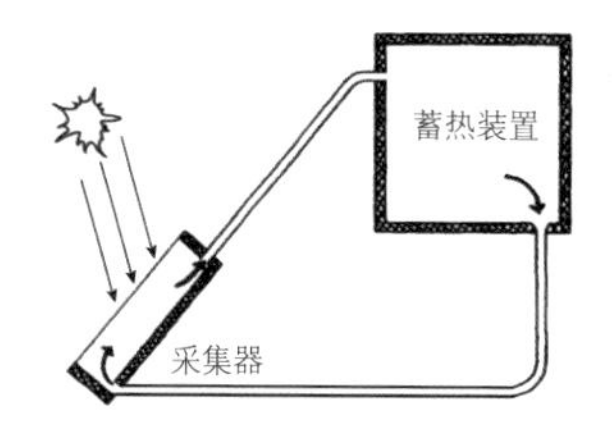

图 6-1-14　热吸虹对流循环系统，蓄热装置位置要高于采集器

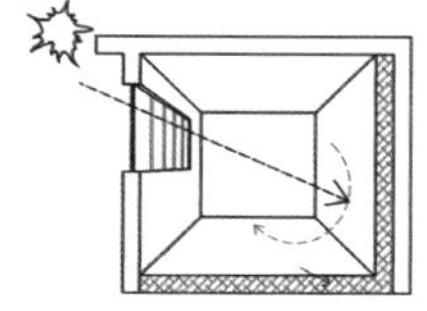
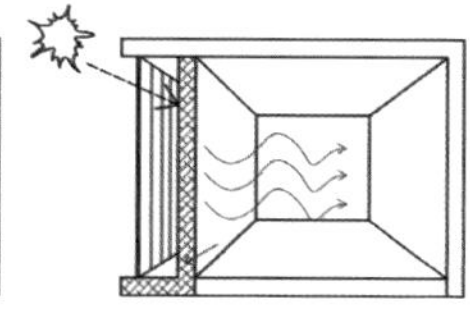
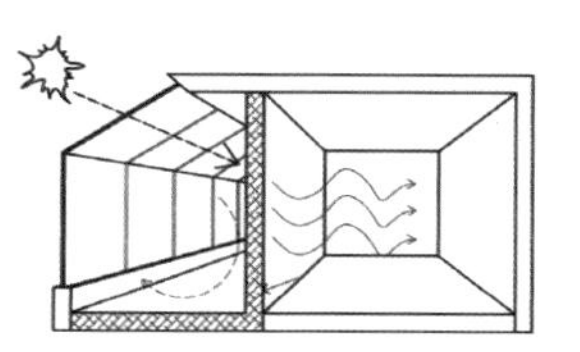

图 6-1-13　三种主要的被动式太阳能系统策略：直接获取式、图洛姆保温墙、阳光房

材质（thermal mass）储存热能；第二种策略是以 20 世纪 60 年代法国工程师菲利克斯·图洛姆（Felix Trombe）命名的图洛姆保温墙，墙体由热质材料组成，将日间收集并储存的太阳辐射热用于夜间室内的采暖；第三种策略类于 18—19 世纪流行的“暖房”系统——一个由玻璃围合的空间作为接受阳光加热的缓冲区，其原理类似于热吸虹现象（thermosyphon）（图 6-1-14），通过将采集的太阳辐射热进行进一步分配与调节来控制能源的流动。

空气流动的可视化图解

空气的流动形成了建筑内外重要的风环境。在室内环境中，建筑师通过可视化图解的方式有效地组织空气这一热介质，使其成为空间中引导能量流动的主体，在调控建筑内外热量分布的同时，还提供了舒适的空气质量。在外部空间中，建筑师通过对场地中的空气流动方向和速度进行图解分析，可以将建筑作为改变场地风环境的重要因素，直接影响城市微环境中的空气流动。

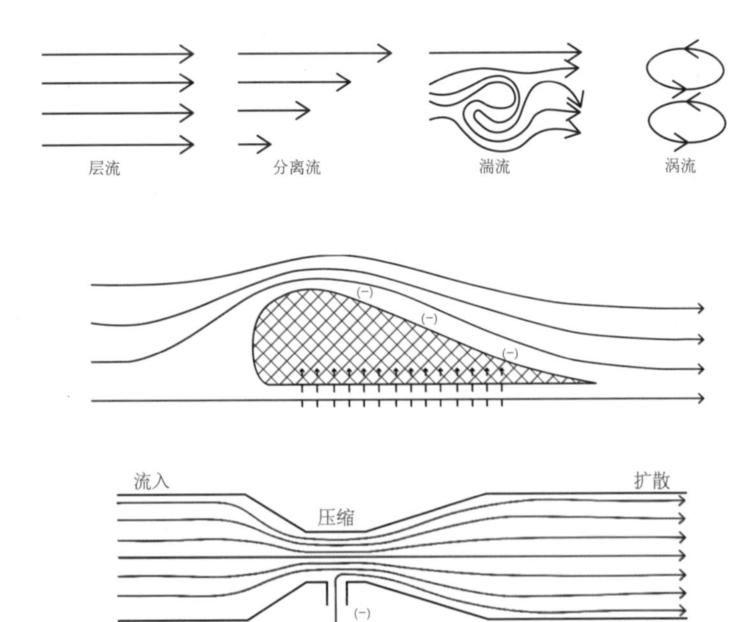

图 6-1-17　四种不同的空气类型

图 6-1-18　伯努利效应

图 6-1-19　文丘里效应，可以利用文丘里管增加屋顶通风

从中世纪开始，人们便用风玫瑰图（图 6–1–15）来描述特定地点特定时间中不同方向的风速及频率。在水平层面上，奥戈雅曾在《设计结合气候》中结合地形高差和矢量风向标，绘制了一个具有场地特点并表达不同部分平均风向和风速的格子图（图 6–1–16）。在垂直尺度上，根据风断面图的研究，气流速度会随着高度的增加而变大，并且不同的地形类型中风速的变化梯度也会呈现不同的状态。1883 年雷诺（O. Reynolds）发现了确定流体类型的方程，并命名为雷诺数（Reynold Number）。雷诺数可用于区分流体在流动时的层流或湍流状态，雷诺数越小流体越稳定。在 20 世纪 50 年代德克萨斯 A&M 小组（The Texas A&M Group）用风洞设备对建筑模型中的风环境做了一系列的研究。随后在 1981 年阿特·博恩（Art Bowen）发表了《空气运动系统和形式的分类》（“Classification of Air Motion Systems and Patterns”）一文，其中基于德克萨斯 A&M 小组的研究对空气流动的四种类型进行了总结：层流（laminar flow）、分离流（separated flow）、湍流（turbulent flow）和涡流（vortex）（图 6–1–17）。这几种空气流动的类型与建筑的高度和间距的比率相关：当比率较小时，会产生独立的湍流；当比率在 0.4 到 0.8 左右时，会产生分离流；当比率较大时，在掠过式风的作用下会产生稳定的涡流。

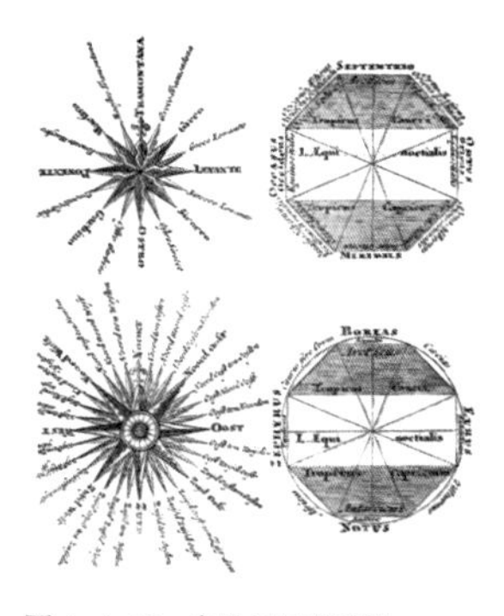

图 6–1–15　中世纪风玫瑰图

空气在一定限度内是可以被压缩的介质，并且空气被压缩所产生的压力又与其流速相互关联。利用空气的这一基本原理，建筑师既可以分析场地微气候的变化，又可以调整建筑内部气流的方向和速度。1726 年丹尼尔·伯努利（Daniel Bernoulli）发现了“伯努利效应”（Bernoulli Principle）：流体速度加快时，物体与流体接触界面上的压力会减小，反之压力会增加（图 6–1–18）。从而，空气流速的不同会接触面上形成不同的压力区，而压力区之间的压力差又会反过来影响空气的流速。1797 年意大利物理学家吉欧瓦尼·巴提斯塔·文丘里（Giovanni Battista Venturi）提出了文丘里效应：受限流体在通过缩小的过流断面时，流体会出现流速增大的现象，即流速与流断面的大小成反比（图 6–1–19）。这两个基本的空气流动效应在场地地形对风的影响（图 6–1–20）中表现得尤为显著。场地的形态通常会影响很多微气候的变化：当风遇到山丘时会在迎风面产生高压区，背风面产生低压区；同时当风遇到隧道时会发生文丘里效应使得风速加快；

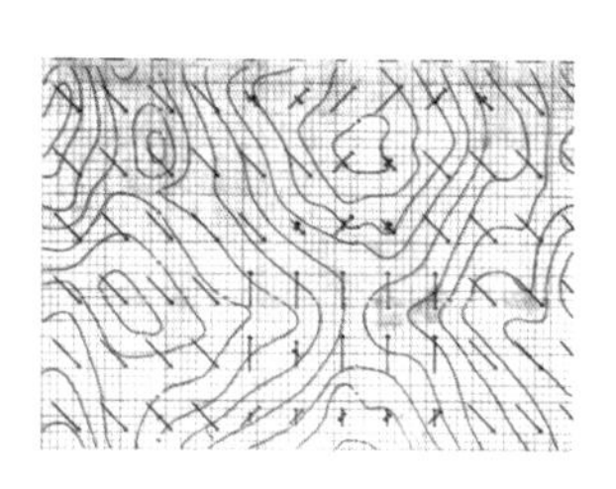

图 6–1–16　新泽西州地表高度 50 英尺的平均风速和方向的风格子图

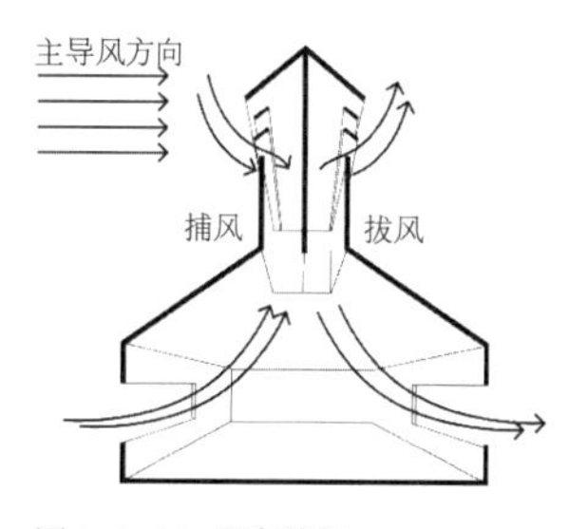

图 6–1–21　烟囱效应

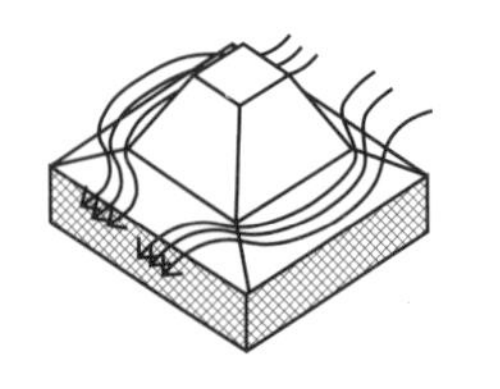
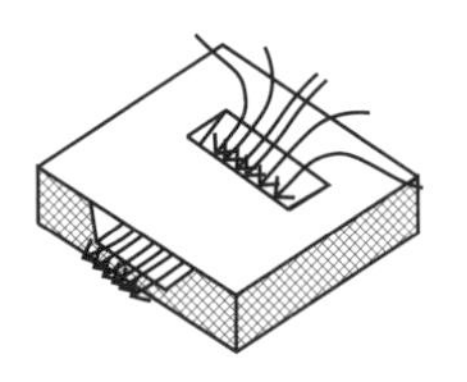
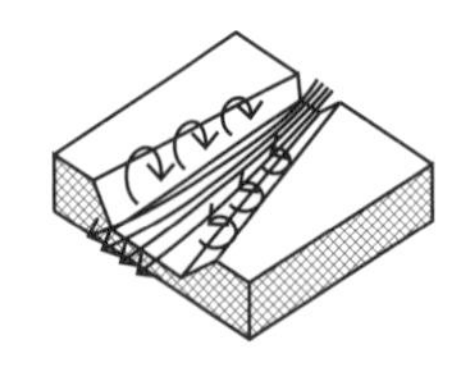

图 6-1-20　地形对风的影响

当风遇到山谷时，温度的差异会造成空气在白天和夜晚的流动方向相反等。在建筑内，空气流动与空间形态的关系也十分紧密。空间中高差产生的温度差、密度差会引起的空气向上流动，这种现象通常称为烟囱效应（图 6-1-21）。烟囱效应的强度和烟囱的高度、温度差及室内空气流通程度相关，它在建筑中主要起到拔风作用。在烟囱效应的建立中，通常是将烟囱口背向当地主导风向，而当“烟囱”构件迎着当地主导风向时，风会被引入建筑内，这时空气流动方向会与拔风时的方向相反，常被称为捕风。这两种基本的空气引导形式在几千年前的建筑中就已经被广泛利用，例如古埃及的招风斗、迪拜的风塔等。1999 年宋德萱教授曾对窗洞高差的通风反应做了可视化对比实验，实验中室内空气流动反映出了两条通风规律：气流从进风口进入室内，其流径轨迹按“就近原则”指向出风口；在建筑室内外温差的引导下空气会按“趋上原则”呈上升趋势流向出风口。

自然通风在带走热量控制温度的同时，其所蕴含的动能也能通过其他的形式利用在建筑系统中。从公元前 2 世纪古波斯人的垂直轴风车，到 1920 年人们开始研究利用风力机作大规模发电，再到当代风力制热的利用，空气流动中所蕴含的能量日益受到重视。而建筑设计也需通过空间形式与风能装置的结合，合理地分配利用不同状态的空气流体，建立起良性的能量循环。

建筑实践中的可视化图解

对于环境基本三要素光照、辐射、风的思考是建筑环境性能设计的基本要求，可视化的环境图解让建筑师可以重新看待建筑与环境间的能量流动，提出可靠的策略使建筑在环境中进行更有效的新陈代谢。尽管在实践中建筑师们对于能量会有不同理解，但无论是关注能量内部的流动，还是在热质材料中的存储与过滤，亦或是对于能量的综合性利用与转化，都是希望通过不同的设计策略建立建筑与环境之间的关联。

能量在建筑内部空间的流动中会不断消散、渗透，形成了不同热量的功能空间，古罗马浴场就是基于这种热力学概念进行设计和使用的建筑案例。在可视化图解中，我们可以清晰地了解到古罗马浴场中这种能量流动与功能排布的关联。在浴场中，整个热力学能量流动主要体现在功能房间的排布所呈现的温度差异上——根据不同的热量分配沐浴顺序。从最开始的“衣帽间”(apodyterium)到桑拿房(sudatorium)到最后的露天泳池（natatio）：温度呈现出从中等变化到高，再变化到低的过程。浴场的主要热量来源于一个古罗马的火坑供暖系统（praefurnium），供暖系统的能量主要用于加热沐浴所用的水，剩余热量则可以兼顾维持地板和墙面的温度。可以说，浴场多变的感温回路是建立在建筑的材料属性、空间排布和能量部署的结合之上。

巴克敏斯特·富勒（Richard Buckminster Fuller） 在 20 世纪 70 年代能量危机爆发时，认为根本不存在所谓的能量短缺，问题只是人类对能量的认识不够全面。富勒最根本的理念通过 1970 年的曼哈顿穹顶项目（图 6-1-23）得以体现。这个项目被认为是一个能量装置、

图 6-1-22　卡拉卡浴场热力学平面（左）卡拉卡浴场湿度平面（右）

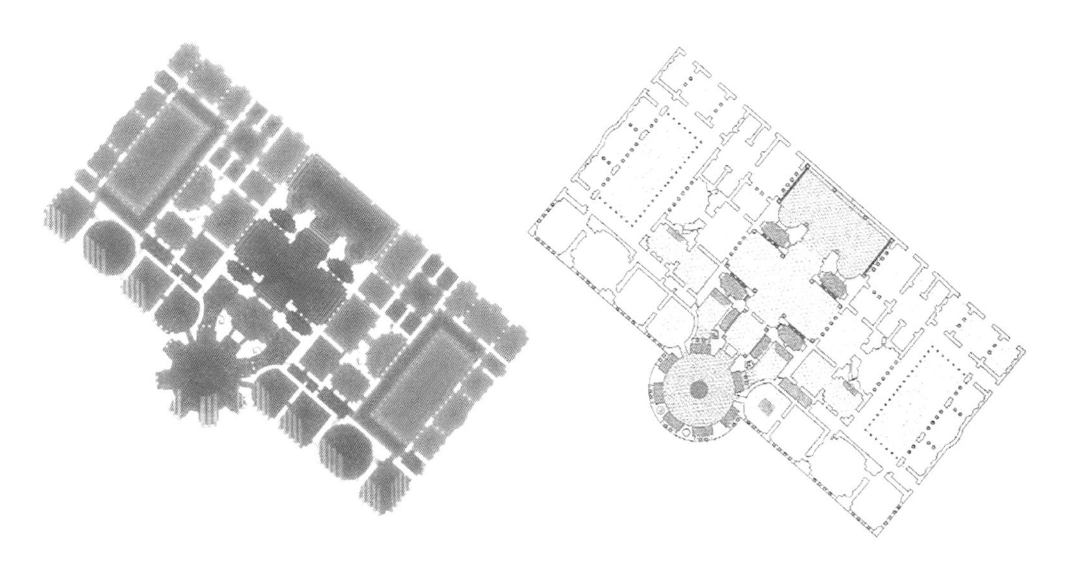

图 6-1-23 曼哈顿穹顶

一个以热力学为基础的设施。通过利用张拉穹顶结构罩住曼哈顿市中心，穹顶内部的城市可以成为一个完整的、自给自足的新陈代谢系统，拥有适合生存的气候并提供必要的生态机制。可以说，富勒的整个设计都贯彻着低碳的理念，他希望通过改变人们对能量认识及现有的设计方法，从城市、经济、时间、生态圈等多种角度来考虑能量的利用。

爱德华·玛斯瑞拉（Edward Mazria）利用可视化图解的方法描述材料的不同属性及构造方式，分析建筑元素对能量进行吸收、储存和利用，在被动式太阳能设计中具有重要的意义。玛斯瑞拉在 1990 年设计的斯多克布兰德住宅（Stockebrand Residence）中结合了被动式能源替代原则和主动式太阳能收集器。锯齿形的天窗增加太阳能的吸收，并将这些能量转换为设备运行和照明使用。并且，利用中心水池的储热能力，墙面的非绝缘材质（一般由石材或是土构成）成为了内部空间的散热器。1979 年玛斯瑞拉在其出版的《被动式太阳能手册》一书中提到，热能储存的外围护结构主要由水和石材构成，两种材质都能吸收大量的能量，并在内部温度降低时释放（Edward Mazria,1979）。可以说，在玛斯瑞拉的实践中，建筑材料本身作为一种蓄热材料储存环境所带来的能量，并在适宜的时间和空间中耗散，这样的吸收与释放就如同新陈代谢的过程。

在传统建筑对于环境变化的经验性策略中，许多关于空气中流动能量的引导和过滤方法都值得在当代进行可视化分析和总结。当很多建筑师追求通过技术去改变建筑和环境的关系时，在埃及的很多仍然较为落后的地方，对建筑与环境关系的构筑技巧传承却依旧在延续。哈桑·法赛（Hassan Fathy）①在1963年出版的《穷人的建筑》（*Architecture for the Poor*）中提到了他对埃及空间类型学和传统建筑构造方式的研究。开罗的传统建筑中有很多重复的元素，比如捕风窗、抬高的房间地面、风塔等。这些元素都有助于通过空气的流动对建筑内部进行冷却。法赛在1938年设计的古纳（Gourna）新村项目中运用了传统建筑中的自然法则，利用当地的泥土材料结合开罗式的空间系统和努比亚的泥砖建筑方法，发展了两种设计策略：屋顶敞廊的利用和拱形穹顶的利用。在对地域温度和风向进行了一系列详细研究后，法赛利用这些策略成功地把风引入室内，通过提高风速加快了室内降温效果。他对传统建筑中的空气动力学的革新尝试影响了建筑的形态、定位、空间、材料、肌理等，同时又考虑到了周围环境的经济、技术状况，在乡村中为穷人提供实用并且廉价的设计，对环境、文化和地域性都做出了回应。

① 哈桑·法赛（1900—1989）是20世纪埃及第一个不引进西方建筑理论的建筑师，他沿袭传统输出新理论，呈现全新的建筑体系。

图 6-1-24　哈桑·法赛的新巴里斯村设计

在一些其它相对落后的干热性气候区，热量会通过太阳辐射传递到建筑中，所以遮阳成为了这些地区必备的建筑策略。勒·柯布西耶（Le Corbusier）在印度的建筑实践中对于遮阳的策略表现为体量遮阳、立面遮阳、屋顶遮阳三种模式：体量遮阳是利用建筑形体形成阴影，其中最为著名的就是底层架空策略；立面遮阳的主要表现为凹廊及被柯布称为“蜂房式”的遮阳构件；屋顶遮阳则主要包括在迦太基别墅中屋顶架起的顶板、屋顶大型的“遮阳伞”构件，以及屋顶绿化等（李建斌，2007(06):50-55）。而在自然通风的策略上，考虑到印度干热的气候条件，勒·柯布西耶在建筑体量周围会设置水池，这些水池在静风时可以阻隔干热空气，有风时为空气降温加湿。

在当代建筑语境中，建筑设计往往需要以多重手段应对多重目标，所以通过综合性策略引导能量在建筑中的流动会是当代环境性能化图解设计中的重要方式。

杨经文在 1996 年的《摩天大楼：生物气候设计入门》中提出“生态气候”摩天楼概念受到伊安·麦克哈格（Ian L. McHarg）所强调的生态环境与区域适应性建筑理念的深刻影响。“生物气候”摩天楼的概念是以被动式节能策略为主，主动式节能为辅，并引入植物作为调节微气候的关键要素。在梅那拉·梅西加尼亚（Menara Mesiniaga）大楼的设计中，杨经文运用到了一系列综合性的生态策略，处理建筑和环境之间的关系：利用天空别院引入自然通风；利用分层绿色空间作为阳光和风的缓冲层；利用开放式表皮控制空气的对流、太阳能的吸收及雨水的排放等。杨经文所认为的生态气候设计重点在于生物圈和生态系统中的互通性和相关性……无论是人类活动还是自然活动，生态设计的关键在于所有活动的相互影响所形成的交互作用。建筑设计需要创造出一种生物和非生物要素共存的均衡生态系统，在全球或地区自然环境之间建立一种可再生的甚至是可修复性的关系。

在开放的环境系统中，一切物质都可以看作是以能量的形式存在。而环境性能可视化图解作为一种媒介，辅助我们重新审视建筑

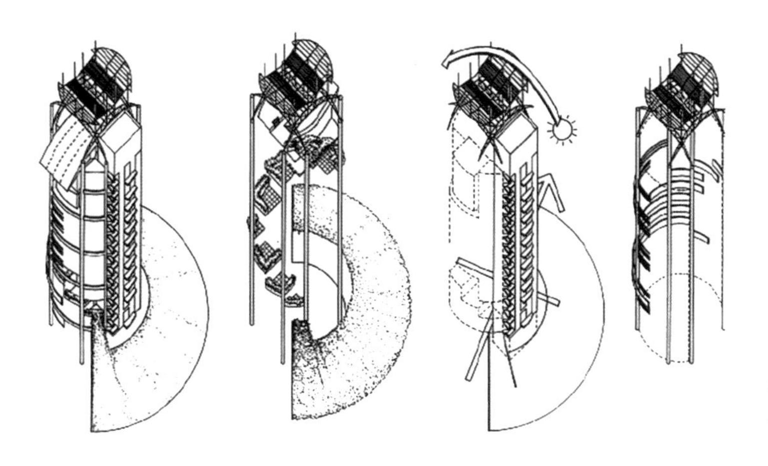

图 6-1-25　马来梅那拉·梅西加尼亚大楼的策略分析

作为一个耗散结构的能量存在形式。在无时无刻的环境变化中，能量通过光照、辐射和空气流动三种方式传递给建筑，与建筑中的材料属性以及建构方式相互关联，形成了一个复杂的交互系统。环境性能可视化图解可以为我们更加直观地梳理对于能量流动的认知，让我们建立起通过建筑设计响应环境的策略。 然而在这个过程中，对于能量流动的图解仍然仅仅处于分析阶段，之后的设计必然需要依赖一些经验性的策略，从而难以形成全新的突破。面对这一问题，数字化环境性能模拟工具的出现，不但会使得建筑与环境中能量变化的可视化分析更为精确，并且有可能将这种分析方式衍生成建筑形态的生成策略，建立起建筑与环境之间的全新关系。

数字化环境性能分析图解

Diagram of Digital Environmental Performance Analysis

一个伟大的建筑必须从不可度量开始，之后再经历可度量的设计过程，最终又必须回归不可度量……

——路易斯·康

A great building must begin with the unmeasurable, must go through measurable means when it is being designed and in the end must be unmeasurable...

——Louis Kahn

19 世纪初，能量流动的观点在建筑学中的引入挑战了人们对于“建筑究竟为何”这一问题的固有答案。通过对太阳运动、空气流动等自然现象的长期观察和记录，建筑师以手绘图解的方式将积累的实践经验与物理学范畴的基本原理结合，总结出了一系列对自然气候进行合理响应的建筑设计策略。这些定性式的图解表达重新定义了建筑与环境之间的相互关系，从类型学的角度概括了特定气候下典型的设计范式。

事实上，建筑环境并不仅仅取决于大尺度下的地域和气候，建筑物所处的微环境差异也将可能导致截然不同的建筑性能表现。随着自然气候变化与人类碳排放量的加剧，建筑领域开始趋向于借助计算机辅助工具去精确地描述建筑微环境性能，并由此衍生出一系列用于方案评估反馈的环境性能模拟媒介。这些数字化模拟媒介通过输入气象数据建立环境信息，并在集成算法和模拟引擎的作用下生成针对特定建筑性能的数字化图解，使得建筑师能够对能耗、日照辐射、自然通风等环境性能设计做出明确的判断。

环境性能图解将束缚建筑师思维的墙体、屋顶、窗户等有形物质从视线中淡化，从而呈现出一些往往并不可见的事物和现象：光线、空气、热量、声音及其在空间中的行为。在建筑的物质形式背后，能量的运作模式通过环境性能图解得以“发声”，就犹如维多利亚时代人们通过 X 射线穿透人类肉体看向内部本质。作为建筑学中的“X 射线”，环境性能图解向我们描述了空间存在的在生态运转层面的合理性，使得能量成了一种解读空间的全新形式语言。

在环境性能模拟中，图像输出和可视化技术是模拟软件介入设计的基础，并且在数字化工具的支撑下实现了数据与图解之间的双向转化。通过叠加分析图解，建筑师能够通过相对直观的方式对设计方案进行比较，从而将模拟结果整合到设计流程之中。尽管建筑师不一定能够深入理解潜在的能量计算逻辑，但他们却可以借助科学的环境性能模拟媒介建立起对日照、太阳辐射、通风及其他环境因素的直观认识，从而更好地对建筑形式与环境性能进行统一与整合。

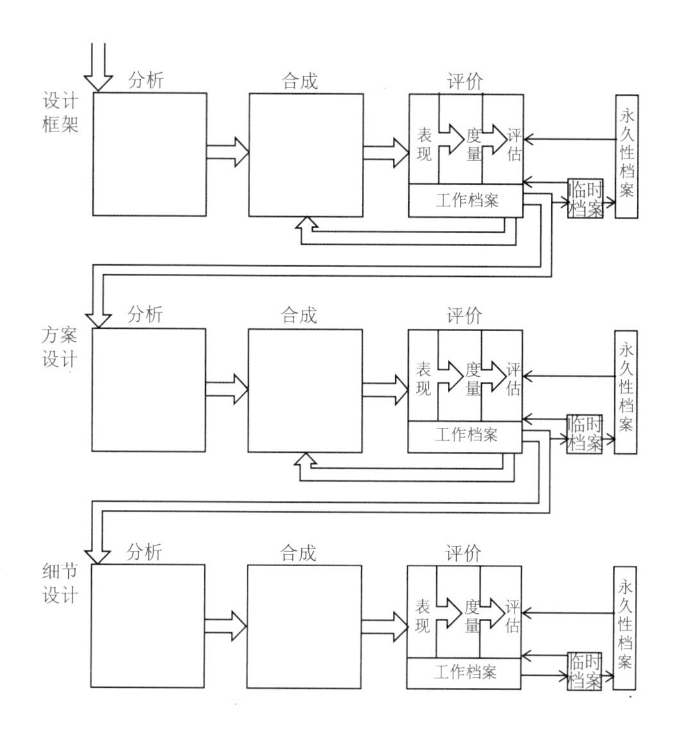

图 6-2-1 汤姆·马维尔（Thomas W. Maver）①绘制的设计阶段评估流程的理论框架

计算机语言的图形化界面

20 世纪六七十年代，使用数字化工具对建筑方案进行性能反馈成为非常活跃的研究领域。其中，PACE（Package for Architectural Computer Evaluation）作为数字化环境性能分析工具的始祖，其初衷在于优化建筑中繁复的传统设计流程，实现对大量设计草案的快速评估，并对每一项设计议题做出定量的回应。传统实践模式下，建筑设计流程包含三个阶段：概念设计、方案设计和细节深化。每一个阶段都由分析（analysis）、合成（synthesis）以及评估（appraisal）三个方面构成（图 6-2-1）。建筑师基于对设计问题的分析构思出综合的设计方案，然而在专业技能的限制下，他们只能对方案进行最基本的设计反馈。通常，这些粗略的反馈可以建构出一些修改方向，但由于方案修改之后往往仍需进行再评估的过程，所以这一重复性的劳动使得大量设计师倾向于直接跨入下一设计阶段，而忽略必要的方案比较和优化流程。在这一背景下，PACE 的出现克服了传统模式中设计反馈的局限性，通过最大限度地发挥计算机在设计流程中的作用，实现了方案评估过程的定量化与自动化。

① 汤姆·马维尔，斯特拉斯克莱德大学教授，计算机辅助设计领域先驱，是最早研究环境性能模拟工具研发的学者之一，自 20 世纪 70 年代至今发表相关论文 150 余篇。

当然，当时的模拟软件还只是处于雏形阶段，尚且不具备当下模拟工具的可视性和操作性，但总体来说，整个模拟流程的核心内在逻辑已经建构完成（图 6-2-2）。PACE 是由 FORTRAN IV 语言编写，并在分时系统（time-sharing system）下运作的。参数的输入（input）可通过电传打字机终端（teletypewriter terminal），经由 GPO 电话线连接到中央处理器，所以设计师与计算机之间的交互作用是会话式的。在模拟的初始设定过程中，计算机会向设计师抛出简易的问题，例如"你的模型是否使用公制单位？"，而设计师可以通过键盘输入是或否，以此设定初始模拟环境。设计师向机器"描述"方案的过程均是由操作键盘输入数据的方式完成的，输入的参数包含五个部分：总体信息、几何信息、场地信息、建造信息和活动信息。其中，总体信息包含建筑的类型、场地经纬度、使用人群数量等等，计算机可以通过调用内置的气候数据建立起初始状态；几何信息是通过设计师输入 X、Y、Z 坐标系的坐标值确定被分析的几何形态中尺寸、位置及层高、朝向等情况；场地信息的输入类似于当下模拟软件中的网格划分，设计师可以依据被测模型的均匀度决定网格的精细度；建造信息则包含了各项材料属性，如玻璃面积或外墙保温性能等；最后活动信息定义了每一空间的功能，并且根据不同的功能制定出不同的评价标准。

经过中央处理器对输入参数的计算后，PACE 将输出四类模拟结果：成本、空间性能、环境性能和活动性能。其中，环境性能模块能够计算出达到理想舒适环境下所需的绿化面积、人工照明面积、机械通风体量、平均得失热量等指标，进而指导建筑师通过修改设计概念、改变几何或建造信息来提升建筑性能，并将优化后的结果递交至新一轮评估。最终，这一重复性的"人机交互"回路将不断演进并收敛至最优设计解。总体来说，PACE 既可以用来优化特定的建筑类型，亦可以用来理解不同设计变量之间的交互关系，为专业知识相对匮乏的建筑师提供了在设计初级阶段进行建筑评估的利器。

如果说早期的环境性能研究更多关注于负荷计算及能量分析，那么随着时间的推移和技术的发展，这些模拟工具变得更加丰富和立体化——开始纳入热传递、空气流动、日照模拟等多种性能评估。与此同时，图形化的用户接口也使得这些复杂的模拟工具愈发易于操作，

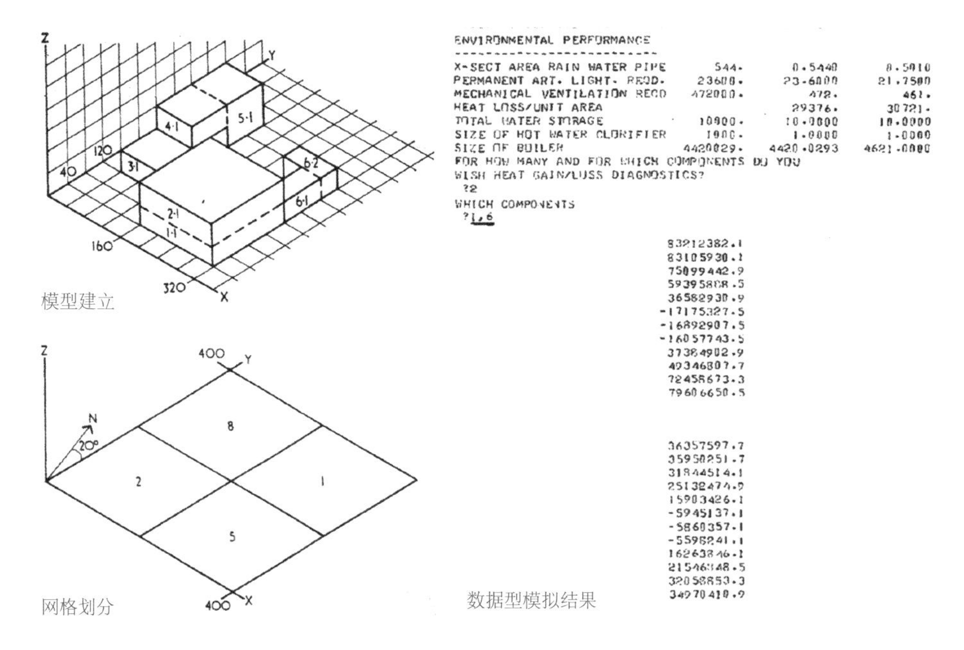

图 6-2-2　PACE 的运行界面及计算机语言式的结果输出

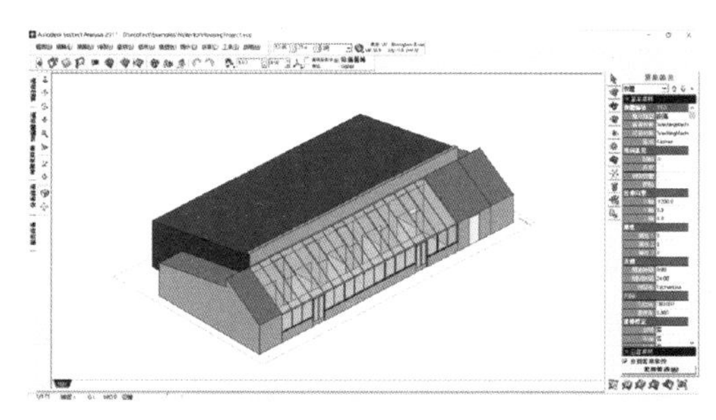

模型建立

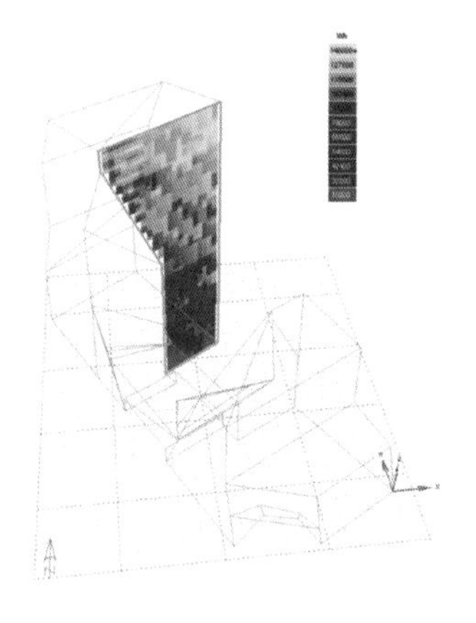

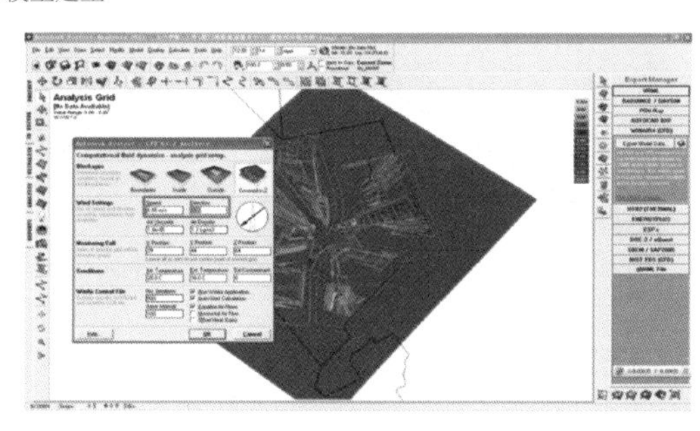

网格划分

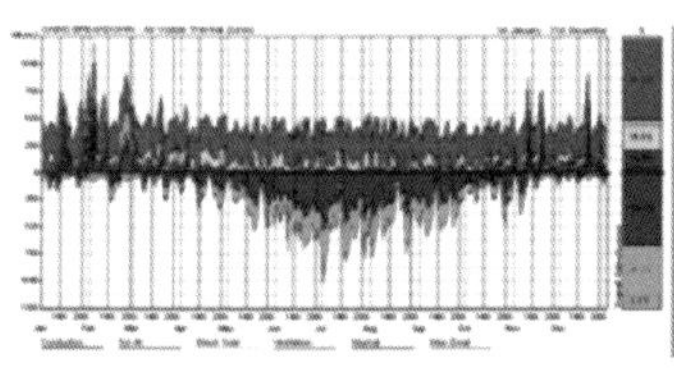

图解型模拟结果

图 6-2-3　Ecotect 的运行界面及图形化的结果输出

通过对从参数输入到模拟分析再到结果输出的整个流程以直观的图解方式进行呈现，从而在数据和表格之外为建筑师提供了一种更加适合的图形化模拟媒介。

在环境性能模拟工具的发展过程中，建筑师安德鲁·马歇尔（Andrew March）[①] 发明的 Ecotect 可以被认为是开创了用户界面和分析类型的革新。马歇尔将复杂的算法、公式嵌于软件之中，并将它们呈现为相当直观的图形化用户界面（图 6-2-3）。Ecotect 软件本身可以借助多种三维建模功能来创建几何体量，其内置的预设值便于快速建立日照、太阳辐射、气流、能量、声学等一系列环境分析。同时，Ecotect 的开创性还体现在其图解化的模拟结果输出中。它能够将图像化的模拟结果重新映射到三维模型上，从而易于建筑师理解和应用。可以说，从最初的计算机语言发展到之后的图形化界面，这种建立在优化设计流程之上的性能模拟软件逐渐搭建起了建筑师与环境分析之间的桥梁。

① 安德鲁．马歇尔，Ecotect 创始人，擅长建筑性能分析、生成设计和三维可视化。

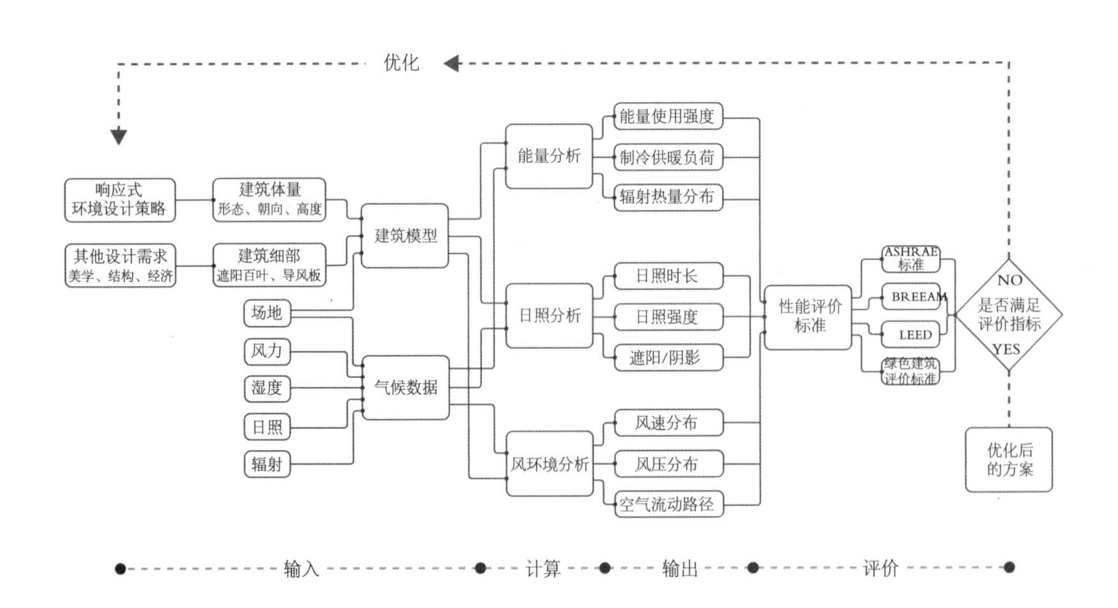

图 6-2-4　环境性能模拟流程

图 6-2-5　常用的性能模拟工具

输入—计算—输出—评价

现今的环境性能模拟软件从流程上来说，几乎仍然延续着第一代模拟工具 PACE 的内在运转机制——从输入到计算、再从输出到评价（图 6-2-4）。只不过在发展过程中，随着模拟对象愈发多元，模拟准确性趋于科学，模拟软件本身的分析可达性在日益增长。

首先，“输入”指的是用户对模拟参数的输入，包括建筑模型和气候数据两大部分。在模拟中，设计师可以通过不断改变输入参数来测试设计中不同的可能性。其中，参数化软件实现了建筑模型的迭代更新，允许建筑师动态地改变定义建筑的控制参数，从而快速生成不同的几何形态进行模拟。而气候数据的变更则用于研究不同季节、不同时间段下建筑的性能表现。在设计初期阶段，建筑师可以根据预定目标发展出响应式的环境设计策略，在权衡结构、美学等设计需求的前提下衍生出相应的建筑体量及细部。之后这些概念草案将以三维建模的方式表达出来，并在模拟软件中进行一定的预处理。一般而言，在预处理过程中建筑师需要在细节程度和模拟时长的博弈间寻求合适的平衡点，通过消减不必要的细节来缩短模拟时间。

“计算”是针对特定的分析类型（能量分析、日照分析、风环境分析）预设模拟环境，并在相应的模拟引擎作用下对置入的模型进行性能测试。当今，越来越多的“建筑师友好型”（Architects Friendly）模拟软件（图 6-2-5）使得建筑师可以对设计体块模型进行模拟，进而在设计初期阶段依据模拟结果对设计概念进行快速调整。模拟计算既可以是瞬时模拟（point in time），即针对特定时刻进行模拟以用于研究峰值时期的环境性能数据，也可以是时段模拟，即选取较长的某个时间段，以小时、天或月为单位进行一系列分析，形成整体评估结果。在计算过程中，建筑师需要设定模拟的边界条件（boundary conditions），即约束模拟的几何范围，从而使模拟可以在更短时间内完成。通常来说，为了创建真实的模拟环境，设计师需要在模型中赋予光线反射率、保温性能等详细的材料特性，但对于大多数设计初级阶段的模拟而言，直接使用软件内置的默认值（default values）同样能够快速获得合理的模拟结果。另外，网格划分也是模拟计算中至关重要的一个环节。简单地说，网格的概念类似于求解微积分时的 Δx。基于有限元算法的环境模拟分析技术可以将几何模型划分至很小的、相互连接的网格单元，通过在每个网格单元中求解参数并递推至周边网格，进而得到整个求解域的结果。

“输出”是指当模拟过程运行至一定循环或迭代曲线趋于稳定和收敛时对模拟结果的呈现。这些模拟结果多以伪色图（false colors）的形式进行输出，从而图解化地表达辐射、日照、气流等性能结果。伪色图中将显示性能区间，而峰值通常由软件自动计算生成。在比较不同设计方案的性能差异时，用户往往需要自定义地去修改这一区间，从而各个性能区间保持一致对设计进行合理的判断。

“性能评价”用于对输出图解的分析，以提出进一步的优化策略。其中“评价”的标准可以是诸如 LEED、BREEAM、ASHRAE、绿色建筑评价标准等规章中对能量、光照、气流、舒适度提出的具体参考指标；也可以是设计师在设计初期阶段提出的创新性设计意图。建筑师依据这些评价标准去判断设计概念的性能表现并做出相应的优化反馈，使环境性能分析的输出结果直观地、可视化地反映在设计之中。总体来说，在设计初期阶段，性能模拟的目的并不在于获取精确的环境性能信息，而是对设计在自然力驱动下发生行为变化的趋势进行观察和操作。

气候数据图解

气候图解通过收集大量的环境数据，并将其转换为可被利用的参数输入到环境性能模拟工具中，生成图表式的计算结果，建立起场地特有的地域环境信息。基于场地气候数据展示的阳光角度、温湿变化、辐射量等分析图解，建筑师可以将环境因素纳入设计思考之中，使空间形式满足场地基本环境需求的同时，优化建筑周围的微气候性能。

气候数据通常分为年度气候文件（Annual Weather Files）和峰值文件（Peak Condition Files）两种类型，建筑师往往可根据设计的不同需求选用不同的数据。现有数据的统计类型共有两种：美国采暖制冷空调工程师协会（ASHRAE）、美国国家标准局（NBS）、美国海洋大气管理局（NOAA）、北大西洋公约组织（NATO）建立出来的参考年（Test Reference Year，TRY）①；美国圣地亚（Sandia）国家实验室发展的典型年（Typical Meteorological Year，TMY）②。气候数据往往会涵盖地方气候中的每小时温度、太阳辐射（全球和直接辐射）、湿度、风向与风速、云层覆盖率等（图 6-2-7，图 6-2-8）。这些气候信息可以被翻译成 EnergyPlus Weather(.epw) 文件格式后在 Climate Consultant 中呈现（图 6-2-6），或是通过 Weather Data File（.wea）的格式导入 Autodesk Ecotect Analysis 的 Weather tool 中进行图表式的表达。其中 Weather tool 可以导入我国环境信息的气候数据——较为常用的包括中国典型年气候（CTYW）、中国标准气候数据（CSWD）和日照与风能资源评估（SWERA）③三种统计数据。

① 参考年（TRY），按分析的重要性排序并将月平均温度最热（冷）的年份淘汰。

② 典型年（TMY），用统计的方法筛选出典型月并构成年。

③ 日照与风能资源评估 SWERA 来源于联合国环发署，空间卫星的测量数据，偏重太阳能和风能方面的模拟。

可以说，图解化的地域性气候数据是低能耗建筑设计中必不可少的参考资源。当今，成千上万的气象站在不停歇地收集未加工的微气候数据，这些数据可以通过软件对进行加权筛选，并且转译后运用于性能模拟工具中生成分析性图解来指导建筑设计的进程。

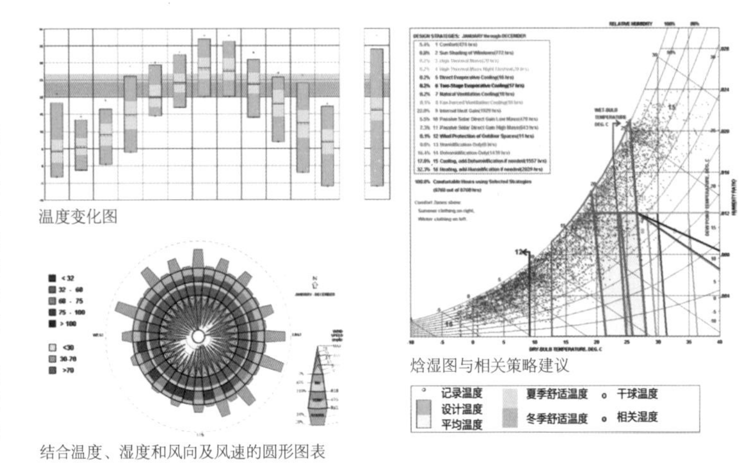

图 6-2-6 Climate Consultant 利用上海气候数据生成的可视化分析图表（温度变化图中黄色区域是全年不同月份的平均温度，绿色为设计温度，用灰色的色图结合了舒适标准形成的建议性温度；下方的圆形图表在同一个图中结合了温度、相关湿度以及风环境中的风速与风向信息，能更为便捷的指导前期设计；焓湿图同样结合了舒适标准，不同的色彩区域拥有相对应的干球温度和湿度值，软件针对这些数据提出了不同的策略建议）

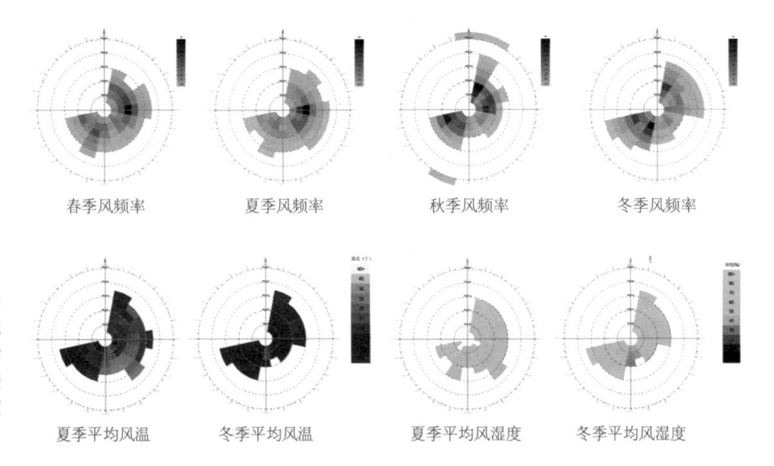

图 6-2-7 Weather Tool 根据上海气候数据输出的风玫瑰图（中轴线上色彩的长度代表风速的大小，紫色的深浅代表持续时间的长短、橙色代表温度的高低、绿色代表湿度的大小）

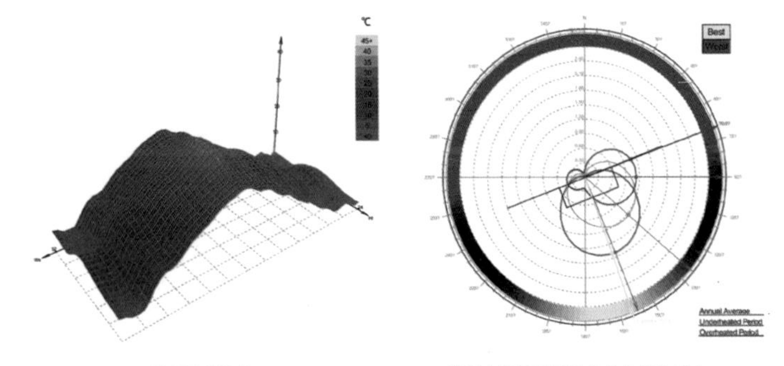

图 6-2-8 Weather Tool 根据上海气候数据和舒适建议输出的不同形式图表（三维图表能直观的看出温度变化的起伏，而利用率较高的最佳朝向图表中结合了辐射数据为建筑在场地中接受较优质日照辐射提供了建议性朝向策略）

评价标准图解

建筑空间系统不断的耗散能量为使用者提供了舒适的室内环境。在开放的建筑系统中，能量的耗散不仅包括了热力学范畴中对能量流动的理解，同样涵盖了人体卫生、经济耗费、施工养护、运行管理、维护修缮等多方面内容。这时，评估标准体系的建立成为有效控制建筑能量复杂耗散过程的工具：通过环境性能模拟工具与评估体系的结合，将建筑环境性能的模拟结果输出为分析性图解，从而将建筑中的能量流动反馈到设计中以进行优化调整。

在设计的前期阶段，建筑空间系统的能量耗散主要通过热舒适标准来评价。虽然我们更倾向于把对于空间的热舒适感受定义为精确的温度、湿度、氧气或是光线照度，但由于室外环境温度的变化及个体对环境适应程度的不同，所以制定精确的性能空间设计标准变得尤为困难 。如同范戈尔（Povl Ole Fanger）[①] 在《热舒适》（*Thermal Comfort*）一书中提到的一样，当热感觉处于一种中性的状态时，微凉（slight cool）或是微暖（slight warm）区间都可以使人体达到热舒适的状态。1917 年埃贝克（Ebbecke U Berger）提出："热感觉是与皮肤感受器的活动有联系，而热舒适度是依赖于来自人体热调节中心的热调节反应"。埃贝克认为舒适度始终处于一种动态的过程，所以人体对于环境的"舒适"之感也是暂时的。托马斯·贝德福德（Thomas Bedford）在 1936 年提出了热舒适的 7 级评价指标，称为贝氏标度 。之后，国际标准化组织（ISO）又根据范戈尔教授的研究成果制定了 ISO 7730 标准。ISO 7730 标准以 "预计平均投票率—预计不满意百分率（PMV-PPD）" 指标来描述和评价热环境，通过人的主观感受与人体活动程度、衣服热阻（衣着情况）、空气温度、空气湿度、平均辐射温度、空气流动速度等 6 个因素相结合而制定（图 6-2-9）（赵荣义，2000）。同时，美国供暖、制冷与空调工程师协会制定了 ANSI/ASHRAE Standard 55 用于评判人所处的室内热环境中满足热舒适所需的最小值。这项评判标准的第一版公布是在 1966 年，至今已更新到 ASHRAE 55-2013，并运用了 PMV—PPD 来建立热舒适模型。加州大学伯克利分校（University of California, Berkeley）曾设计了一个基于 ASHRAE-55 的线上实时交互式室内舒适度评价工具——CBE

① 范戈尔（1934—2006），热舒适和室内环境领域的专家，丹麦技术大学能量系资深教授，科学家。

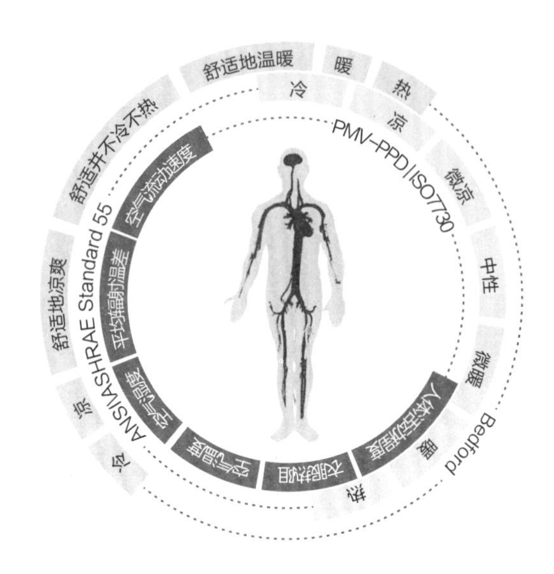

图 6-2-9　舒适标准及相关元素

Thermal Comfort Tool（http://comfort.cbe.berkeley.edu/）。在这个工具中，建筑师在选择了所在区域的气候数据后，可以分别根据静态（Static PMV）和动态（adaptive comfort）模型来对舒适度进行评价。

将评价标准的数据信息与环境性能模拟工具结合后，评价结果在环境性能分析图解中常以百分比的形式出现，直观地表示出满足规范的比率，使建筑师能够更快捷地对设计合理性进行反馈。总体来说，随着评估体系越来越注重使用者的“参与性”，可持续建筑在结合气候设计的同时最终也逐渐回归到“以人为本”的中心上。

热辐射分析图解

在建筑中，日照辐射会带来大量的热能提升室内温度，但同时过量的热扩散也会造成人体的不舒适从而引起制冷荷载的增加。通过使用环境性能模拟软件对建筑中的日照能量进行计算模拟，设计师可以重新建立日照得热和过剩热量之间的平衡策略，有效的推迟或是减缓加热和冷却的机械调控需求。

环境性能模拟软件主要通过伪色图和图表方式对辐射热量分布、室内制冷荷载及能量使用强度（Energy Use Intensity，EUI）做可视化图解分析。其中，太阳辐射的强度取决于太阳角度和云层覆盖率，而环境模拟软件可以通过逐时或是逐日的方式对辐射所带来的热量进行模拟和计算。建筑表面或是构件上所接收到的辐射值主要由直接辐射（direct irradiation）和间接辐射（indirect irradiation）构成。建筑在日间大部分所接收的热量大部分来自于太阳的直接辐射；而当太阳高度角降低时，软件对于辐射热的计算就主要取决于周围构筑物的表面热扩散。在设计过程中，建筑师可以通过环境模拟软件对太阳在建筑南向立面的直接辐射进行计算，并在三维视图中用伪色图的方式表达相匹配的 RGB 图解信息——从蓝色到黄色分别是每小时热量值的梯度变化。之后，建筑师通过对体量形态的调整以到达建筑自遮阳的目的（图 6-2-10）， 并在软件中进行再次分析以和原有方案进行对比。当然，在很多情况下对建筑表面的辐射模拟并不能产生科学的室内空间舒适度评价。日照产生的辐射热量主要由南向窗户进入室内并由蓄

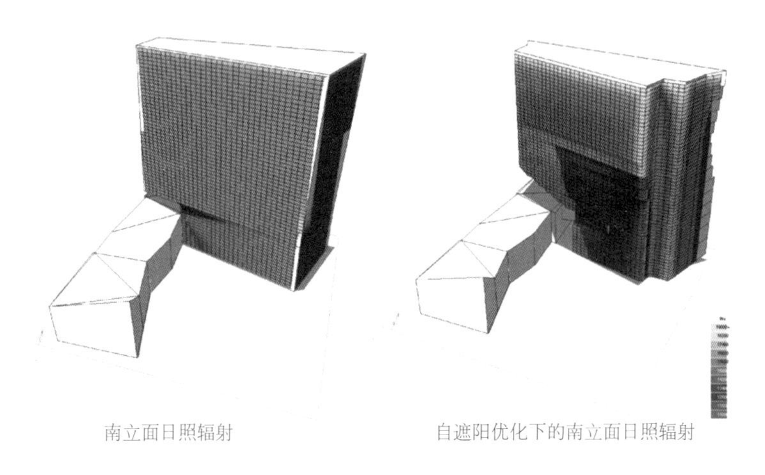

图 6-2-10 日照辐射在建筑南向立面形成的伪色图

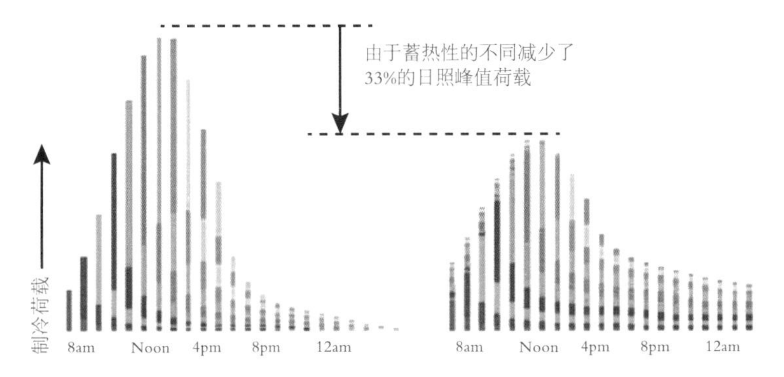

图 6-2-11 低蓄热性的室内空间与高蓄热性空间的制冷荷载对比图解

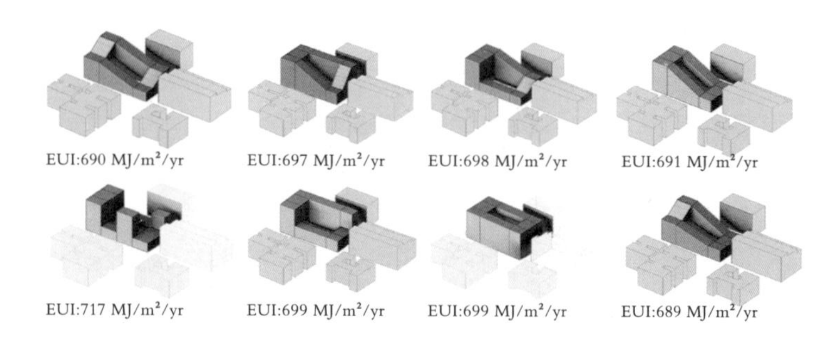

图 6-2-12　EUI 日照辐射伪色图

热墙体或是其他构件进行热量的存储和传导，由于峰值辐射的均质化只能延长蓄热体传导时间，所以评价设计方案对辐射的优化作用还需要将室内环境的影响情况结合舒适标准做简要分析。建筑师在 Ecotect 中利用辐射时间序列 RTS（Radiant Time Series）的方法可以对室内空间中 24h 日照能量所带来的制冷荷载进行计算（图 6-2-11）。在 RTS 产出的图表中，不同的颜色代表了不同构件中所储存的能量比值。可以看出，蓄热性低的室内空间一天内的热量变化幅度大且构件的热量流失很快，其峰值荷载也大大的高于蓄热性高的室内空间，所以设计中蓄热构件和材质的选取成为降低室内制冷荷载的关键。

能量使用强度 EUI 是对建筑热辐射进行衡量另一重要指标。EUI 分为场地 EUI 和资源 EUI 两种，其中后者比前者范围更广，它们都描述了建筑中用电、天然气及其他资源的能耗总和。这种基于项目尺度、形态和场地而建立起来的资源能量使用强度值，在 Vasari 等模拟软件中可以通过计算生成实时数据并结合日照辐射伪色图（图 6-2-12），以更直观的方式建立起方案间的对比式阅读。虽然通常来说，在建筑环境模拟中越低的 EUI 值代表了更好的能量性能，但是 EUI 值在建筑使用中的范围涉及很广泛，所以通常对它的计算都不够全面。

近年来，越来越多的性能模拟软件公司通过工作营或是竞赛的方式来推广环境模拟软件在设计中的应用与完善，并将绿色建筑理念推进到建筑设计的早期阶段。例如 2014 年 Autodesk 公司举办了“向 2030 年建筑转型”（The Transformation 2030 Design Competition）的设计竞赛，希望参赛者创造出高性能且就具有社会责任感的设计方案。而这次竞赛的获胜者便是在设计开始阶段便采用了 Ecotect 中的

Weather Tool，载入纽约南布朗克斯区气候数据，结合舒适度评价标准生成了焓湿图表（psychrometric chart）、被动式日照加热（passive solar heating）、自然通风（natural ventilation）及蓄热效应（thermal mass effects）的节能策略建议图解，控制基础方案的生成，进而通过对比不同形体之间的 EUI 产生最优方案。

日照分析图解

环境性能模拟软件在日照分析图解计算方面采用了多种数字化方法，其中包括了“天空图法”“日照等时线”“返回光线法”及“逆日影法”等，从而取代了传统中的棒影法和日影法等手工作图求解方法。软件中计算生成的日照图解以多种形式表达空间的采光情况，通常最为常用的是照度等级（Illumination Levels）、采光系数（Daylight Factor，DF），以及有效日照时间等。

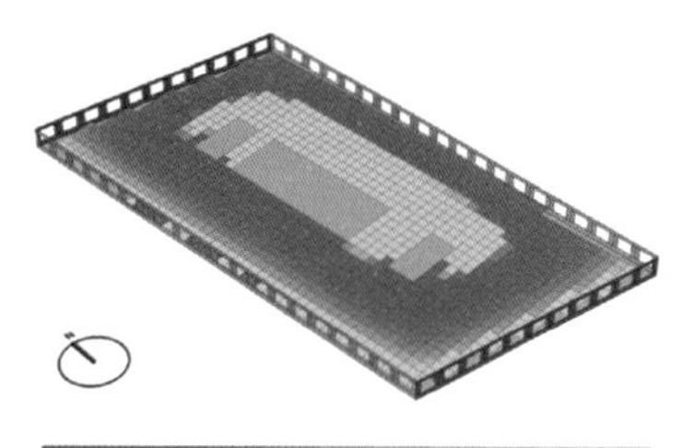

照度 25—500fc
12月21日下午3点　67%的空间在此范围内

可用日照指标 25—500fc
年均日照数据中有31%地板接受到此范围内的日照等级

图 6-2-13　通过与平面高度、窗户尺度以及玻璃的透光率建立关系，生成日照伪色图

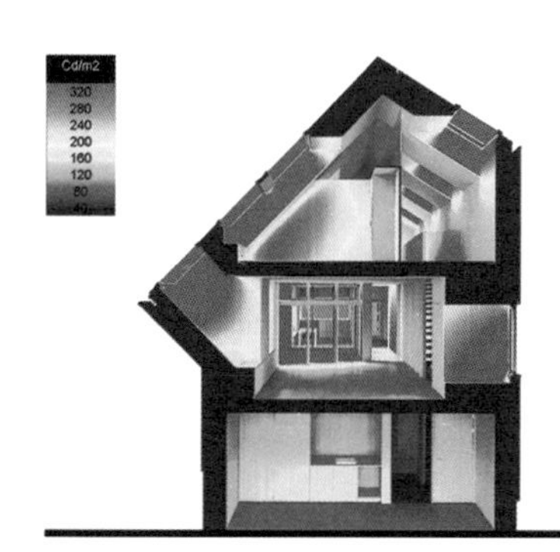

图 6-2-14　空间照度可视化伪色图以及日照环境下的渲染图

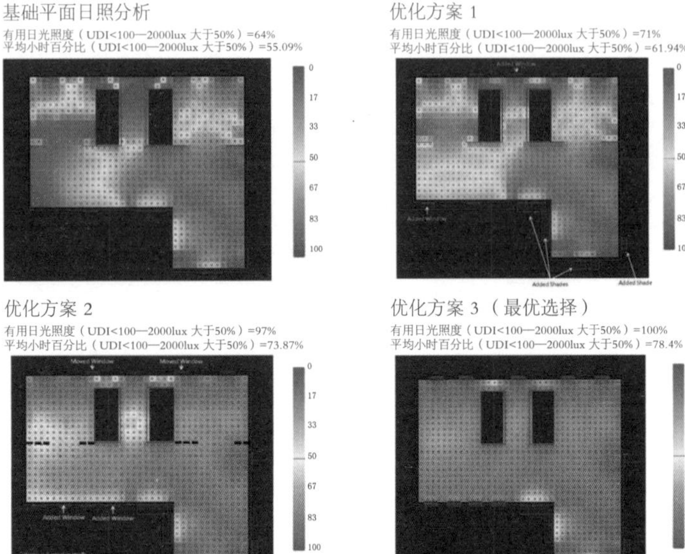

图 6-2-15　调整开窗以及其他构件，形成的不同照度分布图解

通常情况下，反映在建筑中的日照结合了来自太阳的直接照明（direct light）以及大气层、水和周围物质的漫射光（diffuse light）。由于日照模拟受天空条件的影响会产生很大改变，所以在大多数案例中，软件会结合气候数据自动帮助使用者选取合适的天空条件。建筑师在设计前期阶段利用性能软件进行模拟时往往会提升模型中太阳日照的最小照度值，以平衡方案实施后家具的置入对光照的遮挡。日照模拟的输出分析几乎都以伪色图的方式呈现。其中基于不同的数据模式伪色图会呈现出不同的信息（图 6-2-13）。例如图中分别是由照度等级和照度小时百分比（Daylight Autonomy，DA）构成的伪色图，前者是时间段的瞬时日影，而后者是年平均日照数据在空间平面中超出最小照度值的百分比分布。

对室内空间中各表面接受的日光进行模拟计算，生成空间光照的伪色图和渲染图，能够帮助建筑师对比不同照度在空间中产生的效果，进而对设计进行优化（图 6-2-14）。室内空间在功能使用上的不同会对应着不同等级的照度需求。大多数对于日照设计的基础标准是满足工作参考平面的最小照度等级。参考平面通常被定义在距地面 0.75m 的高度，在这个高度上人可以进行阅读、写作、烹饪及其他工作。在中国，为了保证室内环境卫生条件，根据建筑物所处气候区和使用性质的不同，日照评价标准同时要求在日照标准日（冬至日或大寒日）建筑外窗获得满窗日照的时间一般按不小于 2h 计算（建筑类型的不同标准不同）。一般情况下，建筑师根据伪色图的日照结果呈现，在不满足日照标准时便会考虑功能的排布优化或是形体的退让处理。

日照的定量分析可以被认为是空间日照设计中的核心问题，而定量分析的核心则是如何利用大量的环境数据对设计模型的可视化分析结果进行直观对比并做出选择判断。在 2014 年 Rhino 环境分析插件 DIVA 举办的工作营中，由哈特福德大学助理教授赛斯·福尔摩斯（Seth H Holmes）带领的小组以如何让初学者利用 DIVA 生成环境图解优化建筑为课题，进行了一系列关于日照的设计。其中学生在对比了家庭办公空间基础日照的条件下，做出了二种优化策略进行对比（图 6-2-15）。模拟分析结果以伪色图的方式对房间内的照度分布进行了呈现，之后用于评价日照的数据由可利用日照（Useable Daylight Illumination，UDI）和采光系数 DF 组成。根据模拟结果学生调整遮阳构件、窗洞位置以及其他构件产生的漫射光对早上 8 点到下午 6 点的空间日照情况进行控制，从而为室内提供了高质量的光环境。

风环境分析图解

风是复杂的、不可见的空气流体现象。建筑及城市中的风环境影响着热岛效应、行人舒适度、污染物排放、建筑自然通风和室内温度等多个方面。建筑尺寸、形状、朝向上的微小变动都将可能极大地改变空气的运动模式。风环境背后复杂的物理原理使得建筑师很难仅凭借个人的知识和经验积累去预测风在遇到建筑时的行为及所带来的风压和风速分布。环境风场、行人风场、建筑物风荷载、外墙热负荷、内部环境控制等环境性能只有通过风环境分析图解工具才能够被预测和评估。

其中，流迹线图解是风环境模拟的主要呈现方式之一。流迹线图解可以将风遇到建筑时的运动状态，包括迎风面涡旋区、分离点、回流、再附着、建筑风影区等物理现象以简明的图示进行多维度表现，

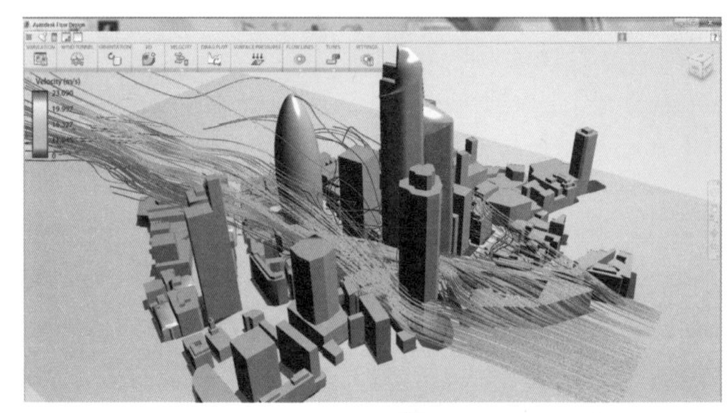

图6-2-16　运用Flow Design快速生成的伦敦中心区域流迹线图解。Flow Design操作简单，能与Revit模型无缝对接，并兼容各类三维模型(包括ipt, iam, sldprt, prt, x_t, STEP等格式)，且精度可调，非常适用于概念阶段的快速模拟。

图6-2-17　根据流迹线图解比较不同表皮形态对室内空气流动的影响。

辅助建筑师从平面、立面、三维等各个角度去全面解读建筑对周围气流形态的影响（图 6-2-16，图 6-2-17）。

除了可视化的流迹线图解，风环境模拟计算生成的风速、风压数据也多以伪色图的形式进行表达。建筑师可以依据相应的性能指标，对伪色图解进行后处理，从而评价或比较方案在风环境性能上的优劣（图 6-2-18，图 6-2-19）。例如，在高层设计初期，建筑师可以对多个概念方案进行模拟，生成 1.5m 高度处的风速平面分布图，并依据行人舒适感与风速之间的关系[①]，评价方案的可行性。另外，建筑物表面的风力分布图不仅能够用来计算建筑结构的风荷载，也能用于预测建筑的通风潜力。建筑单体迎风面与背风面之间的压力差可以被认为是建筑实现良好自然通风的重要因素之一[②]。

① 风速为 1 m/s < v < 5 m/s 时，在夏季人们体感是舒适的；在过渡季室外舒适风速范围为 0.6 m/s < v < 5 m/s；冬季室外舒适风速为低于 3 m/s。

② 建筑物迎背风面压差大于 1.5 Pa 有利于实现建筑内部的自然通风。

环境性能分析图解实现了对建筑在自然气候中性能表现的直观量化描述。作为性能与数据之间关系的媒介，环境性能分析图解暗含着从输入端到输出端的抽象逻辑——如何引入性能指标，如何描述合理性参数，如何形成模拟回馈，如何将回馈应用于设计之中。在数字化时代下，环境性能分析图解与数字化媒介的结合能够帮助建筑师更加精准地操控设计，使建筑系统更具适应性，从而实现低碳可持续的设计目标。当然，尽管环境性能分析图解在性能化建筑设计方向为建筑师提供了可视化和科学化的辅助媒介，但其对设计流程的介入始终是在原有建筑形式的基础上进行回溯性模拟。随着当今生成性思想在数字设计领域的不断延展，我们不应仅仅满足于“后评价”式的建筑性能优化，而是更应赋予环境性能图解以前瞻性形式生成能力，实现从环境性能到建筑几何的直接转化。

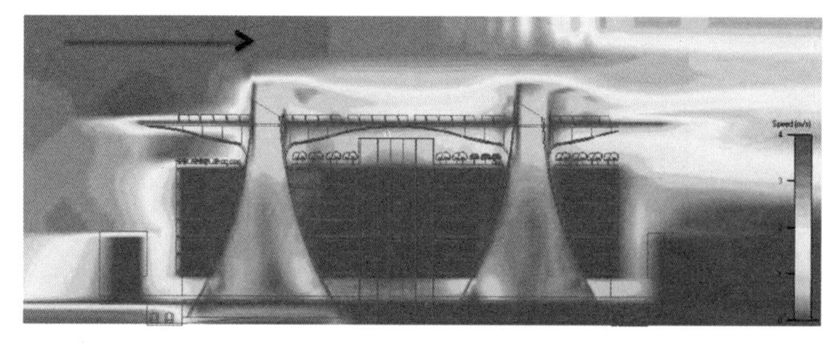

图6-2-18　马达斯尔总部的风速分析图解（用于分析室外自然风对锥形内部气体流动的影响，从而优化入风口的位置，实现内部均匀的自然通风。该环境响应式建筑引入了11座锥形风塔，日间风塔顶部作为出风口，优化的锥形形态利用烟囱效应和上方气流在锥形顶部创造负压区，将热空气排出建筑内部；夜间，锥形形态转化为入风口，将室外冷空气引入室内，给建筑降温）

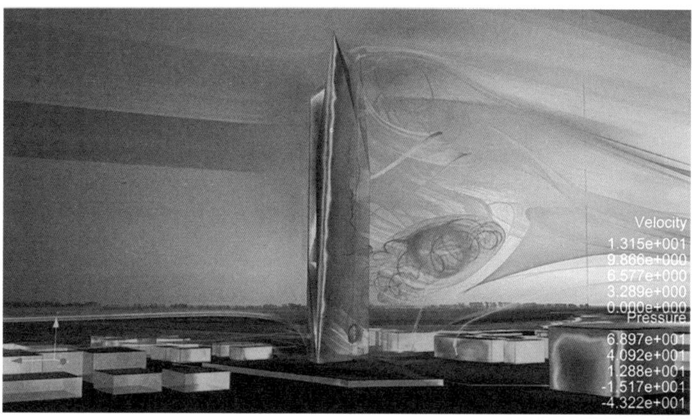

图6-2-19　台湾塔概念设计方案（建筑充分利用自然通风潜力，非线性的垂直开口和两侧塔楼体量间的距离使得两侧压力差最大化，驱动了对流通风）

数字化环境性能生形图解

Generative Morphology based on Environmental Performance Diagram

协调建筑外形（它长什么样子）与建筑性能（它做什么事情）之间的关系愈发需要我们去创造与环境协调的建筑，这些建筑是由声、光、热、能量、运动等环境性能塑造的。

——布兰科·克拉列维奇

Addressing the building's appearance (how it looks) and its performance (what it does) increasingly requires creating environmentally attuned buildings, whose physical forms are shaped by environmental performances in respect to light, heat, energy, movement or sound.

——Branko Kolarevic

知识草图的性能描述

在现代主义思潮之初，建筑师对环境操作的经验与知识范畴表现为手下简单的示意性草图，这些定量的分析图解建立起了建筑师对抽象环境要素的初步认识，但对环境性能的精准描述与评价还相对空白。从 20 世纪 70 年代起，随着计算机辅助工具的介入，建筑师开始对太阳辐射、能量使用、自遮阳、热舒适性、气流和声学等建筑性能获得定量的认识，环境性能图解帮助建筑师去理解特定气候下他们所设计的建筑如何影响自身的能量使用和周围的微环境，从而自主评估和验证设计概念的可行性。

值此，环境性能图解依旧仅仅是一种分析图解，并没有完全整合于设计过程中。在许多当代建筑实践中，环境性能模拟通常是在几何形态已初步确定的情况下由专业人士进行的，通过计算分析获取性能评价，再返回到设计中进行调整，反复多次比较，获得较为满意的设计结果。在这种“后评价”流程中，相对科学准确的环境性能图解成为设计演化的重要依据，但设计后期的修改通常相对有限且昂贵（Kaijima and Bouffanais, 2013; Gane and Haymaker, 2010）。

事实上，设计初期阶段的正确决策将在很大程度上影响设计未来的能量消耗。因此，环境性能图解一方面是分析工具，帮助建筑师以可视化的方式获知和评价方案的性能；另一方面，更应成为一种“前置性”的生成工具。在设计初期阶段，建筑师借助早于形式出现的环境性能图解来完成形式的创造与生成，在数字模拟与物理模拟的作用下，将环境数据转化为性能数据和几何参数，实现基于环境性能图解的交互生形。

性能化形式图解

在建筑形式、被动系统与主动系统的三元关系中，建筑形式逐渐回归到了适应环境文脉和降低建筑能耗的首要出发点（图 6-3-1）。建筑形式本身决定着建筑的能耗潜力，合理的建筑形式能够大幅减少未来建筑的能量负荷，提高人体的热舒适性。建筑布局直接关系到冬

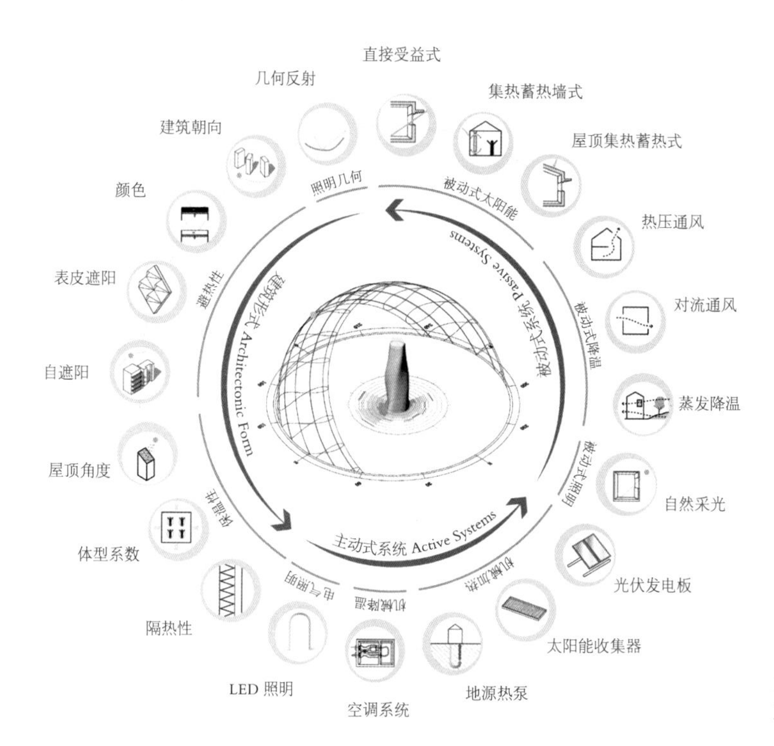

图 6-3-1　被动系统、主动系统与建筑形式之间的三元关系

季热损耗和夏季得热量，在相同面积下，表面积较小的建筑将向环境辐射较少的热量；有效的遮阳将遮蔽过量的太阳辐射，降低建筑冷负荷；朝向、植被、颜色等建筑要素同样影响着建筑的热环境。

被动系统尽可能地利用自然资源降低建筑能耗，这一系统与建筑设计之间的联系更为紧密。被动式太阳能系统通过窗户摄取热量，通过墙壁、地面等建筑元素去储藏热量，从而实现对太阳能的收集、储存和重新分配；有效的被动降温则取决于环境气候，包括自然通风、夜间置换通风、蒸发冷却等策略；自然光在设计下均匀地漫射于空间中，创造没有直射与眩光的室内环境。

主动系统则用于补偿建筑剩余的负荷，通过高效的加热、制冷和通风系统进一步降低建筑的能量使用。但从社会成本角度来说，通过更好地设计建筑形式与被动系统降低建筑在全生命周期中的能耗显然更为经济和长久。主动的太阳能系统和地源热泵，从太阳和土壤中提取热量，通过管道加热水体，不依赖于矿物燃料的燃烧，和传统机械系统相比更为高效和环保；机械冷却依赖于液体、气体相互转化时所需的大量能量，借此将热量从室内转移到室外；主动照明系统通过提升照明元件的发光效率降低建筑能耗。

斯蒂芬·贝林（Stefan Behling）曾以两幅三角图解（图 6-3-2）讨论了被动系统、主动系统以及建筑形式在可持续建成环境中所扮演的历时性层级关系，并指向形式在未来的首要性。伊纳克·阿巴洛斯（Inaki Abalos）在此基础上更新和丰富了这组图解在时间维度上的合理性，追溯了过去仅仅由建筑形式和被动系统构成的策略系统，将“现在—未来”重新定义为“过去—现代主义—现在”（Abalos and Sentkiewicz，2015）。

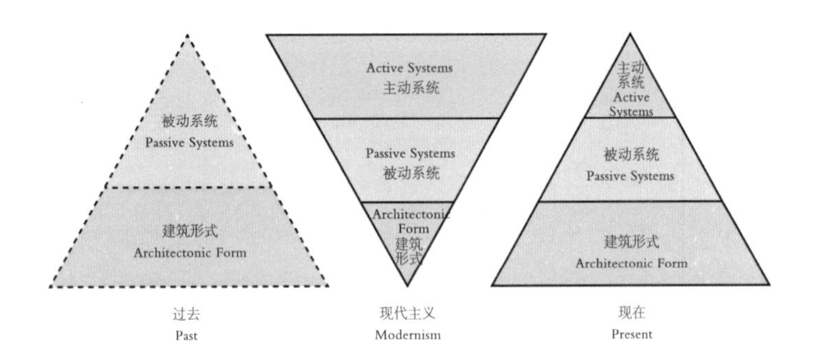

图 6-3-2　面向可持续建成环境的历时性策略层级，此图解最初源于斯蒂芬·贝林 2004 年在美国伊利诺理工大学的讲座，伊纳克·阿巴洛斯于 2013 年对此图解进行了更新与发展

过去，人类并不确切知道热能或热力学定律的概念，他们通过试错法的经验累积，总结出了特定气候下满足人体舒适度的建筑原型。这种朴素的自然环境与建筑形式、被动系统之间的对应关系，通过代际间口口相传，逐渐形成一种建筑的知识体系。

18 世纪中后期的工业革命带来了进阶的技术振兴。大量人口涌入城市去适应工厂的繁殖，传统聚积的知识与经验开始流失，簇拥在城市中的高密度住宅几乎没有光和通风。现代主义时期，透明性、光和空气成了建筑的标签。建筑师将玻璃盒子视为同工业革命下被污染的城市相对立的理想舒适模型。这一思维在全球范围内慢慢地被认可，人们将这一现象视为美好生活的映射，传统的生态建筑原型被扣上“未发展”和“贫穷”的帽子，逐渐被人遗忘。而这些玻璃盒子，基于低热阻的材料，极易受到室外温度波动的影响。为了确保室内热舒适性，这些建筑非常依赖于机械系统。那时的建筑开创了一个“奇迹”——无论建筑形式如何，无论室外环境如何，人们都能依靠主动的制冷供暖系统获得舒适的室内空间。主动系统成为当时的主流，并在二战后爆发的全面建设潮中抵达了峰值（Fernandes and Mateus，2012）。

1972 年，罗马俱乐部“增长的极限”（The Limits to Growth）一文告诫人们去思考不可再生资源的有限性，此后的能源危机彰显出人类对矿物燃料的依赖。这些警钟促使人们不断反思和质问：当道的主动式系统能否支撑起可持续未来？1998 年“能源与环境设计认证”（LEED）的引入提升了行业对可持续性的认知和认同。然而在很多情况下，建筑师仍然设计着与之前并无差别的建筑形态与表皮，并指望依赖机械系统去提升建筑的整体性能。这一做法的效率并不高，甚至时常给人一种错觉——所谓的绿色建筑并不绿色，相反却要消耗更多的能源。

实际上，当下的可持续建成环境议题不再单单是技术性的，更是最根本的，建筑师从建筑层面就应该考虑的设计问题。安德鲁·马歇尔（Andrew Marsh）在 2008 年牛津会议（The Oxford Conference）主题演讲中，首次创新性地融合了生成设计与性能化设计两个领域，倡导在设计概念阶段整合性能模拟生成建筑形态，从而更好地实现可持续建成环境目标（Marsh，2008）。近年来随着计算机辅助设计与制造技术的广泛延伸，建筑师拥有着前所未有的造型自由度。尽管一些算法和编程逻辑所生成的几何形态极大地拓展了建筑形式的创新边界，但这样一种源于视觉驱动的“造形”方法在很大程度上依赖于建筑师对形式美学的个人判断，使建筑的形式本体缺乏理性支撑，由此可能产生一些“奇奇怪怪的”形式（Grobman and Neuman，2008）。

正如五十年前，克里斯托弗·亚历山大（Christopher Alexander）所述：“我希望向人们展示，我所设计的物理形态和旨在解决的设计问题之间，存在某种潜在的、深层的、重要的结构一致性。”（Alexander，1964）从这一意义上来说，由环境性能图解驱动的生成式“找形”是走向可持续建成环境的一条更为经济、有效且长远的方法。这一方法以性能化形式为导向，以被动策略为主、主动策略为辅，将多目标环境性能目标作为设计生成和优化过程中的驱使参数，使建筑师能够做出对环境负责、基于现实的而非主观和经验化的设计决策。正如格雷格·林恩所述，风、光、热等环境性能在建筑与场地之间其实是以一种场的形式存在的（Lynn，1999）。环境性能图解实际上是一部抽象的机器，表示影响建筑设计的各个因素之间的动态关系，一端输入可述的具有场地特异性的环境数据，一端输出可见的隶属于这一场地的建筑形态，将环境参数与设计结果之间的逻辑可视化，从而帮助塑造建筑形体。

环境性能图解的建筑生形

基于环境性能图解的生形流程（图 6-3-3）通常包括四个部分——设计表达、模拟测试、性能评估以及设计优化（Kolarevic，2003）。具体来说，首先，建筑师将初步概念转化为简单的设计草案，并依据模拟方法建立虚拟或实体的建筑模型（设计表达）；在模拟工具的作用下对概念草案的环境性能进行模拟，生成可视化分析图解（模拟测试）；然后，基于特定的性能指标对测试结果进行价值判断（性能评估）；最终，根据决策反馈机制作出形态变化策略，提取环境性能图解中的数据，在算法逻辑的几何操作下，优化建筑形态或生成建筑表皮。

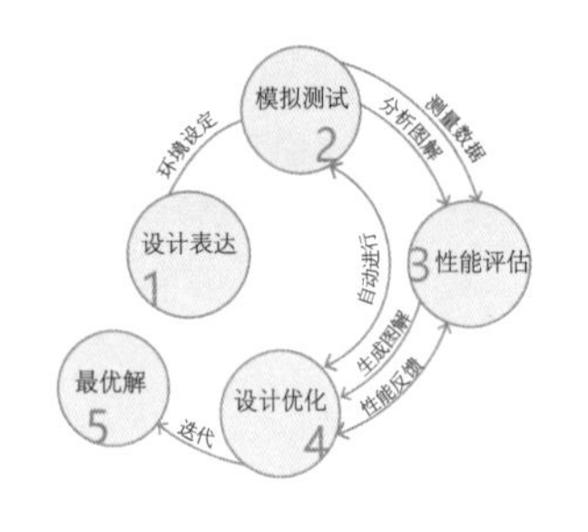

图 6-3-3　环境性能图解生形流程

这一流程不同于当下的“后评价”范式，而是在概念设计阶段，在一切设计要素还具有充分灵活性的时候，将“形态生成”与“性能模拟”紧密耦合，主动地、动态地塑造建筑。在这一流程中，影响设计生成的关键在于“性能评估”与“设计优化”之间的互操作性。尽管环境性能模拟工具和参数化设计工具在近年来都得到了迅速的发展，但实现两者之间的无缝连接仍然不是一件易事。一方面，建筑师需要在环境性能模拟软件中输入环境数据和简化后的建筑形态，从而进行性能模拟；另一方面，性能模拟数据必须被重新置入到设计环境中，以辅助形态生成。人工的数据传递必将限制这一设计方法的动态性和迭代性，因此，交互式模拟工具成为一种探索的新趋势。

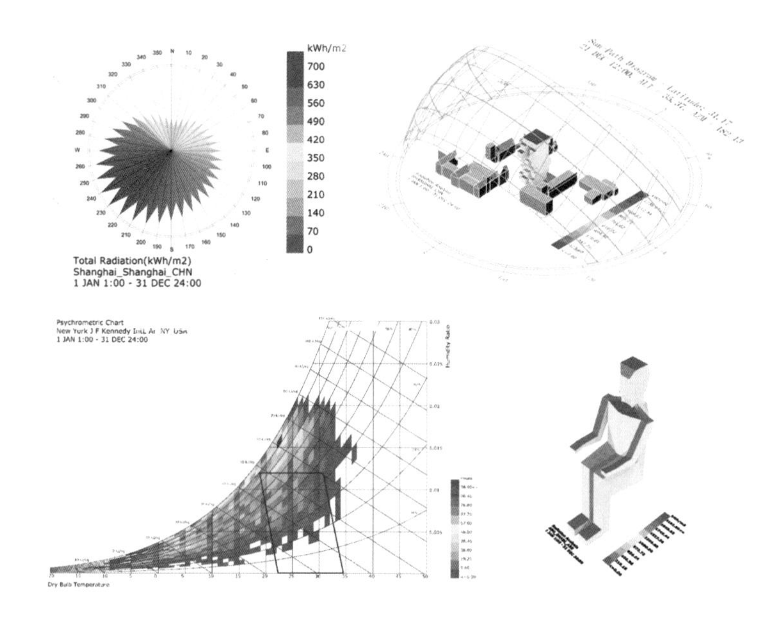

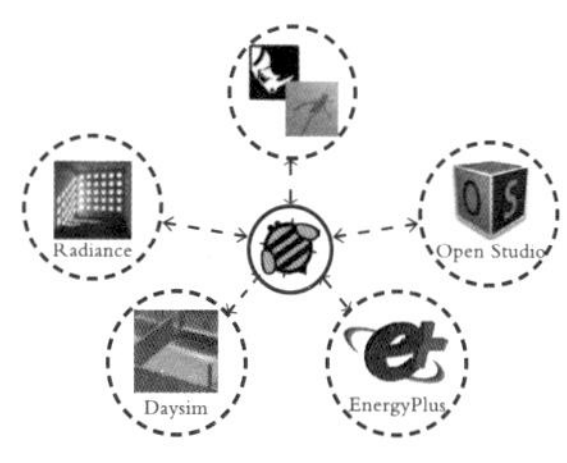

图 6-3-4 Honeybee 搭建起性能模拟软件（EnergyPlus, Radiance, Daysim, OpenStudio）与参数化建模软件（Rhino, Grasshopper）之间的桥梁，将环境性能模拟介入建筑设计中去

图 6-3-5 Ladybug 能够在建模软件中导入标准的 EnergyPlus 气象文件（格式为 .epw），生成交互的可视化图解，图解背后详尽的数据成为环境性能驱动式设计的源泉

基于环境性能的形式生成主要依赖于两种设计方法：一是运用现存的模拟工具直接从性能模拟结果中生成原始形式；二是针对特定的性能需求，发展自定义的工具和技术，打开更广阔的设计空间。这些方法在本质上都旨在实现模拟工具与设计平台之间直接的数据转化。在 Rhino、Revit 等参数化平台下已经涌现出了一批较为先进的插件，这些插件或自身兼具模拟能力，能够在设计环境下依据内置的算法公式进行快速的性能模拟；或沟通起了模拟工具与设计工具之间的桥梁，实现模型数据和模拟数据的实时联动（图 6-3-4，图 6-3-5）。

在单向环境性能思维驱动下，可视化的、便于操作的映射渐变图解能够将环境性能信息投射到网格化的曲面上，据此形成不同的几何参数组合，满足有差异的环境性能需求。简单的几何形态，在充分理解和表达其与环境性能的关联时，所产生的单元排布便可以产生丰富的变化关系和环境性能特征；当权衡多种性能目标时，多目标遗传算法能够将从非几何的图解描述转译为几何数据，其主导下的循环分析反馈体系，可以对模型的参数进行迭代的进化计算，重复地选取更优化的参数对模型进行更新，不断推进设计过程的演化以达到环境性能的最优化。

定制化工具则开启了全新的视野，如物理模拟与数字化设计交互生形便是在传统的基于“尝试和测试”（tried and tested）的设计模式之上，将虚拟的设计和模拟放置到真实的、可触摸的物理环境中进行。从场地着手，建筑师审视周围的环境，脑海中蹦发出一些初始想法，随手拿起一个泡沫块，切削至合适的体量，经过置入、模拟、观察、数据分析和几何操作的循环，生成初始的建筑体量。

环境性能图解使得建筑师能够最大限度地利用外在环境去生成适应自然系统的响应式建筑形态或动态表皮。在此，建筑形式成为控制外部自然环境和内部建筑空间的交互界面。这些形式的来源并非偶然和主观的，而是基于环境数据的理性的参数化控制。

渐变映射图解生形

映射渐变图解生形是通过提取图解背后的数据信息来指导生形。提取伪色分析图的 RGB 信息，RGB 在 0~255 区间内的取值对应着相应的环境性能数据，在对建筑进行网格化处理后，我们便可以将环境性能参数投射到模型表面并通过定义性能准则与建筑形式之间的关系生成建筑形态。性能与形式之间的关系是多向的，某一形式可能导致通风、采光等多个性能参数的变化。例如，建筑表皮开洞的大小就涉及通风、采光、视线、噪声等多个环境性能要素；而针对日照辐射这一环境要素，建筑遮阳构件的长短、进退、疏密、倾斜角度、旋转角度等多个几何参数都能产生一定影响。

伍兹·贝格（Woods Bagot）建筑事务所设计的澳大利亚健康与医疗研究中心（SAHMRI）运用参数化工具综合考虑了建筑表皮的环境、功能与形式需求（图 6-3-6）。不同开口率的表皮单元分布取决于立面的日照分析伪色图和网格化的单元数据，使东侧公共空间最大限度地接受光照，西侧封闭实验室空间免于强烈的西晒，极大地改善了采光条件，塑造了舒适健康的室内环境。在 BIG 建筑事务所（Bjarke Ingels Group）设计的阿斯塔纳国家图书馆（National Library in Astana）中，太阳辐射在非线性的建筑表皮上反映出不同的辐射接收情况，设计者在充分利用数据信息的差异性的同时，将建筑表皮的

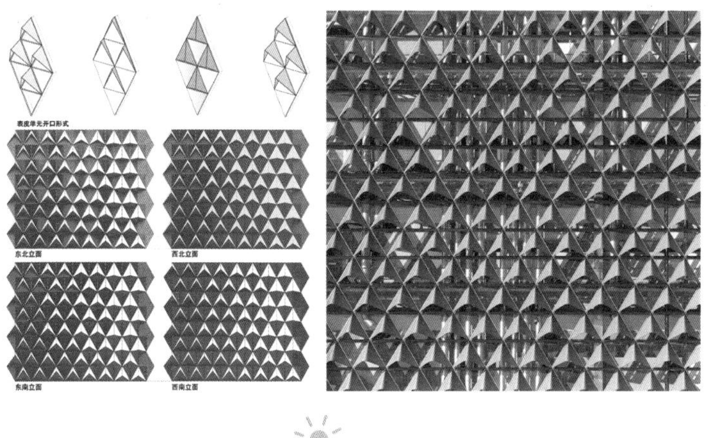

图 6-3-6　澳大利亚健康与医疗研究中心立面遮阳表皮单元构件形式、模拟图解以及建成实景

图 6-3-7　阿斯坦纳国家图书馆的表皮从日照辐射图解向开窗大小的转变

形态处理转换为同性能数据相关联的渐变形态语汇（图 6-3-7）。在设计过程中，日照辐射的大小直接与表皮开窗大小的尺度相关联，根据辐射的强弱数据对应在表皮上开启的大小不等的孔洞。

复合生态屋（Para Eco House）是同济大学在“2012 年欧洲太阳能建筑十项全能竞赛”（2012 Solar Decathlon）的参赛作品。融合了太阳能电池发电、通风调节、垂直绿化、自遮阳等多项生态技术的西立面复合生态表皮正是基于环境性能图解生成的。整个表皮的生成逻辑是从环境性能分析图解的颜色信息到单元体开口大小的理性优化。表皮由内旋的风车状菱形单元体组成，单元体中央空腔部分嵌入定制的薄膜太阳能电池板，下端则被掏空植入绿化模块，依靠植物的蒸腾作用对气流进行微冷却和过滤。设计团队通过风环境模拟计算出参赛时间范围内西立面的日均风压情况生成了风压分布伪色图。伪色图经过灰度处理后，同控制单元体开口尺寸的几何参数间建立起了映射关系，从而将环境风压数据转化成了可以进行运算操作的几何数据。伪色图中风压值越大的地方对应单元体的开口越大，参数控制的变化单元体表皮平衡了气流分布，使气流穿过表皮后形成均匀的风环境和适宜的风速（图 6-3-8）。

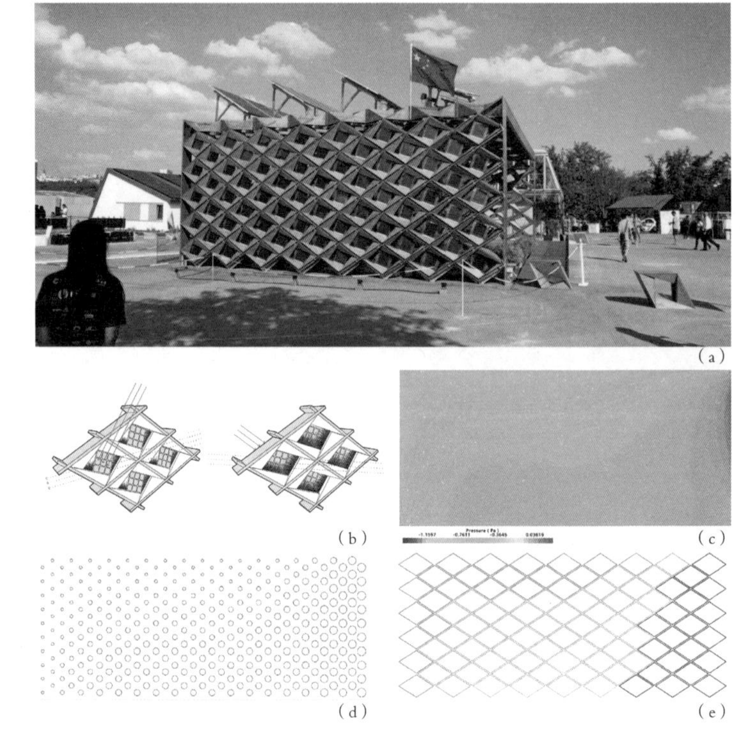

图 6-3-8　复合生态屋的西立面设计，从风环境分析图解到几何转译：
（a）建成实景
（b）单元构件设计概念
（c）西立面风压分布图
（d）风压分布伪色图参数化转译
（e）立面构件形态分布

迭代优化图解生形

迭代优化算法生形通常应用于多个环境性能与建筑设计参数的研究，通过建立图解背后的遗传算法，即参数之间相互组织和约束的方式，动态地筛选出优化的建筑形态。遗传算法是基于对自然界生物进化过程中的优胜劣汰机制的模仿，发展出一种随机的全局搜索和优化方法。遗传算法在运行过程中，将随机产生一定量的个体成为一代种群，通过对每一个体进行分析评价得出适应度值（fitness）并进行排序，适应度较大的个体在下一代的繁殖过程中被选择的可能性较高，从而最终挑选出最优解（Keough and Benjamin，2010）。

具有常规形态的建筑原型，将在环境性能模拟计算后，根据预设的性能目标，发生一定范围内的动态形变。这些动态形变将保留概念设计的原型，但改变它的几何参数，从而优化特定的性能准则。最终生成的可能形态域一端为初始形态，一端为计算后的最优解。生成的最优解也许不能立即直接应用于设计之中，但依然可以在设计初期阶段广泛的设计语境下，为建筑师提供值得借鉴的有效信息，帮助建筑师在客观因素（可量化的因素，如环境性能）和主观因素（不可量化的，如美学）中综合权衡，选出最优的折衷解。

雅兹达尼工作室（Yazdani Studio）曾选取波士顿为设计场地，综合运用遗传算法优化工具 Galapagos 和日照模拟插件 DIVA，优化计算建筑形态。设计过程分为如下几个步骤：首先，在一系列变量的控制下生成可能的建筑体量，随即这些建筑体量被分解为楼板、屋顶、玻璃和实体表皮等建筑构件，并在 DIVA 插件中进行日照辐射模拟，Galapagos 依据模拟结果的“适应值函数”优化体量形态，优化过程中生成的可视化图解使建筑师能够对模拟优化趋势和结果获得直观的认识，了解体量变化和潜在的得热量之间的关系（图 6-3-9）。

新兴的可视化编程软件 Dynamo 能够实现建筑信息模型 BIM 与环境性能生形的高度整合。在第一届欧特克 Dynamo 马拉松活动中，安德鲁·狄克曼（Andreas Dieckmann）团队以 Dynamo 实现了动态的设计迭代。Dynamo 的插件 Optimo 能够基于遗传算法提供模型进一步自我优化的能力，建筑师能够自主定义设计目标和适应度函数，去优化 Revit 模型，进而寻求最优解（图 6-3-10）。

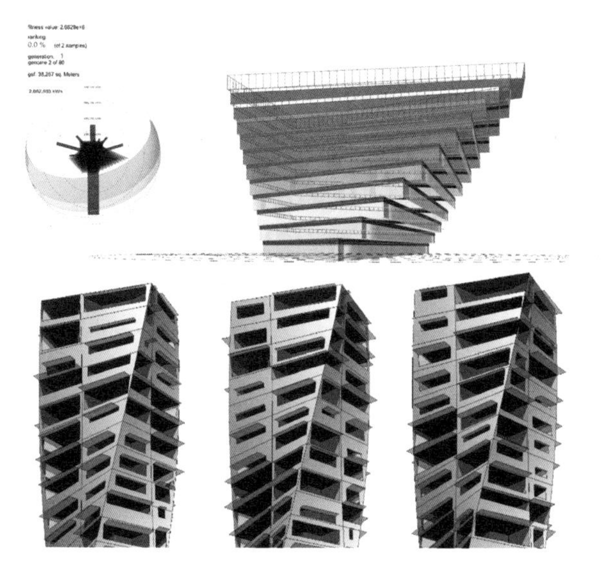

图 6-3-9　运用 DIVA、Galapagos、Grasshopper，在地点、建筑面积、建筑层数一定的前提下，优化建筑形态以获取最小的日照辐射量

图 6-3-10　运用 Dynamo 及其能量分析插件 Energy Analysis 将建筑性能分析植入到设计中，运用 gbXML 文件在 DOE2 分析引擎的作用下进行建筑能量模拟，并生成数据用于交互式的性能化设计流程

数字模拟与物理模拟交互生形

传感、人机交互、三维识别、增强现实等数字技术的发展推动了先锋研究者开发各种定制型实验平台去探究物理现象的真实性。不同于当下人们习以为常的工作站、鼠标和屏幕，这些实验平台以物理模型为操作对象，借助数字工具实现设计表达中数字模拟与物理模拟的无缝融合，为建筑设计初期阶段提供交互式工作环境。日照、空气流动等环境性能都可以在物理模拟的基础上进行，帮助建筑师去真实地阅读、触摸和感知建筑的环境性能，完成初始生形。

近年来，各大高校都将目光重新聚焦到物理实验上，去探求物理现象的真实性。以数据可视化和设计生成为导向的定制风洞成为一种复兴式的探索。墨尔本皇家理工学院设计了开放式、模块化、低成本的微型风洞，并利用粒子图像测速技术实现了气流可视化（Salim and Moya，2012）。在 2012 年智能几何工作营中，美国伦斯勒理工的研究团队运用定制风洞完成了建筑单体的生形研究。他们采用机械数控的方式制作了一个可变形的有限元建筑模型，在风洞实验中，表面所测得的压力数据将用于驱动机械装置的运动，从而自动优化出具有最佳空气动力性能的建筑形态（Menicovich et al，2012）。

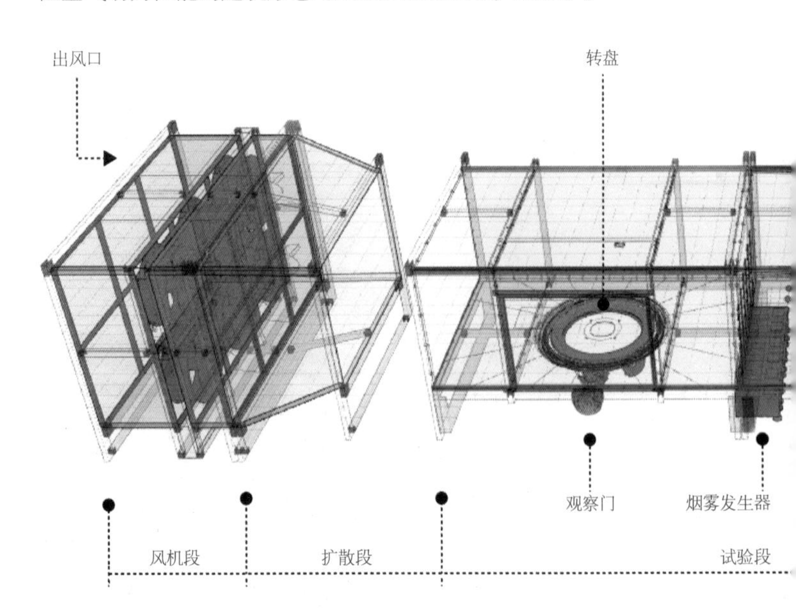

同济大学数字设计研究中心的研究者自主完成了基于智能互动平台的风洞，以较低的成本搭建起了操作简单、成本可控、流场稳定、测量精度满足建筑初期设计需求的物理风洞，以便进行建筑风环境模拟、数据测量以及性能反馈（图 6-3-11）。这一新型风洞的建造方式介入了激光切割机、三维打印机等数字工具，并参照传统物理风洞的设计建造过程，重新优化设计了物理风洞的参数以及建造过程，从而更好地辅助建筑师使用。数字工具的介入，改变了传统的数据信息的获得方式，以及模拟与形式设计之间的关系，通过快速的反馈循环方式，大幅提高模拟优化过程的效率。

风洞由风洞本体和测量系统两部分组成，其中风洞本体为直流式，由稳定段、收缩段、试验段、扩散段以及风机段依次连接组成；测量系统包括 Arduino 板、电子传感器、转接板和传输数据面包线，低成本的数字传感器能够实时测得风力数据，并将数据通过 Arduino 板传至参数化建模软件中。参数化建模软件中的数据可视化算法使得设计师能够直接观察到风洞中风环境物理数据的变化，从而支撑设计决策。通过物理模拟和数字模拟，研究者们搭建起真实的风环境模拟平台，在这种平台上基于实时的模拟结果对模型进行更改和操作，搭建起渐进式性能反馈工作流程。

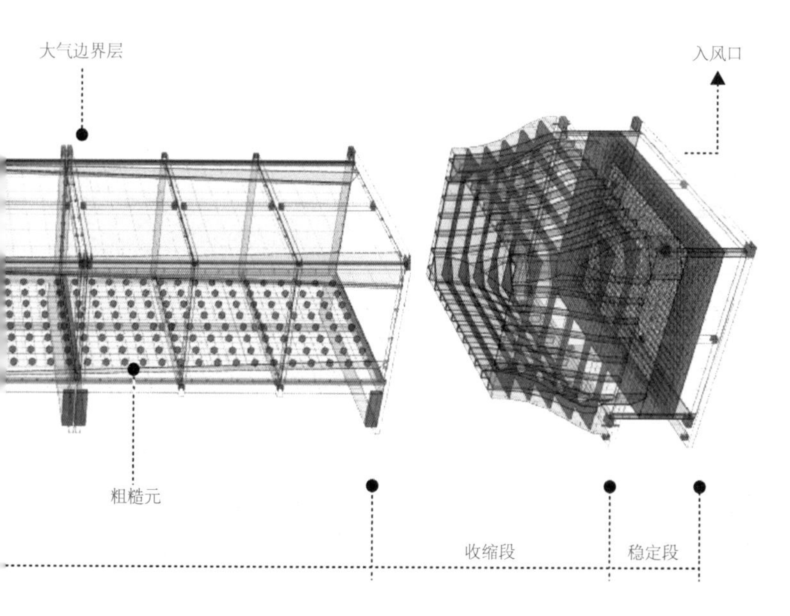

图 6-3-11　同济大学数字设计研究中心自主搭建的物理风洞实验平台组成结构图

合肥坝上街高层项目是应用物理模拟和数字模拟图解交互生形的一个实验项目，该项目位于合肥市中心的多风地区，Ecotect 软件基于气象环境数据，将场地信息转化为可视化的气候图解。基于气候图解中所反应的在地性，设计策略是创造舒适的城市微环境，以冬季行人风环境的风速值及夏季建筑外立面的压力分布为评价指标。为了探寻几何驱动下的形态变化如何影响其风致效应，团队模拟了不同横、纵截面体块周围的气流运动趋势，并生成了流迹线图解，这些图解表明风速波动随几何平面边数的增大而减小，且沿高度上的扭转和缩放将引导风的流向，优化行人舒适度。据此，团队定义了 Grasshopper 中高层原型的几何参数和算法结构，并生成了一系列形态域。

优化筛选过程在数字模拟与风洞模拟两个平台下进行，图解在此成为生成机制。数字模拟能够生成行人高度的风速图解，并依据适宜风速区间评价准则计算出方案对应的舒适区域比例，从而筛选出适宜的几何参数；而物理模拟则借助烟雾装置等可视化技术描绘出风的路径，将风在遇到建筑时的加速、转向、漩涡等行为通过可视化的烟雾轨迹图直观地表达出来（图 6-3-12）。同时，模型表面分布的压力传感器能够预测和评估风在建筑表面开口处所产生的压力，并将数据即时传输至电脑中，生成实时的建筑表面风压分布图，模型的整体或局部修改能够快速反馈到风压图解中，帮助建筑师做出正确的设计决策（图 6-3-13，图 6-3-14）。

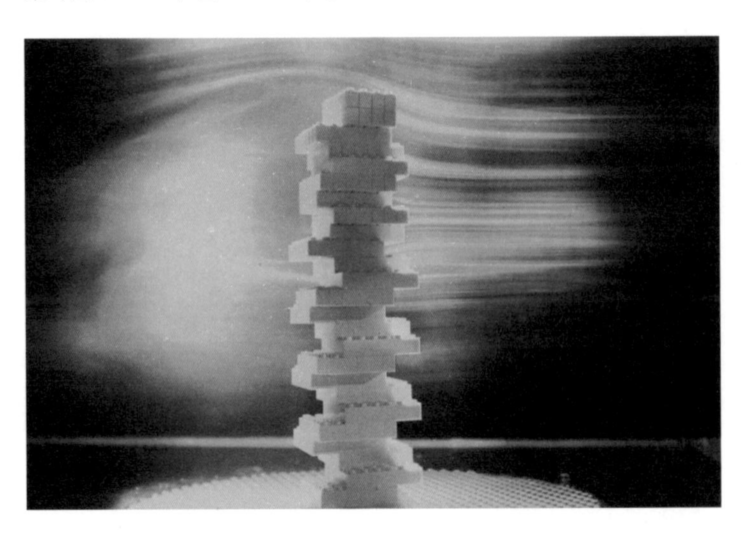

图 6-3-12　烟雾气流可视化

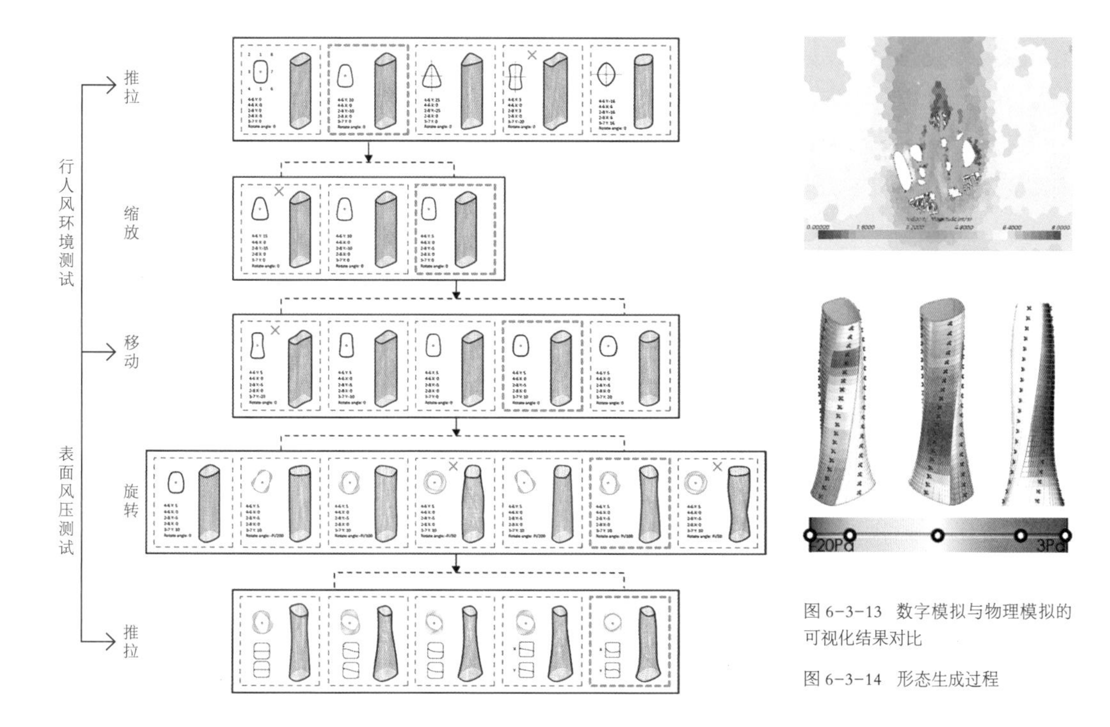

图 6-3-13　数字模拟与物理模拟的可视化结果对比

图 6-3-14　形态生成过程

性能化建筑几何

环境性能图解建立起了性能参数与建筑几何之间的逻辑关联，将分析数据定量地、有机地、理性地转化成了生成形体的驱动力量。从视觉驱动到性能驱动，建筑与环境之间的对话关系从主动系统的消极应对回归到了形态生成的动态响应。环境性能在建筑设计中的作用也脱离了理论主导的设计方法，走向了依靠模拟和分析数据的，回归到设计本身的，自下而上的生成方式。图解驱动下的环境性能生成设计将数据与几何相关联，在环境性能和建筑形式之间搭起了一座的沟通桥梁，建立起了两者之间的互动和反馈。

正如汤姆·马维尔（Thomas W Maver）的先锋式宣言所述：

> 我们可以评估的越多，我们能够决定的就越多；我们能够决定得越多，我们能够做的就越多；我们能做得越多，我们能够塑造得也越多；我们能够塑造得越多，我们就愈有可能为后代留下一个真正可持续的建成环境，一个符合目标的、低投入的、环境友好的、具有文化意义的建成环境（Maver，2002）。

几何建造图解
Geometrical Fabrication Diagram

参数化几何图解建模
Diagrammatic Modeling of Parametric Geometry

参数化几何图解优化
Diagrammatic Optimization of Parametric Geometry

数字化建造的图解方法
Diagrammatic Approach to Digital Fabrication

参数化几何图解建模

Diagrammatic Modelling of Parametric Geometry

许多工程师和建筑师都笃信一条近来被认为具有革命性的观点，即几何学驱动着建筑学的前进。

——托尼·罗宾

A few dozen engineers and architects share the view, currently considered revolutionary, that geometry drives architecture forward.

——Tony Robbin

性能化建筑设计中对环境、结构、材料、施工等复杂性问题的提出，使几何学从先前抽象的自主性存在逐步转化成在虚拟的形式逻辑和物质性建造之间的重要媒介（王风涛，2012）。建筑的性能化信息通过参数化建模可以转换为几何信息化模型，进而通过数字化建造的方法读取几何信息，并实现实体建造。可以说，参数化几何学作为转译的工具，影响了从概念到形式、从性能分析到实体建造的全流程操作媒介。

参数化几何经历了从平面二维到三维，再到携带性能化信息与多种建造信息的发展过程。如今，无论是BIM项目中对几何物件赋予的墙、楼板、门等建筑信息，还是虚拟现实等新技术对几何空间的动态化体验，都赋予了参数化几何以时间性、材料性等更丰富的信息化内涵。参数化几何发展至今已经朝着智慧几何（Smart Geometry）①的方向发展，通过其越发精确的信息化描述，使得设计师对项目的控制方式发生了彻底的改变，也从本质上改变着建筑的社会生产范式。

① 智慧几何，即使用计算机作为建筑、工程与建造（AEC）的智能辅助手段

参数化几何图解思维

建立在计算机图形学基础之上的参数化几何具有三个最基础的元素：点、线、面。这些基础元素可以定义出几乎所有类型的几何体。无论几何形态如何复杂，参数化几何都可以通过对点、线、面的操作来进行表达。参数化几何的生成逻辑可以概括为“数据+算法”（Niklaus，1976）。所以，了解不同种类的点、线、面的属性可以有助于我们理解几何算法逻辑，将参数化几何形式定义成复杂建筑系统中的一部分。

无论是在传统几何还是在参数化几何中，点都是最基础的形式定义元素。计算机环境中，点可以被定义为空间中的一个特定位置，被三个参数数据（X，Y，Z 坐标）来表达。之后，组成一个系列的点，即可以通过点云形式生成曲面，又可以被用来定义曲线（图7-1-1）。

曲线被认为是参数化几何中第二个重要的基本要素。由于曲线具有长度、阶数、控制点个数等参数化几何属性，所以相比于其他

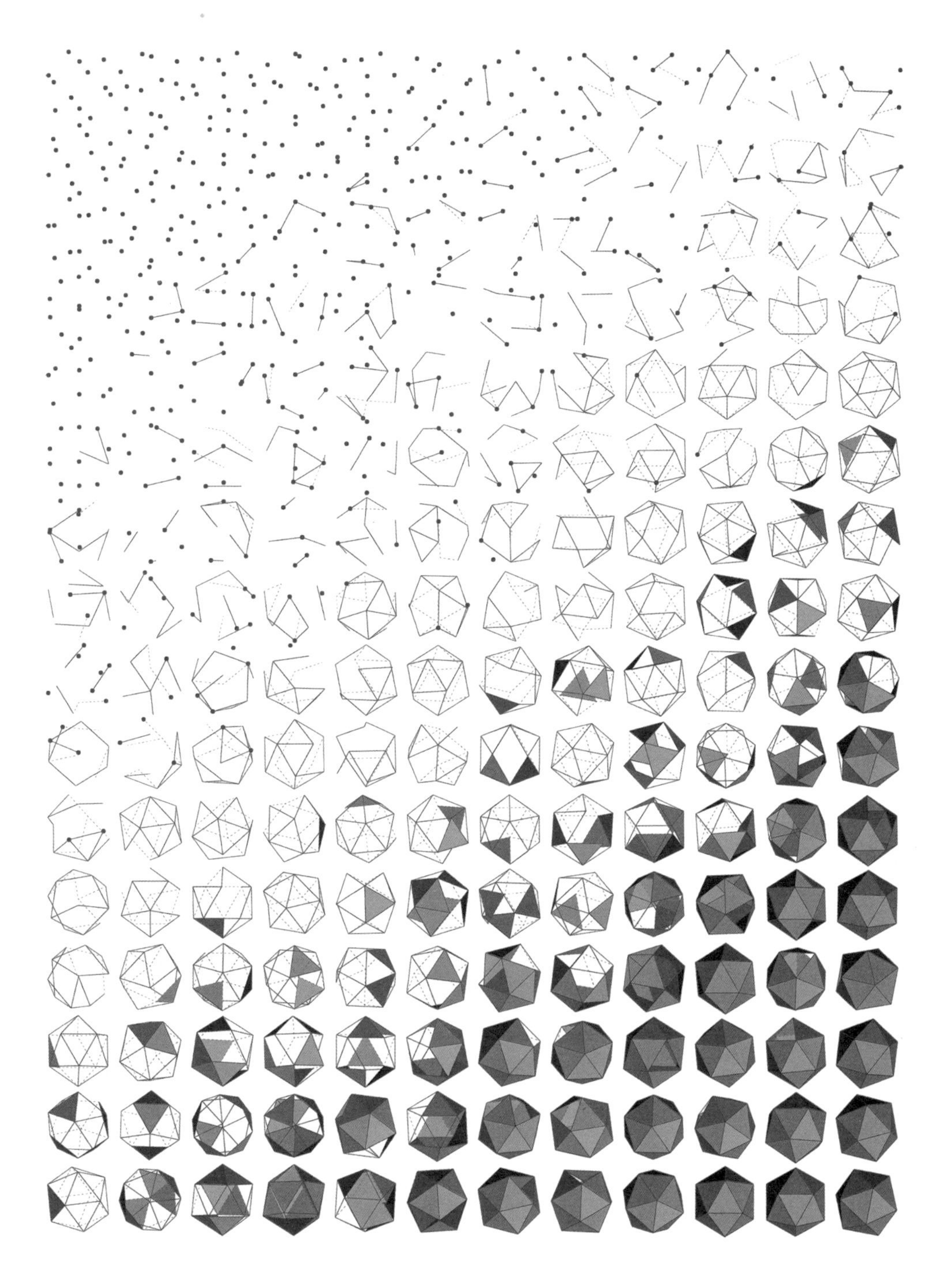

图 7-1-1　参数化点、线、面

的几何基本要素，曲线可以更好地承载数字化的建构逻辑（Carpo，2011）。与欧式几何中的定义一样，参数化几何中最简单的曲线也是由两个端点所定义的直线。由于曲线的控制点数与阶数之间具有直接联系，所以由两个控制点构成的直线，在参数化几何中被定义为一阶（只有起点终点和连接两者的向量）。参数化几何中，曲线的阶数越高，每个控制点对曲线形态的控制力越弱，但同时控制点的数量却更多。因此，当更多的控制点被添加在曲线中时，设计师可以对曲线进行更灵活的操作。一般来说，二阶曲线是弧线或者圆，而三阶曲线为样条曲线（Spline Curves，图 7-1-2）

非均匀有理 B 样条曲线（Nurbs Curve，简称 Nurbs 曲线）作为样条曲线中的对参数化几何影响最为深远的一种，增加了对不同控制点的权重控制参数，从而改善了贝塞尔曲线（Bézier Curve）与常规样条曲线在平滑性和精确性方面的不足（图 7-1-3），成为普遍应用于计算机建模中的曲线控制技术（Glaser，2012）。Nurbs 曲线具有高度连续性的特征，曲线的控制参数的局部改变会引发控制点周围区域

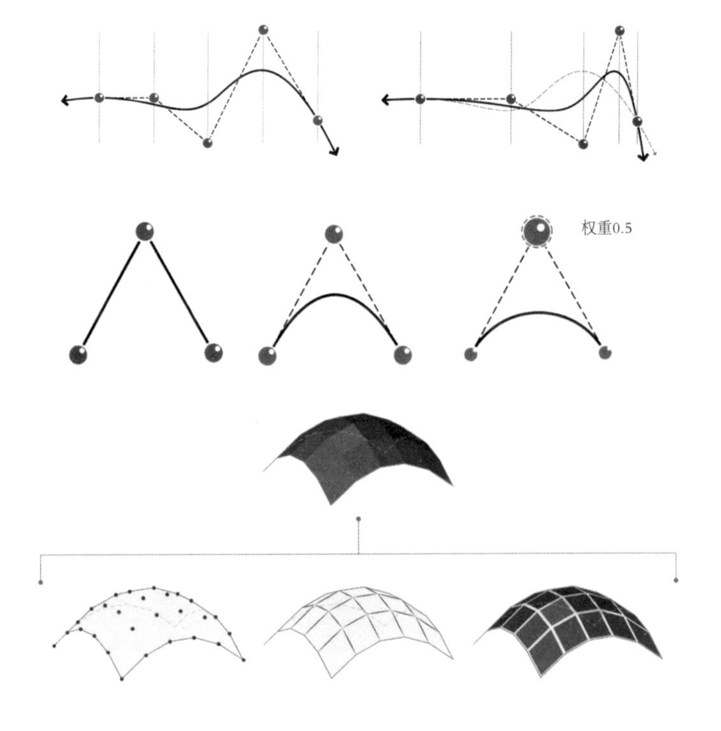

图 7-1-2　通过移动控制点改变曲线形态

图 7-1-3　不同的曲线控制方式
多段线（左）、B 样条曲线（中）、非均匀有理样条 B 曲线（右）

图 7-1-5　Nurbs 曲面与网格曲面的转化

的连续变化，而这种非等比例变化使得它可以构建出更为多样的几何形态（高峰，2007）。同时，这种对控制点的权重控制为 Nurbs 曲线提供了一种虚拟的材料性（图 7-1-4）。当然这种材料性并不是指传统意义上的建造材料，而是指设计师可以按照实际材料的平滑性或者曲率来对曲线参数特性进行控制，从而使它们更具有物理材料的塑形逻辑（DeLanda，2002）。

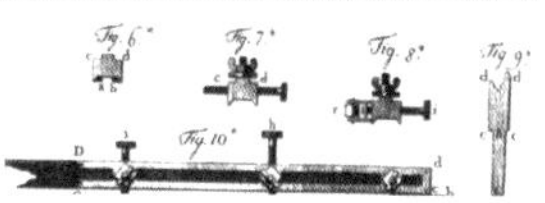

图 7-1-4　Nurbs 曲线的雏形——传统配重变形的曲线生成方式

Nurbs 曲线的进一步组合可以对 Nurbs 曲面进行定义。两个方向的 Nurbs 曲线集合构成了 Nurbs 曲面中的 UV 方向，因此 Nurbs 曲面可以被理解为继承了 Nurbs 曲线的全部特质——一种被参数所定义的光滑几何。作为一种严格的自由微分曲面，对 Nurbs 曲面几何定义方法的研究，推动传统的画法几何发展成了当今的计算机辅助几何设计（Computer Aided Geometry Design，CAGD）学科。而这种新型学科为计算机数值分析（CAE）和计算机辅助制造（CAM）提供了重要的基础。格雷戈·林恩认为，以 Nurbs 曲面为基础的动画软件可以精确地反映出建筑空间中的“力”和“运动”（Lynn，1999）。

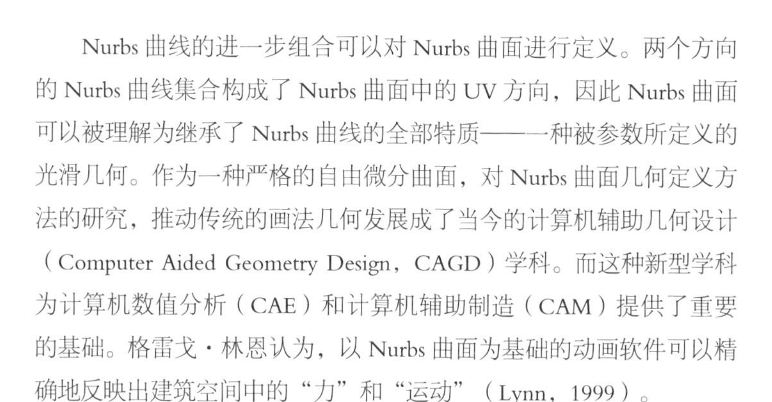

Nurbs 曲线通过连续的 UV 相交骨架对曲面形态进行控制，所以在对具有复杂拓扑结构的曲面进行定义时会产生较大的限制。而点云作为另外一种定义曲面的方式，在曲面创造时可以为设计师提供更大的自由度。在计算机环境中，基于多边形构成的网格曲面（Mesh），就是这样一种自由的参数化建模方式。

其实在现有的计算机操作中，任何类型的曲面最终都会被转换为网格曲面以供计算机显卡进行渲染计算。与 Nurbs 曲面相比，网格曲面不受 UV 两个主方向控制线的限制，所以更容易对不同形态、不同拓扑结构的曲面进行平滑连接，创造更灵活的建模过程。然而另一方面，在网格曲面的生成模式中，几何建构逻辑对曲面的影响相对较弱，并不利于在建模过程中对算法逻辑的建立。同时，与 Nurbs 曲面的绝对精度不同，网格曲面的分辨率受到网格细分数量的限制，这种差别类似于矢量文件与像素文件中对图形的不同定义逻辑，所以网格曲面在由几何向建造进行转译的过程中也会存一定局限性（图 7-1-5）。

可以说，Nurbs 曲面可以被理解为一种更适用于对应现实加工的几何定义模式，而网格曲面则是更趋向于一种对自由曲面进行虚拟建构的媒介。当然这里并不是说两种曲面模式都只能对应某一设计阶段，在建筑设计的全周期中 Nurbs 曲面和网格曲面之间的相互转化同样是参数化几何中的重要内容。

参数化几何图解演变

计算机辅助设计（简称 CAD）是利用计算机的计算功能和高效率的图形处理能力，辅助设计者进行工程和产品的设计与分析，以达到目标成果的一种技术。CAD 技术起始于 20 世纪 50 年代后期，之后随着计算机硬件性能的迭代提升及计算机图形学的发展而不断被推广。在此之前，建筑师传统的手工绘图不仅工艺繁复而且效率低下，而 CAD 技术的出现则极大地将建筑师从手工制图所带来的限制中解放出来，而他们建构出一种新的几何定义媒介。

平面二维化的 CAD 技术虽然为建筑图纸绘制工作效率带来了质的飞跃，但其本身在维度上的局限仍导致了较多的形式生产限制，例如缺乏对建筑形态的直观呈现、难以定义复杂空间几何等。这些限制进一步激发了建筑行业三维 CAD 模型技术的发展，进而导致了以犀牛（Rhinoceros，简称 Rhino）与 Maya 等主流建模软件为代表的三维几何建构媒介的出现。

参数化几何在三维化的建模工具中以直观图形化的操作方式进行实现。其中，Rhino 和 Maya 作为在建筑行业中常用的两种自由曲面建模软件，分别代表了 Nurbs 曲面与网格曲面这两种不同参数化几何定义模式。

Rhino 的建模过程是建立在 Nurbs 曲面几何逻辑上，所以由它所建构的几何不受精度、复杂、阶数或是尺寸的限制（Robert McNeel & Associates，2014）。Rhino 通过参数方程精确地描述自由曲面的形态，使生成的模型精度可以精确到小数点后三位，这在工业设计层面不亚于 AutoCAD 软件对构件加工的控制。

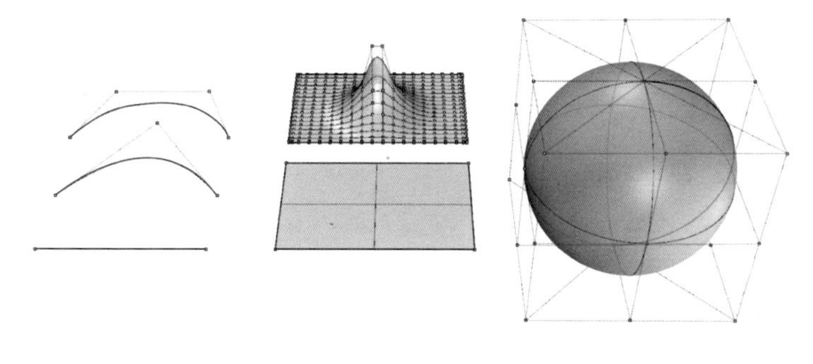

图 7-1-6　Rhino 中的 Nurbs 控制方式

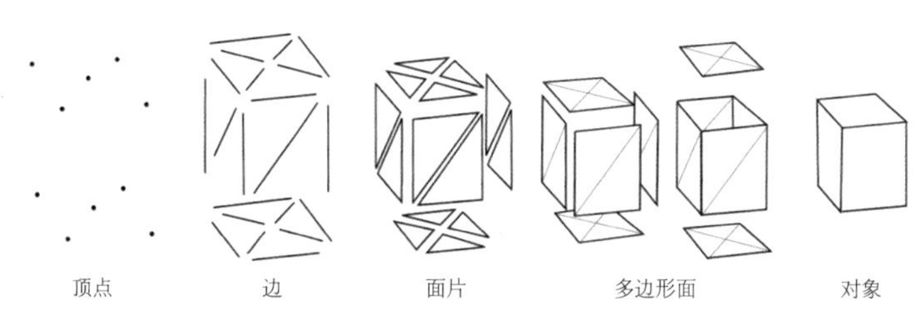

图 7-1-7　Maya 中多边形建模修改对象层级

在 Rhino 中，Nurbs 曲面几何的建构仍是基于由线生成面，进而再由面生成体的操作层级关系（图 7-1-6）。虽然最终的三维几何形态是以实体的形式存在，但这个实体可以随时被分解回到前一层级的状态进行编辑。所以，Nurbs 曲面建模的优势在于用较少的点控制较大范围的平滑曲面，并且可以在不改变外形的前提下，使用参数调整自由曲面的精细程度。在 Rhino 中，通过直接输入参数，或者对形体的特殊控制点 (端点、中点、图心、象限点等) 来建立与控制描绘对象的几何信息，用户精确地控制每一步操作所影响的建模参数的精确性。从某种意义上来说，Rhino 本身就是面向几何参数化信息的建模软件。

在建筑领域，Maya 的重要性是它提供了强大的多边形网格（polygon mesh）建模方式（图 7-1-7）。多变形网格建模是使用多变形结构（三角形、四边形、六边形等）对目标形体进行不断细分的过程。对不同细分程度的多边形网格进行操作在本质上是一种拓扑学同胚的几何定义过程（图 7-1-8）。随着多边形网格顶点、网格形态的调整，虽然几何本身所展现出的形态千变万化，但其在本质上与最初创建的形态是仍是拓扑同胚的。

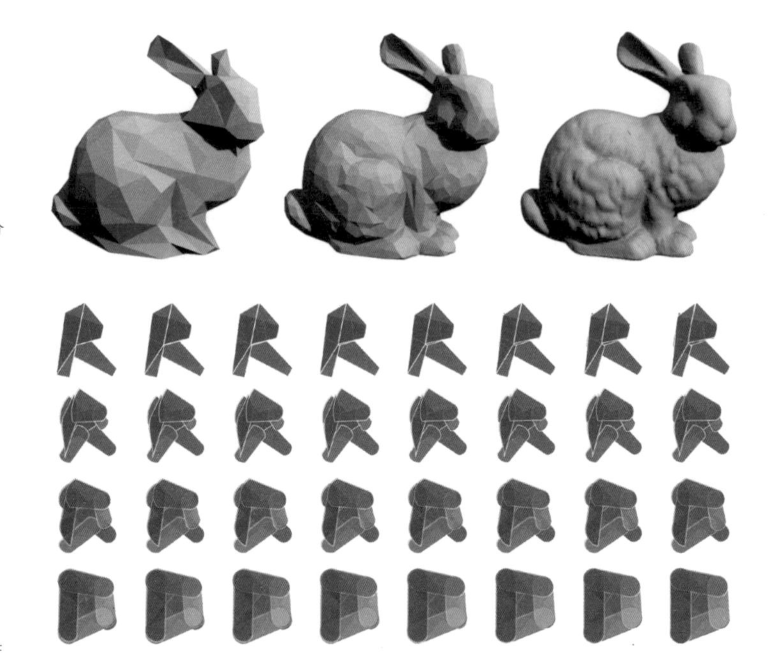

图 7-1-8　对多边形网格面不断细分细化的过程

图 7-1-9　参数化建模软件的时间性

在 Maya 中，原始参数化几何形态和之后每一次对网格的优化修正都会被 Maya 软件以操作的历史进程进行详细记录。这种基于拓扑变化与参数化变换的记录，使时间这一参数属性在建模过程中得以引入，这与 Maya 最初是为计算机动画而开发的初衷有关。Maya 作为一种具有物理引擎的建模软件，对点云、粒子系统的操作可以在几何建构过程中引入物理因素与形体进行相互作用，从而对物质环境中的时间性做出回应。与 Rhino 相比，Maya 可以被认为是一种面向几何参数化中时间性变换的建模软件（图 7-1-9）。

在过去十多年的参数化建模软件发展过程中，建筑领域常常强调对建模精度的提高和对曲面平滑性的追求。但是，建筑作为一种具有自然性的系统，其复杂性内涵并不仅仅是对于精度或者对于算法的不断提高。曾经受制于计算能力的参数化建模工具，常需要对复杂关系进行提取简化，以对其进行几何概括。而随着计算机能力的不断提高，我们不再需要对现实进行简化以使其能够被建构为几何。如今我们已经可以使用参数化工具去模仿、管理甚至主导复杂性，而不是消灭复杂性（Carpo，2013）。在这一背景下，Maya 对于时间性与物理引擎的引入使我们能够在一定程度上，对现实世界的复杂性进行一定的回应。

参数化几何图解在本质上是建立设计要素之间的视觉呈现、系统建构及形式联系之上的。在大多数情况下，这些本质过程是建筑师从概念到结果的发展过程中按照一定的理念逐步建立起来的。虽然这种过程往往是发生在潜意识中，但是建筑师正是按照算法的工作逻辑，以一种简单定义的分步操作方式处理获得数据，并最终得到输出的结果（图 7-1-10）。这个过程就像折纸鹤一样：开始于一张方形纸张（输入），遵循一系列的折叠步骤（处理过程），并最终得到一只纸鹤（输出）。

为了解决对几何操作的参数记录并实现基于复杂逻辑过程的形式建构，Grasshopper 等参数化编程工具以图解化的编辑方法、树形结构的组织方法与模块化的算法架构为设计师提供了基于算法逻辑的参数化几何设计媒介（图 7-1-11）。参数化的几何对象在编程工具中以复杂的数据和程序结构在计算机内存中被记录。几何体本身不仅仅是一组数据，同时也包含了一系列行为。对于参数化几何来说，数据是几何的参数属性，而行为是几何体的变换方法。为了编程的便利性和图解化，这些编程工具会对对象进行归类，而组件则是类的打包机制。设计师如果想要让其他人也能够运行并使用对这些对象的某种操作逻辑时，他们便可以将其打包为组件的形式进行发布，从而极大地提高参数化几何的设计效率。

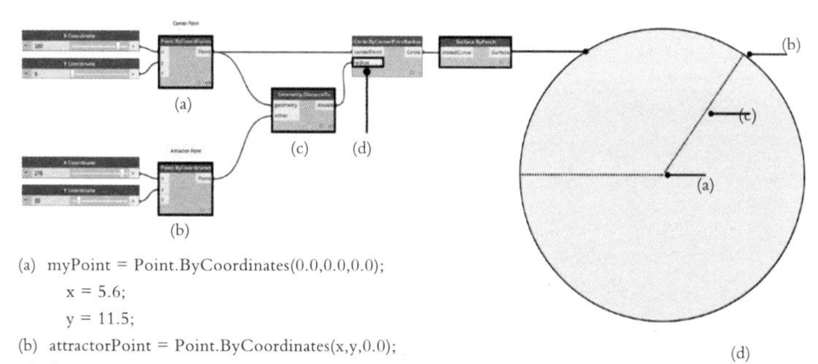


```
(a) myPoint = Point.ByCoordinates(0.0,0.0,0.0);
    x = 5.6;
    y = 11.5;
(b) attractorPoint = Point.ByCoordinates(x,y,0.0);
(c) dist = myPoint.DistanceTo(attractorPoint);
(d) myCircle = Circle.ByCenterPointRadius(myPoint,dist);
```

图 7-1-10　文字编程语言（下左）、图解化编程语言（上左）与参数化几何语言（右）

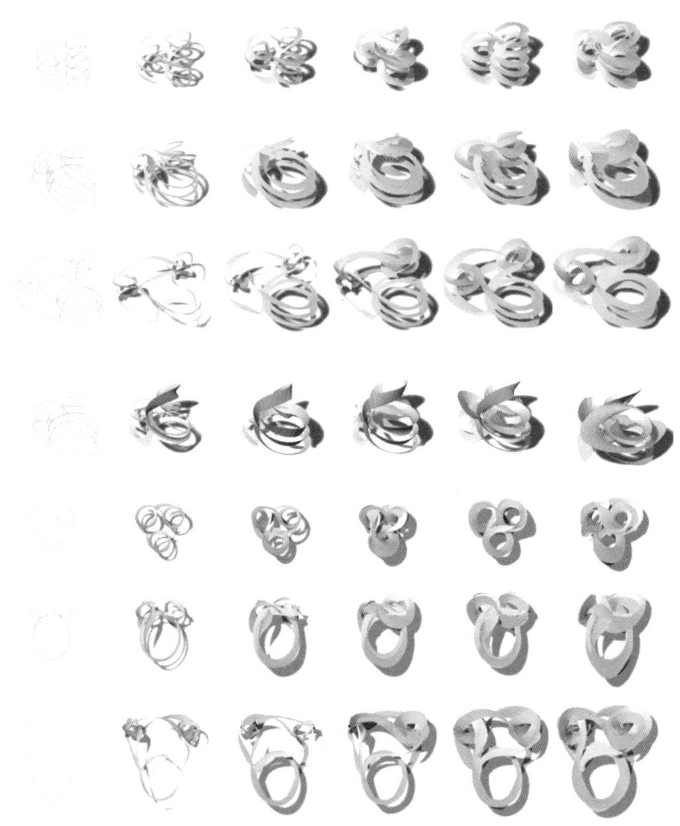

图 7-1-11　通过调整参数基于规则生成截然不同的几何形态

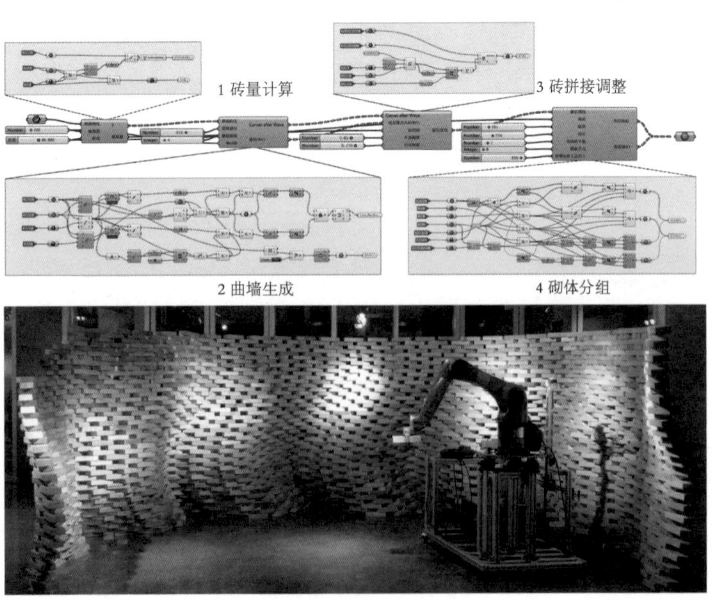

图 7-1-12　由 Grasshopper 生成的参数化砌体曲墙的过程

Grasshopper 中基于不同几何体和不同几何操作的编程组件，结合组件管理模块，构成了参数化几何编程建模的图解化界面。Curve、Surface、Mesh 操作组作为几何体建模组件，使用参数来描述几何体构建属性（如长方体的长、宽、高）。而 Intersect、Transform 操作组则通过定义向量（Vector）与数量（Number）两种参量，对构建的几何体进行几何变换（如阵列数量）。这些组件生成的几何体与几何操作都具有独立的分组编号，形成树形结构。软件提供的 Set 及 Math 的数据结构操作组工具可以对这些树形数据进行管理，提供单选、复选及条件选择，以便编辑或参数修改操作。这三类不同的操作通过连线进行逻辑关联，并可以将某特定功能的操作集合作为一个整体进行打包，定义其输入参数，成为一个新的个性化组件来直接调用。在参数化编程中，建模逻辑与参数控制得以分离：操作以组件的形式呈现，逻辑以线连接，参数以拉杆调控，图解化的建模形式使几何形态的生成方式一目了然。

原本在时间维度上参与到建模过程的几何建模与几何变换指令行操作，在二维的画布上通过组件连接展开（图 7-1-12）。建模的几何体不再是一个最终的结果，而是一系列的“故事”，对其中情节的细微调整将导致最终结果的巨大改变。这种无需对最终对象有具体认知的建模方式，与传统的生形建模相比，赋予了设计者更大的自由度。环境、性能、结构等参数能够在生成逻辑框架下对设计的最终形态产生影响，并可使用这些参数作为输入或输出对最终的设计形态进行优化，以一种理性的方式组织建筑的复杂性。

可以说，参数化几何编程是传统图解设计思维的方法论升级。这种以计算机平台为基础的参数化几何图解工具，延续了传统图解方法的设计思维，组件的连线直观地表现了图解的生形逻辑：复杂的几何线与辅助线转化为具有特定功能的组件，而绘图步骤的先后顺序成为了组件逻辑结构，繁琐的制图工作被计算机通过高速运算取代。同一图解逻辑方法下的设计内容，通过调节参数的方式快速更新。动态关联、参数可控是参数化几何编程建模的精髓。它将图解设计的重心归还于设计思维本身，使设计师能够更高效地面对设计、施工中的现实挑战。

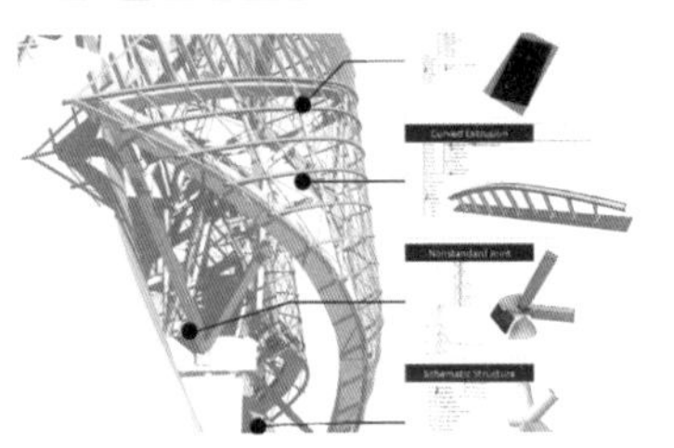

图 7-1-13　BIM 技术在盖里设计的路易威登创意基金会美术馆（Foundation Louis Vuitton Museum）项目中为一个超过 200 人的全球性的团队，实现了一个通用的设计、建造与施工的平台，合理化的外墙组件以满足制造、施工、安装的限制，用参数化的、可生产的细节设计满足上千种非标准机械连接

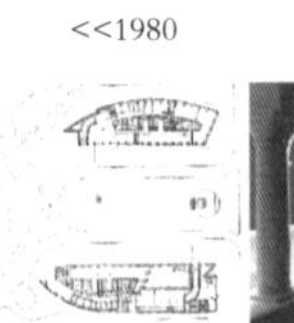

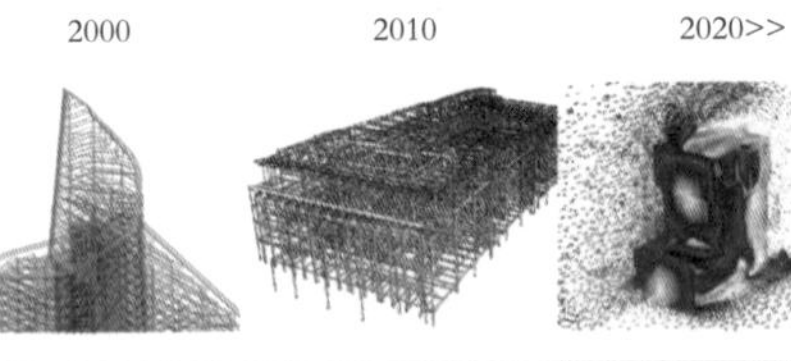

<<1980	1990	2000	2010	2020>>
2D CAD	**3D CAD与渲染**	**参数化模型**	**BIM模型**	**模拟优化模型**
高精度 易更改	可视化 可更换视角	关联建模 设计自动化	多信息建模 文档控制	嵌入式分析 数字建造
但	但	但	但	但
操作平面限制	—	—	—	—
局部视图	局部视图	—	—	—
扩展性差	扩展性差	—	—	—
协作性差	协作性差	协作性差	—	—
操作复杂	操作复杂	操作复杂	操作复杂	操作复杂

图 7-1-14　建模方式的更新与改进

建筑信息化几何图解

传统三维建模软件在建筑设计中创建的仅仅是一个纯粹的建筑几何模型，其中无论是墙体、楼板、梁、柱、楼梯及门窗等建筑元素都是通过几何体进行组合示意的，并没有包含构造与材质信息等，从而无法与建筑工程与性能优化建立起联系。而正是这种三维模型在建筑信息表达方面的不足，推动了“建筑信息模型”（Building Information Model，简称 BIM）概念的提出。

“建筑信息模型”的概念由美国佐治亚技术学院（Georgia Tech College）建筑与计算机专业的查克·伊斯曼（Chuck Eastman）博士建立的。建筑信息模型在本质上是综合了几何模型信息、建筑功能要求和构件性能，并将一个建筑项目的整个生命周期内所有信息整合到一个单独的建筑模型中，以控制施工进度、建造过程、维护管理等的信息系统（Goldberg，2004）。建筑信息模型将二维 CAD 技术与三维模型技术的特点结合到建筑的信息创建、管理和交流中，致力于信息的一致性、准确性与互动性，使得团队成员之间能够共享并交流设计过程。

建筑信息模型作为一种专门面向建筑设计的几何信息建构技术，通过对建筑进行数字描述可以在一个电子模型中储存完整的建筑信息（Davis，2003）。可以说，建筑信息模型已经不再是单纯的几何绘图工具，其操作对象也不再是点、线、面等简单的几何对象，而是具有建筑属性、材质性能的几何构件。例如，建筑信息模型中的一面墙，不仅仅包含长、宽、高等几何尺寸数据，同时也包括材料、保温隔热性能、防火等级、表面涂装、工程造价等信息（图 7-1-13）。

“族群”（Family）概念是使得建筑信息模型在建筑信息操作中的效率得到极大提升的重要保障。“族群”的概念是指系列软件中的所有图元都是基于系列并通过参数定义的。这些族群文件相当于图形“模块”，储存着建筑信息模型所需要的所有建筑信息。族群一般都承载了较多的参数化信息。举个简单的例子，当在传统三维软件中设计一条拱顶形式随柱距不同而千变万化的柱廊时，设计师需要创建与

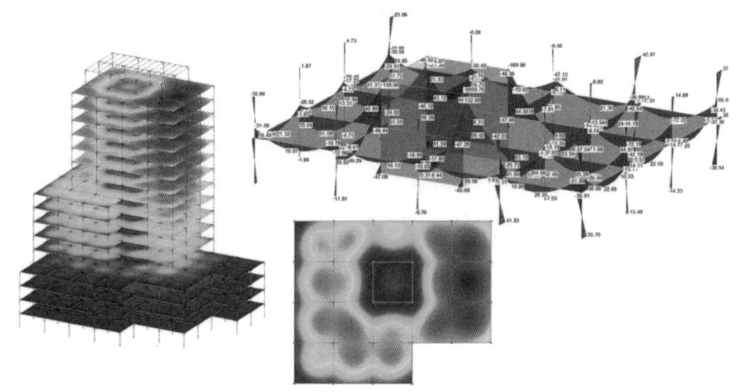

图 7-1-15　BIM 模型整合构件材料信息，计算结构受力与形变

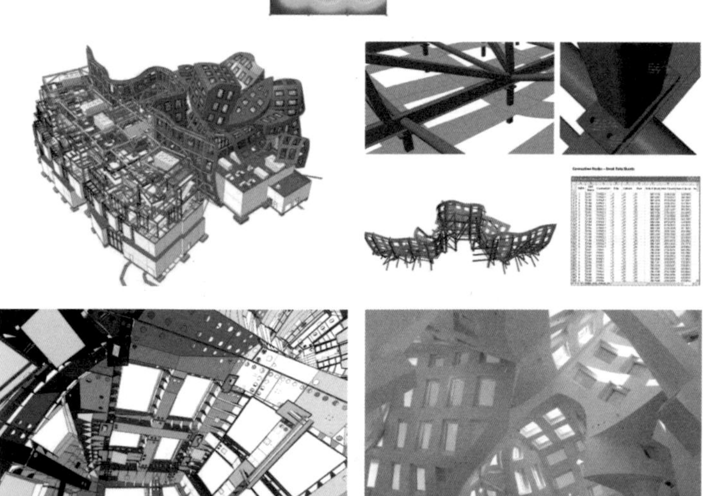

图 7-1-16　BIM 技术在盖里设计的卢·鲁沃脑健康中心（Lou Ruvo Center for Brain Health）项目中提升完善设计过程，能够更快地完成设计分析，资金迭代和优化，嵌入建造知识，自动化设计建造，并提供更好的整个项目生命周期成本信息；整个项目在BIM技术辅助下加快合作进程，创建责任追究制度并优化设计

拱顶种类相同数量的几何模型，从而造成文件量大大增加。然而，如果在建筑信息模型中对单个拱顶进行参数化族群定义，在载入项目中使用时，一个族群可以按实际要求衍生出一系列不同尺寸的相关参数控制的图元，从而能够在满足所有形式要求的同时，不会增加文件量。这种思想与模块化建造的方式不谋而合——具有相同材料、相同结构、相同功能、相同加工工艺的单元可以进行模块化生产从而提高效率。传统图纸或模型的局限性之一就是只有人才能读懂（袁烽，孟媛，2013）。而如果计算机模型是基于参数化的建筑信息几何，那么模型所包含的信息便可以以一种接近设计目的的方式被计算机所理解，从而大大提高工作效率和设计的准确性（图 7-1-14）。

关联性是建筑信息模型的另一重要属性。在建筑信息模型中，任何局部的修改都将自动关联到平面、立面、剖面、大样图、图例及明细表中，任何几何模型信息的变更也将自动关联到尺寸、标记、注释、图号等。例如，Revit 软件可以统计出建筑幕墙中各种材料的面积尺寸，而对设计的修改都会与这些尺寸进行实时关联。另外，设计师往往还可以在建筑信息模型中很方便地为各类族群添加自定义参数。自定义参数分为项目参数和共享参数。其中项目参数可以被明细表所统计并与模型相关联。例如，设计师可以在门窗类别里添加防火等级、开启方向等自定义参数，这些信息既会出现在门窗表里，又都与图纸和模型相关联。共享参数则可将多个项目中的多个族群相互关联，从而通过标签族群就能读取墙体在图纸中的共享参数。

对于族群包含信息的处理方式，建筑信息模型一般会提供两个信息层次：一个是类别信息，也称为“类型”；一个是个体信息，也称为“实例”。“类型参数”的值一旦被修改，所有与类型相关联的个体都会做出相应的变化；而“实例参数”的值一旦被修改，只有当前被修改的这个个体会发生改变。“类型参数”概念的引入可以满足建筑信息模型对参数管理的更高层级要求。例如，如果设计师需要将所有轻隔墙区分成 3 种防火等级，并在图纸中对每道墙的防火等级进行标注，利用类型参数，设计师可以将不同防火等级参数嵌入于不同类型的墙体母文件中，而不需要在实例参数里一个个手动添加，这样设计师可以对相同类型的墙体完成批量标注（图 7-1-15，图 7-1-16）。

图 7-1-17 Dynamo 中对建筑信息（穹顶分片、包围杆件与节点构造）的图解化操作

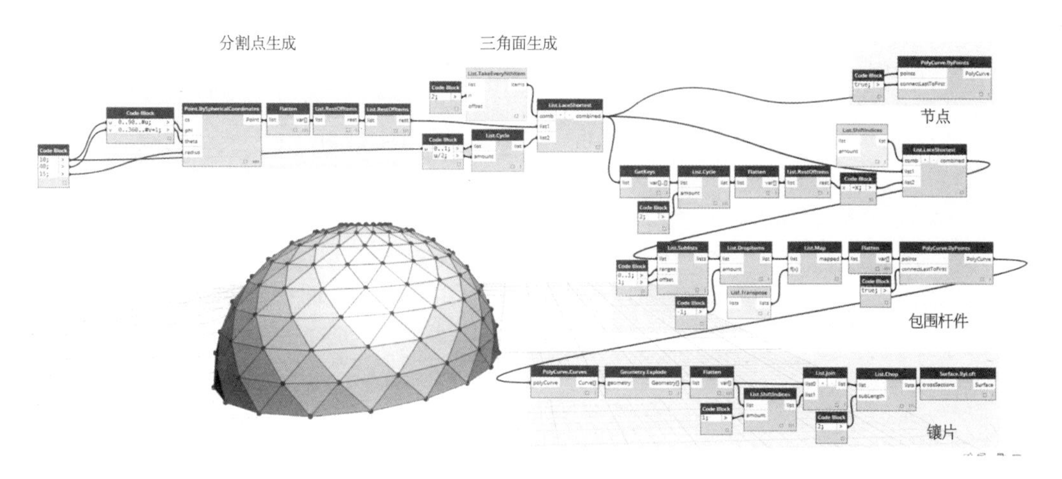

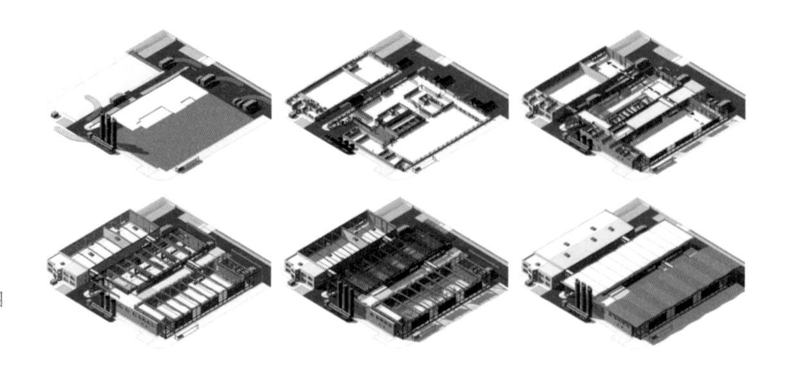

图 7-1-18　BIM 中建造工期进行图解编程与呈现

与参数化几何相似，建造信息同样在计算机中以参数与参数规则的形式被表示。在如 Dynamo 等建筑信息编程工具中，不仅可以实现传统几何编程操作的几何建构、参数调整优化、树形数据管理功能，更在操作对象上，使用具有建造与几何双重信息的族代替纯几何，以图解化编程的方式进行操作，使虚拟建造成为可能（图 7-1-17）。对 BIM 平台内软件功能的兼容与调用，进一步扩展了建模编程的范围：将建筑、结构、暖通、水电等专业的设计建模内容纳入其中，对实时性能分析、碰撞检查、建筑信息错误检查、规范冲突检查等建筑信息优化过程进行整合。

传统建筑行业中普遍存在生产效率低下的问题，大量施工需要返工，劳动力、材料被浪费。而建筑信息编程则将建造流程的时间维度在二维画布上展开，以此建立的建筑化几何信息系统通过涵盖设计施工全周期的所有信息数据库，将三维建筑模型与时间、成本结合起来形成直观的多维度项目管理（图 7-1-18）。在整个管理过程中，设计、成本、进度三个部分相互关联，任意一个局部的变化都会自动反映在整体系统之中，进而大大缩短评估和反馈的时间，显著提高预算的准确性。更重要的，建筑信息模型作为一种全新意义的图解大大增强了项目施工的可预见性，使建筑师在项目设计和施工的初期及早发现问题，并通过三维模型的几何统筹将设计、预算和进度实施同步关联，对施工保持最新的、准确的几何控制。这样，通过在设计建造的各个阶段之间建立起具体的层级关系，不同的阶段可以被结合成为一个有机的整体来覆盖建筑的整个生命周期。

数字可视化几何图解

微软公司为了增强用户与电脑的交互联系，避免代码指令式DOS系统等专业计算机操作模式给非专业人士带来隔离感与使用困难，进而推出了基于图形化模式的Windows操作系统。计算机操作系统中的这一发展可以被理解为是在以一种图解化的方式将抽象的专业计算机语言转化为直观的图像形式操作。映射到建筑领域，参数化几何建模也在随着可视化、互动性等技术在人机交互领域的发展，逐渐衍生出一种全新的以可视化图解方式为基础的建筑信息模型媒介。

无论是Rhino平台的Grasshopper，还是Revit平台的Dynamo，虽然主要是参数化编程建模的工具，分别赋予设计以几何复杂性与建筑信息性，但在操作形式上，可视化的图解形式都是新时代设计工具所必须的途径。这种可视化的图解形式不仅让复杂的几何与建筑信息能够被有序的操作与处理，更能让复杂信息用一种直观的可视化手段被表现，并使其复杂性为非专业的大众所接受。通过参数化编程软件赋予数字或信息以颜色与几何形态，设计者用直观而极具美感的视觉表现方式把数据呈现出来。大众在观赏这件“艺术品”时自然读到里面蕴含着一些有趣的故事，而这些故事将成为传递设计意图的良好方式：设计者通过图解呈现引导读者发觉数据里的规律，了解设计解决的复杂问题（图7-1-19）。

而这种大众参与的设计流程，也会推动设计思路的扩展与设计的改进。为了使一个设计项目的所有参与者可以在世界任何地方、任何时候进行信息共享的处理，欧特克（Autodesk）公司曾推出了一种名

图7-1-19　布鲁克林街区建筑建造年代的可视化图解

为“Autodesk 360”概念——一种可随时随地帮助使用者进行设计的可视化、模拟、优化及共享的云计算平台。Autodesk 360 将建筑的设计阶段、施工阶段和维护阶段结合起来，以建筑几何的性能模拟和可视化为媒介，在建筑全周期的图纸化工作、施工现场作业及关联协作支持之间建立起联系。随着云平台的搭建，无论是建筑师、施工方还是业主都可以通过云服务下的设备清晰地关注项目的全面状态与进展，建立起人脑在时空观念下对于建筑几何信息的全新承接模式。

参数化建筑几何的图解化更倾向于对信息交流模式的革新，通过避免繁杂的专业设计软件界面，提炼出在更直观的人机交互媒介下的三维模型展现。例如，由建筑师苏麒团队研发的模袋（Modelo）是一个针对三维设计产品的分享互动平台。它通过提供全新的展示媒介、传播平台和交互系统，省去了常规二维渲染效果图所带来的繁杂制作过程，打破了人与建筑几何之间的信息交流限制（图 7-1-20）。

图 7-1-20 上海西岸 Fab-Union Space 及其 Modelo VR 展示

图 7-1-21　VR可视化建模

并且随着虚拟现实（Virtual Reality，即虚拟现实，简称 VR）技术的发展，这种全新的三维几何交互平台可以进一步实现在全息空间下人对建筑形式的真实体验模拟。虚拟现实技术是由美国 VPL 公司创建人加仑·拉尼尔（Jaron Lanier）在 20 世纪 80 年代初提出的。这项技术的目的是通过综合利用计算机图形系统和现实控制等接口设备，在可交互的三维环境中生成人脑对空间形式的的三维感知。其中，计算机生成的、可交互的三维环境称为虚拟环境（Virtual Environment，简称 VE）。而通过在虚拟环境中建立一种全新的几何信息呈现模式，无论是建筑设计还是建筑体验都可以基于虚拟现实技术实现人对建筑几何的全新认知。可以说，虚拟现实技术打破了传统计算机对三维建筑几何进行二维化展示的感受局限，使得建筑信息可以被完全真实地感知、理解和控制（图 7-1-21）。

参数化几何建模技术的发展，对于图解思想在设计建造辅助方面的演进有着重要的意义。图解作为参数化几何中的核心思想与媒介，为建筑师对于复杂几何的探究、空间性能的控制和建筑施工的统筹提供了更为直观和清晰的操作系统。在建筑整个生命周期中各个层面的问题，都可以通过图解化的建模方式而被感知和解决，使得项目从设计开始到竣工使用都如工厂流水线般被精确、科学地操控。随着工业 4.0 时代的到来，图解化的参数化几何图解思维将会成为新的社会生产方式下的极为重要的工具。

参数化几何图解优化

Diagrammatic Optimization of Parametric Geometry

自由形态的建筑既包含了几何学层面的问题，同时又需要掌握许多基于几何学的形式优化知识。

——赫尔穆特·波特曼

Freeform architecture contains many problems of a geometric nature to be solved, and many opportunities for optimization which however require geometric understanding.

——Helmut Pottmann

基于建筑参数化几何建模生成的建筑形式，仍需要通过一系列几何操作才可以实现在物质世界中的再现。在建筑尺度的整体三维打印技术成熟之前，传统的建筑施工方式仍然是解决自由曲面建筑数字化设计与建造的必由之路。在参数化几何形式对施工成本、效率与准确度都提出高要求的前提下，如何对自由曲面形态进行优化细分会直接影响到建造的合理性。因此，建立一种自由曲面有理化划分与镶片优化机制是参数化几何与建造衔接的重要环节。

同时，参数化几何优化不仅仅是对自由曲面的细分，更是实现建筑的材料性能、结构性能，以及执行多工种碰撞检测和优化施工误差的必备方法。建筑信息模型（BIM）整合了设计建造过程中的各方面信息，通过模块化的族群定义了信息模型的关联性内容，提高了建筑设计生产的协同性与集成性。建筑、结构、设备以及性能化要素通过参数化的信息系统得以统筹。设计、生产、建造及后期使用的全生命周期管理（PLM），使“建筑信息模型”从单纯的几何信息逐步演化为全方位的设计与建造信息的综合。并且这种高度关联性的协同工作方法，在数字化建筑的精密生产中越来越不可替代。

在参数化几何优化中，图解作为一种实现可建造性的分析过程，对推进设计起到了重要作用。特定的算法是优化几何关系的核心内容（图 7-2-1）。图解式的参数化几何优化使建筑创作由注重结果转变

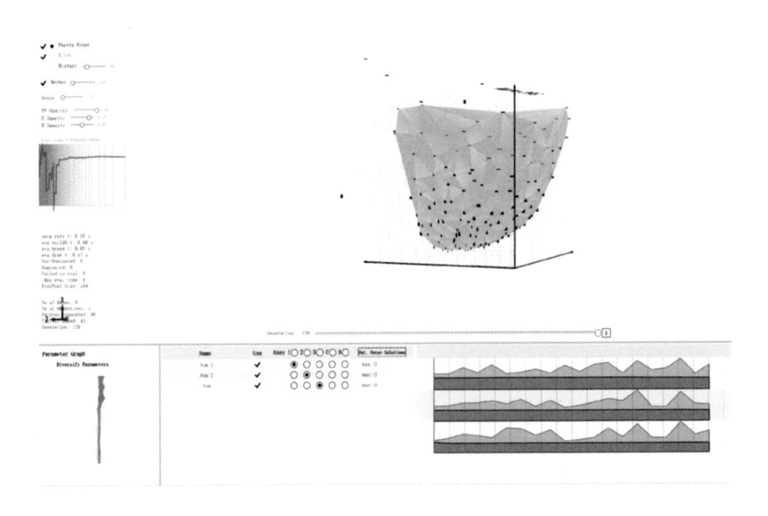

图 7-2-1　Octopus 多因素优化图解

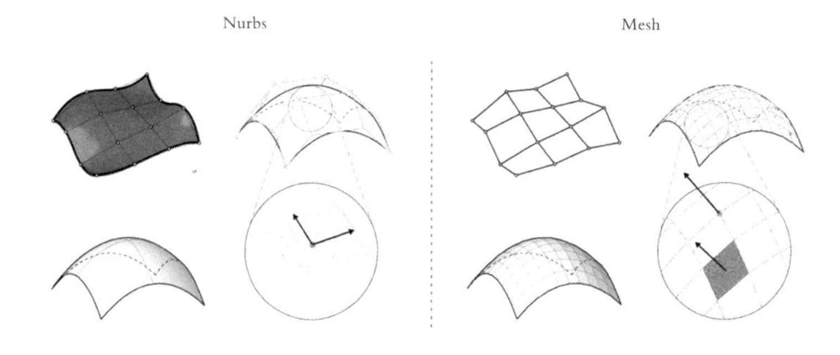

图 7-2-2　Nurbs 与 Mesh 对比

为强调过程，使动态性、交互性重新回归到建筑设计之中（徐卫国，2011）。

传统曲面细分

在参数化几何建模中，我们提到 Nurbs 曲面正是通过数理函数定义高度光滑的连续几何形式的。然而，这种高度光滑、连续的曲面，在现有的施工技术与建造工艺下，很难在建筑尺度上被物质化和再现。因此，我们需要建立一种细分方法，即运用多边形（三角形、四边形、六边形等）构成的网格曲面来满足建造施工要求（图 7-2-2）。

将连续面细分为更小单元进行建造，在计算机出现之前就已经有着悠久的历史。公元前 4000 年左右，苏美尔人就开始使用黏土砖来构建曲面墙体的装饰图样（Pickover, 2000）（图 7-2-3）。之后随着数学与几何学发展，这种使用较小表面单元不留任何空隙地组成较大曲面的密铺过程，逐渐演化成了较为系统的镶嵌（tessellation）方法。这其中包括由单一正多边形组成的正镶嵌法（regular tilings）、由多种正多边形组成的半正镶嵌法（semiregular tilings）与非均匀半正镶嵌法（uniform tilings）、以及由非正多边形构成的非周期性镶嵌法（aperiodic tilings）等（7-2-4）。同时，传统平面镶嵌方法在数学上也被进一步扩展到三维空间，并最终成为参数化几何细分过程的几何学基础。

图7-2-3　古人对镶嵌的应用
（上）苏美尔人在乌鲁克IV时期的古城庙宇中使用彩色瓦片对柱子进行覆盖
（下）马拉喀什的瓷砖是一种边对边的镶嵌，混合着正镶嵌、半正镶嵌和其他镶嵌

在传统意义上，镶嵌更多是对几何图案进行建构的一种手工过程。这种方法虽然也曾一度被应用在一些铺设量不大的项目中，但是由于

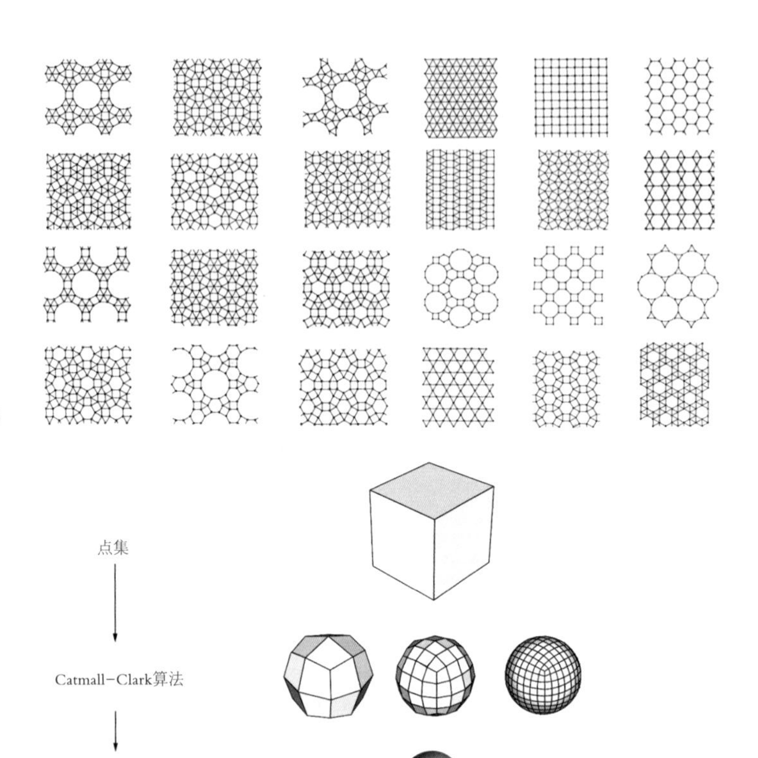

图7-2-4　半正镶嵌与非均匀半镶嵌

图 7-2-5　Catmull-Clark 算法 Maya 多边形建模的细分过程提供了依据

其本质过程过于复杂，无法适应大尺度建筑复杂系统的建构要求。计算机时代，通过数字化算法自动生成曲面镶嵌细分结果的几何优化方式，成为参数化形态在大尺度建造环境下的重要支撑。基于算法对细分限制因素的参数设置，计算机能在极短的时间内反复进行镶嵌模拟与自动优化，并将细分网格以图解的形式实时显示，使建筑师能够对建筑形式的美学效果与施工要求进行直观控制。

在基于几何性能的参数曲面细分中，Catmull-Clark 算法提供了一种最基本的方式（Catmull and Clark，1978），并影响了几乎所有计算机三维图形的显示机制。作为参数化几何细分的基础，Catmull-Clark 算法被广泛应用于众多的参数化几何建模软件中，以控制图形的渲染表现过程及不同曲面属性的转化。（图 7-2-5）如果说参数化几何在本质上是以点为基础的，那么曲面细分算法的本质便是对点的操作。基于对点的操作，原始 Catmull-Clark 算法将曲面细分为网格的过程逻辑如下（图 7-2-6，图 7-2-7）：

生成新的面内点 A —— 该面中所有原有点的平均值。

生成新的边上点 B —— 一条边的两个端点与这条边相邻两个面中的面内点 A，共计四个点的平均值。

生成新的顶点 $Q=\dfrac{F+2R+(n-3)P}{n}$

式中 P —— 原有顶点；

F —— 包围 P 的所有面的面内点 A 的平均值；

R —— 包含 P 的所有边的中点 C 的平均值。

将 A 与 B 相连，将 Q 与 B 相连。

在 Catmull-Clark 算法的改进过程中，一些参数化软件又进一步提供了三角形与四边形镶板两种新的曲面细分方式，并在其中使用参数控制细分过程中的权重与细分程度，以对最终结果进行参数预估与调整。通过引入弦高比（chord height ratio）概念——近似多边形每条边到曲线的最大距离与两个多边形顶点之间的距离比值，与分数容差（fractional tolerance）概念——原始曲面和插值多边形曲面之间的容许距离，设计师可以根据需求从相对数值和绝对数值上对转化过程的精确度进行控制。而利用三维增量（3D delta）概念，设计师又可以对组成细分网格 U 和 V 主方向的划分线进行等分间距设置，从而在曲面的细分过程中，使其原始几何结构得到继承（图 7-2-8）。

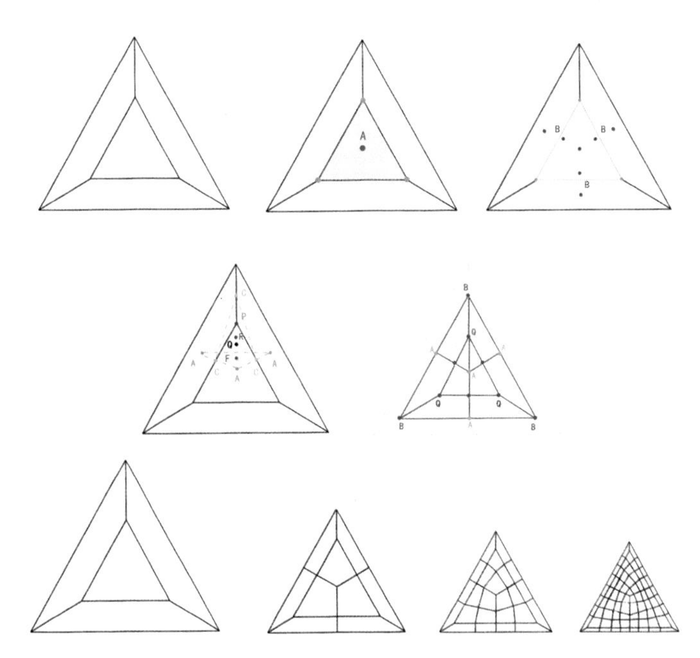

图 7-2-6　一次 Catmull-Clark 算法循环

图 7-2-7　重复四次 Catmull-Clark 算法

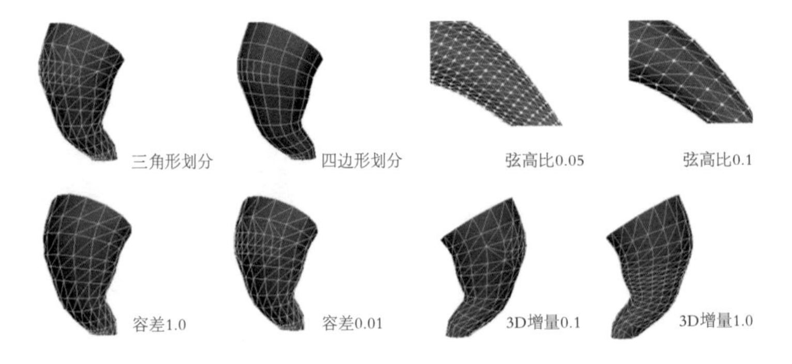

图 7-2-8 Maya 对 Mesh 细分的控制

作为一种几何层面的理论算法，Catmull-Clark 细分方法虽然能够提供基本的曲面细分逻辑，但在操作过程中却缺少了对材料特性与建造施工的回应。由于 Catmull-Clark 算法对复杂曲面进行细分时所获得的每个多边形均会不相同，往往造成高昂的建设成本。另外，算法中对曲面细分参数的设置虽然可以更精确地控制细分水平与细分方式，但由于实时调控能力的不足，与数字建造所需要的曲面优化目标仍然有较大的差异。

参数化曲面自优化

随着计算机技术的发展，新的细分理论与方法也在不断更新。在对建筑施工完成度与几何细分美观性的更高要求下，设计师必须懂得如何优化自己的设计规则和逻辑，甚至以此作为几何找形的出发点之一（袁烽，孟媛，2013）。在现有工艺条件下生产系列构件，在可控成本与可建造性双控之下逼近原有自由曲面的形式，构成了曲面参数自优化过程的主要内容。这其中包括预处理（pre-treatment）、细分（subdivision）、模块化（panelization）、全局优化（global optimization）、后处理（post-treatment）等步骤。

在不同数据结构的软件中，细分曲面的几何逻辑杂乱繁多，而且控制点往往分散不均，无法直接进行细分操作。因此，曲面优化作为细分优化的工作基础，也是几何参数自优化的重要组成部分。对曲面 UV 结构线的走向以及分布方式的改善可以为曲面建立进一步均匀离散的模块打下了良好的基础。这其中，基于横截共轭方向域（Fields of Ransverse Conjugate Directions in Surface，下文简称 TCD 域）运算的曲面优化算法（Zadravec，2010）是网格形态调整的重要工具之一。该算法以平面四边形网格（Planar Quad-dominant Mesh，下文简称为 PQ 面）为基础，主要目标是将自由曲面通过算法操作细分至镶板合理的范围。由于该算法涉及大量复分析及微分知识，这里只做一个概念性介绍（图 7-2-9）。

通过计算 TCD 域中的某一细分区域指数 Zn，计算机可以理解该区域的平滑性及其对共轭面旋转的限制。对于一个指数大于等于 0 的凸曲面或平面来说，由于 UV 方向曲率同号，所以共轭面可以自由转动; 而对于指数小于 0 为凹曲面，由于曲面 UV 两个方向上的曲率异号，从而共轭面的转动受到两条渐近线的限制[①]。如果将共轭面类比为筷子，将曲面类比为碗，当碗底朝下形成一个凹曲面，筷子便会受到碗

① 同号即 U、V 曲率同正或同负，乘积为正；异号即符号相反，乘积为负。

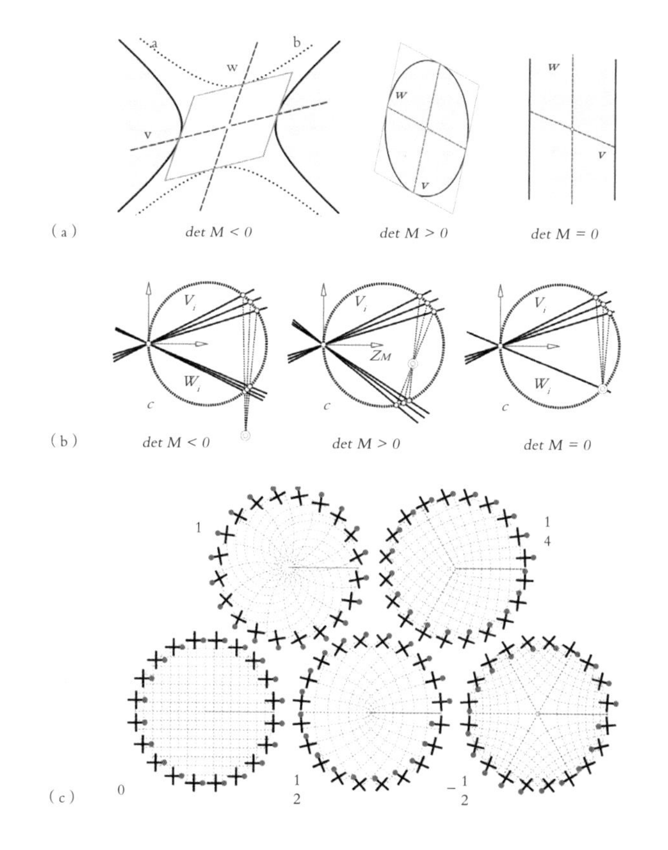

图 7-2-9 TCD 域生成逻辑：
（a）计算曲面上一点共轭面的共轭矩阵 M，可以得到 $det\,M$ 值，使计算机可以了解这一点是双曲点（凹）、椭圆点（凸）或者是平面点。并以此对曲面全局的凹凸性进行判断。
（b）对该点的 UV 进行算法映射，使用一个向量 Zm 来量化曲面的 UV 关系。于是，整个曲面可以被认为是一个由非常多向量组成的网格，即 TCD 域。
（c）TCD 域向量 Zm 的自由旋转角度除以 2π 可以得到指数值 Zn

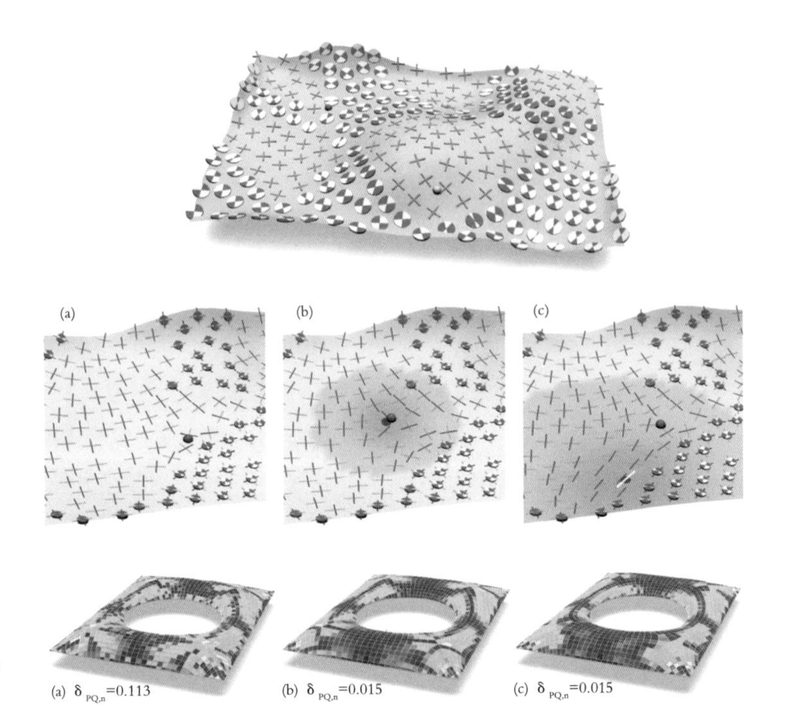

图7-2-10　绘制卢浮宫曲面“飞毯”屋顶的TCD域：在凹面处TCD域自由度受到限制，指数小于0，使用圆盘来表示TCD域可以旋转的范围；在凸面处TCD域可以自由转动，指数大于0使用十字来表示共轭域的两个主方向；黄点代表凸面的奇点，红点代表凹面的奇点

图7-2-11　通过对大英图书馆的TCD域优化并结合其他算法，得到的不断降低的平板化指数 $\delta_{PQ,n}$（平板化程度提高），图中的颜色代表单块PQ面平板化程度

形状的影响而只能在这个凹曲面内运动，而当碗底朝上形成一个凸曲面时，筷子则可以在这个凸曲面上进行自由转动。

在将共轭曲面自由度转化为指数参数后，我们可以通过改变转折点（奇点）的位置来控制曲面细分中两个主方向控制线的形态，以符合曲面的平滑性与方向性要求（图 7-2-10）。例如，设计师将最低化的全局 TCD 域指数设置为计算目标，可以通过遗传算法等自优化方式，在不增加曲面细分数量的情况下改变细分网格的形态，进而以更平滑的方式接近原有曲面（图 7-2-11）。

参数化模块尺寸优化

随着数字化建造技术的不断革新，建筑领域开始出现了一些对常规曲面特别是单曲率曲面的低成本建造能力。对于镶板的加工逐渐走出平面化的材料制造桎梏，使设计师在对曲面进行细分处理时，开始拥有了更多的选择（表 7-2-1）。设计师可以通过算法将成千上万的镶板进行归类与拟合，进而使用不同的模具分别进行批量加工，最终完成对于大尺度几何曲面的精确化再现。

在通过曲面优化算法获得合理的网格划分之后，设计师出于对实际建造成本控制的需求，需要将互不相同的镶板在一定的容差范围内拟合为不同的类别。不仅不同类别模板的加工差异、归类算法的效率高低可能导致造价的大幅度变化，而且模块设计的合理与否更是会影响到施工难易、物理性能，以及建筑美观等方面。对全局成本的优化计算需要在满足曲面连续性需求的前提下尽可能使模板被更多的重复使用或使模板的加工成本最低。基于模具集合的全局优化算法（Eigensatz，2010）与K聚类分析算法（Singh，2010）这两个从不同

<table>
<tr><th colspan="2">曲面类型</th><th colspan="3">建造可能性</th></tr>
<tr><td colspan="2"></td><td>玻璃</td><td>金属</td><td>纤维增强混凝土/塑料</td></tr>
<tr><td colspan="5">单曲面（与平面相似，材料几乎不塑形变形）</td></tr>
<tr><td>圆柱面</td><td></td><td>热弯并热回火</td><td>弯卷机械</td><td>配置模具
热线切割发泡模具</td></tr>
<tr><td>圆锥面</td><td></td><td>配置模具或定制模具，无需热回火</td><td rowspan="2">机械压制
可变动模具</td><td>配置模具
热线切割发泡模具</td></tr>
<tr><td>可展曲面</td><td></td><td>定制模具，无需热回火</td><td>热线切割发泡模具</td></tr>
<tr><td colspan="5">双曲面（通常利用材料的塑形变形）</td></tr>
<tr><td>双曲面</td><td></td><td>定制模具，无需热回火</td><td rowspan="4">机械压制
可变动模具</td><td>EPS定制发泡模具</td></tr>
<tr><td>直纹曲面</td><td></td><td>线切割</td><td>热线切割发泡模具</td></tr>
<tr><td>平移曲面</td><td></td><td rowspan="2">可开发一致轮廓工艺</td><td rowspan="2">可开发一致轮廓工艺</td></tr>
<tr><td>旋转曲面</td><td></td></tr>
</table>

表7-2-1 曲面类型及其建造方式

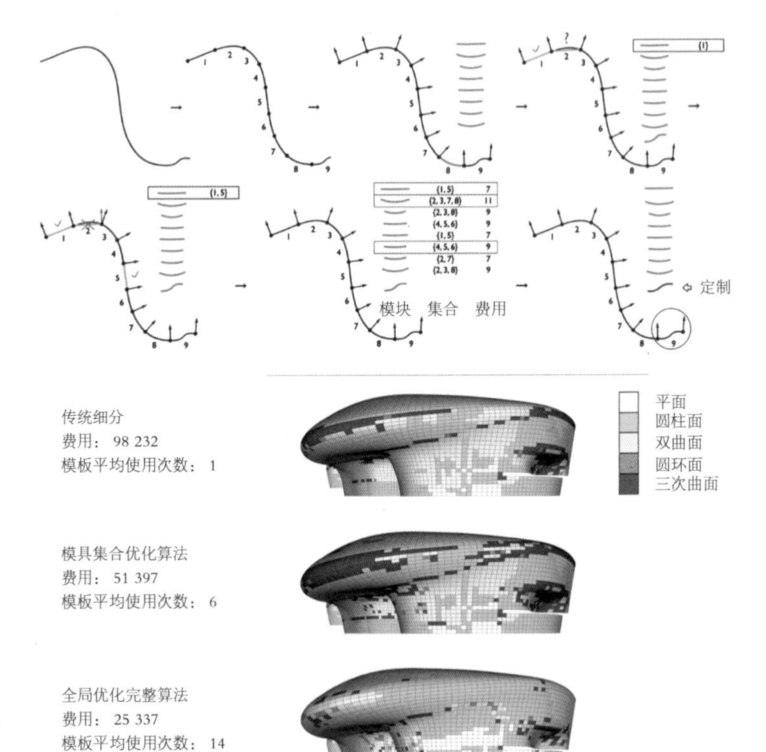

图 7-2-12　集合优化算法过程图解

图 7-2-13　在哈迪德设计的首尔东大门设计广场公园项目中，经过全局优化算法后建造费用大幅下降

思路出发的镶板模块化处理方式，都可以极大地提高模板利用率并大幅降低建造难度。

模具集合的全局优化算法在原理上是通过依次计算每一块曲面与其他曲面的相似度，将设定误差范围内的相似镶板进行集合归类，并将每个集合中的镶板优化为相同几何形状用以批量加工（图 7-2-12）。通过对每个集合的模具按照加工成本分配权重系数（成本越高权重越小），并计算该系数与对应镶片数量的乘积，设计师可以得到这一集合的建造成本指数，再利用优先建造成本指数较大的集合来达到施工成本的控制。当然在很多情况下，简单的建造成本指数排序并不能保证在对镶板全面覆盖的情况下造价最低。例如，一个曲面被细分为 6 块镶板，这些镶板可以被归类成“3.1.1.1”或“2.2.2”的组合。在分组模具制造成本相同的情况下，简单的指数排序算法会优先出第一种归类方式，然而实际上第二种镶板组合由于需要更少的模具反而更节省成本。因此，对模具集合的全局优化，使整体成本降为最低，是提高模具集合合理性的重要依据（图 7-2-13）。其首要目标是在控制精确度的前提下尽可能降低施工成本。然而对于某些项目，成本控制可能是比曲面精度更为重要的因素，因此，从成本控制出发对镶板种类进行控制的 K 聚类分析算法应运而生（图 7-2-14）。

在 K 聚类分析算法中，镶板形状的归类过程可以被点云抽象并映射到二维平面中，其中 K 值控制了最终参与到镶板加工过程的模板种类。在图 7-2-14 中，图解（a）代表了二维空间中所有镶板形态的分布情况。当 K 等于 1 时，算法会通过将所有镶板的形态相似化而得到一种最优模板，对应到二维空间中所有点的几何中心（黄色）；当 K 等于 2 时，算法会找到与最优模板形态差异最大的镶板个例，对应所有点中离黄色几何中心最远的点，并标记为红色；之后所有的镶板会根据他们与红黄两点所代表的镶板形状的差异大小被归为两类（红色与绿色）并重新分别计算它们的几何中心，以得到新的优化模板；最终以此类推，算法将可以得到更高 K 值情况下的聚类优化结果。

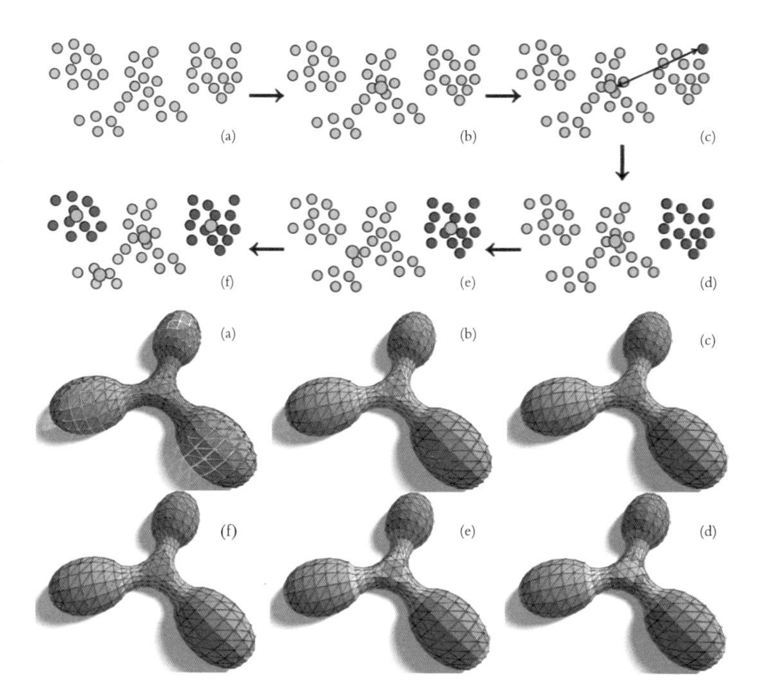

图 7-2-14　K 聚类算法聚合图解

图 7-2-15　对于某参数化几何曲面进行 K=1~6 的聚类优化算法的细分结果

① 泊松方程为△ $\phi = f$，是描述静电势函数 V 与其源（电荷）之间的关系的微分方程，这里用类似前文TCD域的方法来处理连续性问题。

因为K聚类分析算法仅仅以镶板的模板种类数量为参数，对细分曲面的连续性和原曲面的相似性并没有直接参数控制，所以在聚类K值较小时，曲面的连续性和拟合状态都会存在严重问题（图7-2-15）。尽管利用泊松方程①（Poisson's Equation）调整镶板位置并通过全局变化对镶板进行旋转可以避免单元间的分离或重叠，但整体曲面的形态也会随之发生巨大改变。因此，在实际操作中，设计师往往需要通过设置曲面精确性和建造可行性之间的百分参数来控制 K 值大小，以在成本与参数化几何形态的连续性之间寻找一个平衡点（图7-2-16）。

图7-2-16　在陆轶辰设计的米兰世博会中国馆项目中对类似的模板归类优化算法的使用

参数化几何的材料与结构优化

对于几何优化来说，参数化的复杂建筑系统最终是为了更好地对设计相关的所有影响因素作出回应。因此，在自由曲面系统中赋予网格框架材料与结构性能，在真实物质条件下对表皮几何进行评估和修正，是对建筑参数化几何优化过程的重要补充。正如阿希姆·门格斯所说，建筑作为一种材料实践，若其设计方法（相比之下）主要强调先形式后建造的层级关系，那么结合材料形式表现的设计过程就会显得突兀而多余。所以，基于材料与结构性能的几何优化，既需要能够处理复杂的形态问题，并且也可以不再区分形式生成和实体建造的过程（Menges，2102）。

在这一背景下，基于材料与工艺的“自由曲面细分算法”（吕俊超，2013），在集合算法优化镶板模具数量的基础上，通过充分利用材料变形与镶板单元间的连接特性，使建造系统提供更多的容错性，进一步提高模具的重复利用率，使镶板面的连续性与精确性均得到优化。

对于所有自下而上的数字算法，材料属性与构造方式等非几何语言必须通过一定方式转化为可被计算机理解的参数化几何语言，从而可以参与到几何优化的运算过程中。通过对镶板材料的实际测试，设计师需要利用数字化工具将材料的拼合方式、旋转容差、位移容差等属性转换为一系列几何参数，从而对材料性能进行概括，以便于计算机进行物理模拟铺设。例如，在自由曲面表皮系统中相邻两块金属镶板的衔接可以被视为物理铰接，并且镶板的构造方式限制了每个铰接的最大活动范围，而设计师通过定义铰接节点在两个方向上的旋转可以对这一限制进行参数化表示，进而将材料构造特性转化为算法中相对应的参数与行为（图 7–2–17）。之后，在对旋转参数的进行算法设定的基础上，被细分的铰接镶板曲面可以通过物理模拟坠落到初始的参数化自由曲面上。整个“坠落”过程伴随着细分曲面中每一块镶板与设计曲面之间的碰撞检测，镶板在重力作用与旋转限制的情况下，通过模拟实际的情形对需要铺设的表面进行贴合，最终得到基于材料性能的细分网格（图 7–2–18）。

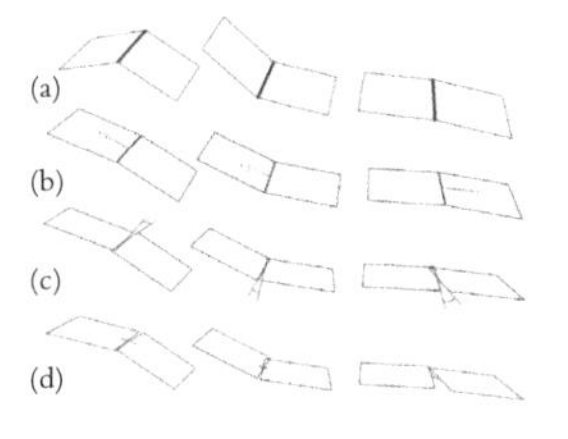

图 7–2–17 材料配置的流程：
（a）把连接形式定义为铰接
（b）设定铰接的活动范围，
（c）设定旋转运动的活动范围
（d）设定铰链活动的容许间隙

当然，材料性能并不仅仅指细分镶板本身的性能，整体网格框架对于结构性能的贡献同样也是体现材料与结构几何优化特点的重要内容。通过引入力学图解，基于结构性能的参数化拓扑优化手段也可以参与几何细分的过程之中，使最终得到的细分网格同样具有良好的整体结构性能。其中，基于有限元分析的结构连续体拓扑优化作为一种后期网格优化算法，可以对已经具有良好建造适应性的网格进行整体结构性能修正，从而进一步降低曲面结构的挠度与变形（图 7-2-19）。

从上文论述中不难发现，图解思想在参数化几何优化过程中扮演着重要的角色。图解作为逻辑与算法、自然语言与计算机语言之间的转化媒介，在主导着曲面细分与优化全过程的同时，以一种直观化、模块化的方式对优化逻辑进行视觉呈现，与设计师在对自由曲面的施

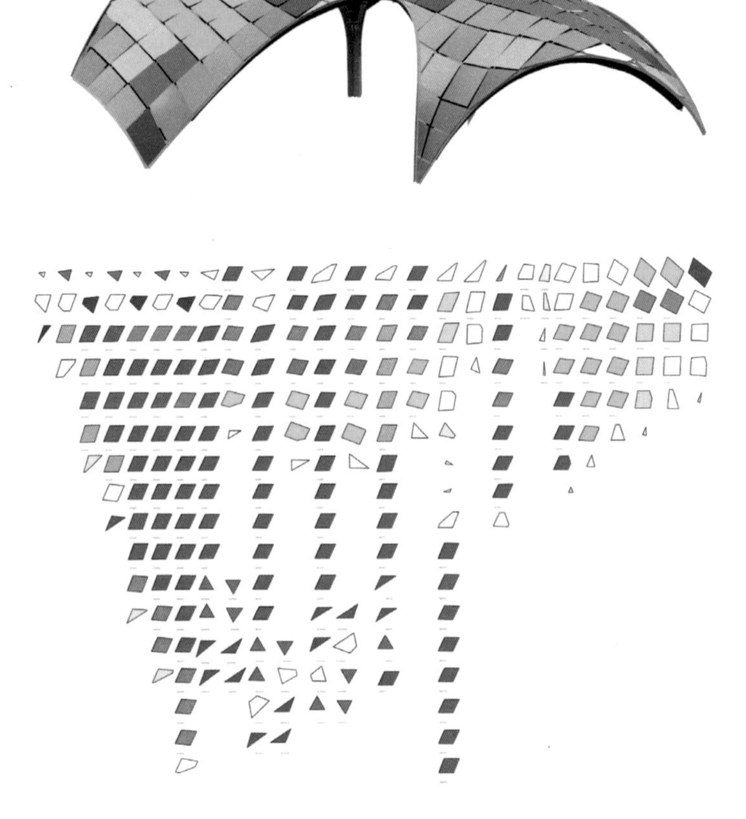

图 7-2-18　使用 *K* 聚类算法对江苏省园艺博览会主馆曲面镶板进行成本优化

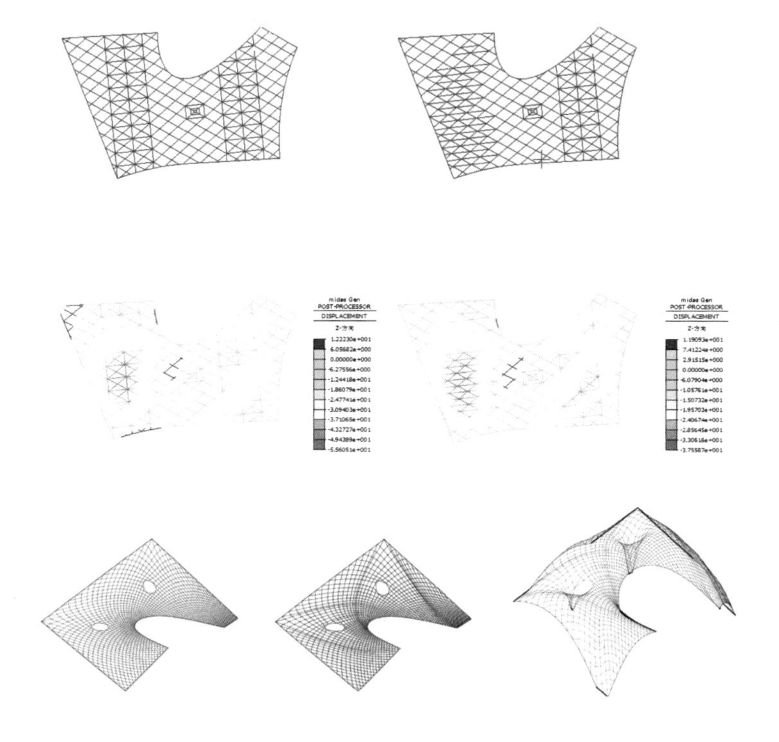

图 7-2-19　使用 Grasshopper 基于结构性能对江苏省园艺博览会主馆曲面细分进行调整。结构性能化优化后，竖向荷载（恒载 + 活载）下挠度最大为 38mm，控制在 1/631，相比于优化前减少了约 40%

工设计中建立一种实时交互的联系，从而提高最终施工过程的精确性与完成度。

参数化几何的设计建造一体化

自由曲面优化无疑是参数化建造相对于传统施工方式改变最为显著的方面。自由曲面细分与优化算法通过对参数的调控，从设计初期便可以实现对建造结果的预判与控制，从而建立起设计建造的一体化过程。参数的转化与传递成为数字化设计建造流程中的重要机制，揭示了软件操作过程中从设计理念到设计实现的数理逻辑。

其中，“建筑信息模型”（BIM）概念提供了是对参数化几何的设计建造一体化最为典型的呈现。建筑信息模型简化了设计与分析过程中调用或整合多种软件之间参数信息的问题，使造价、尺寸、工期等有关加工与建造的具体细节都可以以参数的形式纳入同一个平台之中，从而让设计师在项目初期便可以对一系列建造问题予以考虑。建筑信息模型的统一化管理使数字化建造摆脱了在设计项目链中的末端角色，使建造问题不再仅限于对精度和速度的追求，而是真正地与参数化几何优化之间实现实时协同，充分挖掘数字化平台上信息同步的意义。

在建筑几何优化的后期，根据项目报批及多工种协作的要求，建筑师往往需要对设计进行调整。而在建筑信息模型中，由于形式的本质是一系列参数，所以设计师只要设定合理的判断逻辑，便可以通过编辑适合的目标与算法对设计的细节进行参数化微调。

在绿色建筑报批与评级问题中，建筑师可以通过将性能分析软件得到的建筑环境性能参数与规范中的标准进行比对，进而在参数化建筑几何与各项性能指标之间建立起统一的评价体系。之后，以满足上述评价体系为目标，建筑师通过利用参数限制的自优化算法，可以快速地生成多种备选方案，并最终经过筛选与微调生成的综合能耗最低的建筑几何形式（图 7-2-20）。

在多工种的配合问题上，建筑元素碰撞是在设计施工后期影响建造进度的重要问题。而在“建筑信息模型”中，建筑师通过参数化几何的碰撞自动检测技术，可以在前期及时发现问题，并按照设定的算法进行优化调整，从而避免在施工过程中造成的损失。

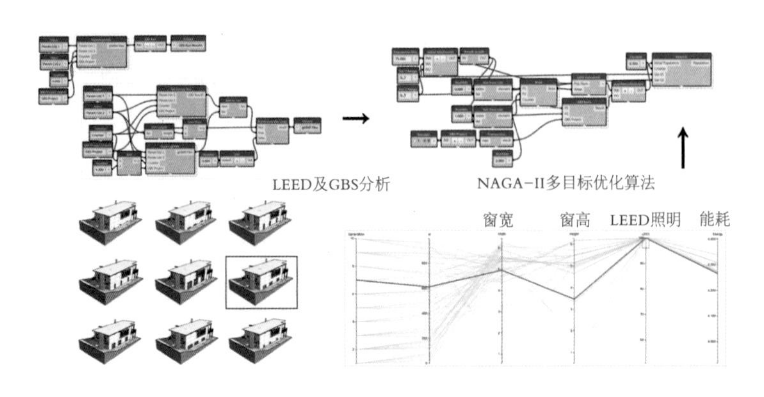

图 7-2-20　基于 Dynamo 的 Optimo 插件实现多目标优化

建筑信息模型平台通过将时间参数引入到几何优化系统中，可以实现从设计到施工各个阶段的图解化模拟与修正。模拟施工的检验方式可以在设计中提前预判并优化实际时间线中可能遇到的预制构件误差、现场安装定位误差、几何累计误差等时间关联性问题，从而使设计师以一种四维的认知模式对建筑中的几何形式进行理解与优化。而虚拟现实、数据挖掘、三维激光扫描、云计算、三维打印等技术为建造施工在时间维度上提供了精确性保证。预制构件在工厂中用数控加工工具成型，并采用多点定位激光系统保证每块构件的精度质量。之后在施工现场，跟踪测量系统根据数据模型来实时调整施工偏差，从而实现从工厂预制到现场安装的交互联系。

在数字时代，建筑师绝不仅仅是设计与建造工具的命令者与使用者，而是应与图解思维下的参数化几何优化媒介进行相互协作，积极地面对建筑全周期中的各种挑战。随着技术的进步，算法优化与数控建造呈现出相辅相成、互相促进的交互关系。一方面设计过程需要参数化的优化方法对当代施工条件下建造的实施性进行考量，另一方面建造方式的革新又反过来扩展参数化优化的逻辑性与精确度。这种良性循环不断地推进着数字领域的发展，使参数化几何设计的高技与实际建造的低技之间的不对等关系逐渐得到改善。并且在参数化优化给予设计与建造领域双重革新的同时，建筑师的职责也开始发生着同步的转变。数字时代下建筑师的工作不再是原有纯粹的空间设计，而是需要通过特定的逻辑推动、调节和控制整体建筑过程中的场地环境信息提取、形式生成与优化、物质建造与管控等方面。而参数化图解建模与优化过程，正是突出了设计师在角色转变中的全新任务的重要性。基于参数化几何图解的建模与优化不仅为建筑施工转化提供了更加激动人心的策略，同时也能使得整个设计周期中充满了创造意识，最终形成一种从设计到建造的全局数字化工作流程，一种具有物质意识的几何设计理论(Construction-Aware Geometric Design)。在不远的将来，这种集设计、优化、施工和建造于一身的全新工作模式必将带领我们走出建筑学的危机与困境。

数字化建造的图解方法
Diagrammatic Approach to Digital Fabrication

随着建筑师越来越习惯运用数字化工具，无论是在设计初始对建造方式进行的回应与互动，还是在设计与建造过程融入的数字化流程都必将为建筑学带来充满无限的潜力与可能。

——迈克尔·温斯托克

As architects become more accustomed to working directly with construction manufactures at the inception of a design through digital media, the potential benefits of integrating manufacturing processes into the design generation will become more evident and more widely adopt ed.

——Michael Weinstock

从数字设计到数字建造

从社会发展的整体角度来讲，数字化的时代已然到来。随着数字工具和建造技术的不断发展，数字化设计经历了从启蒙到纸面设计，从形式生成到性能化植入等不同的发展阶段。基于建筑几何思维的数字化软件让我们对复杂空间几何有了更强操控能力，同时也促进我们越发关注建造的可实施性。参数化几何建模与优化技术使得建造过程中的空间问题可以通过数字工具重新定义，将抽象的形式逻辑思维转译为参数化数据，从而催生了从参数化几何到数字化建造的衔接。同时，数字化建造技术的进步与革新又反过来促进了建筑设计本身的发展。数字化建造方法的革新使建筑师从设计拓展到实体建造，虚拟与现实两个层面中的建筑过程不断地相互融合与促进，在重新定义着建筑学本质的同时也推动着社会生产模式的更新。

罗宾·埃文斯（Robin Evans）在他的著作《从绘图到建造》（*Translations from Drawing to Building*）①中提到建筑师在工作中始终面对着一个难以回避的问题——设计图纸与建造结果之间的隔阂（图7-3-1），并且这个隔阂的存在必将作为一种源动力催生出建筑学的重大发展。与传统生产性图纸一样，数字化建造技术也是一种约束与可能并存的工具。并且作为一种更有效地连接设计与建造的媒介，数字化建造工具自身的特定属性及它所需要的特殊工作方式，也会孕育着更具针对性的建筑学的创新。

① 《从绘图到建造》（*Translations from Drawing to Building*）

事实上，数字化设计已经渗透到建筑设计的每一个环节。从三维建模、算法生形，到参数化几何建模、结构与环境性能分析与生形，再到项目管理协调以及工程图纸设计，建筑师的工作已经愈发离不开计算机辅助设计平台。而数字化建造技术作为这一系列的设计过程的最终执行者，通过对数据的处理和运算来完成对建筑材料的加工与装配，对于当代愈发“复杂化”的建筑学的介入也成为必然。

数字化建造技术的演进可以追溯到20世纪初期的第二次工业革命。伴随着批量化生产和快速物流模式的大幅度进步，人类社会对于信息技术的认知和开发也出现了萌芽。高效率的信息化需求孕育了制表机的发明，并且这项技术在第二次世界大战中通过对二进制数学算法的运用逐渐演变成为早期的计算机。第二次世界大战平息后，数字与信息技术被快速推广与发展。1952 年，麻省理工学院的实验室将计算机与铣床连接在一起，制造了历史上第一台数控设备（图 7-3-2）。这种具备精确信息传输技术的设备可以完成对形态高度复杂的几何构件加工，完全超越了机械师人工制造的能力与精确度。

到 20 世纪 80 年代初期，传统的建筑学仍然视计算机技术为新奇的异物。直到弗兰克·盖里、格雷戈·林恩等一批数字化建筑先驱的探索，计算机技术对当代建筑创作与建造的意义才被揭示出来。盖里事务所在路易威登创意基金会美术馆（Foundation Louis Vuitton Museum）的项目中为了达到设计与建造更直接的衔接，采用了基于航天工程建模工具 CATIA 而开发的 Digital Project 施工软件，对建筑的外部表皮进行一次性的完整参数化建模。在这个过程中，数字建造工具直接对建筑模型进行处理并完成对建筑材料的物理加工控制（Rotheroe，2003）。全新的数字化建造技术证明了设计的复杂程度并非一定会抬高建筑的造价。通过采取数控建造技术，制造非均质化的建筑构件所花费的时间和成本与批量流水作业生产的相同建筑构件可以画等号。

技术的发展能够帮助人们在特定环境下去完成颠覆式的任务。而数字化建造作为一种系统的、可重复的、交互式的工具便是可以让建筑师在特定成本条件下更加直接地去驾驭极其复杂的建筑形式。随着时间的推移和环境的改变，传统的工艺和建造方式必将受到新工艺的挑战，这就促使建筑师需要运用计算机技术不断发挥数控建造的巨大潜力，通过重新回归匠人的身份，进行从设计、模拟、优化到建造的一体化实践（Kieran，2000）。

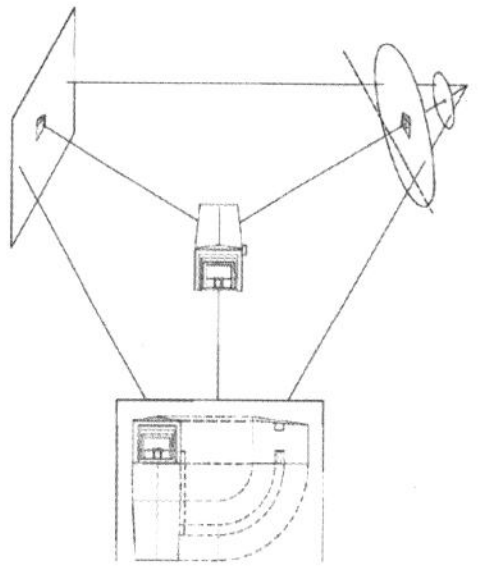

图 7-3-1　传统三维投影图解的信息局限性

从参数几何到图解建造

从参数几何形式到数字化建造的转化需要依赖于特殊的图解媒介。数字化建造加工技术中的铣削、弯折、3D 打印等，都需要将几何信息通过图解机制转译为可被建造的机器工作与加工路径。整个转译过程会包含时间进度和建造顺序等多个参数，这些参数可以被机器

图 7-3-2　世界第一台具备自动换刀系统的数控机床

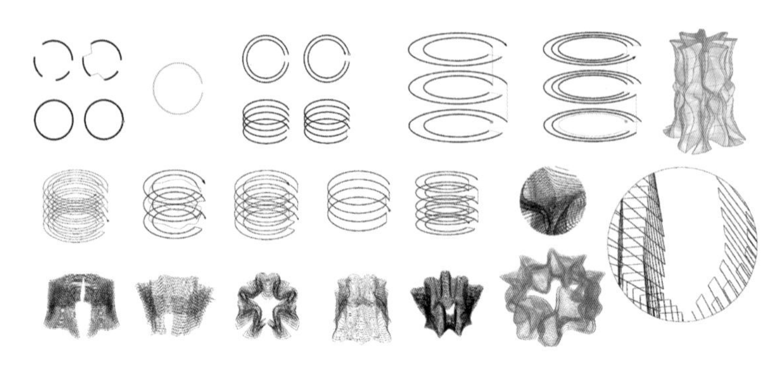

图 7-3-3 机器人陶土打印的几何路径图解

直接用于定义材料的空间拼接以及生产过程，实现从几何到建造的一种全新建造模式。并且从参数几何向机器建造的转换一般会针对不同的设计原型和控制平台开发出不同的转译工具包，这一过程可以被描述为以下步骤：几何逻辑确立—建造工具选取—几何参数抽离—几何参数转译（图 7-3-3）。

数字建造中常常会使用建模软件将设计的几何形态与机器的运动方式相结合来进行建造模拟。在建造模拟中，设计师需要权衡建造空间、逻辑以及方法所产生的局限和问题，对建筑原型的设计进行反馈，通过反复优化设计与加工模拟的同步实施来达到原型建造的可行性。通过模拟与仿真物理世界中机器的行动路径，设计师可以提前观察到加工全过程中潜在的问题，如碰撞、限位等等。这种方法建立了图解化思维与数字化建造的直接联系。通过时间轴的介入，动态的三维图解可以全方位直观地展示了建造的方法和过程，在设计平台上完成了建造的模拟、优化和再输出。机器模拟的核心在于图解建造逻辑的建立与转化，以连接几何信息与机器动作之间的关系。针对不同类型的几何形体，坐标、曲率、法向量等几何参数会依据被加工材料的特性和机器动作的条件被转译为相应的加工参数，如位置、姿势、速度等（图 7-3-4）。基于 Rhino 数字化设计平台的 Kuka|Prc，HAL Robotics，以及基于 Autodesk Maya 和 Processing 设计软件的 Robot Studio，都是通过将几何信息转化为带有矢量平面的点线坐标信息，在反向动力学算法的换算下控制机器人的轴运动参数，使机器人通过轴的联动，控制末端工具头的准确运动。可以说，建造模拟平台，通过时间性的图解形式为设计师提供了对机器运动方式及材料几何信息的预判，最大化地满足了数字环境与物理环境中建造条件的全面耦合。

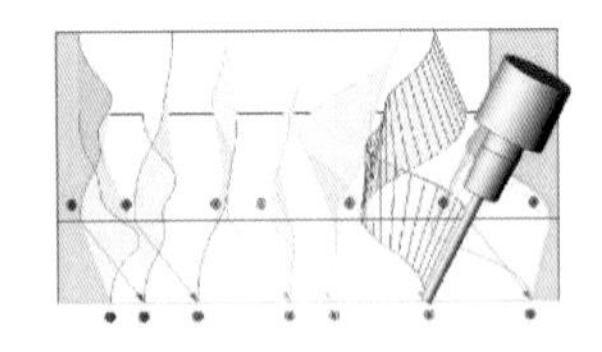

图 7-3-4 建筑几何信息到机器人工具端运动路径的数学转换

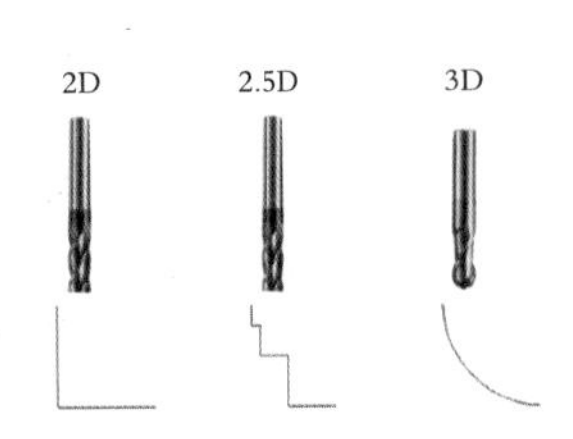

图 7-3-6 2 轴、2.5 轴、3 轴工具所产生雕刻效果的区别示意图解体的几何描绘

数字建造工具

数字化建造的实现离不开相应数控工具。近年来，随着数字化建造技术的不断迭代更新，建筑领域也催生了各式各样的工具端开发。这些工具端主要分为两大类：一类是基于机器人平台的建造工具，另一类是基于特定功能技术的建造工具。一般情况下，数字建造工具的轴数决定了其空间作业的工作范围和复杂程度。在笛卡尔坐标空间中的运动维度增量或者围绕某一节点的自由旋转能力都可以被定义为工具的一个轴（图 7–3–5）。2 轴工具意味着工具头的运动只在二维平面内进行移动，而在垂直平面的方向上受到限制，如激光切割机、水刀切割机等。以此类推，2.5 轴工具的工具头可以被定义为是在不同高度的二维平面内自由移动；3 轴工具的工具头可以是在三维空间中可以进行自由移动，如 3 轴数控机床（CNC）。基于他们的加工轴数限制，2 轴工具仅能对平面轮廓进行雕刻，2.5 轴工具可以加工出层叠状的形式结果，而 3 轴工具则可以生产较为圆润的曲面效果（图 7–3–6）。

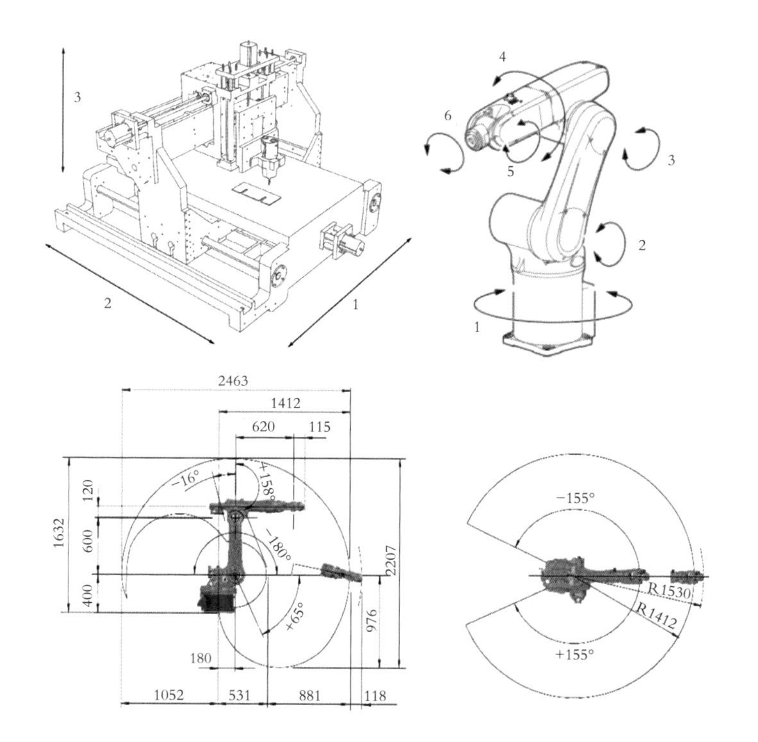

图 7–3–5　数字建造工具轴数概念示意图解，左图为 3 轴 CNC，右图为 6 轴机械臂

图 7–3–7　德国 KUKA 机器人的 6 轴运动范围

虽然 3 轴工具可以实现工具端在空间中的自由移动，但仍不能完全满足所有的数字加工工作。当面对内凹负形空间雕刻等复杂作业时，工具头则需要更多的轴数来支持工作方向角度的调整。进而，4 轴、5 轴，6 轴甚至更多轴数的工具应运而生。其中 6 轴及以上的工具主要为目前广泛应用于汽车制造业的数控机器人（图 7–3–7）。由于机器人可以以任意角度（A、B、C）和姿态到达空间的任何位置（X、Y、Z），所以它可以被认为有能力实现全方位无死角的空间作业。

对于数字化建造的实施来说，与数控设备发展同等重要的便是机器人工具端的开发。目前，在机器建造平台上的工具端虽然多种多样，但本质上它们的工作流程都可以分为三个步骤：接收信号、处理信号和反馈信号。而这三个步骤从具体元件的类型上便分别对应感应器、处理器和效应器。

对于机器人工具端而言，感应器分两类：一类是感应机器人发出的信号，一类是感应环境中的信号。感应机器人发出的信号主要是指当工具端本身需要与机器人的动作产生配合时，工具端需要接收从机器人发出的指令并产生相应的动作。例如，在使用机器人进行砌砖工作时，工具端是一个用于将砖块夹住并放置在特定位置的夹具。在砌砖过程中，当机器人运动到取砖的地点时会发出信号让夹具夹取砖块，这时工具端需要通过感应器接收到机器人所发出的信号。感应环境中

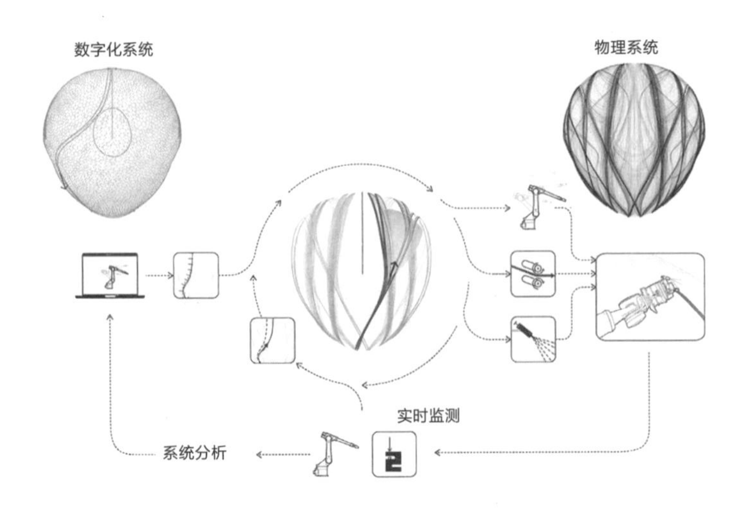

图 7–3–8 “2015 ICD/ITKE 研究展馆”的机器人建造流程

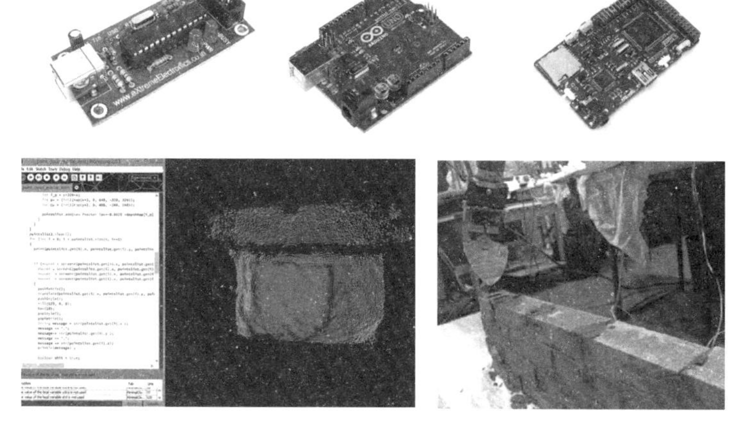

图 7-3-9　常见的单片机开发板（从左至右依次为 AVR、Arduino、STM32）

图 7-3-10　机器人砖构砂浆厚度扫描程序与扫描结果

的信号则是指工具端需要感知环境变化并对其做出反应，其中常见的环境感应包括温度感应、外力感应和视觉识别等。斯图加特大学计算设计学院的阿希姆・门格斯教授研究团队于 2015 年完成的 ICD/ITKE 展馆建造中，将碳纤维材料在一个薄膜结构表面进行缠绕建造。由于薄膜结构形态不稳定，很容易因为环境温度、机器人动作或者空气流动的影响，因此工具端需要通过一个压力感应装置实时感应来自薄膜的压力，并以此来判断薄膜结构的变形情况从而调整机器人的姿态，使碳纤维始终紧贴在薄膜结构的内壁上（图 7-3-8）。

工具端的处理器主要是处理感应器所有接收到的信号，然后依据预设程序针对不同的信号发出不同的指令，进而控制效应器的运行。机器人工具端的处理器依据其功能的不同可简单或复杂。简单的处理器可以是几个继电器组成的开关装置，而复杂的处理器一般为类似微型电脑的单片机（图 7-3-9）。

伦敦大学学院（University College London）的卡莱德・阿什雷（Khaled Elashry）和鲁拉里・格林（Ruairi Glynn）在进行的一项机器人砌砖研究中包含了涂抹砂浆这个步骤（图 7-3-10）。为了保证砂浆涂抹质量，研究团队在机器人工具端上添加了一个视觉识别系统。这个系统包括了红外扫描摄像头和 Arduino 单片机两个部分。在每块砖被涂抹砂浆之后，红外扫描摄像头会对砂浆层的进行扫描，然后将扫描结果反馈给 Arduino 单片机，单片机通过编辑好的程序来对扫描

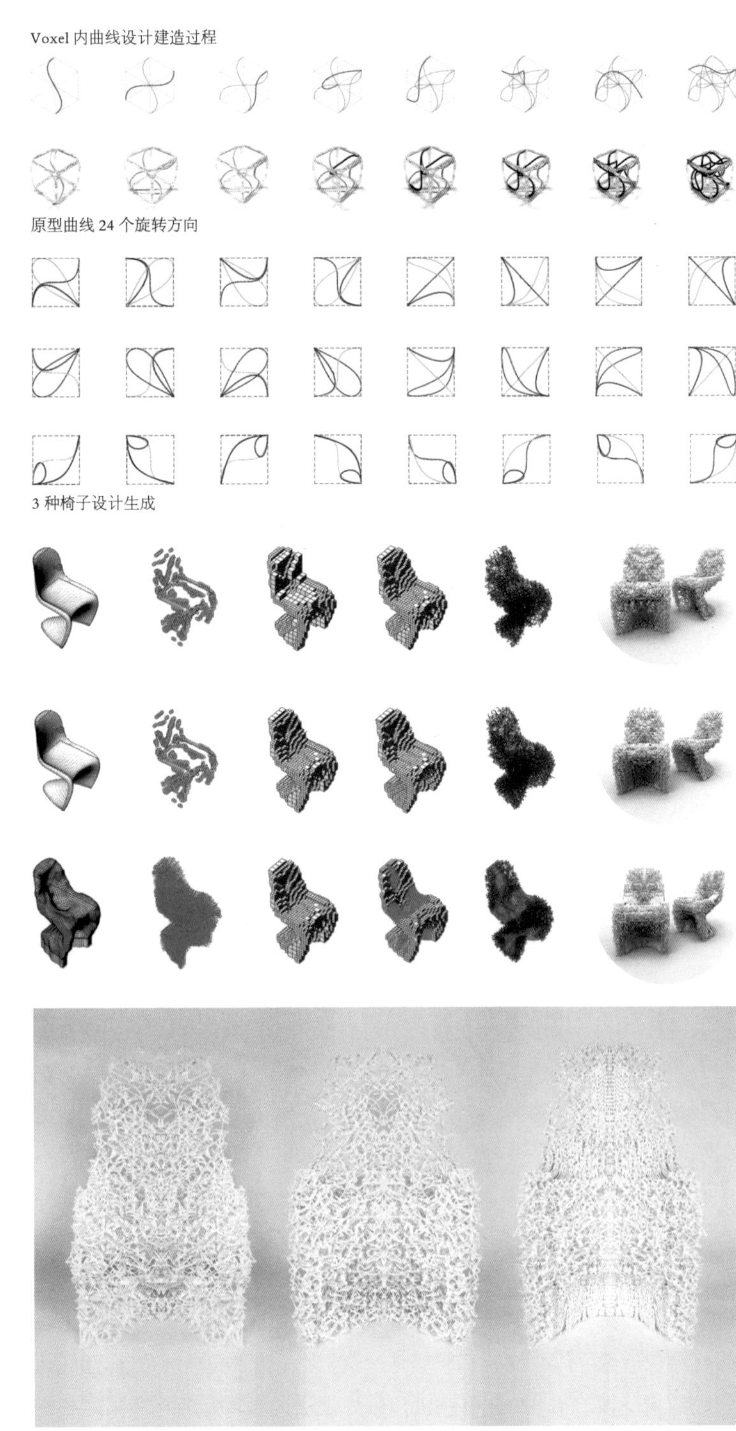

图 7-3-11 UCL 巴特莱特建筑学院 Curvoxels 团队的“Spatial Curves”项目设计与建造

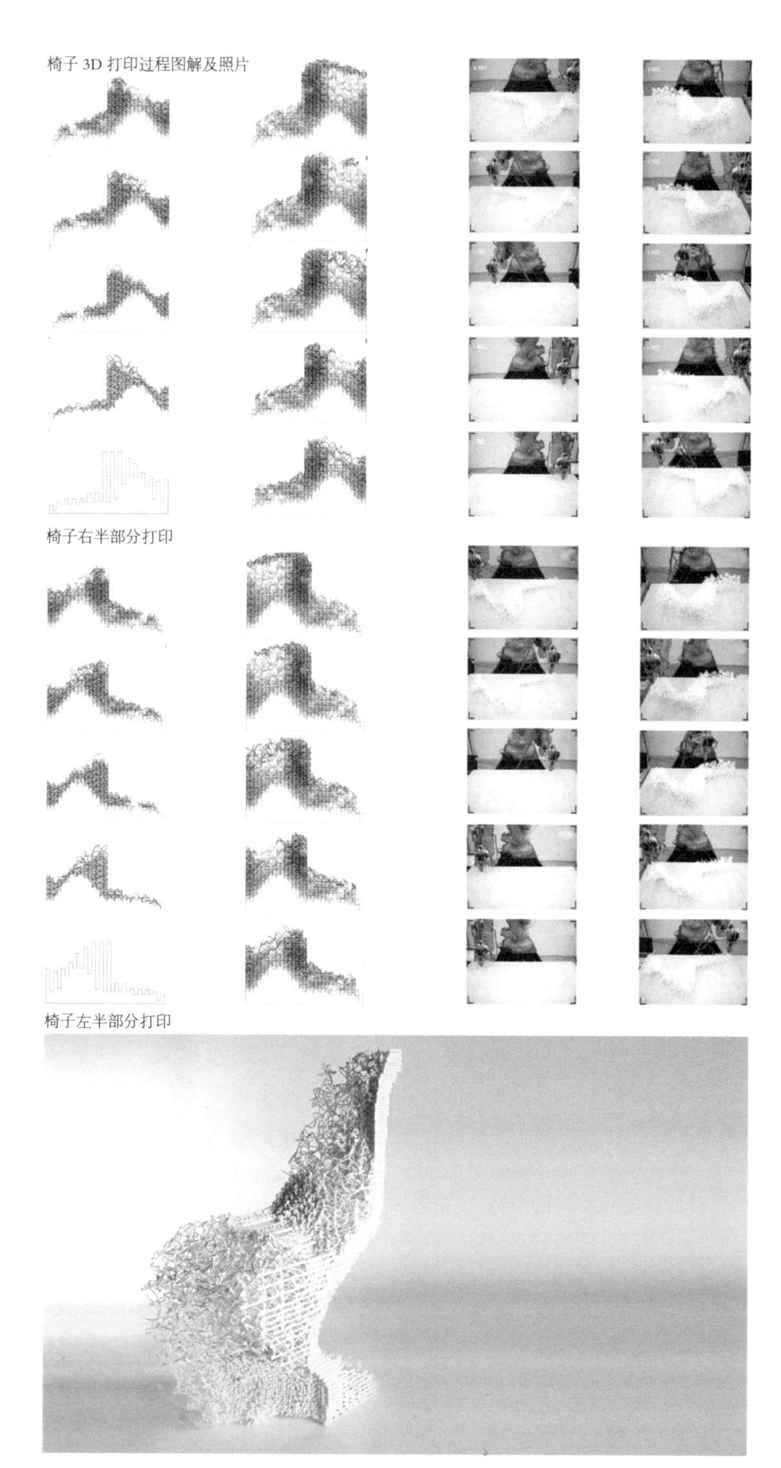

图 7-3-12 UCL 巴特莱特建筑学院 Curvoxels 团队的“Spatial Curves”项目设计与建造

图 7-3-13 机器人陶土打印建造过程

结果进行分析，从而判断这块砖的砂浆涂抹是否合格，如不合格将进行再次涂抹指令的输出。

效应器是指依据接收的信号来产生工具端具体动作（如夹取、切割、锤击和加热等）的装置。由于效应器的种类十分多样，从而这种丰富度使得机器人可以取代平面工艺、增减材建造，甚至三维成型技术中的数控设备，成为全能的建造工具。机器人末端配备铣刀电钻，便可以进行相应的铣削雕刻作业，而如果搭载锯刀、电锯，就可以进行石材、木材的切削塑形等。因此，机器人端头工具技术的开发也是各种数字建造实验的核心技术之一。以砖、木及金属为例：机器人砌砖工具端需要能够适应不同砌体的尺寸，并具备准确的空间定位技术；木材加工工具端则需要组合不同的铣刀、圆锯及带锯等装置来完成复杂曲面和节点的准确切削工艺；在金属加工中，设计师则需要根据不同金属的形变能力，开发具有不同抓力和弯折力矩的工具，在不破坏金属内部结构的情况下完成构件加工。如果将机器人建造平台比喻成多功能瑞士军刀的话，那么设计师只需要选择特定功能的工具端便可以处理特定需求的数字建造加工工艺。

数字建造工艺

根据建筑的形式建构逻辑的不同，数字建造工艺可以分为增材建造工艺、减材建造工艺、等材建造工艺和三维塑形工艺这四种。增材制造工艺是指通过材料的逐层叠加完成几何形体的塑造。相较于减材制造，增材制造具有更高的效率和自由度。它主要是通过轮廓工艺将建筑形体分解为点、线和面，并通过计算机算法转化为数控机器可识别的机械语言，最后由打印工具将材料分子以平面方式累积起来。自从 1988 年立体平面印刷术出现以来，目前市场上已经具备了多种针对不同材料的快速增材成型工艺，常见技术包括：立体光感打印（SLA）即通过液体聚合物在激光下的聚合反应中进行叠层制造、激光粉末打印（SLS）即针对粉末材料的选择性进行激光烧结、熔融沉积快速成型（FDM）即通过热塑性材料的熔融和固化进行层叠塑形（图 7-3-11，图 7-3-12）。

近年来，随着增材制造工艺的日渐成熟，无论是打印的精度还是尺寸都有了巨大的发展。并且成型材料也从树脂、尼龙、石膏、塑料等单一的工业材料扩展到包括玻璃、金属及混凝土在内的复杂建筑材料。例如，麻省理工学院的介导物质团队在奈丽·奥斯曼（Neri Oxman）教授的带领下联合机械工程系、怀斯研究所和玻璃实验室开发出 3D 打印玻璃工艺“G3DP”；荷兰设计师乔里斯·拉尔曼（Joris Laarman）开发了金属 3D 打印机并通过结合机器人建造技术在哥本哈根现场打印钢结构桥体等。

同济大学数字设计研究中心（DDRC）一直致力于对陶土这种传统材料的增材建造技术进行挑战。研究团队通过数字模拟技术，在机械臂运动的机制上将制陶工艺进行扩展，以框架和规则定义建造的特性，并直接与陶土的性能连接在一起。在打印过程中，陶土的透气性、水合程度、塑性能力与打印工具的挤出速度、机械臂自身的运动速度同步连接，通过对各参数严格的控制和模拟，得到复杂的增材塑形结果（图 7-3-13）。

无论是石材、木材、石膏泡沫还是铸造复合材料，其生产方式都是模块化的。而减材制造工艺便是通过对模块化材料的连续减法运算逐层去除多余的物质而得到设计要求的最终三维形态。其中，计算机辅助铣削是一种十分直接的对复杂几何形体实现减材塑形的技术。在计算机辅助铣削中，数字化轮廓工艺会将模型的减材信息转化为数控设备可以识别的机器语言以对铣削工具的路径进行输出。实践中比较

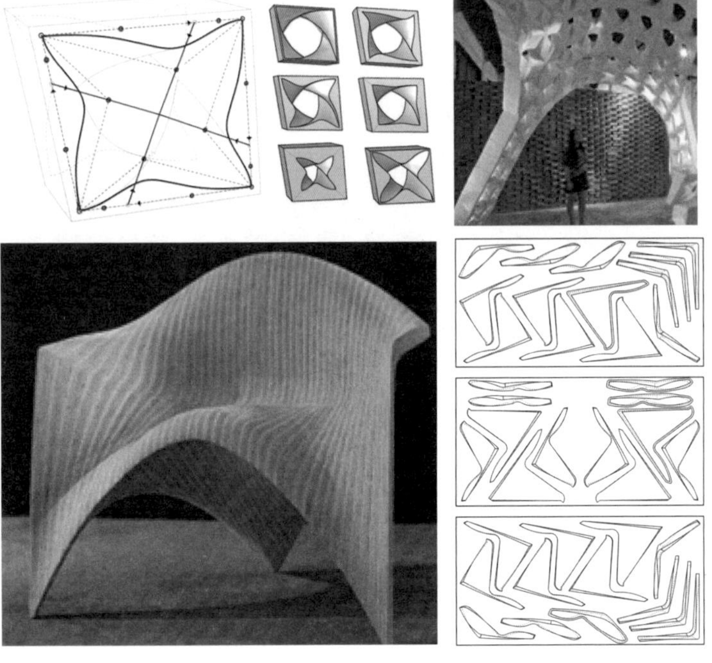

图 7-3-14 同济大学研究团队采取机器人线热线切割工艺完成的轻拱装置

图 7-3-15 同济大学研究团队使用 5 轴 CNC 机床减材铣削建造构件拆分图解

常用的软件有 Mastercam、RhinoCAM 以及 SURFCAM 等。这些数控软件需要建筑师设定数字模型以及数控设备的相关参数，比如建筑构件的材质、形态、坐标位置，以及铣削刀头的长度、直径和刀刃种类等。尽管这些参数相对固定，但同一个形体可以通过多种铣削方式进行实现，所以设计师需要根据设计初衷、材料性能以及设备的特点做出最合适的规划（Iwamoto，2009）。

20 世纪 90 年代初期，墨尔本皇家理工大学建筑系教授马克·伯瑞（Mark Burry）在高迪的圣家族大教堂建造中便使用数控设备完成了复杂曲面石材立柱的减材塑形建造。之后盖里在洛杉矶迪士尼音乐厅的建造中也开始利用减材塑形技术大规模预制石材立面，其中双曲面的石材表皮均在意大利通过 3 轴 CNC 铣床进行制造，并通过钢架结构在现场进行安装。同济大学数字设计研究中心在 2013 年通过聚苯乙烯铣削技术完成了由近 200 个形式迥异的空心砌块所组成的高轻型拱状构筑物的快速加工与建造（图 7-3-14）。2015 年，同济大学数字设计研究中心使用五轴 CNC 对实心木材进行铣削完成了基于人体工程学的光滑曲面座椅加工（图 17-3-15）。

等材制造工艺是指通过数字建造方法进行模具塑造，进而通过浇铸材料而得到相应塑形结果。在传统浇筑工艺中，模具的加工与使用对形式的建造往往会产生巨大的限制，而这也促发了数字建造中的等材建造工艺的发展——通过数字加工建造工艺进行模板的设计建造，进而得到相应的浇铸塑形。例如创盟国际（ArchiUnion）团队在山水墙的塑形设计中，从山水画中提取出抽象的线条肌理，并利用 CNC 对高密度 PVC 发泡板材模具进行相应纹理的雕刻，之后通过玻璃纤维增强水泥（Glass Fiber Reinforced Concrete，GRC）浇铸成型（图 7-3-16）。

三维塑形工艺是指在不改变材料重量的情况下，通过物理压力、空间限制等外部作用，强行改变物体的几何形状以达到塑形效果的技术，例如应用在金属材料上的渐进成型技术，应用在塑料上的真空吸塑技术，以及应用在木材加工中的热弯技术等。三维塑形工艺要求材料具有一定的柔韧性和抗弯性，并在外力作用下发生形变的过程中仍能保持物理硬度和结构强度，因此设计师往往会使用工业化制造过程中经过验证的金属板材、高强度塑料和纤维织物等材料。

在三维塑形工艺中，数字化弯折技术作为一种广泛应用于金属材料的加工方式已在设计实践中极大拓展了复杂形式建造的可能性。例如在哈里士・拉瓦尼（Haresh Lalvani）为 Algorhythm 公司设计的弯曲吊顶系统项目中，设计师通过巧妙地在金属折边处采用“缝线”处理从而创造出双曲线的折边构造，这种曲线折边使弯折的金属板材拥有更好的结构稳定性，同时可以灵活地适应整体曲面的凹凸形态（Iwamoto，2009）。

基于材料性能的图解建造

数字建造技术为建筑设计带来了新的机遇，为建筑师在平衡形式创造与建造实现的过程中提供了更自由的选择。图解化的数字建造方法不仅实现了从虚拟建造到实体建造的完美对接，并且以其精准、灵活、多维度及高智能的特点为砖、石、木、陶土、金属、混凝土等材料在突显性能化的建造方式研究中开辟了全新的途径。

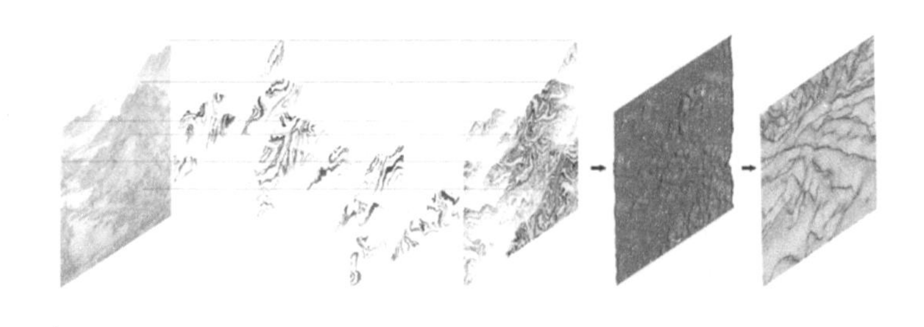

图 7-3-16　创盟国际设计的诺华园区地下车库项目中的 “山水墙”

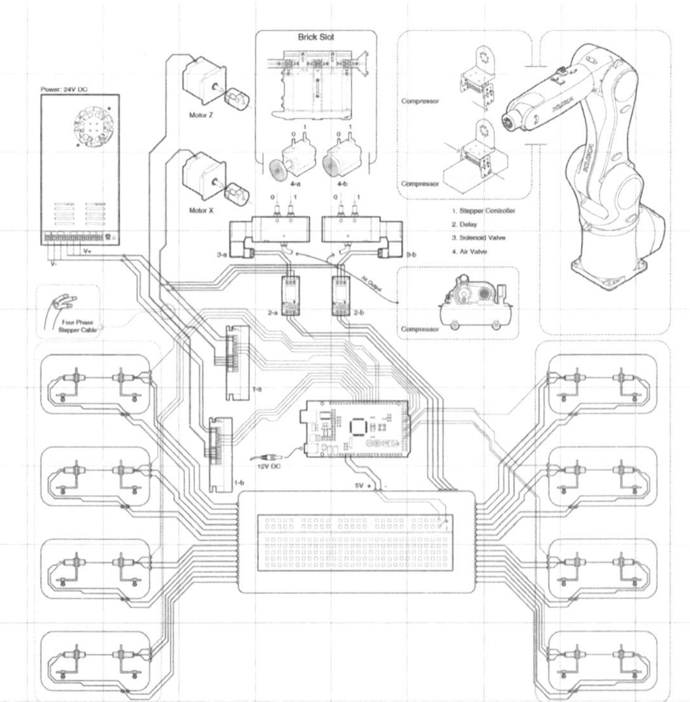

图 7-3-17　2014 年同济大学数字设计研究中心于“数字未来”夏令营中探究的机器人绸墙建造

同济大学数字设计研究中心在 2014 年数字未来夏令营“机器人绸墙”的研究项目中（图 7–3–17），基于砌块单元体的材料特性，通过改变砌体之间的连接方式，突破了长久以来其由本身形态刚性及结构受压特性所产生的墙体结构极限。设计采用基于砌体单元的形式语法进行墙体生形并对结构性能进行优化，进而通过遗传算法对产生结果进行迭代筛选，使得砖这种古老材料在本质意象和传统做法中衍生了结构性能上的更多可能性。机械臂的空间定位能力保证了实际建造过程中的精确性，最终构筑起一段具有连续渐变形态的砖墙序列。

由 Howeler + Yoon 事务所设计的麻省理工学院肖恩·科利尔纪念碑（The MIT Sean Collier Memorial）的建造采用了机器人切石技术对五面细长的径向壁穹顶进行加工，将当代数字技术同古老的穹顶形式进行了完美的融合（图 7–3–18）。其中石拱的几何造型直观地指示了力在材料中的流动，将荷载从一个石块传递到另一个石块，并将力转化为形式。在纪念碑的建造过程中，石块的加工依靠的是数控机器人与泥瓦匠的紧密协作。开采的石材首先由单轴机器人石锯（锯片长 3.5m，重达 81kg）切割成平行的石材板。每个方向的切割都要求砌筑工人对石砌块进行物理再定位。之后，体积相对较小的石块被放入常规数控机器的作业空间中进行加工，而较大的石块则必须由 KUKA 500 机器人在转台上完成切割。 机器人切割开始前，泥瓦匠必须登记具体石材编号，并确定石材位置，使之与数字模型相符合，然后机器人进行一系列的初步锯切步骤将石材切割至预定完成表面的 2~3mm 处。最终，通过机器人的铣削过程，实际石块与数字模型的容差被控制在 0.5mm 以内。

同济大学数字化设计研究中心、创盟国际以及 Fab–Union 研究团队在 2015 年联合苏州昆仑绿建木业，完成了跨度 40m 的江苏省园博会木结构企业馆的设计与建造，实现了对木材的图解化数字建造。其中，主题馆的设计采用自由木网壳结构，木结构网格分为主次两个方向：主梁方向的构件采用通长连续曲梁，次梁方向的构件采用短直梁。其中主梁共有 27 根，次梁 184 根，并且每两根梁之间的形式和角度均不相同。而机器人建造技术保证了这种大批量差异性构建加工的精确性。图解化的三维模拟过程一方面消除建造过程中的不确定因素，

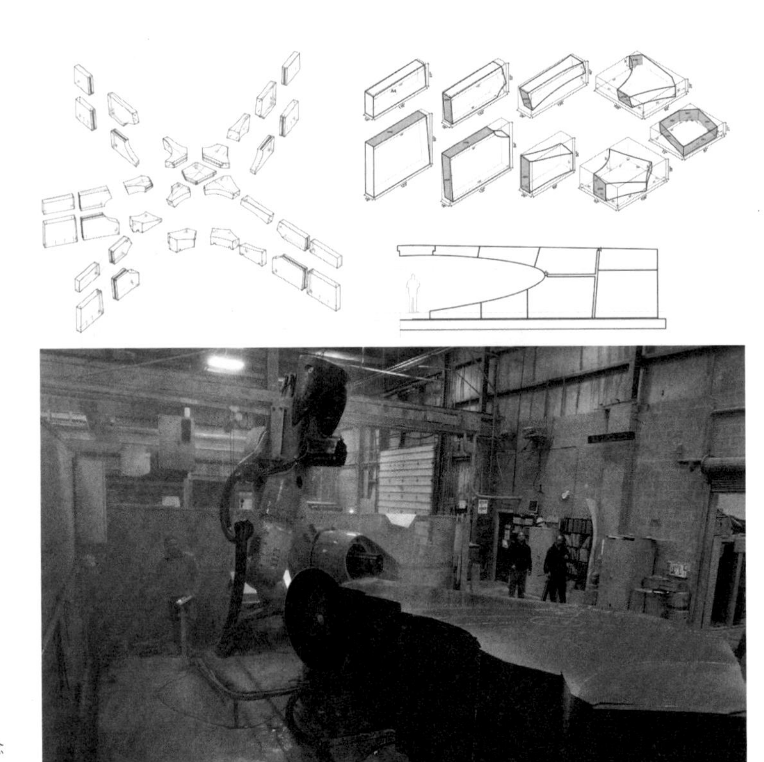

图 7-3-18　MIT 肖恩·科利尔纪念碑中应用的机器人切石法

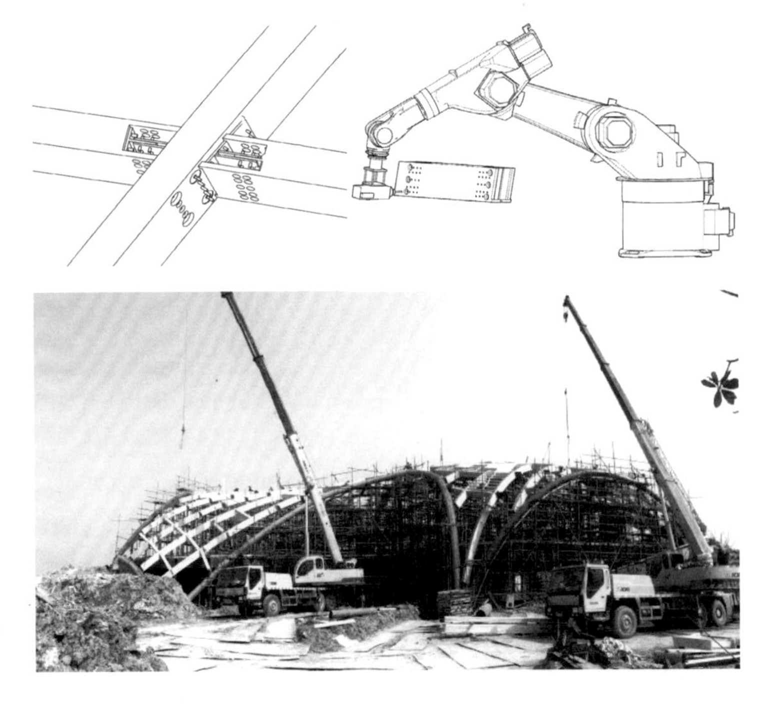

图 7-3-19　江苏省园博会木结构企业馆的机器人建造图解过程

另一方面可以直接生成机器代码，控制机器人进行实际加工。在整个建造过程中，时间与误差都被优化到了最小值。只要建筑构件的几何信息无误，机器人建造可以达到接近满分的准确和高效（图 7-3-19）。

金属弯折是 Kokkugia 事务所基于自组织算法设计及机器人互动建造而进行的多代理算法图解建造研究。这种多样性的智能化策略将大量的代理元进行自组织，形成相互连续的复杂空间形态和建构形式。两个 Kuka Agilus 机器人的互动行为形成了这个项目的建造原型。以黄铜杆件弯曲作为代理元件，生成算法规则可以对机器人的互动行为进行编码，以确保弯折过程中抓取角度与坐标的精确输出。整个方法将建造和设计同时进行，从而免除了设计后期对复杂几何体进行建造合理化的步骤，最终形成一种自组织的建造图解来实现涌现的建筑形式（图 7-3-20）。

从 20 世纪三四十年代早期开始，人们就已对纤维增强复合材料在建筑和工程中的应用进行了实验测试。高承载力及易成形的属性使得纤维增强复合材料非常适用于工程建造。然而，由于复合材料的结构条件要求精确的几何模具进行纤维排布的定位，从而对传统建造过程带来了巨大的挑战。一方面，基于经济限制制造大批量的几何模具对大尺度复合材料建造来说并不可行；另一方面，对于具备复杂纤维排布的复合材料进行生产同样也是一种劳动密集型的工艺，很难进行手工操作。基于此问题，阿希姆·门格斯教授的研究团队在对纤维增强复合材料的研究基础上，于 2012 年设计建造了 ICD/ITKE 研究展馆，通过交互式模拟对机器人建造运动轨迹的控制，利用机器人缠绕技术在旋转的框架上实现了复合材料结构中纤维排布的自定义建造。

建筑数字化建造技术是实现传统建筑产业升级的重要途径与手段。随着建筑工业 4.0 时代的到来，劳动力成本迅速提升，机器换人成为历史发展的大势所趋。数字化建造技术成为建筑产业升级的核心议题与产业化发展内容。数字化建造技术近年来在大规模公共建筑的建设中已经有所涉及，主要是建筑行业借鉴造船业、汽车业以及其他轻工业在提升其产品性能与精确性等方面中已经采用的技术，运用在建筑玻璃幕墙、建筑钢结构、复杂建筑立面以及复杂建筑形体的实践中。

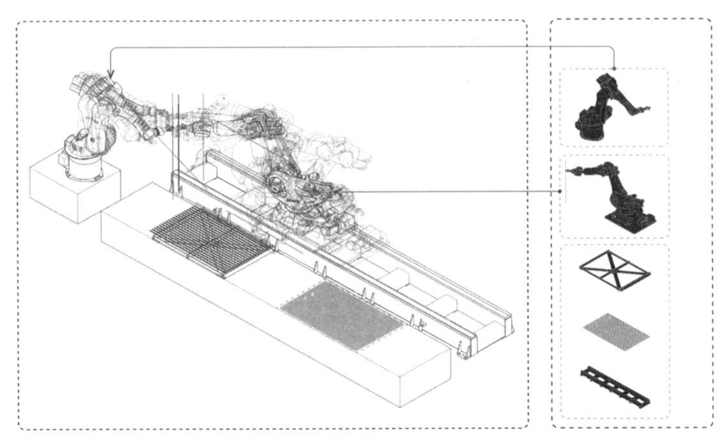

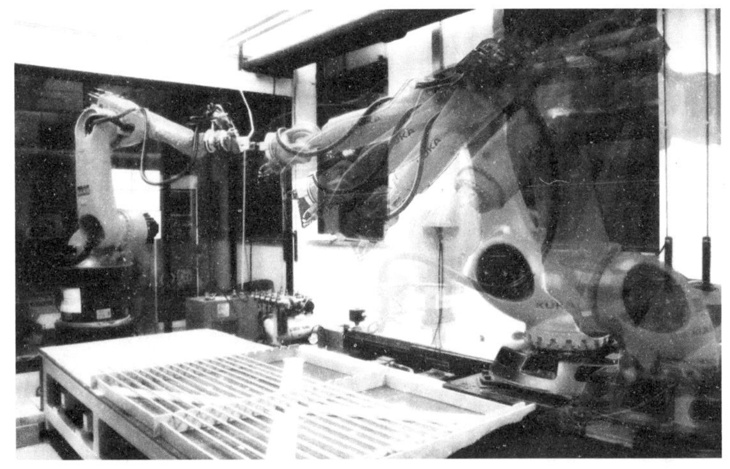

图 7-3-20 Kokkugia 事务所进行的黄铜金属弯折设计与建造

但是，如何系统性建立数字化建造技术的全行业覆盖性，以及能够让建筑设计、施工的全流程实现更加无缝的衔接，建立行业规范、标准，通过示范性项目宣传推广到全行业，并实现共识与发展，是亟待建立和大力推动的。

建筑产业化的生产工艺研发必须从专业需求出发，整合与集成相关的技术，并在生产工艺上做到创新。适合国内业主、设计企业、施工方互动模式的工作流程管理框架与软硬件解决方案；研发适合国内软件系统的第三方数据接口标准；研发与创新新生产工艺。 这些会成为系统集成创新的重要核心内容。建立原型生产厂与原型生产装备，并通过与具体实践项目从设计阶段的介入全面研发具有高效、高性能加工工艺的数字化建造集成装备。重点突破软件、装备与生产工艺三大核心技术，从根本上提高行业整体发展水平。

未来基于数字化建造技术的建筑“数字工厂”以及“现场施工”的核心是“数字建造装备系统集成”的研发，这是一个基于建筑几何的参数化设计、绿色建筑性能化参数植入、建筑数字化建造一体化的工作流程。主要数字化建造装备将包含 5 轴联动数控装备的建筑模具生产平台，机器人组联动的多材料生产平台以及现场施工操作的机器人焊接、机器人砌墙、机器人粉刷、机器人石材切割等特定功能的现场施工建筑机器人装备等多项内容。事实上，我国在十三五期间，将五轴等高端数控制造装备以及机器人制造列入重要的产业发展方向，在建筑领域建立本工程技术中心与国家基本战略非常契合。

与之相关的“数字建造装备创新工艺”是对装备设计与制造的有力保证，如何高效、精准完成复杂建筑单元的生产工艺，并且根据材料性能研发加工工具端等都是关键科学问题。建筑工艺的创新必将实现建筑业从材料生产、建筑工法、施工流程、施工组织设计 甚至建筑行业布局的全新革新。希望我的理论与基础研究能够有力推动设计方法的思维革新，当设计方法与产业形成互动，一定会为建筑学本体的发展以及社会进步做出巨大贡献。

后记
Epilogue

① 斯坦福·安德森（1934—2016），美国麻省理工学院教授，建筑评论家、理论家、历史学家，于2014年获得美国建筑师协会（AIA）和美国建筑学院协会（ACSA）颁发的建筑教育杰出贡献奖。

这本书是伴随着我在过去6年的教学、研究以及实践经历一起成长起来的研究内容。关于“图解建筑设计方法讨论”是2008—2009年我在MIT做访问学者期间，参加了斯坦福·安德森（Stanford Anderson）①教授开设的研究生理论课程“建筑为什么存在？”（Why architecture exists?），其间通过整理课程阅读课件以及安德森教授的启发式讨论与教学，让我萌发了继续深入研究“图”与“图解”与建筑设计关系的理论与历史研究。这几年，我一直在反思着不断涌现的数字化设计建造方法与建筑表达、设计思维的内在关联。基于我组织的理论课程的讲座系列、学生讨论以及教学讲义的不断梳理，形成了这本书的架构与具体内容。应该说，这本书也是对我在过去几年的理论研究与思考的总结；另外，我在同济大学建筑城规学院一直作为设计课程（Studio）、工作营（Workshop）指导教师的身份战斗在教学岗位的前线。在教学方法与思维训练方面，我连续多年开设的“从图解到建造”的三年级实验教学课程，以及连续六年主办的“上海数字未来”工作营系列活动，都非常一致地试图探索着基于建筑设计理论与思维的全新设计方法。这些实验式的教学过程也成为了我探索图解思维与数字建造研究的平台；建筑学作为一门实践学科，我以实践建筑师的身份通过不同的项目，探索了多种基于图解思维的数字化建造实验性实践。这些过程，应该都不是孤立的存在，这本书可以说成为我近几年在思考建筑设计方法本体论的一种注释和旁引。当然，我也希望在未来可以有更开放的讨论的更深入的研究。

在具体理论方面，本书试图摆脱常规意义上纯粹以“抽象”为入手点的“形式图解”的思路，也不是从现象层面讨论“具体”的解决问题（problem solving）的“功能图解”的设计方法，而是注重从物质性的视角重新探讨建筑几何的存在意义，强调从“评价与分析图解”到“形式生成图解”的思维逻辑转化；同时，还将建筑的物质性与图解化设计思维以及社会生产的本体创新作为本书理论研究的重要目标之一。当然，重新定义的图解思维过程，并不希望仅仅制造“逻辑至上”的形而上学的假象，而是希望从空间逻辑、材料性能、结构性能以及环境性能等最基本的建筑特性出发，探究基于“物质性”的新唯物主义原型设计，希望以此作为设计思维的全新的出发点。

基于建筑自主性的纯粹几何逻辑与算法思维，已经成为了图解思维的内在的核心内容。参数化的设计方法成为了连接建筑几何逻辑以及性能化逻辑的桥梁。同时参数化设计的核心价值在于成为了图解化设计思维的载体与方法论平台，参数化几何的操作以及逻辑化的算法过程不仅仅指向纸上谈兵的形式自主，而更加重要的是创建了几何参数的内在意义。在数字图解思维下，我们可以更加精确地运用系统化的设计方法，探索新唯物主义建构文化，建立建筑学本体以及建筑与自然、建筑与人的行为方式的新准则。数字建造成为了图解思维的物质化指向，同时，建筑几何并没有被置身于事外，参数化几何的构建方式不仅包含了“在地性”的指代内容，还涵盖了包括气候、场地环境以及人的行为等诸多方面内容，形成对于建筑图解思维的设计方法于流程的思考。

同时，更有意义的是建筑图解思维结合数字建造装备与工艺的革新对社会生产模式的反馈与影响，形成了融合传统生产模式与数字化新技术的全新建筑产业化生产流程。这种数字化建造将能够更准确、高效地对建筑的结构、建筑所处的环境以及人的行为做出回应并实现性能化目标的植入。在互联网时代到来之际，更大量的数据与信息定义着建筑、环境与人的生活方式。基于逻辑化的图解思维能够实现从思维到流程的社会生产模式的实现与转译。当然这并不意味着摒弃传统技艺与精髓，而是通过建立新的技术形成了高效率、高精准度、高复杂度、大规模量产定制等特征的新的社会生产模型，从而实现了从虚拟平台到物质建造的完美对接。通过数字化设计与数字化建造技术的协同，会发现新技术实现了对于更多因素设定下的最优解。在不断创新的数字设计理念下，依托日趋完善的数字建造工艺，传统材料甚至新材料可以突破生产、加工的局限，充分展现它们与自然生态、地域气候特性以及人的行为与社会伦理的联系。这样看来，基于性能分析与模拟的图解思维会成为建筑设计与建造的依据和来源，使得建筑携带有更多的理性与意义。

本书的研究作为对我教学笔记的整理，我很希望能够从建筑历史与理论的视角，重新审视数字化设计与建造设计思维与方法论的关联价值。相信这种基于建造目标的思维、设计与建筑生产模式的梳理会帮助我们更深层次理解建筑设计方法的发展以及建筑本体的革新。我相信建筑设计与建造的未来将从传统意义的工厂化“预制”（pre-fabrication）转变成一种后工业化的高效、节能、环保的“定制”。数字化生产以及建筑产业模式升级的背后则是设计思维与方法的革新。我也希望强化在这个数字时代，建筑学作为一个古老的学科在未来社会生产模式与系统中持续发展的潜在可能。相信未来的历史会验证我们的思考，批判的前行应该成为我们的责任。

“从图解思维到数字建造”作为在过去6年我的点滴努力，或许也只是追随着指引我内心的那盏明灯。当然在此全书收笔的时刻，必须再次强调斯坦福·安德森教授对我的一生产生了太多深刻的影响，他慈父般的笑容应该就是一直指引我前行的那盏明灯……

2016年6月

于上海

附录
Appendix

图片来源
Illustrations

* 本书所有图片，除标明引用出处和提供方外，均由作者自绘/提供

封面图片 © 王浩然，同济大学建筑与城市规划学院本科三年级动漫博物馆设计，指导教师：袁烽

图解为何

图1-1-1 http://dico.isc.cnrs.fr/dico/en/search

图1-1-3 Michael Burke. *Information at a Glance*. OASE, 1998

图1-1-4 Kellom Tomlinson. *The Art of Dancing, Vol 2*. London, 1735

图1-1-5 James Clerk Maxwell. *Theory of Heat*. London: Longmans Green, 1888

图1-1-6 Edward R Tufte. *The Visual Display of Quantitative Information*. Graphics Press, 2001

图1-1-7 Michael Burke. *Information at a Glance*. OASE, 1998

图1-1-8 © 伦敦交通博物馆 http://www.ltmuseum.co.uk/

图1-1-9 ©Chris Harrison http://www.chrisharrison.net/

图1-1-10 Michel Foucault. *Discipline and Punish : the Birth of the Prison*. New York : Pantheon Books, 1977

图1-1-11 Jeremy Bentham. *The Works of Jeremy Bentham, Volumn 4*. Edinburgh: William Tait, 1843

图1-1-12 Deleuze Gilles. Foucault. Minneapolis: University of Minnesota Press, 1988

图1-1-13 © 姚冠杰，同济大学建筑与城市规划学院本科三年级动漫博物馆设计，指导教师袁烽

图1-1-14 ©Philippe Rahn http://www.philipperahm.com

表现图解 / 绘图到透视学

图2-1-3 Spiro Kostof. *The Architect: Chapters in the History of the Profession*. New York: Oxford University Press, 1977

图2-1-4 Spiro Kostof. *The Architect: Chapters in the History of the Profession*. New York: Oxford University Press, 1977

图2-1-5 Spiro Kostof. *The Architect: Chapters in the History of the Profession*. New York: Oxford University Press, 1977

图2-1-6 Robin Evans. *The Projective Cast: Architecture and Its Three Geometries*. Cambridge: The MIT Press, 2000

图2-1-7 Robin Evans. *Translations from Drawing to Building and Other Essays*. Cambridge: The MIT Press, 1997

图2-1-8 Robin Evans. *The Projective Cast: Architecture and Its Three Geometries*. Cambridge: The MIT Press, 2000

图2-1-11 https://en.wikipedia.org/wiki/21st_Century_Museum_of_Contemporary_Art,_Kanazawa)

图2-1-12 OMA Rem Koolhaas. *EL Croquis 131/132*. Editorial el Croquis, S.L, 2006

表现图解 / 透视学到切石法

图2-2-1 Jose Calvo-Lopez. *From Mediaeval Stonecutting to Projective Geometry*. Nexus Network Journal 13, 2011

图2-2-2 Jose Calvo-Lopez. *From Mediaeval Stonecutting to Projective Geometry*. Nexus Network Journal 13, 2011

图2-2-3 http://www.patrimoine-lyon.org/index.php?lyon=la-galerie-philibert-de-l-orme

图2-2-8 Joel Sakarovitch. *Gaspard Monge Founder of "Constructive Geometry"*. Proceedings of the Third International Congress on Construction History, 2009

图2-2-11 https://en.wikipedia.org/wiki/File:Giacomo_Balla,_1912,_Dinamismo_di_un_Cane_al_Guinzaglio_(Dynamism_of_a_Dog_on_a_Leash),_Albright-Knox_Art_Gallery.jpg

图2-2-12 https://en.wikipedia.org/wiki/File:Pablo_Picasso,_1910,_Girl_with_a_Mandolin_(Fanny_Tellier),_oil_on_canvas,_100.3_x_73.6_cm,_Museum_of_Modern_Art_New_York.jpg

图2-2-14 Preston Scott Cohen. *Contested Symmetries and other Predicaments in Architecture*. New York: Princeton Architectural Press, 2001

形式图解 / 从瓦堡学院到柯林·罗的形式图解

图3-1-1 Denis Mahon, Studies in Seicento Art and Theory (Studies of the Warburg Institute)

图3-1-2 Rudolf Wittkower. *Architecture Principles in the age of Humanism*. W. W. Norton & Company, 1949

图3-1-3 Rudolf Wittkower. *Architecture Principles in the age of Humanism.* W. W. Norton & Company, 1949

图3-1-4 Le Corbusier. *Modulor 2.* Birkhauser Architecture, 1957

图3-1-5 Colin Rowe. *The Mathematics of the Ideal Villa.* The MIT Press, 1947

图3-1-6 Colin Rowe. *The Mathematics of the Ideal Villa.* The MIT Press, 1947

图3-1-8 Colin Rowe. *The Mathematics of the Ideal Villa.* The MIT Press, 1947

图3-1-9 Peter Eisenman. *Ten Canonical Buildings 1950-2000.* Rizzoli International Publications.Inc, 2007

图3-1-10 左图，Colin Rowe. *The Mathematics of the Ideal Villa.* 1947；右图，Theo van Doesburg. *Counter-Construction.* 1923

图3-1-11 John Hedjuk. *Mask of Medusa.* 1955

图3-1-12 Colin Rowe, Robert Slutzky. *Transparency.* Birkhäuser GmbH, 1997

图3-1-13 Peter Eisenman. *Ten Canonical Buildings 1950-2000.* Rizzoli International Publications.Inc, 2007

图3-1-14 Colin Rowe, Fred Koetter. *Collage City.* The MIT Press, 1984

图3-1-15 Colin Rowe, Robert Slutzky. *Transparency.* Birkhäuser GmbH, 1997

图3-1-16 Colin Rowe, Robert Slutzky. *Transparency.* Birkhäuser GmbH, 1997

图3-1-17 Colin Rowe, Robert Slutzky. *Transparency.* Birkhäuser GmbH, 1997

形式图解 / 从柯林·罗到艾森曼的形式图解

图3-2-1 *Notes on the Synthesis of Form.* Harvard University Press, 1964

图3-2-2 *Notes on the Synthesis of Form.* Harvard University Press, 1964

图3-2-3 Peter Eisenman. *Peter Eisenman: Feints.* Skira, 2006

图3-2-4 左图，Peter Eisenman. *Formal basis of modern architecture.* Lars Muller, 2006; 右图，Peter Eisenman. *Giusepe Terragni: Transformations-Decompositions-Critiques.* The Monacelli Press, 2003

图3-2-5 Noam Chomsky. *Syntactic Structure.* Mouton & Co, 1957

图3-2-6 Peter Eisenman. *Diagram Diaries.* Universe Publishing. 1999

图3-2-7 Peter Eisenman. *Diagram Diaries.* Universe Publishing. 1999

图3-2-8 Peter Eisenman. *Diagram Diaries.* Universe Publishing. 1999

图3-2-9 Peter Eisenman. *Diagram Diaries.* Universe Publishing. 1999

图3-2-10 Peter Eisenman. *Diagram Diaries*. Universe Publishing. 1999

图3-2-11 Peter Eisenman. *Diagram Diaries*. Universe Publishing. 1999

图3-2-12 Peter Eisenman. *Diagram Diaries*. Universe Publishing. 1999

图3-2-13 Peter Eisenman. *Diagram Diaries*. Universe Publishing. 1999

图3-2-14 Peter Eisenman. *Diagram Diaries*. Universe Publishing. 1999

图3-2-15 Peter Eisenman. *Diagram Diaries*. Universe Publishing. 1999

图3-2-16 Peter Eisenman. *Diagram Diaries*. Universe Publishing. 1999

图3-2-17 Peter Eisenman. *Diagram Diaries*. Universe Publishing. 1999

图3-2-18 Peter Eisenman. *Diagram Diaries*. Universe Publishing. 1999

图3-2-19 Peter Eisenman. *Diagram Diaries*. Universe Publishing. 1999

图3-2-20 Peter Eisenman. *Diagram Diaries*. Universe Publishing. 1999

图3-2-21 Peter Eisenman. *Diagram Diaries*. Universe Publishing. 1999

图3-2-22 Peter Eisenman. *Diagram Diaries*. Universe Publishing. 1999

图3-2-23 Peter Eisenman. *Diagram Diaries*. Universe Publishing. 1999

图3-2-24 Peter Eisenman. *Diagram Diaries*. Universe Publishing. 1999

图3-2-25 Peter Eisenman. *Peter Eisenman: Feints*. Skira, 2006

形式图解 / 从艾森曼到格雷戈·林恩的数字图解

图3-3-1 Greg Lynn. *Animate Form*. New York: Princeton Architectural Press, 1999

图3-3-2 Greg Lynn. *Animate Form*. New York: Princeton Architectural Press, 1999

图3-3-3 Greg Lynn. *Animate Form*. New York: Princeton Architectural Press, 1999

图3-3-5 [英]休·奥尔德西-威廉斯 著. 卢昀伟、苗苗、刘静波 译. 当代仿生建筑. 大连理工大学出版社，2004

图3-3-6 Greg Lynn. *Greg Lynn Form*. AADCU，2007

图3-3-7 http://glform.com/

图3-3-8 左图，http://glform.com/；右图，Peter Eisenman. *Diagram Diaries*. Universe Publishing, 1999

图3-3-9　Peter Eisenman. *Diagram Diaries*. Universe Publishing, 1999

图3-3-10　上图，Peter Eisenman. *Diagram Diaries*. Universe Publishing, 1999
下图，http://glform.com/

图3-3-11　[英]肯尼斯・弗兰姆普敦 著. 柯志阳 等译. 混沌与秩序——生物系统的复杂结构. 上海：上海科技教育出版社，2000

图3-3-12　http://glform.com/

图3-3-13　http://glform.com/

图3-3-14　左图，Greg lynn. *Intricacy*. Philadelphia: University of Pennsylvania, 2003
右图，Greg Lynn. *Animate Form*. New York: Princeton Architectural Press, 1999

图3-3-15　https://en.wikipedia.org/wiki/Koch_snowflake

图3-3-16　Peter Eisenman. *Diagram Diaries*. Universe Publishing, 1999

图3-3-17　Greg Lynn. *Greg Lynn Form*. AADCU，2007

图3-3-19　Greg Lynn. *Greg Lynn Form*. AADCU，2007

生成图解 / 卡尔・楚的计算生成图解

图4-1-1　https://en.wikipedia.org/wiki/%C3%89tienne-Louis_Boull%C3%A9e

图4-1-2　https://en.wikipedia.org/wiki/New_Jerusalem

图4-1-3　Karl Chu. *Planetary Automata, The Gen [h] ome Project*. Los Angeles, CA: MAK Center for Art and Architecture, 2006

图4-1-4　Karl Chu. *Planetary Automata, The Gen [h] ome Project*. Los Angeles, CA: MAK Center for Art and Architecture, 2006

图4-1-5　Karl Chu. *Planetary Automata, The Gen [h] ome Project*. Los Angeles, CA: MAK Center for Art and Architecture, 2006

图4-1-6　Karl Chu. *Planetary Automata, The Gen [h] ome Project*. Los Angeles, CA: MAK Center for Art and Architecture, 2006

图4-1-7　Karl Chu. *Planetary Automata, The Gen [h] ome Project*. Los Angeles, CA: MAK Center for Art and Architecture, 2006

图4-1-8　Karl Chu. *Planetary Automata, The Gen [h] ome Project*. Los Angeles, CA: MAK Center for Art and Architecture, 2006

生成图解 / 乔治·斯特尼与泰瑞·奈特的形式语法生成图解

图4-2-1　Stiny G, Gips J. *Algorithmic Aesthetics: Computer Models for Criticism & Design in the Arts*. University of California, 1978

图4-2-2　Stiny G, Gips J. *Algorithmic Aesthetics: Computer Models for Criticism & Design in the Arts*. University of California, 1978

图4-2-5　©Computational Design-MIT Open Course Ware

图4-2-8　Alsallal. *Maintaining cultural identity in design : shape grammar as means of identifying and modifying design style*. Bournemouth University, 2013.

图4-2-11　《科尔多瓦当代艺术中心》（“Contemporary Art Center Cordoba”），世界建筑，2012

图4-2-14　Knight T W. *Color Grammars: The Representation of Form and Color in Designs*. Leonardo, 1993

图4-2-15　©Computational Design-MIT Open Course Ware

图4-2-16　©Computational Design-MIT Open Course Ware

图4-2-17　© Computational Design-MIT Open Course Ware

图4-2-19　Koning H. *The language of the prairie: Frank Lloyd Wright's prairie houses*. Environment & Planning B Planning & Design, 1981

图4-2-20　Koning H. *The language of the prairie: Frank Lloyd Wright's prairie houses*. Environment & Planning B Planning & Design, 1981

图4-2-21　Koning H. *The language of the prairie: Frank Lloyd Wright's prairie houses*. Environment & Planning B Planning & Design, 1981

图4-2-22　Li I K. *A shape grammar for teaching the architectural style of the Ying-zao fashi*. Massachusetts Institute of Technology, 2001

图4-2-23　©Malagueira Urban Plan http://gaudi.fa.utl.pt/~jduarte/malag/Malag/index.html

图4-2-24　©Malagueira Urban Plan http://gaudi.fa.utl.pt/~jduarte/malag/Malag/index.html

图4-2-25　©Malagueira Urban Plan http://gaudi.fa.utl.pt/~jduarte/malag/Malag/index.html

生成图解 / 算法生成图解

图4-3-1 Keller S. *Fenland Tech: Architectural Science in Postwar Cambridge.* Grey Room, 2006

图4-3-2 Keller S. *Fenland Tech: Architectural Science in Postwar Cambridge.* Grey Room, 2006

图4-3-3 © DRAKON. Wikipedia, the free encyclopedia, https://en.wikipedia.org/wiki/Ada_Lovelace

图4-3-6 孙颖智. 算法建筑设计初探. 东南大学, 2009

图4-3-9 http://www.michael-hansmeyer.com/projects/columns_info.html?screenSize=1&color=1

图4-3-12 J H Frazer. *Creative Design and the Generative Evolutionary Paradigm.* Creative Evolutionary Systems, 2010

图4-3-13 J H Frazer. *Creative Design and the Generative Evolutionary Paradigm.* Creative Evolutionary Systems, 2010

图4-3-14 J H Frazer. *Creative Design and the Generative Evolutionary Paradigm.* Creative Evolutionary Systems, 2010

图4-3-15 J H Frazer. *Creative Design and the Generative Evolutionary Paradigm.* Creative Evolutionary Systems, 2010

图4-3-16 http://www.kokkugia.com

图4-3-17 http://www.kokkugia.com

图4-3-18 http://www.kokkugia.com

图4-3-19 （美）尼尔·里奇，袁烽. 建筑数字化编程. 同济大学出版社, 2012

图4-3-20 ©Roland Snooks Studio

图4-3-21 ©Roland Snooks Studio

图4-3-22 ©Roland Snooks Studio

图4-3-23 ©Roland Snooks Studio

结构性能图解 / 结构建筑学图解

图5-1-1 Eugene-Emmanuel-Viollet-le-Duc. *Entretiens Sur L' architecture.* Nabu Press, 2010

图5-1-3 Rivka O, Robert O. *The New Structuralism: Design, Engineering and Architectural Technologies.* Architectural Design, 2010

图5-1-4　http://www.balmondstudio.com

图5-1-5　B Addis. *Building: 3000 Years of Design Engineering and Construction.* PHAIDON, 2007

图5-1-6　B Addis. *Building: 3000 Years of Design Engineering and Construction.* PHAIDON, 2007

图5-1-7　B Addis. *Building: 3000 Years of Design Engineering and Construction.* PHAIDON, 2007

图5-1-8　Kurrer K-E. *The history of the theory of structures: from arch analysis to computational mechanics.* John Wiley & Sons, 2012

图5-1-9　B Addis. *Building: 3000 Years of Design Engineering and Construction.* PHAIDON, 2007

图5-1-11　Block P. *Thrust Network Analysis: Exploring three-dimensional equilibrium.* Massachusetts Institute of Technology, 2009

结构性能图解 / 静力学图解

图5-2-1　Lachauer L, Kotnik T. *Geometry of structural form.* Advances in Architectural Geometry, 2010

图5-2-2　Macdonald AJ. *Structure and architecture.* Routledge, 2007

图5-2-4　孟宪川, 赵辰. 建筑与结构的图形化共识——图解静力学引介. 建筑师, 2011

图5-2-5　B Addis. *Building: 3000 Years of Design Engineering and Construction.* PHAIDON, 2007

图5-2-6　B Addis. *Building: 3000 Years of Design Engineering and Construction.* PHAIDON, 2007

图5-2-7　B Addis. *Building: 3000 Years of Design Engineering and Construction.* PHAIDON, 2007

图5-2-8　Kurrer K-E. *The history of the theory of structures: from arch analysis to computational mechanics.* John Wiley & Sons, 2012

图5-2-9　Van Mele T, Rippmann M, Lachauer L, Block P. *Geometry-based understanding of structures.* Journal of the International Association of Shell and Spatial Structures, 2012

图5-2-11　Kurrer K-E. *The history of the theory of structures: from arch analysis to computational mechanics.* John Wiley & Sons, 2012

图5-2-12　Allen E, Zalewski W. *Form and forces: designing efficient, expressive structures.* John Wiley & Sons, 2009

图5-2-16 http://ocw.mit.edu/ans7870/4/4.461/f04/module/data/nav.html

图5-2-17 http://Block.arch.ethz.ch/equilibrium/

图5-2-18 http://web.mit.edu/masonry/interactiveThrust/

图5-2-19 Akbarzadeh M, Mele T V, Block P. *Compression-only Form finding through Finite Subdivision of the Force Polygon*. Proceedings of the IASS-SLTE 2014 Symposium, 2014

图5-2-20 Akbarzadeh M, Mele T V, Block P. *Compression-only Form finding through Finite Subdivision of the Force Polygon*. Proceedings of the IASS-SLTE 2014 Symposium, 2014

图5-2-21 Philippe Block, Lorenz Lachauer, Matthias Rippmann. *Thrust network analysis: Design of a cut-stone masonry vault*. In shells structure for architecture, 2014

图5-2-22 Akbarzadeh M, Mele T V, Block P. *Equilibrium of Spatial Structures Using 3-D Reciprocal Diagrams*. Proceedings of IASS Symposium, 2013

图5-2-24 Akbarzadeh M, Mele T V, Block P. *Three-dimensional Compression Form Finding through Subdivision*. Proceedings of IASS, 2015

图5-2-25 Akbarzadeh M, Mele T V, Block P. *Three-dimensional Compression Form Finding through Subdivision*. Proceedings of IASS, 2015

图5-2-26 Ochsendorf JA, Freeman M. *Guastavino vaulting: The art of structural tile*. Princeton Architectural Press

图5-2-27 Gerhardt R, Kurrer K-E, Pichler G. *The methods of graphical statics and their relation to the structural form*. Proceedings of the First International Congress on Construction History: Madrid, 2003

图5-2-28 B Addis. *Building: 3000 Years of Design Engineering and Construction*. PHAIDON, 2007

图5-2-29 B Addis. *Building: 3000 Years of Design Engineering and Construction*. PHAIDON, 2007

图5-2-30 余中奇，钱锋. 以形驭力——埃拉迪奥·迭斯特的结构与建筑. 时代建筑, 2013

图5-2-31 J Conzett, B Reichli, M Mostafavi. *Structure as Space*. Architectural Association, 2006

图5-2-32 孟宪川. 形与力的融合——对建筑师克雷兹和结构师席沃扎三个建筑的介绍与图解静力学分析. 时代建筑，2013

结构性能图解 / 数字化结构性能生形图解

图5-3-1 B Addis. *Building: 3000 Years of Design Engineering and Construction*. PHAIDON, 2007

图5-3-2 Isler H. *News Shapes for Shells-Twenty Years Later*. BillingtonD.P., HeinzIsIerAsStructuraI Artist. Princeton: The Art Museum, 1980

图5-3-3 奈丁格, 柳美玉, 杨璐. 轻型构造与自然设计. 中国建筑工业出版社，2010

图5-3-4 Adriaenssens S, Block P, Veenendaal D, Williams C. *Shell structures for architecture: form finding and optimization*. Routledge, 2014

图5-3-5 Adriaenssens S, Block P, Veenendaal D, Williams C. *Shell structures for architecture: form finding and optimization*. Routledge, 2014

图5-3-6 Adriaenssens S, Block P, Veenendaal D, Williams C. *Shell structures for architecture: form finding and optimization*. Routledge, 2014

图5-3-7 Adriaenssens S, Block P, Veenendaal D, Williams C. *Shell structures for architecture: form finding and optimization*. Routledge, 2014

图5-3-8 谢亿民, 左志豪, 吕俊超. 利用双向渐进结构优化算法进行建筑设计. 时代建筑, 2014

图5-3-9 谢亿民, 左志豪, 吕俊超. 利用双向渐进结构优化算法进行建筑设计. 时代建筑, 2014

图5-3-10 谢亿民, 左志豪, 吕俊超. 利用双向渐进结构优化算法进行建筑设计. 时代建筑, 2014

图5-3-12 Adriaenssens S, Block P, Veenendaal D, Williams C. *Shell structures for architecture: form finding and optimization*. Routledge, 2014

图5-3-13 Adriaenssens S, Block P, Veenendaal D, Williams C. *Shell structures for architecture: form finding and optimization*. Routledge, 2014

图5-3-14 John Harding, Harri Lewis. *The TRADA Pavilion: A Timber Plate Funicular Shell*. Proceedings of the International Association for Shell and Spatial Structures (IASS) Symposium, 2013

图5-3-15 http://www.grasshopper3d.com/photo/reciprocal-force-diagram

图5-3-16 http://www.ocean-designresearch.net/

图5-3-17 http://icd.uni-stuttgart.de/

图5-3-19 http://fluxstructures.net/

图5-3-20 罗伯特・纽玛尔, 张朔炯. 结构符号学构造壳体结构的符号学潜力. 时代建筑, 2014

图5-3-21 www.zaha-hadid.com

图5-3-22 Adriaenssens S, Block P, Veenendaal D, Williams C. *Shell structures for architecture: form finding and optimization*. Routledge, 2014

图6-1-1 Kiel Moe, Ravi Srinivasan. *The Hierarchy of Energy in Architecture energy analysis*. Routledge, 2015

图6-1-2 Kiel Moe, Ravi Srinivasan. *The Hierarchy of Energy in Architecture energy analysis*. Routledge, 2015

图6-1-3 Kiel Moe. *Insulating Modernism Isolated and Non-Isolated Thermodynamics in Architecture*. Berlin: Birkhauser, 2014

图6-1-4 Kiel Moe. *Insulating Modernism Isolated and Non-Isolated Thermodynamics in Architecture*. Berlin: Birkhauser, 2014

图6-1-5 Reyner Banham. *A Home is Not a House*. Art in America, 1969

图6-1-6 Victor Olgyay. *Design With Climate: Bioclimatic Approach to Architectural Regionalism*. 1963

图6-1-7 ©William W.BRAHAM

图6-1-8 诺伯特·莱希纳. 建筑师技术设计指南——采暖·降温·照明. 中国建筑工业出版社，2004

图6-1-9 Moore ,F. 建筑采光的概念和实践. Van Nostrand Reinhold, 1991

图6-1-10 Phillip Tabb. *Solar Energy Planning :A Guide to Residential Settlement*. McGraw-Hill Book Company, 1984

图6-1-11 诺伯特·莱希纳. 建筑师技术设计指南——采暖·降温·照明. 中国建筑工业出版社，2004

图6-1-12 G. Z. 布朗，马克·德凯. 太阳辐射·风·自然光——建筑设计策略. 中国建筑工业出版社，2006

图6-1-13 诺伯特·莱希纳. 建筑师技术设计指南——采暖·降温·照明. 中国建筑工业出版社，2004

图6-1-15 the UBC Library Digital Collections.

图6-1-16 Victor Olgyay. *Design With Climate: Bioclimatic Approach to Architectural Regionalism*. 1963

图6-1-17 Art Bowen. *Classification of Air Motion Systems and Patterns*. 1981

图6-1-18 诺伯特·莱希纳. 建筑师技术设计指南——采暖·降温·照明. 中国建筑工业出版社，2004

图6-1-20 Kiel Moe. *Insulating Modernism Isolated and Non-Isolated Thermodynamics in Architecture*. Berlin: Birkhauser, 2014

图6-1-23 http://www.ikuku.cn/post/21804

图6-1-24 http://www.archidatum.com/gallery/?id=7153&node=7146#

图6-1-25 http://bbs.tianya.cn/post-university-381936-1.shtml

环境性能图解 / 数字化环境性能分析图解

图6-2-1　Thomas W Maver. *PACE1: Computer Aided Building Appraisal.* Architect's Journal Information Library. Volumn 28, 1971

图6-2-2　Thomas W Maver. *PACE1: Computer Aided Building Appraisal.* Architect's Journal Information Library. Volumn 28, 1971

图6-2-3　©Autodesk Ecotect Analysis

图6-2-6　©Climate Consultant

图6-2-7　©Autodesk Ecotect Analysis，weather tool

图6-2-8　©Autodesk Ecotect Analysis，weather tool

图6-2-10　Ajla Aksamija. *Sustainable facades: design methods for high-performance building envelopes.* Wiley, 2013

图6-2-11　Kjell Anderson. *Design Energy Simulation for Architects-guide to 3D Graphics.* Routledge, 2014

图6-2-12　Autodesk工作营http://auworkshop.autodesk.com/

图6-2-13　©Lmnts 建筑师事务所

图6-2-14　©威卢克斯可视化自然采光分析软件

图6-2-15　©赛斯・福尔摩斯

图6-2-16　©Autodesk, Flow Design

图6-2-17　©Jihun Kim

图6-2-18　©艾德里安・史密斯+戈登・吉尔建筑事务所

图6-2-19　©Studio Integrate建筑事务所

环境性能图解 / 数字化环境性能生形图解

图6-3-4　©Ladybug+Honeybee开发者——Mostapha Sadeghipour Roudasri

图6-3-5　©Ladybug+Honeybee开发者——Mostapha Sadeghipour Roudasri

图6-3-6　©伍兹贝格事务所 http://www.woodsbagot.com/

图6-3-7　©Bjarke Ingels Group建筑事务所 http://www.big.dk/

图6-3-9　©Yan Krymsky https://yazdanistudioresearch.wordpress.com/

图6-3-10　©CORE Studio http://core.thorntontomasetti.com/

几何建造图解 / 参数化几何图解建模

图7-1-1　http://dynamoprimer.com

图7-1-2　Richard Garber. *BIM Design: Realising the Creative Potential of Building Infomation Modelling.* Wiley, 2014

图7-1-3　Richard Garber. *BIM Design: Realising the Creative Potential of Building Infomation Modelling.* Wiley, 2014

图7-1-4　Georg Glaser. *Geometry and its Applications.* New York: Springer, 2012

图7-1-5　http://dynamoprimer.com

图7-1-8　http://dynamoprimer.com

图7-1-9　http://dynamoprimer.com

图7-1-13　© Gehry Technologies

图7-1-14　© SUTD

图7-1-15　http://www.autodesk.com

图7-1-16　© Gehry Technologies

图7-1-17　forum.dynamobim.com

图7-1-18　http://geohackers.in/2013/11/monthly-maps-sept-oct-2013/

图7-1-19　http://www.r-m-a-architekten.de/building-information-modelling.html

图7-1-20　http://www.modelo.io

图7-1-21　© HoloLens

几何建造图解 / 参数化几何图解优化

图7-2-3　© Ian Alexander，© Broken Sphere

图7-2-9　Mirko Zadravec. *Designing Quad-dominant Meshes with Planar Faces.* Computer Graphics Forum. Vol.29, 2010

图7-2-10　Mirko Zadravec. *Designing Quad-dominant Meshes with Planar Faces.* Computer Graphics Forum. Vol.29. 2010

图7-2-11　Mirko Zadravec. *Designing Quad-dominant Meshes with Planar Faces.* Computer Graphics Forum. Vol.29. 2010

表7-2-1　CeccatoC，HesselgrenL，PaulyM. et al. *Advances in Architectural Geometry.* Austria：Springer Wien Newyork, 2010

图7-2-13 Michael Eigensatz. *Paneling Architectural Freeform Surfaces*. SIGGRAPHIC, 2010

图7-2-15 Singh. *Triangle Surface with Discrete Equivalence Classes*. SIGGRAPHIC, 2010

图7-2-16 陆轶辰. *参数建构——2015年米兰世博会中国馆建造思考*. 建筑技艺, 2015

图7-2-20 Mohammad Rahmani Asl. *BIM-based Parametric Building Energy Performance Multi-Objective Optimization*, eCAADe, 2014

几何建造图解 / 数字建造的图解方法

图7-3-1 Robin,E. *Translations from drawing to building*. The MIT Press, 1997

图7-3-2 Chua, C. K. and Leong K. F. *Rapid prototyping: principles & applications in manufacturing*. New York: Wiley, 1997

图7-3-4 © Johannes Braumann

图7-3-5 https://www.robots.com

图7-3-6 https://www.robots.com

图7-3-7 https://www.kuka.com

图7-3-8 http://icd.uni-stuttgart.de

图7-3-10 Elashry K, Glynn R. *An Approach to Automated Construction Using Adaptive Programing*. //Wes McGee , *Monica Ponce de Leon*. *Robotic Fabrication in Architecture*. Art and Design 2014. Switzerland: Springer International Publishing, 2014.

图7-3-11 © UCL. 导师：Manuel Jimenez Garcia, Gilles Restin. 作者：李晓琳, Hyunchul Kwon, Amreen Kaleel.

图7-3-12 © UCL. 导师：Manuel Jimenez Garcia, Gilles Restin. 作者：李晓琳, Hyunchul Kwon, Amreen Kaleel.

图7-3-18 袁烽,（德）阿希姆·门格斯,（英）尼尔·里奇. 建筑机器人建造. 同济大学出版社，2015

图7-3-20 袁烽,（德）阿希姆·门格斯,（英）尼尔·里奇. 建筑机器人建造. 同济大学出版社，2015

人物索引
Index of Individuals

贝克勒（A. E. Becquerel），1820—1891，法国物理学家

阿比·瓦堡（Aby Warburg），1866—1929，历史学家、文化理论家

阿希姆·门格斯（Achim Menges），斯图加特大学教授

艾达·洛夫雷斯（Ada Lovelace），1815—1852，数学家，公认第一位计算机程序员

维克多·奥戈雅（Aladar Olgyay），1910—1963，匈牙利建筑师

阿兰·巴迪约（Alain Badiou），1937—，法国当代哲学家

贝克勒（Alexandre-Edmond Becquerel），1820—1891，法国科学家、物理学家

阿丽萨·安德鲁塞克（Alisa Andrasek），伦敦大学学院建筑设计教学负责人

阿尔瓦罗·西扎（Alvaro Siza），1933—，葡萄牙建筑师

阿米蒂·弗朗索瓦·弗雷兹（Amedee Francois Frezier），1682—1773，法国军事工程师

安德里亚·帕拉蒂奥（Andrea Palladio），1508—1580，意大利建筑师

李以康（Andrew I-kang Li），京都工业大学副教授

安德鲁·马歇尔（Andrew Marsh），Ecotect创始人

安东尼·维德勒（Anthony Vidler），1941—，美国历史学家、理论家及批评家

安东万·皮孔（Antoine Picon），当代建筑历史学家、理论家

安东尼奥·高迪（Antonio Gaudi），1852—1926，西班牙建筑师

矶崎新（Arata Isozaki），1931—，日本建筑师

奥古斯特·费波（August Foppl），1854—1924，德国慕尼黑大学图解静力学教授

奥古斯特·佩雷（Auguste Perret），1874—1954，法国建筑师

穆托尼（Aurelio Muttoni），1958—，瑞士结构工程师

巴鲁赫·斯宾诺莎（Baruch Spinoza）,1632—1677，西方近代哲学史重要的理性主义者

伯纳德·霍伊斯利（Bernhard Hoesli），1923—1984，瑞士建筑师、艺术家

伯纳德·屈米（Bernard Tschumi），1944—，建筑师、作家、建筑教育家

比尔·艾迪斯（Bill Addis），英国结构工程师，结构史学家

布兰科·克拉列维奇（Branko Kolarevic），1963—，哈佛大学设计学博士，卡尔加里大学建筑学教授

塞西尔·巴尔蒙德（Cecil Balmond），英国艺术家、建筑师、结构工程师

查尔斯·巴贝奇（Charles Babbage），1791—1871，英国数学家、发明家、机械工程师

查尔斯·约瑟夫·麦纳（Charles Joseph Minard），1781—1870，法国土木工程师

查尔斯·桑德斯·皮尔士（Charles Sanders Peirce），1839—1914，美国哲学家

查尔斯·莫里斯（Charles W.Morris），1901—1979，美国符号学家、哲学家

克里斯·海瑞森（Chris Harrison），卡耐基梅隆大学人机交互领域助理教授

克里斯蒂安·克雷兹（Christian kerez），瑞士建筑师

克里斯蒂安·门恩（Christian Menn），1927—，瑞士桥梁设计师

克里斯托弗·亚历山大（Christopher Alexander），1936—，英国建筑师、设计理论家

克里斯托弗·雷恩（Christopher Wren），1632—1723，英国科学家和建筑师

查克·伊斯曼（Chuck Eastman），佐治亚理工学院建筑与计算机科学学院教授、数字化建造实验室主任

克莱门斯・莱辛格（Clemens Preisinger），奥地利算法工程师

柯林・罗（Colin Rowe），1920—1999，建筑历史学家，理论家

丹尼尔・伯努利（Daniel Bernoulli），1700—1782，瑞士数学家，物理学家

丹尼尔・李伯斯金（Daniel Libeskind），1946—，美国建筑师

丹尼尔・派克（Daniel Piker），英国设计师，软件工程师

达西・汤普森（D' Arcy Thompson），1860—1948，苏格兰动物学家

戴维・波斯威尔・瑞德（David Boswell Reid），1805—1863，苏格兰外科医生、化学家和发明家

大卫・多伊奇（David Deutsch），1953—，美国量子物理学家

丁沃沃，南京大学建筑与城市规划学院院长，教授

埃德蒙・哈波尔德（Edmund Happold），1930—1996，英国结构工程师

爱德华・托罗哈（Eduardo Torroja），1899—1961，西班牙结构工程师

爱德华・比尔斯顿（Edward Bierstone），加拿大数学家

爱德华・琼斯顿（Edward Johnston），1872—1944，乌拉圭字体设计师，书法家

爱德华・玛斯瑞拉（Edward Mazria），美国建筑师、作者、教学家

爱德华・塔夫特（Edward Rolf Tufte），1942—，美国统计学家、图形学专家

埃拉迪欧・迭斯特（Eladio Dieste），1917—2000，乌拉圭建筑师和工程师

艾蒂安・路易・布雷（Etienne-Louis Boullee），1728—1799，法国新古典主义建筑思想家

维奥莱・勒・杜克（Eugene-Emmanuel Viollet-le-Duc），1814—1897，法国建筑师与理论家

费利克斯・坎德拉（Felix Candela），1910—1997，西班牙-墨西哥建筑师，结构工程师

伯鲁乃列斯基（Filippo Brunelleschi），1377—1446，年意大利文艺复兴早期的建筑师与工程师

弗朗索瓦・布隆代尔（Francois Blondel），1618—1686，法国军事工程师，数学家

弗兰克・赖特（Frank L.Wright），1867—1959，美国建筑师、作家、教育家，现代主义建筑奠基人

弗兰克・盖里（Frank Gehry），1929—，美国建筑师

弗雷・奥托（Frei Otto），1925—2015，德国建筑师，普利兹克奖获得者

费立克斯・加塔利（Felix Guattari），1930—1992，法国著名后现代哲学家

菲利克斯・图洛姆（Felix Trombe），1906—1985，法国工程师

费尔南德・莱热（Femand Leger），1881—1955，法国画家、雕塑家

黑格尔（G. W. F. Hegel），1770—1831，德国19世纪唯心论哲学的代表人物之一

贾斯帕德・蒙治（Gaspard Monge），1746—1818，法国数学家

乔治・斯特尼（George Stiny），美国设计理论家，计算机学家

吉尔・德亨塔南（Gil de Hontanon），1500—1577，西班牙文艺复兴建筑师

吉尔・德勒兹（Gilles Deleuze），1925—1995，法国著名后现代哲学家

乔凡尼・巴蒂斯塔・皮拉内西（Giovanni Battista Piranesi），1720—1778，意大利艺术家

吉欧瓦尼・巴提斯塔・文丘里（Giovanni Battista Venturi），1746—1822，意大利物理学家

乔瓦尼・波黎尼（Giovanni Poleni），1683—1761，意大利物理学家，数学家

朱赛普・特拉尼（Giuseppe Terragni），1904—1943，意大利建筑师

戈特弗里德·威廉·莱布尼茨（Gottfried Wilhelm Leibniz），1646—1716，德国哲学家、数学家

格雷戈·林恩（Greg Lynn），美国建筑师，维也纳应用艺术大学教授，加州大学洛杉矶分校教授

居斯塔夫·艾菲尔（Gustave Eiffe），1832—1923，法国结构工程师、建筑师

乔治·科普斯（Gyorgy Kepes），1906—2001，匈牙利画家、摄影师、设计师、教育家和艺术理论家

汉斯·詹尼（Hans Jenny），1899—1992，瑞士土壤学家

郝洛西，同济大学建筑与城市规划学院教授

哈里士·拉瓦尼（Haresh Lalvani），艺术家、建筑师，美国普瑞特艺术学院教授

哈桑·法赛（Hassan Fathy），1900—1989，埃及建筑师

海因茨·伊斯勒（Heinz Isler），1926—2009，瑞士结构工程师

赫尔穆特·雅恩（Helmet Jahn），1940—，德国建筑师

赫尔穆特·波特曼（Helmut Pottmann），应用数学与计算机科学家，阿布杜拉国王科技大学教授

亨瑞·拉布鲁斯特（Henri Labrouste），1801—1875，法国建筑师，结构理性主义思想代表人物

翰瑞克·贝尔拉赫（Henrik Petrus Berlage），1856—1934，荷兰建筑学家

亨利·贝克（Henry C Beck），1902—1974，英国平面设计师

亨利·特纳·艾迪（Henry Turner Eddy），1844—1921，美国科学和工程教育家

霍华德·奥德姆（Howard T. Odum），1924—2002，美国生态学家

伊安·麦克哈格（Ian L. McHarg），1920—2001，英国建筑师，教育家

伊里亚·普里戈金（Ilya Prigogine），1917—2003, 比利时化学家、物理学家

伊纳克·阿巴洛斯（Inaki Abalos），1956—，西班牙AS+建筑事务所主持建筑师

雅克·德里达（Jacques Derrida），1930—2004，法国著名的哲学家

雅克·朗西埃（Jacques Ranciere），1940—，法国哲学家

詹姆斯·克莱克·马克维尔（James Clerk Maxwell），1831—1879，英国物理学家、数学家

詹姆斯·吉普斯（James Gips），美国计算机学家

詹姆斯·瓦特（James Watt），1736—1839，英国发明家、机械工程师

简·博瑞（Jane Burry），澳大利亚皇家墨尔本理工大学教授

加伦·拉尼尔（Jaron Lanier）计算机科学家、艺术家、哲学家，被誉为“虚拟现实之父”

让·维克多·彭斯乐（Jean-Victor Poncelet），1788—1867，法国力学家、数学家、工程师

杰弗里·基普尼斯（Jeffrey Kipnis），1951—，美国建筑评论家、理论家、教育学家

杰里米·边沁（Jeremy Bentham），1748—1832，英国哲学家

吉国华，南京大学建筑与城市规划学院教授

约翰·惠勒（John Archibald Wheeler），1911—2008，美国著名物理学家

约翰·弗雷泽（John Frazer），英国建筑师，建筑教育家

约翰·海杜克（John Hejduk），1929—2000，美国建筑师、教育家

约翰·奥克森多夫（John Ochsendorf），1974—，结构工程师，建造史学家

约翰·冯·诺依曼（John von Neumann），1903—1957，数学家

约旦·纳斯（Jordanus Nemorarius），13世纪欧洲数学家和科学家

莫霍里·纳吉（Moholy Nagy），1895—1946，匈牙利画家、摄影师

佐佐木睦朗（Mutsuro Sasaki），日本结构工程师，日本法政大学教授

尼尔·里奇（Neil Leach），当代建筑理论家

尼尔森·古德曼（Nelson Goodman），1906—1998，美国哲学家

奈丽·奥斯曼（Neri Oxma），设计师，麻省理工学院媒体实验室教授

诺姆·乔姆斯基（Noam Chomsky），1928—，美国哲学家

雷诺（O.Reynolds），1842—1912，英国物理学家

奥托·摩尔（Otto Mohr），1835—1918，德国土木工程师

帕纳约蒂斯·米哈拉托（Panagiotis Michalatos），希腊和英国建筑师、软件工程师

巴门尼德（Parmenides of Elea），约公元前515年—前5世纪中叶，古希腊哲学家

帕特里克·舒马赫（Patrik Schumacher），德国建筑师、理论家，Zaha Hadid Architects 合伙人

保罗·舍尔巴特（Paul Scheerbart），1863—1915，德国作家

彼得·艾森曼（Peter Eisenman），1932—，美国建筑师、建筑理论家

彼得·莱斯（Peter rice），1935—1992，爱尔兰结构工程师

菲里贝特·狄·拉摩（Philibert de l’Orme），1514—1570，法国建筑师、作家

菲利普·布洛克（Philippe Block），Block研究团队负责人

菲利普·德雷耶（Philippe de Lahire），1640—1718，法国数学家，天文学家

皮埃尔·奈尔维（Pier Luigi Nervi），1891—1979，意大利建筑师，结构工程师

皮埃尔·拉迪（Pierre Lardy），1903—1958，瑞士结构工程师、物理学家、数学家

皮埃尔·伐里农（Pierre Varignon），1654 —1722，法国数学家

范戈尔（Povl Ole Fanger），1934—2006，丹麦暖通工程师

普雷斯顿·斯科特·科恩（Preston Scott Cohen），美国建筑师

拉斐尔·古斯塔维诺（Rafael Guastavino），1842—1908，西班牙建筑师

雷姆·库哈斯（Rem Koolhaas），1944—，荷兰建筑师

雷莫·佩德雷（Remo Pedreschi），芬兰结构工程师

雷纳·班汉姆（Reyner Banham），1922—1988，英国建筑师、评论家

巴克敏斯特·富勒（Richard Buckminster Fuller），1895—1983，美国建筑师

罗伯特·亨利·鲍（Robert Henry Bow），1832—1908年，苏格兰土木工程师和摄影师

罗伯特·胡克（Robert Hooke），1635—1703，英国自然科学家、建筑师、数学家

罗伯特·马亚尔（Robert Maillart），1872—1940，瑞士结构工程师

罗宾·埃文斯（Robin Evans），1944—1993，英国建筑师、建筑教育家、历史学家

罗兰德·斯怒克斯（Roland Snooks），澳大利亚建筑师，Studio Roland Snooks创始人

鲁拉里·格林（Ruairi Glynn），英国装置艺术家

鲁道夫·克劳修斯（Rudolf Clausius），1822—1888，德国物理学家和数学家

鲁道夫·维特科瓦（Rudolf Wittkower），1901—1971，德国建筑历史学家

圣地亚哥·卡拉特拉瓦（Santiago Calatrava），1951—，西班牙建筑师、雕塑家

舍立奥（Sebastiano Serlio），1475—1554，意大利人文主义建筑师

赛斯・福尔摩斯（Seth H. Holmes），哈佛大学设计学硕士，哈特福德大学助理教授

西蒙・斯蒂文（Simon Stevin），1548—1620，荷兰数学家、工程师

斯拉沃热・齐泽克（Slavoj Zizek），1949—，斯洛文尼亚社会学家、哲学家

斯佩罗・考斯多夫（Sprio Kostof）1936—1991，美国加州大学伯克利分校教授，建筑历史学家

斯坦・艾伦（Stan Allen），美国建筑师、理论学家

斯蒂芬・贝林（Stefan Behling），1962—，诺曼・福斯特事务所合伙人

史蒂芬・沃尔夫拉姆（Stephen Wolfram），1959—，英国著名数学家、物理学家和计算机学家

西奥・凡・杜伊斯堡（Theo Van Doesburg），1883—1931，荷兰艺术家

泰瑞・奈特（Terry Knight），设计与计算机学家，麻省理工学院教授

托马斯・贝德福德（Thomas Bedford），英国热力学家

托马斯・马维尔（Thomas W Maver），1928—，斯特拉斯克莱德大学教授

托尼・罗宾（Tony Robbin），1943—，美国艺术家、作家

森俊子（Toshiko Mori），建筑师，美国哈佛大学设计研究生院教授

伊东丰雄（Toyo Ito），1941—，日本建筑师

维克多・奥戈雅（Victor Olgyay），1910—1970,匈牙利建筑师、城市规划师

瓦克劳・扎拉伍思克（Waclaw Zalewski），波兰结构工程师、设计师

沃特・格罗皮乌斯（Walter Gropius），1883—1969，德国建筑师，现代主义建筑奠基人

王辉，都市实践设计有限公司合伙人

王振飞，北京华汇设计（HHD_FUN）主持建筑师

韦尔纳・索贝克（Werner Sobek），1953—，德国建筑师、结构工程师

威廉・奥斯特瓦尔德（Wilhelm Ostwald），1853—1932,拉脱维亚裔德国物理化学家

威廉姆・里特尔（Wilhelm Ritter），1776—1810，德国物理学家、哲学家

威利斯・开利（Willis Carrier），1876—1950，美国工程师、发明家

徐卫国，清华大学建筑学院教授，建筑系主任

张永和，美国麻省理工学院建筑系前主任，实践教授，同济大学建筑与城市规划学院教授

参考文献
Bibliography

图解为何

Christopher Alexander. Notes on the Synthesis of Form[M]. Cambridge: Harvard University Press, 1964.

Gilles Deleuze, Felix Guattari. A Thousand Plateaus[M]. Minneapolis: University of Minnesota Press. 1987.

Gilles Deleuze. Francis Bacon: The Logic of Sensation[M]. London: Continuum, 2003
Gilles Deleuze. Foucault[M]. Minneapolis: University of Minnesota Press, 1988.

Wouter Deen, Udo Garritzman and Like Bijlsmer. Editorial[J]. OASE: Diagrams. 1998.

Peter Eisenman. Diagram Diaries[M]. New York: Universe Publishing, 1999.

Michel Foucault. Discipline and Punish: the Birth of the Prison[M]. New York : Pantheon Books, 1977.

Mark Garcia. The Diagram of Architecture[M]. Chichester: John Wiley, 2010.

Bert S Hall. The Didactic and the Elegant: Some Thoughts on Scientific and Technological Illustrations in the Middle Ages and Renaissance[G]// Picturing Knowledge. Toronto: University of Toronto Press, 1996.

Richard K Lowe. Diagrammatic Information: Techniques for Exploring its Mental Representation and Processing[J]. Information Design Journal, 1993(7).

Hyungmin Pai. The Portfolio and the Diagram: Architecture, Discourse, and Modernity in America[M]. Cambridge:MIT Press, 2002.

Charles Sanders Peirce. A Syllabus of Certain Topics of Logic[M]. Boston: Alfred Mudge & Son, 1903.

Charles Sanders Peirce. New Elements [G]// The Essential Peirce, Volumn 2. Bloomington: Indiana University Press, 1998.

Anthony Vidler. What is a Diagram Anyway [G]// In Peter Eisenman: Feints. Milan: Skira, 2006.

Jan V White. Using charts and graphs: 1000 Ideas for Visual Persuasion[M]. New York: Bowker, 1984.

表现图解

Stan Allen. Diagrams Matter[G]//ANY 23: Diagram Work. New York: Anyone Corporation, 1998.

Stan Allen. Notations + Diagrams: Mapping the Intangible[J]. Practice: Architecture, Technique and Representation, 2000.

Jose Calvo-Lopez. From Mediaeval Stonecutting to Projective Geometry[J]. Nexus Network Journal 13, 2011.

Mario Carpo. The Alphabet and the Algorithm[M]. Cambridge: The MIT Press, 2011

Mario Carpo. The Art of Drawing[J]. Architectural Design: Drawing Architecture, 2013.

Preston Scott Cohen. Contested Symmetries and other Predicaments in Architecture[M]. New York: Princeton Architectural Press, 2001.

Peter Cook. Drawing: The Motive Force of Architecture[M]. Chichester: Wiley, 2008.

Gyorgy Darvas. Perspective as a Symmetry Transformation[J]. Nexus Network Journal 5, 2003.

Gilles Deleuze& Felix Guattari. A Thousand Plateaus, Capitalism and Schizophrenia[M]. Massumi, Brian trans. Minneapolis: University of Minnesota Press, 1987.

Robin Evans. The Projective Cast: Architecture and Its Three Geometries[M]. Cambridge: The MIT Press, 2000.

Robin Evans. Translations from Drawing to Building and Other Essays[M]. Cambridge: The MIT Press, 1997.

Mark Garcia. Emerging Technologies and Drawings: The Futures of Images in Architectural Design[J]. Architectural Design: Drawing Architecture, 2013.

Mark Garcia. The Diagram of Architecture[M]. Wiley, 2010.

Nelson Goodman. Languages of Art: An Approach to a Theory of Symbols[M]. Indianapolis/Cambridge: Hackett Publishing Company, Inc, 1976.

Spiro Kostof. The Architect: Chapters in the History of the Profession[M]. New York: Oxford University Press, 1977.

Wolfgang Lotz. Studies in Italian Renaissance architecture[M]. Cambridge: The MIT Press, 1977.

Jonah Rowen. Some Difficulties in Drawing Spheres in Relation to Forms in General[J]. Log 31 Spring/Summer, 2014.

Massimo Scolari. Oblique Drawing: A History of Anti-Perspective[M]. Cambridge: The MIT Press, 2012.

Manfredo Tafuri. Interpreting the Renaissance: Princes, Cities, Architects[M]. Yale University Press, 2006.

形式图解

[英]彼得・柯林斯. 现代建筑设计思想的演变[M]. 英若聪译. 北京：中国建筑工业出版社，1987.

[美]彼得・艾森曼. 彼得・艾森曼:图解日志[M]. 陈欣欣，何捷 译. 北京：中国建筑工业出版社，2005.

本・范・伯克尔, 卡罗琳・博斯, 刘延川. 图解[J]. 建筑创作, 2006(08).

陈永国. 德勒兹思想要略[J]. 外国文学, 2004(04).

戴明.信息化进程中建筑设计的历史变迁——信息技术对建筑设计潜在影响分析及研究[D]. 上海：同济大学，2005.

丁沃沃. 环境·空间·建构——二年级建筑设计入门教程研究[J]. 建筑师，1998(10).

董黎. 论建筑符号学在建筑设计中的意义及运用[D]. 武汉理工大学，2007.

[德]弗里德里希·黑格尔. 小逻辑[M]. 李智谋编译. 重庆：重庆出版社，2006.

符振德. 设计师图解思维研究[D]. 浙江大学，2006.

高天. 当代建筑中的叠的发生与发展[D]. 上海：同济大学，2007.

顾大庆. 空间建构和设计——建构作为一种设计的工作方法[J]. 建筑师119期，2006.

胡友培，丁沃沃. 彼得·艾森曼图式理论解读——建筑学图式概念的基本内涵[J]. 建筑师，2010(04).

胡恒. 观念的意义——里伯斯金德在匡溪的几个设计案例[J]. 建筑师，2005(12).

贾倍思. 型和现代主义[M]. 中国建筑工业出版社，2003.

吉国华. “苏黎世模式”——瑞士ETH—Z建筑设计基础教学的思路和方法[J]. 建筑师，2000(06).

金秋野. 1955：勒·柯布西耶不在美国[D]. 建筑师，2007(12).

[美]肯尼思·富兰普顿著.建构文化研究——论19世纪和20世纪建筑中的建造诗学[M]. 王骏阳译. 北京：中国建工出版社，2007.

拉索 P. 图解思考[M]. 邱贤丰，刘宇光，郭建青 译.北京:中国建筑工业出版社，1988.

李光前. 图解，图解建筑和图解建筑师[D]. 同济大学，2008.

李光前. 克利斯托弗·亚历山大的图解[J]. 山西建筑，2008(07).

李东皓. 艺术符号与建筑语意[D]. 东南大学，2006.

刘峥. 彼得·埃森曼的图解设计手法研究[D]. 苏州大学，2007.

舒波. 符号思维与建筑设计[D]. 重庆大学，2002.

陶晓晨. 数字图解——图解作为“抽象机器”在建筑设计中的应用[D]. 北京：清华大学，2008.

王立明，龚恺. 解读格雷戈·林恩[J]. 建筑师，2006(8).

王立明. 格雷戈·林恩（Greg Lynn）的数字设计研究[D]. 南京：东南大学，2006.

王路. 人工地形建筑——人工地形生成原理分析[D]. 北京：清华大学，2008.

靳铭宇. 格雷格·林恩几个关键思想理论来源及最近作品介绍[J]. 世界建筑，2009.

徐卫国，陶晓晨. 批判的“图解”——作为“抽象机器”的数字图解及现象因素的形态转化[J]. 世界建筑，2008(05).

杨健，戴志中. 自治论的悖论及其合理性——埃森曼图解理论读解[J]. 青岛理工大学学报，2008(01).

张琪琳，韩冬青. 图解——期待未知[J]. 新建筑，2008(2).

张翼. “模度”[D]. 建筑师，2007(12).

张琪琳，韩冬青. 图解——期待未知[J]. 新建筑，2008(2).

Stan Allen. “Diagram Matter” [J]. Archis,1998.

Stan Allen. Practice: Architecture,Technique and Representation. Routledge[J]. Archis, 2000.

Stan Allen.Points + Lines:Diagrams and Projects for the City[M]. Princeton Architectural Press, 1999.

Stan Allen. Diagram Matters. Cynthia C.Davidson. Anyone[D]. New York:Rizzoli, 1998.

Sean Blair Keller. Systems Aesthetics:Architectural Theory at the University of Cam-brdge[M]. UMI Dissertation Services, 2005.

Jonathan Block Friedman. Creation in Space:a course in the fundamentals of architec-ture,volume I Architectonics,Dubuque[M]. lowa:Kendall/Hunt Publishing Company, 1989.

Alexander Caragonne. The Texas Rangers-Notes from the architectural under-ground,Cambridge[M]. The MIT Press,1995.

R.E.Somol. Dummy Text,or Diagrammatic Basis for Contemporary Atchitecture, in-trod of Diagram Diaries, Peter Eisenman[M]. London:Thames & Hudson, 1999.

Peter Eisenman. Ten Canonical Buildings 1950-2000[M]. New York:Rizzoli Inter-national Publications inc, 2008.

Peter Eisenman. The formal basis of modern architecture[M]. Lars Müller Publishers, 2006.

Peter Eisenman. Eisenman Inside Out. Selected Writings 1963-1988, New Hav-en-London[M]. Yale University Press, 2004.

Peter Eisenman. Giuseppe Terragni:Transformations, Decompositions, Critiques[M]. New York:The Monacelli Press, 2003.

Peter Eisenman. Notes on Conceptual Architecture:Towards a Definition[J]. Casabella , 1971.

Peter Eisenman. From Object to Relationships: Probing the Deep Structure of Archi-tecture Ⅱ [J]. Perspecta, 1971.

Peter Eisenman. The Formal Basis Of Modern Architecture[M]. Baden:L.Muller, 2006.

Peter Eisenman. End of The Classical:The End of the Beginning, the End of the end[J]. Perspecta,1984.

Peter Eisenman. Review of Ordinariness and Light. The Search For a Theory In Architecture[J]. Anglo–American Debates, 2002.

Peter Eisenman.House Ⅲ:To Adolph Loos and Bertolt Brecht. The Search For a Theory In Architecture[J]. Anglo– American Debates, 2002.

Peter Eisenman. Tracing Eisenman[M]. Rizzoli International Publication. Inc, 2006.

Eisenman,Graves,Gwathmey,Hejduk and Meier. Five Architects[M]. New York: Oxford University Press, 1975.

John Hejduk, Mask of Medusa[M]. New York:Rizzoli International Publications.Inc, 1955.

John Hejduk, Roger Canon. Education of an Architect:A point of view, the Cooper Union School of Arts & Architecture[M]. New York: The Manacelli Press, 1999.

Colin St John Wilson.Open Letter to an American Student Louis Martin. The Search For a Theory in Architecture[J]. Anglo–American Debates, 2002.

Frederick J.Kiesler. Endless Space[M]. Hatje Cantz Publishers, 2001.

Thomas Kamps. Diagram Design: A Constructive Theory[J]. Springer, 1999.

Greg Lynn. Folds,Bodies&Blobs:Collected Essays[M]. Brussels:La Lettre Volee, 1998.

Greg Lynn. Animate Form[M]. New York:Princeton Architectural Press, 1999.

Greg Lynn, Hani Rashid. Architectural Laboratories[M]. Rotterdam:NAi Publishers, 2002.

Greg Lynn. Intricacy[M]. Philadelphia:University of Pennsylvania, 2003.

Rafael Moneo. The Work of John Hejduk or the Passion to Teach[J]. LOTUS international, 1980.

Louis Martin. The Search For a Theory In Architecture[J]. Anglo–American Debates, 2002.

Kestutis Paul Zygas. From follows form:source imagery of constructivist architecture[M]. Umi Research Press, 1981.

Eisenman, Peter D.Appunti. sull architettura concettuale verso una definizione.Notes on Conceptual Architecture:Towards a Definition[J]. Casabella, 1971.

Hyungmin Pai. The portfolio and the Diagram:Architecture, Discourse and Modernity in America[M]. The MIT Press, 2006.

Edward R. Tufte.Envisioning Information[M]. Graphic Press LLC, 1990.

Edward R.Tufte. The Visual Display of Quantitative Information, 2nd Edition[M]. Graphic Press LLC, 2001.

Colin Rowe, As I Was Saying, Vol.1: Texas, Pre–Texas[M]. Cambridge,1995.

Colin Rowe, As I Was Saying: Recollections and Miscellaneous Essays[M]. Cambridge, 1995.

Colin Rowe. Collage City[M]. The MIT Press, 1984.

Colin Rowe. The Mathematics of the Ideal Villa[M]. The MIT Press, 1947.

Colin Rowe, Robert Slutzky.Transparency[M]. Birkhauser Basel, 1997.

Mark Rappolt. Greg Lynn Form[M]. Rizzolo International Publications. Inc, 2008.

Anthony Vidler. Diagrams of Diagrams: Architectural Abstraction and Modern Representation[J]. Representations, 2000.

Rudolf Wittkower. Architectural Principle in the age of humanism[M]. W. W. Norton & Compan, 1971.

生成图解

段俊花，朱怡安，钟冬. 群智能在多智能体系统中的应用研究进展[J]. 计算机科学, 2012, 39(6):6–9.

顾芳. 集群智能在建筑设计上的运用——KOKKUGIA建筑事务所的建筑实践[J]. 世界建筑, 2011(6):112–117.

黄蔚欣，徐卫国. 参数化非线性建筑设计中的多代理系统生成途径[J]. 建筑技艺, 2011(1).

李力. 遗传算法在建筑设计中的应用[D]. 东南大学, 2011.

李伟, 曾令岳, 许蓁. 从系统叠加到逻辑形态——一种自下而上的设计方法[C]// 2015年全国建筑院系建筑数字技术教学研讨会. 2015.

(美)尼尔・里奇, 袁烽. 建筑数字化编程[M]. 同济大学出版社, 2012.

秦浩. 建筑仿生学的数字化设计研究[D]. 浙江大学建筑工程学院 浙江大学, 2010.

尚晋. 科尔多瓦当代艺术中心,科尔多瓦,西班牙[J]. 世界建筑, 2012(11):72–77.

孙颖智. 算法建筑设计初探[D]. 东南大学, 2009.

Long A A. Parmenides on thinking being[C]//Proceedings of the Boston Area Colloquium in Ancient Philosophy. Brill, 1996, 12(1): 125–151.

Badiou A. Saint Paul: The foundation of universalism[M]. Stanford University Press, 1997.

Jones B. Parmenides. The Way of Truth[J]. Journal of the History of Philosophy, 1973, 11(3): 287–298.

J. H. Frazer. Creative Design and the Generative Evolutionary Paradigm[J]. Creative Evolutionary Systems, 2010:253–274.

Rogers D G. Pascal triangles, Catalan numbers and renewal arrays[J]. Discrete Mathematics, 1978, 22(3): 301–310.

Stiny G, Gips J. Shape Grammars and the Generative Specification of Painting and

Sculpture.[J]. Segmentation of Buildings Fordgeneralisation in Proceedings of the Workshop on Generalisation & Multiple Representation Leicester, 1971, 71:1460–1465.

Sadler G, Jarvis O N, Van Belle P, et al. Introduction to Shape and Shape Grammars[J]. Environment & Planning B Planning & Design, 1980, 7(3):343–351.

Stiny G, Mitchell W J. The Palladian grammar, Envirnoment and Planning B: Planning and Design[J]. 2010.

Stiny G. A note on the description of designs[J]. Environment & Planning B Planning & Design, 1981, 8(8):257–267.

Leibniz G W. The monadology[M]. Springer Netherlands, 1989.

O' Regan G. Ada Lovelace[M]// Giants of Computing. Springer London, 2013:179–181.

Koning H. The language of the prairie: Frank Lloyd Wright' s prairie houses[J]. Environment & Planning B Planning & Design, 1981, 8(8):295–323.

Li I K. A shape grammar for teaching the architectural style of the Yingzao fashi[J]. Massachusetts Institute of Technology, 2001, 2.

Li I–Kang A, Tsou A, et al. The rule–based nature of wood frame construction of the Yingzaofashi and the role of virtual modelling in understanding it[J]. 1995.

Duarte J P. Towards the mass customization of housing: The grammar Siza' s houses at Malagueira[J]. Journal of Urban Economics, 2005, 32(3):347–380.

Gips J. Shape Grammars and their Uses[M]. Birkhauser Basel, 1975.

Frazer J. The Co–operative Evolution of Buildings and Cities[M]// Cooperative Buildings: Integrating Information, Organization, and Architecture. Springer Berlin Heidelberg, 1998:406–420.

Chu K. Planetary Automata[J]. The Gen [h] ome Project. Los Angeles, CA: MAK Center for Art and Architecture, Los Angeles, 2006: 32–37.

Terry Knight. Shape Grammar in Education and Practice: History and Prospect. http://www.mit.edu/~tknight/IJDC/

March L. Mathematics and Architecture Since 1960[M]// Architecture and Mathematics from Antiquity to the Future. Springer International Publishing, 2015:553–578.

March L. The Architecture of Form[J]. Cambridge University Press, 2010.

Haldane Liew. SGML : a meta–language for shape grammar[J]. Massachusetts Institute of Technology, 2004.

Miranda, Pablo and Coates, Paul. Swarm modelling. The use of Swarm Intelligence to generate architectural form[J]. 2000.

Mennan, Zeynep. Mind the Gap: Reconciling Formalism and Intuitionism in Computational Design Research[J]. Footprint (1875–1490), 2014.

Correia R C. DESIGNA–A Shape Grammar Interpreter[J]. 2013.

Mulyadi R, Amin S, Amri N. Evaluation of the Application of Shape Grammars in Architectural Design[J]. 2004.

Chase S C. Shapes and shape grammars: From mathematical model to computer implementation[J]. Environment & Planning B Planning & Design, 1989, 16(2):215-242.

Said S, Embi M R. A Parametric Shape Grammar of the Traditional Malay Long-Roof Type Houses[J]. International Journal of Architectural Computing, 2008.

Vehlken S. Computational swarming: A cultural technique for generative architecture[J]. Footprint, 2014(15):9-24.

Keller S. Fenland Tech: Architectural Science in Postwar Cambridge[J]. Grey Room, 2006, 23(23):40-65.

Wolfram S. A new kind of science[M]. Champaign: Wolfram media, 2002.

Knight T W. Shape grammars and color grammars in design[J]. Environment & Planning B Planning & Design, 1994, 21(6):705-735.

Knight T W. Transformations in design: a formal approach to stylistic change and innovation in the visual arts[C]// Innovation in the Visual Arts. 1994:115-118.

Knight T W. Transformations of Languages of Designs[J]. 1986.

Bojan Tepavcevic, Vesna Stojakovic. Shape grammar in contemporary architectural theory and design[J]. Facta universitatis - series Architecture and Civil Engineering, 2012, 10(2):169-178.

DRAKON. Wikipedia, the free encyclopedia, https://en.wikipedia.org/wiki/Ada_Lovelace.

Ada Lovelace. Wikipedia, the free encyclopedia, https://en.wikipedia.org/wiki/Ada_Lovelace.

结构性能图解

恩格尔. 结构体系与建筑造型[M]. 天津大学出版社，2002.

弗兰姆普敦. 建构文化研究：论19世纪和20世纪建筑中的建造诗学[M]. 中国建筑工业出版社，2007.

李博. 康策特是谁？一个瑞士结构师的诗意抗争[J]. 时代建筑，2013(05).

柳亦春. 结构为何？[J]. 建筑师，2015(2).

罗伯特·纽玛尔，张朔炯. 结构符号学——造壳体结构的符号学潜力[J]. 时代建筑，2014(05).

马克·贝瑞，孟浩. 超越算法——寻求算法之外的结构设计方法[J]. 时代建筑，2014(05).

孟宪川. 图解静力学的塑形法初探[D]. 南京大学，2014.

孟宪川．形与力的融合——对建筑师克雷兹和结构师席沃扎三个建筑的介绍与图解静力学分析[J]. 时代建筑，2013(05).

孟宪川，赵辰. 建筑与结构的图形化共识——图解静力学引介[J]. 建筑师，2011(05).

孟宪川，赵辰. 图解静力学简史[J]. 建筑师，2012(06).

奈丁格，柳美玉，杨璐. 轻型构造与自然设计[M]. 中国建筑工业出版社，2010.

帕纳约蒂斯·米哈拉托斯，闫超．柔度渐变——在设计过程与教学中重新引入结构思考[J]. 时代建筑，2014(05).

彭怒，王飞，王骏阳. 建构理论与当代中国[M]. 同济大学出版社，2012.

钱锋，余中奇. 结构建筑学——触发本体创新的建筑设计思维[J]. 建筑师，2015(2).

余中奇，钱锋. 以形驭力——埃拉迪奥·迭斯特的结构与建筑[J]. 时代建筑，2013(05).

谢亿民，左志豪，吕俊超. 利用双向渐进结构优化算法进行建筑设计[J]. 时代建筑，2014(05).

袁烽，胡永衡. 基于结构性能的建筑设计简史[J]. 时代建筑，2014(05).

斋藤公男，苏恒. 结构形态的发展与展望[J]. 时代建筑，2013(05).

斋藤公男，王西. 建筑学的另一种视角——何为"建筑创新工学设计"[J]. 建筑师，2015(2).

佐佐木睦朗，余中奇. 自由曲面钢筋混凝土壳体结构设计[J]. 时代建筑，2014(5)

B Addis. Building: 3000 Years of Design Engineering and Construction[M]. PHAI-DON, 2007.

Charleson A. Structure as architecture: a source book for architects and structural engineers[M]. Routledge, 2014.

Macdonald AJ. Structure and architecture[M]. Routledge, 2007.

J Conzett, B Reichli, M Mostafavi. Structure as Space[M]. Architectural Association, 2006.

Martin Philip Bendsoe, Ole Sigmund. Topology Optimization: Theory, Methods and Applications[M]. Springer, 2004.

Luebkeman, C. Performance-based Design[M]. In A. Kolarevic (Ed.) Architecture in the Digital Age: Design and Manufacturing. London: Spon Press.

Panozzo D, Block P, Sorkine-Hornung O. Designing unreinforced masonry models[J]. ACM Transactions on Graphics (TOG), 2013.

Piker D. Kangaroo: Form Finding with Computational Physics[J]. Architectural Design, 2013(83).

Veenendaal D, Block P. An overview and comparison of structural form finding methods for general networks[J]. International Journal of Solids and Structures, 2012(26).

ALLEN E. Understanding Famous Structures Through Simple Graphical Analyses[C]. 84th Acsa Annual Meeting Building Technology Conference, 1996.

Allen E, Zalewski W. Form and forces: designing efficient, expressive structures[M]. John Wiley & Sons, 2009.

Corentin Fivet , Denis Zastavni. A fully geometric approach for interactive constraint-based structural equilibrium design[J]. Computer-Aided Design, 2015.

Isler H. News Shapes for Shells-Twenty Years Later[A]. Billington D.P., Heinz IsIer As StructuraI Artist [C]. Princeton: The Art Museum, Mnceton university, 1980.

John Harding, Harri Lewis. The TRADA Pavilion: A Timber Plate Funicular Shell[C]. Proceedings of the International Association for Shell and Spatial Structures (IASS) Symposium, 2013.

Kara H, Georgoulias A. Interdisciplinary Design: New Lessons from Architecture and Engineering[M]. ACTAR Publishers, 2012.

Robert H Bow . Economics of construction in relation to framed structures[M]. Cambridge University Press, 2014.

Jasienski Jean-Philippe, Fivet Corentin, Zastavni Denis. Various perspectives on the extension of graphic statics to the third dimension[C]. Proceedings of the IASS-SLTE 2014 Symposium "Shells, Membranes and Spatial Structures: Footprints" , 2014.

Kurrer K-E. The history of the theory of structures: from arch analysis to computational mechanics[M]. John Wiley & Sons, 2012.

Lachauer L, Junghohann H, KOTNIK T. Interactive parametric tools for structural design[C]. Proceedings of the International Association for Shell and Spatial Structures (IABSE-IASS) Symposium, 2011.

Lachauer L, Kotnik T. Geometry of structural form[C]. Advances in Architectural Geometry 2010, 2010.

Lachauer L, Rippmann M, Block P. Form Finding to Fabrication: A digital design process for masonry vaults[C]. Proceedings of the International Association for Shell and Spatial Structures (IASS) Symposium, 2010.

Akbarzadeh M, Mele T V, Block P. 3D Graphic Statics: Geometric Construction of Global Equilibrium[C]. Proceedings of the International Association for Shell and Spatial Structures (IASS), 2015.

Akbarzadeh M, Mele T V, Block P. Three-dimensional Compression Form Finding through Subdivision[C]. Proceedings of the International Association for Shell and Spatial Structures (IASS), 2015.

Akbarzadeh M, Mele T V, Block P. Compression-only Form finding through Finite Subdivision of the Force Polygon[C]. Proceedings of the IASS-SLTE 2014 Symposium, 2014.

Ramage MH, Ochsendorf J, Rich P, Bellamy JK, Block P. Design and construction of the Mapungubwe National Park interpretive centre, South Africa[J]. ATDF JOURNAL, 2010.

Rippmann M, Lachauer L, Block P. Interactive vault design[J]. International Journal of Space Structures, 2012.

Carnot N, Koen V, Tissot B. Modelling Behaviour[M]. Palgrave Macmillan UK, 2005

Leach N. Digital morphogenesis[M]. Architectural Design, 2009(1).

Querin O, Steven G, Xie Y. Evolutionary structural optimisation (ESO) using a bidirectional algorithm[J]. Engineering Computations, 1998(8).

Tessmann O. Collaborative design procedures for architects and engineers[M]. BoD–Books on Demand, 2008.

Block P. Thrust Network Analysis: Exploring three–dimensional equilibrium[D]. Massachusetts Institute of Technology, 2009.

Block P, Lachauer L. Three–Dimensional (3D) equilibrium analysis of Gothic masonry vaults[J]. International Journal of Architectural Heritage, 2014(3).

Block P, Ochsendorf J. Thrust Network Analysis: A new methodology for three–dimensional equilibrium[J]. Journal of the International Association for Shell and Spatial Structures, 2007(3).

Block P, Van Mele T, Rippmann M. Structural Stone Surfaces: New Compression Shells Inspired by the Past[J]. Architectural Design, 2015(5).

Block P, Kilian A, Pottmann H. Steering of form—New integrative approaches to architectural design and modeling[J]. Computer–Aided Design, 2014(1).

Michalatos P, Kaijima S, editors. Structural Information as Material for Design. Expanding Bodies: Art · Cities · Environment[J]. Proceedings of the 27th Annual Conference of the ACADIA, 2007.

Gerhardt R, Kurrer K–E, Pichler G, editors. The methods of graphical statics a nd their relation to the structural form[C]. Proceedings of the First International Congress on Construction History, 2003.

Adriaenssens S, Block P, Veenendaal D, Williams C. Shell structures for architecture: form finding and optimization[M]. Routledge, 2014.

Gennaro Senatore, Daniel Piker. Interactive real–time physics_An intuitive approach to form–finding and structural analysis for design and education[J]. Computer–Aided Design, 2015(61).

Huerta S. Structural design in the work of Gaudi[J]. Architectural science review, 2006(4).

Kotnik T, Schwartz J. The Architecture of Heinz Isler[J]. Journal of the International Association for Shell and Spatial Structures, 2011(3).

Kotnik T, Weinstock M. Material, form and force[J]. Architectural design, 2012(2).

Zalewski, Waclaw and Allen, Edward. Shaping Structures[J]. New York John Wiley & Sons, 1998.

Huang X, Xie M. Evolutionary topology optimization of continuum structures: methods and applications[M]. John Wiley & Sons, 2010.

Xie Y, Steven GP. A simple evolutionary procedure for structural optimization[J]. Computers & structures, 1993(5).

Xie Y, Zuo Z, Huang X, Tang J, Zhao B, Felicetti P, editors. Architecture and urban design through evolutionary structural optimisation algorithms[C]. Proceedings of the International Symposium on Algorithmic Design for Architecture and Urban Design, 2011.

Xie Y–M, Steven GP. Basic evolutionary structural optimization. Evolutionary Structural Optimization[M]. Springer London, 1997.

环境性能图解

埃维特·埃雷尔,戴维·珀尔穆特，特里·威廉森等.城市小气候——建筑之间的空间设计[M]. 中国建筑工业出版社，2013.

吉沃尼. 人·气候·建筑[M]. 中国建筑工业出版社，1982.

樊敏. 哈桑·法赛创作思想及建筑作品研究[D]. 西安建筑科技大学，2009.

郭斌. 独立光伏发电系统在节能型建筑中的应用[D]. 天津大学，2007.

郭芳. 日照限定下的建筑形体生成研究[D]. 南京大学，2013.

韩昀松. 基于日照与风环境影响的建筑形态生成方法研究[D]. 哈尔滨工业大学，2013.

[美]詹姆斯·斯蒂尔. 生态建筑——一部建筑批判史[M]. 孙骞骞译. 电子工业出版社，2014.

李建斌.服从太阳的绝对律令——勒·柯布西耶印度实践的气候适应策略分析[J]. 建筑师，2007(06).

李麟学.知识·话语·范式能量与热力学建筑的历史图景及当代前沿[J].时代建筑.2015(2)：10-16.

林楠. 在神秘的面纱背后——埃及建筑师哈桑·法赛评析[J]. 世界建筑，1992(6).

李鹏九. 浅谈耗散结构和非平衡态热力学[J]. 现代地质，1948(1).

梁源. 建筑设计中的自然光设计手法初探[D]. 西安建筑科技大学，2006.

潘毅群. 实用建筑能耗模拟手册[M]. 中国建筑工业出版社，2013.

邱静，王志国，李玉辉. 基于STAR-CCM+的简单流体模型CFD研究[J]. 液压气动与密封，2010(10).

郄昭昭. 太阳能建筑一体化设计[D]. 河北工业大学，2007.

冉茂宇，刘煜. 生态建筑[M]. 华中科技大学出版社，2014.

孙石村，张玉坤. 建筑：自然科学的延伸——热力学理论对建筑学科的模拟[J]. 中国建筑装饰装修：学术·理论，2013(2).

宋德萱. 建筑设计中的若干热环境问题研究[D]. 同济大学，2000.

谭川. 生态语境下的建筑形式初探[D]. 天津大学，2012.

伊安·麦克哈格. 设计结合自然[M]. 北京：中国建筑工业出版社，1992.

叶歆. 建筑热环境[M]. 清华大学出版社，1996.

张丽君. 生态建筑设计策略研究[D]. 天津大学，2003.

赵紫伶，唐飚. 埃及建筑师哈桑·法赛之本土实践[J]. 南华大学学报，2013(1).

Inaki Abalos, Daniel Ibanez. Thermodynamics applied to highrise and mixed use prototypes [M]. Harvard Graduate School of Design, 2012.

Inaki Abalos, Renata Sentkiewicz. Essays on Thermodynamics, Architecture and Beauty [M]. Newyork: Actar D, 2015.

Christopher Alexander. Notes on the Synthesis of Form[M], Cambridge: Harvard University Press, 1964.

Reyner Banham. “A Home is Not a House” [J]. Art in America, 1969.

Reyner Banham. Architecture of the Well-Tempered Environment[M]. Chicago: University Of Chicago Press, 1984.

Reyner Banham. Theory and Design in the First Machine Age [M]. 1960.

T Bedford. The Warmth Factor in Comfort at Work[J]. Rep Industry Health Res, 1936.

Van Dijk, E. & P. Luscuere. An architect friendly interface for a dynamic building simulation program [J]. in Sustainable Building, 2002.

Mark Dekay, G.Z.Brown. SUN,WIND&LIGHT-architectural design strategies[M]. 2014.

Jorge Fernandes, Ricardo Mateus. Energy Efficiency Principles in Portuguese Vernacular Architecture[C]. Proceedings of the BSA. Porto, Portugal, 2012.

Maxwell Fry, Jane Drew. Tropical Architecture In The Humid Zone[M].Batsford , 1956.

Povl Ole Fanger. Thermal comfort[M]. Danish Technical Press, 1970.

Victor Gane, John Haymaker. Benchmarking Conceptual High-rise Design Processes[J]. Journal of Architectural Engineering, 2010.

Yasha J Grobman, Eran Neuman. Performalism Form and Performance in Digital Architecture[M]. New York: Routledge, 2008.

Siegfried Giedion, Mechanization Takes Command[M]. Oxford University Press, 1948.

Lisa Heschong. Thermal Delight in Atchitecture[M]. The MIT Press, 1979.

Ian Keough, David Benjamin. Multi-objective Optimization in Architectural Design[C]. SimAUD 2010, Orlando: Florida, 2010.

Branko Kolarevic. Computing the Performative in Architecture[C]. ECAADE 2003 Graz: Austria, 2003.

Sawako Kaijima, Roland Bouffanais, Karen Willcox. Computational Fluid Dynamics for Architectural Design[C]. CAADRIA2013, Hongkong, 2013.

A. Kleidon R.D. Lorenz.Non-equilibriumThermodynamicsand the Productionof Entropy-Life ,Earth ,and Beyond [M]. Springer, 2005.

David Menicovich, Daniele Gallardo, Riccardo Bevilaqua and Jason O Vollen. Generation and Integration of an Aerodynamic Performance Database within the Concept Design Phase of Tall Buildings[C]. ACADIA 2012. San Francisco, 2012.

Andrew Marsh. Generative and Performative Design: A Challenging New Role for Modern Architects[C]. The Oxford Conference. Oxford: WIT Press, 2008.

Kiel Moe. Integrated Design in Contemporary Architecture [M]. Princeton Architectural Press, 2008.

Kiel Moe. Insulating Modernism Isolated and Non-Isolated Thermodynamics in Architecture [M]. Berlin: Birkhauser, 2014.

Thomas W Maver. PACE1: Computer Aided Building Appraisal[J]. Architect's Journal Information Library. Volumn 28, 1971.

Thomas W Maver. Predicting the Past, Remembering the Future[C]. SIGraDi 2002. Venezuela, 2002.

Kiel Moe, Ravi Srinivasan. The Hierarchy of Energy in Architecture-energy analysis[M]. Routledge, 2015.

Edward Mazria. The passive solar energy book[M]. Rodale Press, 1979.

Howard T. Oduma, B. Odumb. Concepts and methods of ecological engineering[J]. Ecological Engineering, 2003.

Victor Olgyay. Design With Climate： Bioclimatic Approach to Architectural Regionalism [M]. Princeton University Press, 2015.

Phillip Tabb. Solar Energy Planning :A Guide to Residential Settlement[M]. McGraw-Hill Book Company, 1984.

几何建造图解

阿希姆·门格斯. 整体成形与实体建造[J]. 时代建筑， 2012(05).

吕俊超. 建筑自由曲面表皮的铺设模拟流程初探[D]. 同济大学，2013.

陆轶辰. 参数建构——2015年米兰世博会中国馆建造思考[J]. 建筑技艺，2015(3).

童明. 罗西与《城市建筑》[J]. 建筑师，2007(10).

王风涛. 基于高级几何学复杂建筑形体的生成及建造研究[D]. 清华大学，2012.

徐卫国. 参数化设计与算法生形[J]. 世界建筑，2011(6).

袁烽. 从数字化编程到数字化建造[J]. 时代建筑，2012(5).

袁烽, 孟媛. 基于BIM平台的数字模块化建造理论方法[J]. 时代建筑，2013(2).

张建平. IM技术的研究与应用[J]. 施工技术，2011(1).

左孔天. 连续体结构拓扑优化理论与应用研究[D]. 华中科技大学，2004.

张良. 算法几何的形态生成与空间转化[D]. 同济大学，2015.

Autodesk Naviworks Manager 2016 document [M/CD]. Autodesk. 2016.

Autodesk Revit Architecture 2011 document[M/CD]. Autodesk. 2010.

Mario Carpo. Digital Style[J]. Log 23. Fall 2011.

Mario Carpo. The Art of Drawing[J]. Architectural Design. Vol.83. 2013(9).

Catmull, E.; Clark, J. Recursively generated B-spline surfaces on arbitrary topological meshes[J]. Computer-Aided Design 10-6: 350. 1978.

CeccatoC, HesselgrenL, PaulyM, et al. Advances in Architectural Geometry 2010[M]. Austria： Springer Wien Newyork. 2010.

Chua, C. K. and Leong K. F. Rapid prototyping: principles & applications in manufacturing[M]. New York: Wiley. 1997.

Kevin Chaite Rotheroe, Manufacturing Freeform Architecture [J]. Architecture Week. 2000–11.

Le Corbusier. Towards a new architecture[E]. tr. F. Etchells, New York : Dover. 1931.

Le Cuyer, A. Building Bilbao[J]. Architectural Review 102(1210): 43–45. 1997.

Dianne Davis. BIM(Building Information Modeling)Update[EB/OL]. AEC Infosys-tems. www.aia.org, AIA Article. 2003.

Davis, S. M. Mass Customizing. Future Perfect[J]. Reading, Massachusetts: Addi-son–Wesley. 1987.

Manuel DeLanda. Philosophies of Design: The Case of Modeling Software[M]. Ale-jandro Zaera–Polo and Jorge Wagensberg(eds), Verb: Architecture Boogazine[M]. Barcelona: Actar. 2002.

H Edward Goldberg. The Building Information Model.[J] CADalyst. Eugene, Vol.21. 2004(11).

Michael Eigensatz. Paneling Architectural Freeform Surfaces[C]. SIGGRAPHIC. 2010.

Richard Garber. BIM Design: Realising the Creative Potential of Building Informa-tion Modelling[M]. London: Wiley. 2014.

Georg Glaser. Geometry and its applications[M]. New York: Springer. 2012.

Giovannini, J. Fred and Ginger Dance in Prague[J]. Architecture 86(2): 52–62. 1997.

Lisa Iwanmoto. Digital Fabrications, Architecture and Material Techniques[M]. Princeton Architectural Press. 2009.

Jacobs, P. Rapid Prototyping and Manufacturing: Advanced Rapid Prototyping[M]. Dearborn, Michigan: Society of Manufacturing Engineers (SME). 1992.

Stephen Kieran , James Timberlake. Refabricating Architecture: How Manufactur-ing Methodologies are Poised to Transform Building Construction[M], New York: McGraw–Hill Education. 2003.

Branko Kolarevic, Kevin Klinger. Manufacturing Material Effects: Rethinking Design and Making in Architecture[M]. Routledge. 2008.

Branko Kolarevic. Digital Architectures. In Proceedings of the ACADIA 2000 Con-ference, eds. M. Clayton and G. Vasquez[C]. Washington, DC: Catholic University of America. 2000.

Kvan, T. and B. Kolarevic. Rapid Prototyping and Its Application in Architectural Design[J]. Automation in Construction (forthcoming). Amsterdam: Elsevier. 2001.

Greg Lynn. Animate Form[M]. New York. Princeton Architectural Press. 1999.

Linn, C. Creating Sleek Metal Skins for Buildings[J]. Architectural Record. 2000(10).

Achim Menges. Computational Design Thinking[M]. London: Wiley. 2011.

Mitchell, W. and M. McCullough. Prototyping (Ch. 18). In Digital Design Media, 2nd ed., [M]. New York, Van Nostrand Reinhold. 1995.

Wirth Niklaus. Algorithms + Data Structures = Programs[M]. Prentice–Hall. 1976.

Novitski, B.J. Scale Models from Thin Air[J]. Architecture Week. 2000(08).

Pickover, Clifford A. The Math Book: From Pythagoras to the 57th Dimension, 250 Milestones in the History of Mathematics[M]. Sterling. 2009.

Pine, B. J. Mass Customization: The New Frontier in Business Competition[M]. Boston: Harvard Business School Press. 1993.

Helmut Pottmann. Architectural Geometry[M]. Bentley Institute. 2007.

Helmut Pottmann. Architectural Geometry as Design Knowledge//Architectural Design-The New Structuralism Design[J]. Engineering and Architectural Technologies. 2010.

Mohammad Rahmani Asl. BIM-based Parametric Building Energy Performance Multi-Objective Optimization[C]. eCAADe. 2014.

Robert McNeel & Associates. http://www.rhino3d.com/features[EB/OL]. 2014.

Slessor, C. Digitizing Dusseldorf[J]. Architecture,89(9): 118-125. 2000.

Stephens, S. The Bilbao Effect[J]. Architectural Record, 1999(5).

Mirko Zadravec. Designing Quad-dominant Meshes with Planar Faces[J]. Computer Graphics Forum, Vol.29. 2010.

Zellner, P. Hybrid Space: New Forms in Digital Architecture[M]. New York: Rizzoli. 1999.

图书在版编目（C I P）数据

从图解思维到数字建造 / 袁烽著 . -- 上海 : 同济大学出版社 , 2016.6
（数字设计前沿系列丛书 / 袁烽 , 江岱主编）
ISBN 978-7-5608-6382-5

Ⅰ . ①从… Ⅱ . ①袁… Ⅲ . ①建筑制图 Ⅳ . ① TU204

中国版本图书馆 CIP 数据核字 (2016) 第 126902 号

从图解思维到数字建造
FROM DIAGRAMMATIC THINKING TO DIGITAL FABRICATION

袁 烽 著
Philip F. Yuan

责任编辑 袁佳麟
责任校对 徐春莲
封面设计 袁烽 闫超
出版发行 同济大学出版社
（地址：上海市四平路 1239 号 邮编：200092 电话：021-65982473）
经 销 全国各地新华书店
印 刷 上海安兴汇东纸业有限公司
开 本 710mm × 980mm 1/16
印 张 27
印 数 1-3 100
字 数 540 000
版 次 2016 年 9 月第 1 版 2016 年 9 月第 1 次印刷
书 号 ISBN 978-7-5608-6382-5
定 价 120.00 元